현장의소리

커먼레일 고장진단

Diesel Engine

개론 & 실무

이종욱, 윤상근 공편

★ 불법복사는 지적재산을 훔치는 범죄행위입니다.

저작권법 제97조의 5(권리의 침해죄)에 따라 위반자는 5년 이하의 징역 또는 5천만원 이하의 벌금에 처하거나 이를 병과할 수 있습니다.

머리말 | Preface

이 교재는 지난 5년간의 커먼레일 전문가 교육과정에서 강의하였던 내용을 중심으로 정리한 것으로 철저히 현장 중심적으로 내용을 정리하였으며, 학술적인 면에서는 큰 의미를 두지 않았습니다.

현장의 정비사들이 쉽고 빠르게 고장을 진단하고 자가 학습을 할 수 있도록 기반을 만드는 것에 중점을 두어 집필하였음을 분명히 밝힙니다. 좀 더 내용의 깊이를 더하고 나만의 고장 진단 트리를 만들어 나가는 것은 정비사의 몫이라 생각이 됩니다. 이 책이 그것을 위한 작은 단초가 되길 바랍니다.

이 책을 만드는 과정에 수많은 정보와 지식을 전해준 선후배 정비사님들께 진심으로 감사드립니다. 전국에 다양한 교육생들에게 커먼레일 시스템과 고장진단기법을 가르친 것이 아니라 오히려 자동차 정비인으로서 자세와 매장운영에 대한 노하우 등 살아있는 지식과 지혜를 배웠습니다. 책에서는 배울 수 없는 고마운 가르침에 조금이나마 보답하려 합니다. 부족한 점, 잘못된 점이 있으면 언제든지 연락해 주십시오. 머리 숙여 배우겠습니다.

끝으로 도움주신 여러 선후배님들께 다시한번 감사드리며, 특히, 커먼레일 디젤 시스템에 대한 기초를 닦아주시고 아낌없이 노하우를 전수해 주신 (주)하이테크디젤 이재근 대표이사님께 진심으로 머리 숙여 감사드립니다.

서문

1. 지금 정비업의 상황은 어떠한가?

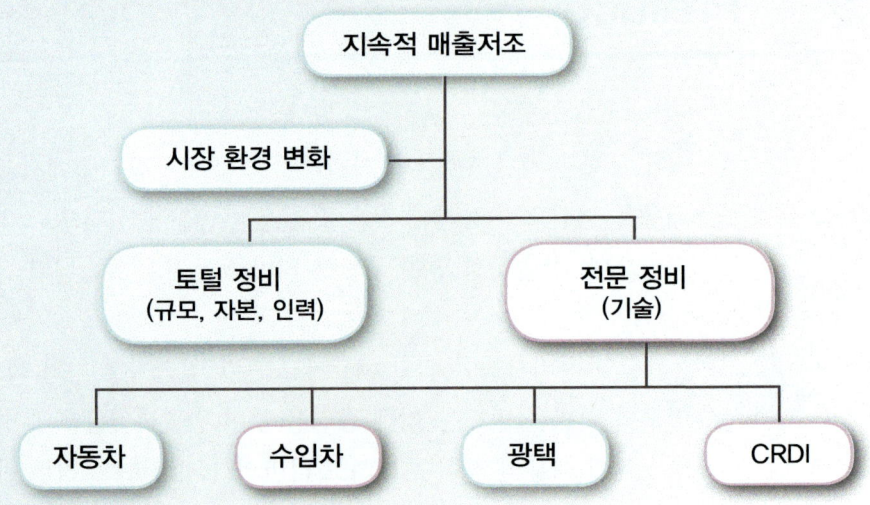

현재 우리나라에 자동차를 정비하는 업소는 대략 35,000여개 정도가 되며, 종사하는 정비사는 200,000명에 육박하고 있다. 이중에서 경제적으로 중산층 이상의 지표를 가지고 있는 정비사는 과연 어느 정도인가? 아마도 생각 이상으로 많지는 않을 것이다.

전체 30,000여개 업소 중에서 상위 30% 정도만 중산층 이상의 경제지표를 가지고 있을 것이다. 즉, 9,000여개 업소 정도만 지표상의 흑자를 내고 있다고 보여 진다. 그중에서 매달 저축도 하면서 소위 돈을 벌었다는 업소 또한 30% 정도로 대략 3,000여개 업소 정도일 것이다.

그러면 전국의 지도를 두고 3,000여개의 점을 찍어서 확인하여 보자. 인구 비율을 감안하여 점을 찍어보면 알 수 있는 것이 하나 발견되는데 그것은 영업력, 즉 영업력의 범위이다. 우리 동네에서 일등을 하는 업소만 돈을 번다는 것이며, 우리 동네라 하면 어디까지인가? 내가 운영하는 매장의 고객 데이터를 분석해 보면 과연 내 영업력은 몇 km의 반경 인가를 알 수 있다는 것이다.

최소한 광역시를 기준으로 반경 4km 내에서 소위 3등 안에 들어야 먹고산다는 말이다. 그 반경 내에는 차량의 제작사 업체, 프랜차이즈, 전문정비업소 등등 수많은 업소가 있을 것이다. 그들과 무엇인가 하나는 달라야 하고 무엇인가 하나는 뛰어나야 먹고 살수 있다는 것이다.

대기업이 할 수 있는 일과 제작사가 할 수 있는 일 그리고 내가 할 수 있는 일은 분명히 다르고 달라야 한다. 자본과 정보 및 인력 그리고 시스템이 부족한 내가 할 수 있는 일은 현실적으로 전문기술 밖에는 없다. 따라서 우리는 앞으로 10년의 먹거리를 찾아내야 하고 체질을 냉정하게 변화시켜 나아가야 생존할 수 있다. 내 상황에 알맞게 가장 합리적으로 판단하여 전문 정비업으로 방향을 전환시켜야 할 때이다.

2. 무엇을 해야 하는가?

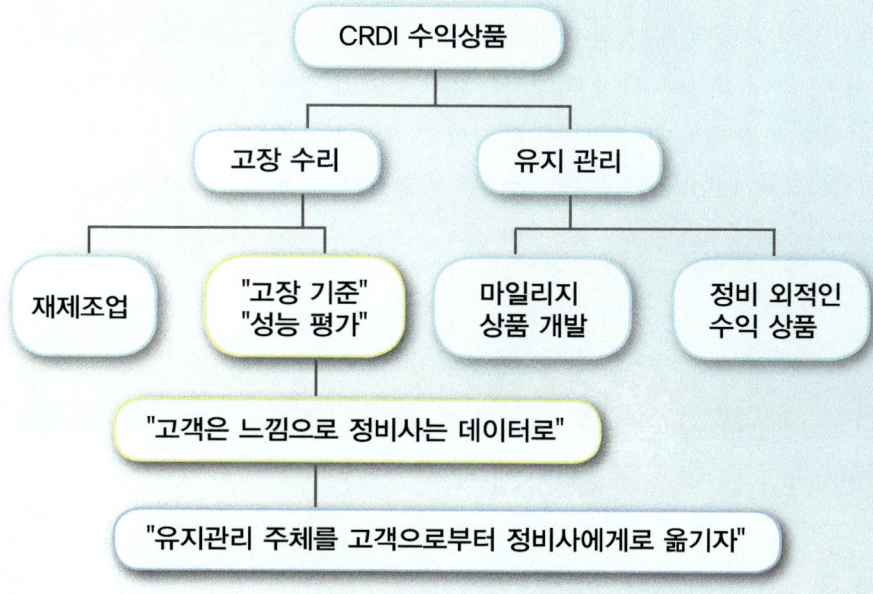

최근에 정비업소의 가장 큰 애로점은 크게 두 가지이다.

① 자동차의 입고 대수가 감소하였다.
② 고장이 나질 않아서 수리할 것이 없다.

「과연 그러한가?」「그러면 잘 운영되는 업소는 고의로 고장을 내는가?」 그렇지는 않을 것이다. 과연 비법이 무엇인가를 살펴볼 필요가 있을 것 같은데 우리는 그저 시샘만 할 뿐 배우려 하지 않는다. 아니 배우긴 배워도 실천을 하지 않을 뿐이다. 정비의 패러다임

(Paradigm)이 바뀐 것이다. 차령의 수리에서 유지 관리로 방향이 급선회한지 오래이지만 우리 정비사들만 계속 관점을 바꾸지 못한 것이다.

한참 전 뉴그랜저라는 자동차가 여름철에 에어컨이 시원하지 않다고 들어오면 그제야 우리는 바람이 약한 이유를 실내의 필터가 막힌 것으로 진단하고 교환해 주었다. 무슨 주기가 있었던 것은 아니었다는 것이다. 단지 고장수리 대상이었던 실내항균필터가 최근 들어 6개월, 10,000km 마다 교환해야되는 마일리지 정비가 되었다. 즉, 지금의 정비는 고장수리 정비 시장에서 유지 관리의 시장으로 그 수요가 바뀌어가고 있다.

그러면「유지 관리는 누가 하는 것인가?」「차주가 직접 하는가?」「정비사가 하는가?」차주가 하도록 내버려 둔다면 정비의 수요는 점점 없어질 것이며, 특히 커먼레일 디젤 엔진의 경우는 그 정도가 더 심할 것이다. 지금의 정비 시장은 궁극적으로 마일리지 정비가 되어야 하며, 그렇게 되도록 하기 위해서는 정비사만의 정확한 고장을 진단하는 기준을 마련하여 고객의 차량에 대하여 성능을 평가할 수 있어야 한다.

전문정비사로서 데이터에 근거한 정비를 바탕으로 고객의 신뢰를 쌓아야 하고 차량의 유지 관리의 주체를 고객으로부터 정비사로 옮겨오는 것에 우리의 생존이 달려있다고 해도 과언이 아니다.

3. 성능 평가 방법

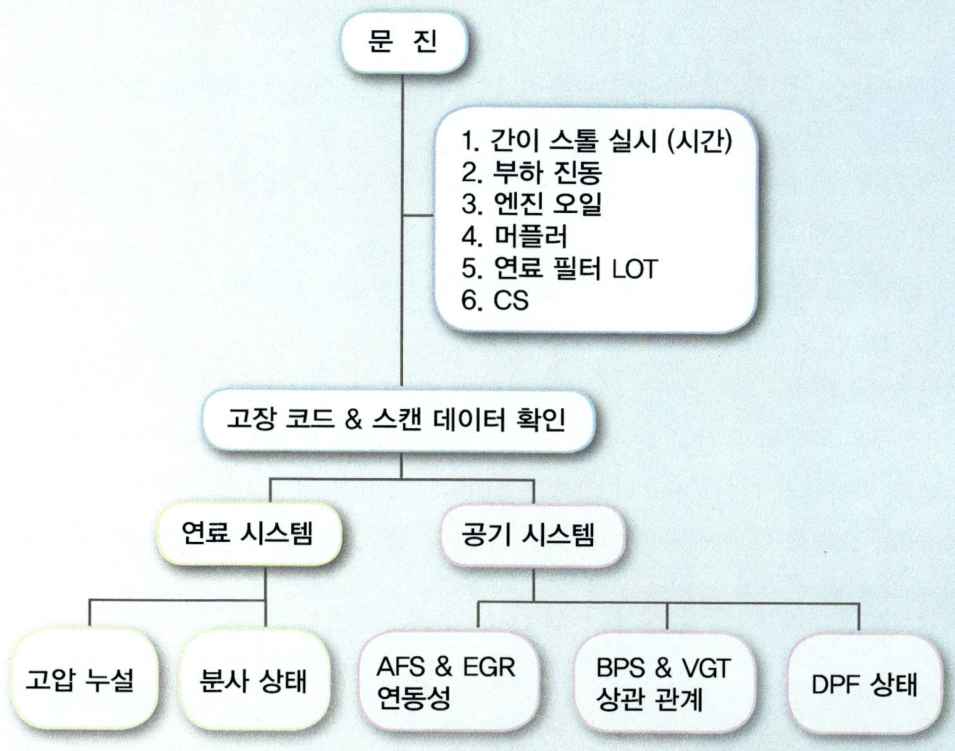

(1) 고객을 맞이하는 방법

고장의 기준을 결정하고 성능을 평가하기 위해서 중요한 것은 고객이 나에게 차량을 맡겨주어야 가능한 일이다. 대부분의 경우 고객이 방문하는 목적은 엔진 오일, 타이어 공기 압력, 소음 등을 해결하고자 한다. 왜냐하면 그것까지만 알고 있기 때문이다.

그러면 정비사의 입장은 어떠한가?「상당히 전문적이다.」「고객의 궁금증은 중요하지 않다.」일단 스톨을 실시하여 스캐너를 연결하고 진단을 시작한다. 물론 나쁘다는 것은 아니지만 이제껏 습관적으로 해왔다.

다시 한 번 말하지만 정비의 패러다임이 오버 홀 수리가 아니라 클리닝, 점검, 유지 관리의 모드로 바뀌었다. 나의 경험으로 단골이 된 고객들의 대부분은 나의 기술이 아니라 그냥 나를 좋아하는 사람들이었다. 말투, 인사성, 매장의 청결, 차량의 시트 깔기, 워셔액 보충, 해피 콜 등등 CS(Customer Satisfaction)를 기술로 생각하고 선입견을 갖는다는 것이다.

강의 중에 이러한 질문을 한다. 「산타페가 들어오면 제일먼저 무엇을 봅니까?」라고 하면 그 답들은 ① 연료 필터, ② 머플러, ③ 흡기 매니폴드, ④ 인젝터 녹슨 것, ⑤ 고압펌프 누유 등등이다. 과연 그러한가? 입장을 바꿔 생각해 보자

우리가 병원에 갈 때 의사 앞에서 위축이 되듯이 고객들도 정비사 앞에서 위축(?) 혹은 상당한 경계심을 가지고 방문한다. 『어리숙하면 저놈들이 눈 탱이 칠거야』라고 생각하면서 차량에서 내린다는 말이다. 그러면 우리는 『너 안 잡아먹는다.』는 모습을 보여야 하는 것이 당연하다

산타페가 들어오면 가장 먼저 고객의 얼굴 즉, 눈 맞춤을 하는 것이 우선이며, 이것이 마케팅 기법인 MOT(Moment of Truth)이다. 그 다음이 왜 날 보러 오셨냐는 듯이 문진하여야 하는 것이다.

고객들은 차량의 유지 관리 시점을 엔진 오일의 교환 시점과 같이 생각한다. 즉, 엔진 오일을 교환하면서 다른 것도 봐 달라는 식이다. 그러면 정비사도 고객의 눈높이에 맞추어야 한다. 오일에 대한 해박한 지식을 갖추고 고객의 요구에 만족할만한 답을 주고 난 다음 내 볼일을 봐야 하지 않을까 싶다.

(2) 퀵 테스트

차량을 리프트에 리프팅 할 때까지 짧은 시간에 그 차량의 대략적인 평가가 이루어져야 한다. 고객이 우리에게 허락하는 시간은 길어야 20분 정도이다.

1) 간이 스톨 실시

차종별로 스톨을 실시하여 그 대략적인 시간의 데이터를 보유하고 있어야 한다. 서비스 데이터에서 엔진의 회전수를 그래프로 변환시켜서 두 개의 시간 축을 가지고 스톨 rpm의 시간을 측정할 수 있으면 가장 정확 하겠지만 그러한 도구가 없어도 나만의 기준을 가지고 데이터를 축적하는 것이 더 중요하다.

① 보쉬 타입:WGT-3초/VGT-2.5초
② 델파이 타입:3.5초

이 기준보다 1초 이상 늦어진다면 이 차량은 출력이 부족한 것이다. 정밀 검사를 할 때에 ① AFS값, ② 레일 압력 조절 밸브 듀티/레일 압력/목표 압력 상관관계, ③ EGR 이상 유무, ④ VGT 액추에이터 듀티 등을 점검해보아야 한다.

> **Tip**
>
> **스톨 검사**
>
> 　스톨 테스트는 자동변속기 차량에서 엔진의 출력 및 자동변속기의 슬립 여부를 간단히 판단하는 테스트로 차량의 출력 부족 및 가속 불량의 원인이 엔진에 의한 것인지 자동변속기의 슬립에 의한 문제인지를 구분한다. 또한 차량 정지 상태에서 간단히 엔진에 부하를 주기 위해 실시한다.
> 　스톨 테스트는 자동변속기의 토크 컨버터가 슬립을 발생시키므로 자동변속기의 오일 온도가 급격히 상승되므로 오랜 시간(10초 이상) 연속으로 실시하지 않아야 한다. 또한 차량이 발진하지 않도록 브레이크 장치를 확실히 고정한 후 안전에 유의하면서 실시하여야 한다.

2) 부하 진동

　차량에 부하를 인가해 보면서 무부하시와 부하시 차량의 진동 발생이 큰 차이를 보인다면 엔진의 파워 밸런스가 좋지 못하거나, 진동 흡수 부품들의 노후여부를 점검하여야 한다.

① 보쉬 타입:압축압력 및 연료계통의 검사(파워 밸런스)를 실시하여 점검하고
② 델파이 타입:유로 3은 MDP 학습값 횟수를, 유로 4는 실린더 보정, 속도 등의 데이터를 참고한다.
③ 머플러의 벨로우즈 상태, 엔진의 브래킷 상태, 엔진 멤버의 부싱, 핸들의 진동 댐퍼 등을 점검한다.

(3) 엔진 오일

엔진 오일의 량을 측정한다.

1) 오일량이 적은 경우(L에 가까이 있을 때)

① 오일의 교환 주기가 길어진 것인지
② 동 와셔에서 누설은 없는지
③ 터보에서 오일이 흡기나 배기 쪽으로 유입되지는 않는지
④ 밸브 가이드 실에서 오일이 연소실로 누유 되는지
⑤ 오일라인의 어딘가에 누유가 있는지를 확인하여야 한다.

2) 오일량이 많은 경우(F선에서 1cm이상 넘을 때)
① 경유가 오일라인으로 유입되어 희석되는지
② 냉각수가 오일라인으로 유입되어 희석되는지
③ DPF 차량의 경우 자주 단거리 주행을 하여 잦은 재생이 이루어지고 있는지를 확인하여야 한다.

(4) 연료 필터 LOT 확인

기본적으로 현재의 시점에서 2년 이상이 된 필터라면 예방정비가 필요한 것이다. 커먼레일 정비의 기본은 연료 필터를 오일 필터와 같은 개념으로 접근하여야 한다. 즉, 수리대상 혹은 진단 대상이 아니라는 것이다.

대략 이러한 접점 포인트를 가지고 리프팅하고 고객의 요청사항을 해결한 후 정비사가 느낀 퀵 테스트 결과를 가지고 스캐너를 이용하여 해당 차량의 정밀 점검여부를 고객에게 승인 받아야 한다. 승인만 된다면 벌써 50%는 된 것이다.

스캐너를 이용한 정밀 점검에서는 연료 시스템인지, 공기 시스템인지 구분하여 나만의 고장기준을 가지고 예방정비를 할 것인지, 수리를 할 것인지를 결정하면 된다.

CONTENTS

Chapter 1. 디젤 엔진의 연소 원리　　15
1. 가솔린 시스템과의 차이점　　16
2. 디젤 기관의 연소과정　　17
3. 커먼레일 디젤 엔진의 등장 배경　　19
4. 고압 형성의 기능과 연료 분사 기능의 독립성　　21

Chapter 2. 진단 매뉴얼　　23
1. 필수 진단 도구　　24
2. 고장 진단의 출발점-서비스 데이터 분석　　26

Chapter 3. 연료 시스템 고장진단　　27

Ⅰ 정압식 연료 시스템(D,S,R엔진) 고압형성 기능 진단
1. 커먼레일 시스템의 분류　　28
2. 연료 흐름도　　30
3. 저압 라인의 진단 방법　　31
4. 고압 라인의 진단 방법　　41

Ⅱ 연료 분사 기능의 진단
◆ Bosch Injector　　67
1. 커먼레일 디젤 인젝터의 일반적 특성　　68
2. 보쉬 인젝터의 특성과 진단 방법　　71

Ⅲ 보쉬 피에조 시스템
1. 피에조 등장의 배경　　95
2. 피에조 인젝터의 종류　　96
3. 보쉬 시스템의 유압 서보 방식의 피에조 인젝터의 작동원리　　99
4. 피에조 인젝터 시스템의 연료 흐름도(현대 R엔진-유로5~6)　　103
5. 피에조 인젝터의 탈부착시 주의사항　　104

Ⅳ 부압식(A, A2, U, U2, DELPHI)엔진 연료 시스템 고압형성 및 유지 기능진단

1. 흡입식 저압 펌프 방식	105
2. 부압 방식 저압 라인을 사용하는 엔진 분류	105
3. A엔진 연료 흐름도	106

Ⅴ 델파이 시스템 연료 분사 기능 진단

1. 델파이 인젝터의 특징	139
2. 델파이 인젝터의 종류	140
3. 작동 원리	140
4. 델파이 인젝터의 진단 방법	141
5. 인젝터 파형 측정	156
6. 에어빼기 방법	158
7. 쌍용 차량 진단	160

Ⅵ A2 엔진 연료시스템

1. 적용 차종	168
2. 배출가스 규제	168
3. 연료시스템의 특징	168
4. 에어빼기 기능	175
5. 기타 시스템	176

Ⅶ 동시 제어 방식 연료 시스템

1. 동시 제어 방식의 작동 원리	180
2. 최고 압력 검사	182

Ⅷ 커먼레일 디젤 차량 견적기법

1. 견적의 원칙	186
2. 견적 기법 이론	187

Chapter 4. 공기 시스템　　189

I 배출가스규제에 관한 기준

1. 유로 기준이란?　　191
2. 유로 기준에 따른 커먼레일 디젤 엔진 기술의 발전　　192
3. 유로 기준에 따른 시스템 변화　　193
4. 배출가스 제어 장치와 공기 시스템의 상관관계　　195

II 공기 시스템의 개요

◆ 공기 흐름의 이해　　196

III 터보 시스템 고장 진단

1. 터보차저의 종류　　199
2. VGT 진공식 터보 진단트리　　206
3. e-VGT(electronic Variable Geometry Turbocharger)　　217
4. 고장 코드 (현대 · 기아 R 엔진)　　219
5. VGT 제어 금지 조건　　220

IV 배출가스 재순환 장치 고장 진단

1. 개요　　224
2. 질소산화물의 저감 대책　　225
3. EGR 제어 시스템 (배출가스 재순환 장치)　　229
4. A2 엔진 EGR & VGT 연동　　264
5. EGR & 가변 스월 밸브의 연동　　265
6. ACV (에어 컨트롤 밸브)　　271

V 공기량 센서(AFS) 고장 진단

1. 공기량 센서의 적용 목적 … 276
2. 공기량 센서 구조 및 원리 … 277
3. 고장 진단 방법 … 280
4. AFS 센서 시뮬레이션 … 293
5. 사례1 – 포터2 가속불량 … 295
6. 사례2 – 산타페 가속불량 … 296
7. 사례3 – 카이런 가속불능-중복고장 … 298

VI 매연 저감의 대책

1. 매연 발생에 대한 이해 … 301
2. KD-147 검사 … 308
3. 배출가스 관련 현장 대책 … 314

VII CPF (매연저감장치)

1. 개요 … 315
2. 포집량 계측과 재생원리 … 316
3. 고장 진단 방법 … 331
4. 전용 오일 사용에 대한 고찰 … 345

Chapter 5. 압축시스템 진단 — 347

1. 진단 트리 … 348
2. 압축 시스템 견적 기법 … 366

Chapter 6. 기타 센서 — 367

1. 액셀러레이터 페달 포지션 센서 (APS) … 368
2. 이중 브레이크 스위치 … 374
3. 중립 스위치 … 378
4. 예열 시스템 … 380

Chapter 1
디젤엔진의 연소 원리

Chapter 1
디젤 엔진의 연소 원리

현장에서는 돈을 버는 교육을 해달라는 말을 많이 듣는다. 아마도 기술적인 자신감을 전제로 하는 말일 것이다. 증상별 고장개소를 족집게처럼 알고자 하는 마음임을 이해 못하는 것은 아니지만 단언컨대 그러한 것은 없다.

시스템을 이해하고 그를 기반으로 고장진단의 트리를 작성한 다음 어떻게 내 매장에 상품화시킬지를 고민하면 되는 것이다.

1 가솔린 시스템과의 차이점

혼합기의 형성 과정에서의 차이로 먼저 디젤 차량의 연소과정에 대하여 기본적인 사항을 이해하고 넘어가자.

가솔린 엔진의 경우 흡입행정에서 연료+공기를 함께 흡입하여 압축행정까지 충분히 혼합을 한다. 그 이유는 착화점이 높은 가솔린을 연료로 사용하기 때문에 가능한 것이다. 혼합기가 충분히 믹싱된 상태에서 불꽃점화를 압축행정의 말단에서 실시하면 다점점화가 이루어져서 완전연소에 가까운 연소를 할 수 있다.

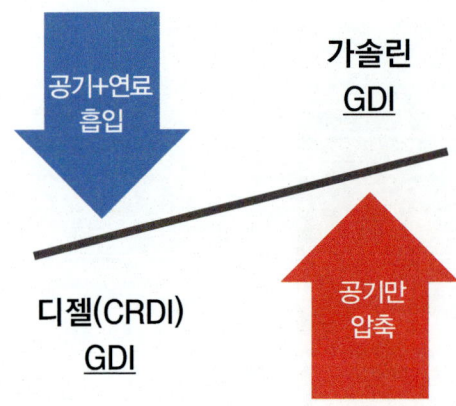

한편 디젤 엔진의 경우 흡입행정에서는 공기만을 흡입하여 그 공기를 압축행정의 말단까지 압축한다. 이때 공기를 압축행정의 말단까지 압축을 하게 되면 공기의 온도가 800℃까지 상승하게 되고 거기에 분사노즐을 통하여 연료를 분사하면 연료는 800℃의 가열된 공기와 만나서 증발하며, 증발하는 부분부터 착화되기 시작하여 점점연소가 화염 방사기의 불기둥처럼 확산 되어간다. 이를 확산연소(Diffusion Combustion)라 한다.

문제는 가솔린처럼 혼합기가 충분한 믹싱과정을 거치지 못하게 되고 짧은 혼합기의 형성기간으로 인해 압축된 공기의 70~80% 정도만 연소에 참여할 수 있다는 것이다. 엔진의 구조상 불완전 연소가 이루어질 수밖에 없다. 즉, 매연이 발생할 수밖에 없는 엔진인 것이다.

그래서 디젤 엔진에서 커먼레일 이전까지는 매연을 줄이기 위한 방법을 공기 시스템에서 찾기 위해 노력하였다. 즉, 연소에 참여하는 공기의 량과 질을 높이려 인터쿨러 터보 시스템을 디젤에 채용하게 된 것이다. 100%를 유입해서 70%가 참여한다면 120%를 유입하면 90%가 참여할 것이라는 이유에서 이다. 이는 후에 커먼레일 엔진에서 가변 스월 장치와 VGT, E-VGT 시스템으로 발전해 간 것이다.

2 디젤 기관의 연소 과정

피스톤이 압축 상사점에 다다르기 시작하면 A점에서 연료의 분사가 시작되지만 위에서 설명한 바와 같이 B점이 되어야 착화가 시작된다. 초기 분사 후 착화가 이루어지는 이 구간을 착화지연기간 또는 연소준비기간이라고 하며, 그 시간은 1/1000초 정도로 지연 시간이 2/1000초 정도만 되면 노킹이 발생된다.

착화지연기간이 길면 길수록 화염전파(폭발 연소)기간에 소음과 진동은 커지게 되며, 과도한 연소온도의 상승으로 질소산화물이 과다하게 생성될 수 있다.

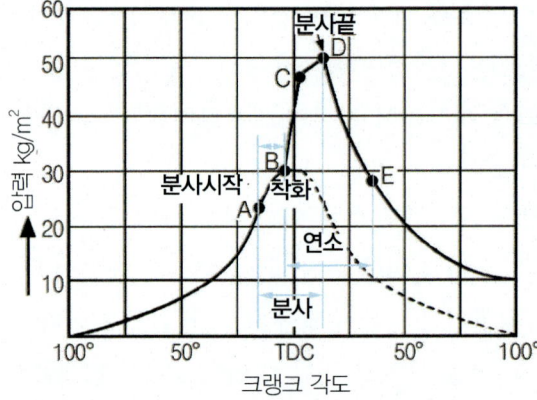

1. 분사 구간 : A~D
2. 연소 구간 : B~C
3. 노크 원인 구간 : A~B
4. A~B : 착화지연기간(연소준비)
5. B~C : 화염전파기간(정적연소기간, 폭발연소기간)
6. C~D : 직접연소기간(정압연소기간, 제어연소기간)
7. D~E : 후기연소기간(후연소기간)

Tip

디젤의 노킹 원인은 착화지연이 길어지는 것에 있음을 이해하자.
착화지연을 최소화 하기위한 방법은 불이 잘 붙도록 하면 된다.
디젤은 연소 초기에, 가솔린은 연소 후기에 노킹이 발생됨으로 반대로 생각하여야한다
① 분사량은 적어야(무화 분사, 예비 분사)
② 압축이 좋아야(동 와셔 기밀 불량)
③ 공기는 맑고 충분하게(흡기 카본제거, EGR 시스템)
④ 연소실은 차갑지 않도록 하여야 한다(예열 시스템)

3. 커먼레일 디젤 엔진의 등장 배경

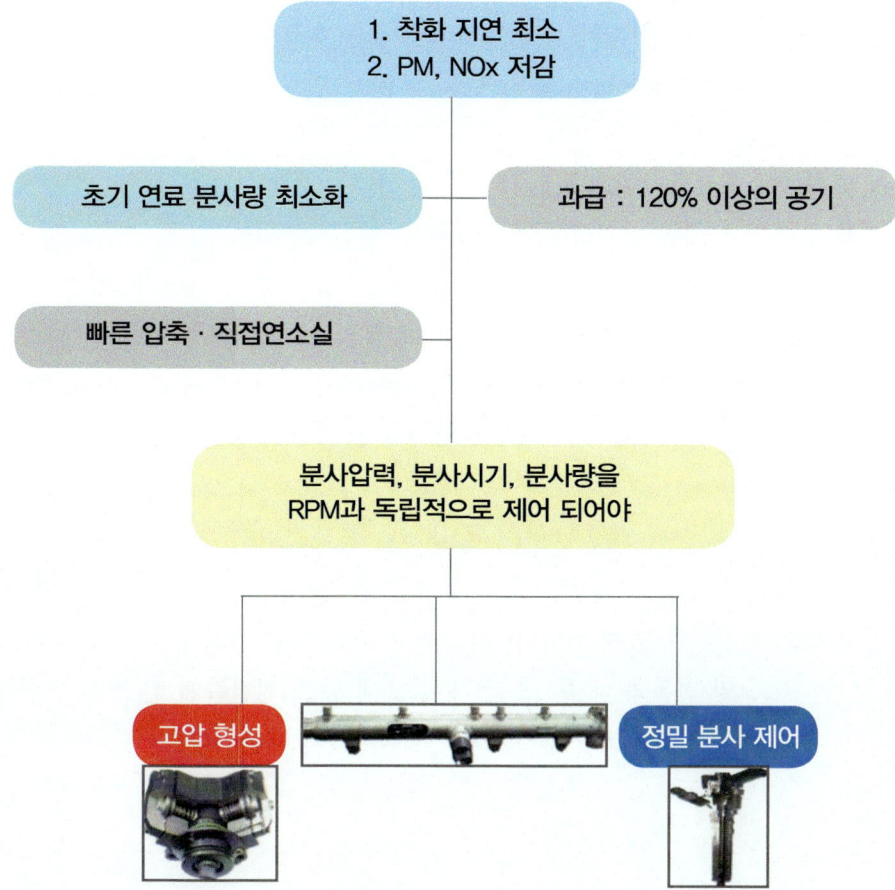

기존의 일반 디젤 엔진의 경우 간접 연소실(예연소실, 와류실)의 구조를 갖추고 압축 착화하는 방식이기 때문에 착화지연기간을 줄이는데 한계가 있었다. 이에 일반 디젤 엔진에서 연소효율을 높이기 위해 착안하였던 공기 시스템의 개선에 추가적으로 연료 시스템과 압축 시스템에 변화를 주게 된 것이다.

① 공기가 연료를 향하는 것이 아니라 연료가 공기를 향하는 방법을 생각하였다. 연료 분사의 무화도, 분포도, 관통력을 개선하는 방법으로 시스템을 발전시키게 되었다.
② 피스톤 헤드에 직접 연소시키는 직접 연소방식을 채택하였다.

디젤 엔진의 문제점인 ① 소음 및 진동, ② 질소산화물 및 매연을 동시에 해결할 수 있는 방법은 초기의 연료 분사량을 적게 하여 착화지연을 최소화하는 것으로 연료의 분사패턴을 압축행정 중에 다단(예비/주) 분사시켜 불씨를 만드는 것이다.

일반 디젤 시스템에서 이를 위해서는 몇 가지의 문제를 해결하여야 한다.

① 최고 연료압력이 120~130bar정도 밖에 되지 않는 연료압력을 초고압(1000bar이상)으로 만들 수 있어야한다.
② 엔진의 회전수에 연료압력이 구속되지 않아야 한다.
③ 연료의 분사 기능을 개별 실린더별로 제어할 수 있어야한다.

이를 해결하기 위해 등장한 것이 커먼레일(Common Rail)이란 부품이다. 기존의 연료 펌프가 분사의 기능까지 수행하던 것을 커먼레일이라 하는 연료의 저장 통을 만들어서 펌프는 연료를 고압으로 형성하여 저장 통에 담는 역할만 하고 ECU가 저장 통에서 개별 실린더로 연료 분사의 기능을 수행하는 시스템으로 발전시킨 것이다. 그 대표성으로 인해 "커먼레일 디젤"이라 칭한다.

커먼레일이란 시스템이 도입되면서 연료의 분사 압력, 분사 횟수, 분사시기를 엔진의 회전수와 독립적으로 제어할 수 있게 되었다. 따라서 기존의 디젤 엔진에서 문제가 되었던 착화지연으로 인한 소음 및 진동과 배출가스의 제어 문제 등을 해결하게 된 것은 커먼레일이란 시스템을 통해서 다단으로 연료의 분사를 구현할 수 있기 때문이다.

1. 디젤 엔진의 연소 원리

4 고압 형성의 기능과 연료 분사 기능의 독립성

커먼레일을 중심으로 고압 형성의 기능과 연료의 분사 기능을 독립적으로 진단하여 모두 그 성능이 만족될 때 연료시스템은 정상이라고 평가할 수 있다.

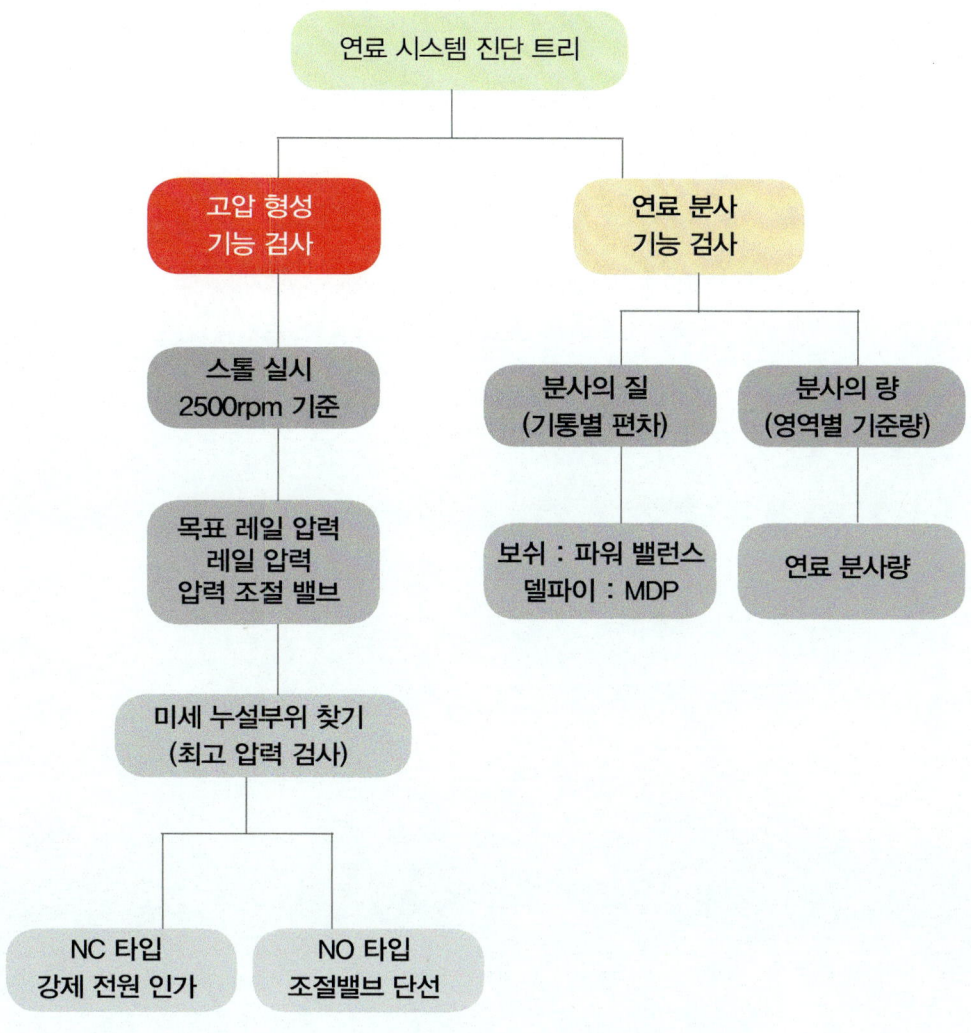

Chapter 2
진단 매뉴얼

Chapter 2
진단 매뉴얼

1 필수 진단 도구

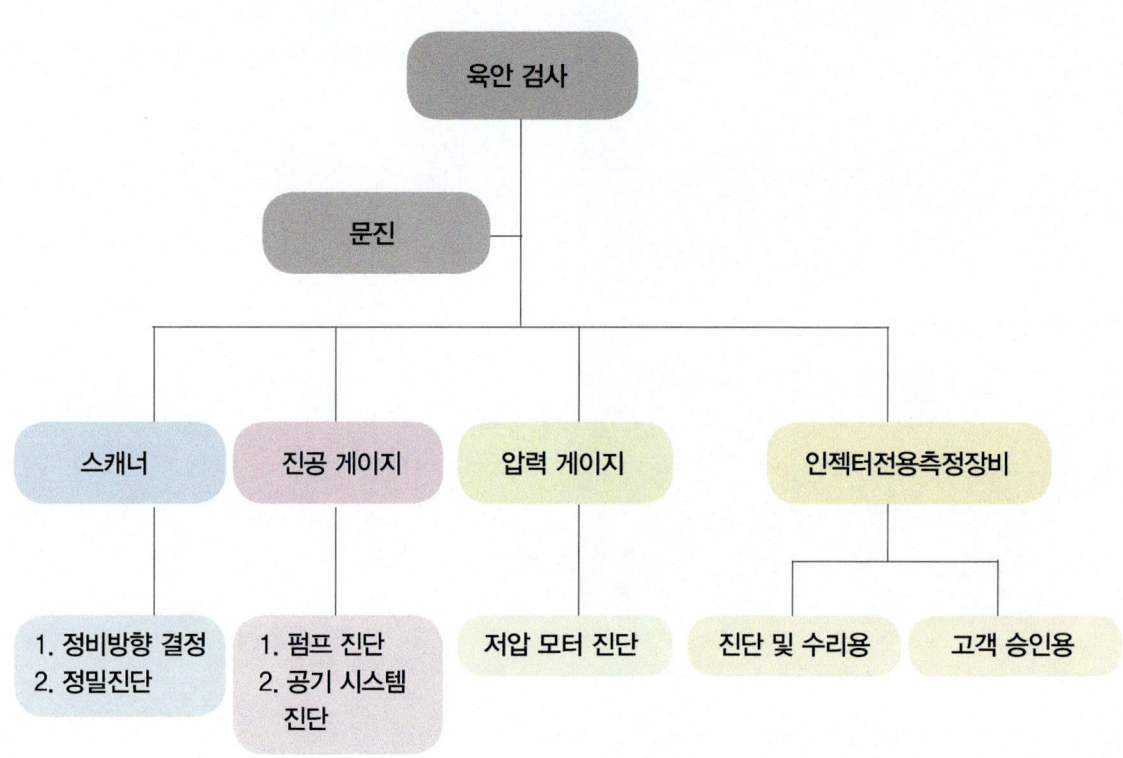

커먼레일 디젤 엔진을 진단하기 위한 필수 도구로는 ① 스캐너, ② 부압 게이지, ③ 정압 게이지, ④ 인젝터 측정기가 필요하다. 스캐너는 최소한 4개의 데이터 정도를 동시에 파형으로 변환시켜볼 수 있는 기능과 액추에이터의 강제 구동 기능에서 파형으로 센서의 출력을 확인해 볼 수 있어야 한다.

커먼레일에서 서비스 데이터 10개 정도만 분석이 가능하다면 진단방향과 정비방향을 정할 수 있으며, 고장 진단의 출발과 끝은 스캐너를 통한 서비스 데이터의 분석에 있다. 즉, 서비스 데이터의 분석만 잘 한다면 고장의 90%는 진단이 가능하다는 것이다.

> **Tip**
>
> 스캐너의 활용 능력이 가장 기본적이면서 정밀한 진단도구이다.
>
>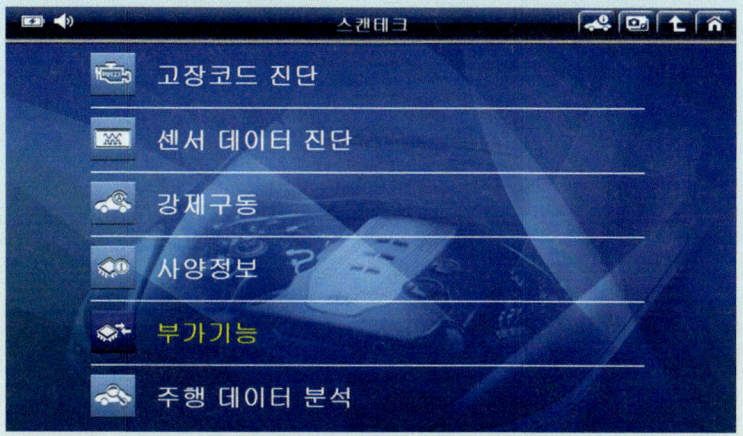

스캐너의 기능을 최대한 활용할 수 있어야 커먼레일의 정비가 좀 더 쉬워지며, 스캐너의 기능은 아래와 같다.

① 고장 코드 진단
② 센서 데이터 출력
③ 액추에이터 강제 구동
④ 부가 기능
　부가 기능에는 인젝터 데이터의 입력, 학습 값 초기화, 파워 밸런스, 에어빼기, 누설 검사 등 많은 기능들이 포함되어 있다. 요즘 차량들의 정비에서는 부가 기능에 대한 활용 능력이나 정보가 부족하면 진단을 해도 수리할 수가 없다.
　커먼레일 디젤 엔진의 정비뿐만 아니라 정비사로서 스캐너를 통한 차량과의 소통에 좀 더 노력하지 않으면 더 이상 현장의 정비는 불가능하게 될 것이다.

2. 고장 진단의 출발점 – 서비스 데이터 분석

압축착화			
고장코드 분석	**연료시스템** 1. 목표레일압력 2. 레일압력 3. 압력조절 밸브듀티 4. 연료 분사량 5. 주 분사시간 6. 파워 밸런스 7. MDP 학습	**공기시스템** 1. 실린더당 흡입 공기량 2. EGR 액추에이터 듀티 3. VGT 액추에이터 4. 부스트 압력 5. DPF차압량 6. 스로틀풀립액추에이터	**압축시스템** 1. 싱크로 상태 2. 실린더당 흡입 공기량 3. 파워밸런스

물론 스캐너가 만병통치약은 아니다. 커먼레일 디젤 엔진의 정비에 있어서 스캐너로 진단하여야 하는 것과 전용 장비를 이용하여야 하는 것, 부압 게이지, 정압 게이지로 진단하여야 하는 것이 분명히 구분되어야 하며, 스캐너 이외의 게이지들과 전용의 장비가 필요한 이유는 다음과 같다.

① 디젤 엔진의 연료시스템은 압력값을 기반으로 연료량을 간접적으로 계측한다는 것이다. 커먼레일 디젤 엔진에서 연료의 압력이라 하면 커먼레일의 압력을 말한다. 인젝터, 연료펌프의 직접적인 압력이 아니란 것이다.

② 인젝터의 분사 기능을 진단하는 경우에 보쉬 시스템은 "압축압력 및 연료압력검사" 모드를 이용하고 델파이 시스템은 "MDP 학습 횟수, 학습값"이라는 간접적이고 상대 평가적인 방법을 이용하여 진단한다. 또한 진단 영역 또한 공전상태의 특정 rpm에서만 진단이 가능하다는 문제점이 있다.

배출가스의 기준이 강화되고 유지 관리의 개념으로 접근할 때 시스템의 성능을 정확히 평가하기 위해선 직접 분사하여 영역별 인젝터의 성능을 정밀하게 측정할 수 있어야 한다. 스캔 데이터를 분석하여 방향을 결정한 후 게이지를 이용하여 확실히 진단하고 고객에게 보여주는 장비를 이용하여 승인을 받아 수리하는 매뉴얼이 정립되었으면 한다.

Chapter 3
연료 시스템 고장 진단

I 정압식 연료 시스템 (D,S,R엔진) 고압형성 기능 진단
II 연료 분사 기능의 진단
III 보쉬 피에조 시스템
IV 부압식(A,A2,U,U2,DELPHI) 엔진 연료 시스템 고압형성 및 유지 기능진단
V 델파이 시스템 연료 분사 기능 진단
VI A2 엔진 연료시스템
VII 동시 제어 방식 연료 시스템
VIII 커먼레일 디젤 차량 견적기법

Chapter 3

I 정압식 연료 시스템 (D,S,R엔진) 고압형성 기능 진단

1 커먼레일 시스템의 분류

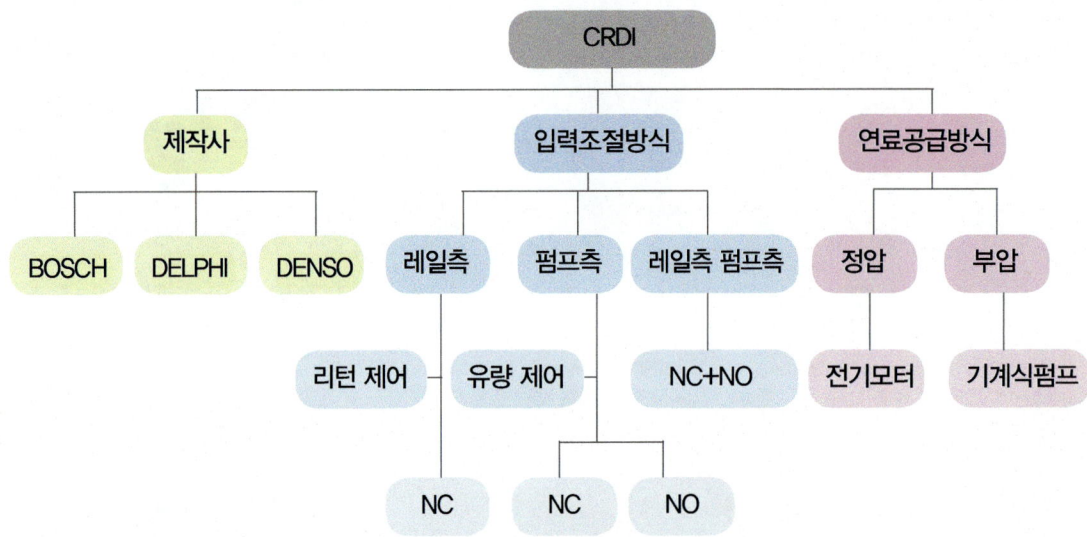

국내 생산의 디젤 차량 중에 덴소 시스템은 상용자동차 위주로 기본적으로는 2.5톤 이상의 차량에 적용이 되어 있고 2016년부터는 1톤 트럭에도 적용할 예정이며, 승용자동차 디젤의 경우는 대부분 보쉬와 델파이 시스템이 적용되어 있다. 제작사에 관계없이 고압의 연료를 어떻게 제어할 것인지 고압 계통은 레일측에서 압력 조절기를 통하여 레일의 압력을 제어하는 방식과 펌프측에서 유량을 제어하는 방식, 두 가지를 동시에 제어하는 방식으로 나누어 볼 수 있다.

저압 계통에서는 저압의 연료를 펌프까지 보내는 방식에 따라 연료 탱크에 전기모터를 이용하여 압송하는 방식(정압)과 엔진의 타이밍 계통에 연동된 펌프를 회전시켜 연료를 흡입하는 방식(부압)으로 나누어 볼 수 있다. 정압 방식과 부압 방식이 외형상 어떻게 구분되며, 진단하는 방법에서는 어떤 차이가 있는가?

① 외형 구분:연료 필터에 펌핑 장치가 있느냐, 없느냐
② 진단 구분:정압 방식인 경우 연료압력 게이지 사용, 부압 방식인 경우 진공 게이지 사용
③ 에어 유입 진단:부압 방식에만 주로 문제가 된다.

3. 연료 시스템 고장진단

　D엔진은 저압 모터가 설치되어 있는 방식으로 벌써 10년이 훌쩍 넘은 엔진이다. 우리가 커먼레일의 교육과정에서 구형의 이 엔진을 가장먼저 배우는 이유는 커먼레일의 가장 기본적인 시스템이기 때문이다. 엘란트라 엔진으로 기능사의 실기시험을 보는 이유와 같다.

　이 교재에서는 별도로 언급하지는 않겠지만 정비지침서를 통하여 새로운 엔진을 학습함에 있어 엔진의 기본사양과 연식별 특징, 각종 관리 품목에 대한 정보는 그 중요성을 아무리 강조해도 지나침이 없다. 반드시 이 교재를 통하여 학습하는 과정 중에서도 각자가 정비지침서를 병행하여 학습하길 바란다.

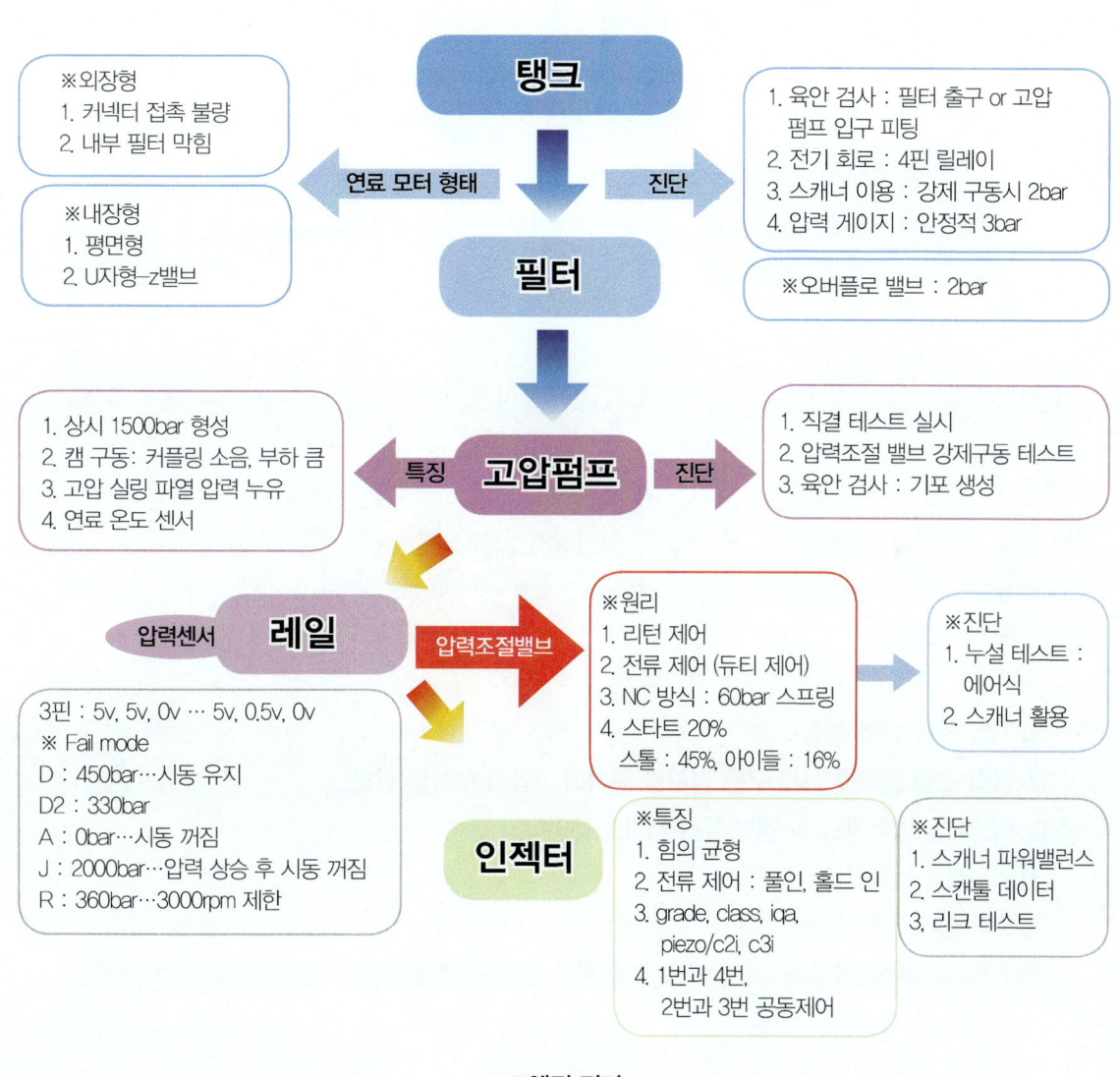

● D엔진 정리

2 연료 흐름도

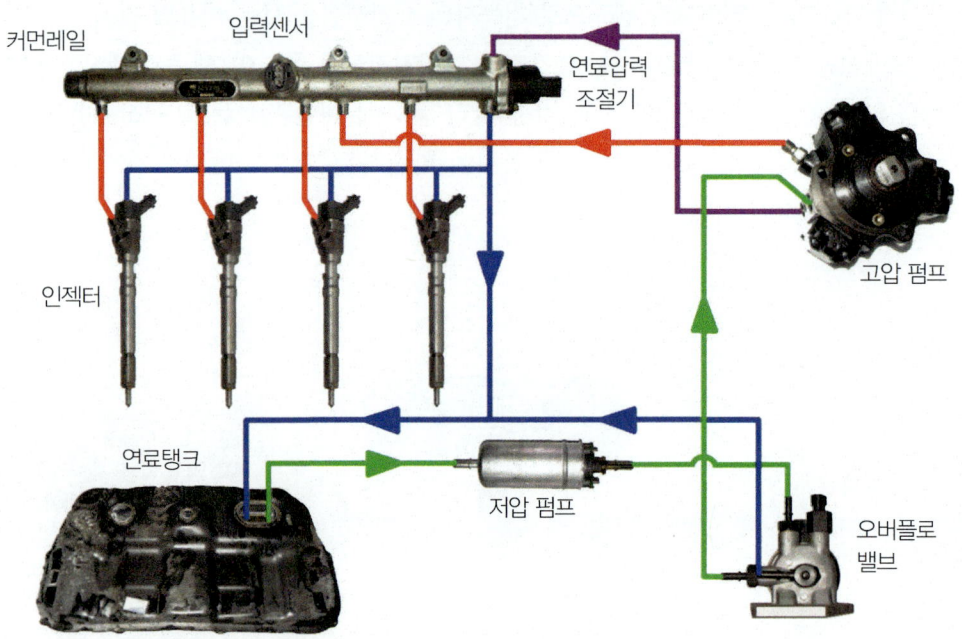

　D엔진은 연료가 전기 모터에 의해서 필터를 경유하여 고압 펌프까지 3bar정도의 안정적인 압력으로 공급되며, 고압 펌프에서 운전 조건에 관계없이 1500bar의 고압으로 커먼레일에 저장하는 방식이다. 이때 ECU는 입력 신호 값을 분석하여 현재 필요한 연료의 압력만큼만 커먼레일에 남겨두고 커먼레일의 끝 부분에 설치되어 있는 압력 조절 밸브를 출력 제어하여 리턴 라인으로 과잉의 연료를 탱크로 복귀시키는 출구 제어(리턴 제어) 방식을 사용한다. **현장에서 필요한 진단은**

① 저압 연료 압력 측정
② 압력 조절 밸브를 강제 구동 검사를 통하여 고압의 누설을 판단
③ 커먼레일 압력과 조절 밸브 듀티 서비스 데이터의 분석
④ 커먼레일 누설 검사
⑤ 고압 펌프 압력 측정
⑥ 인젝터의 파워 밸런스(압축압력 및 연료계통 검사)의 정확한 활용 등을 할 수 있어야 한다.

3 저압 라인의 진단 방법

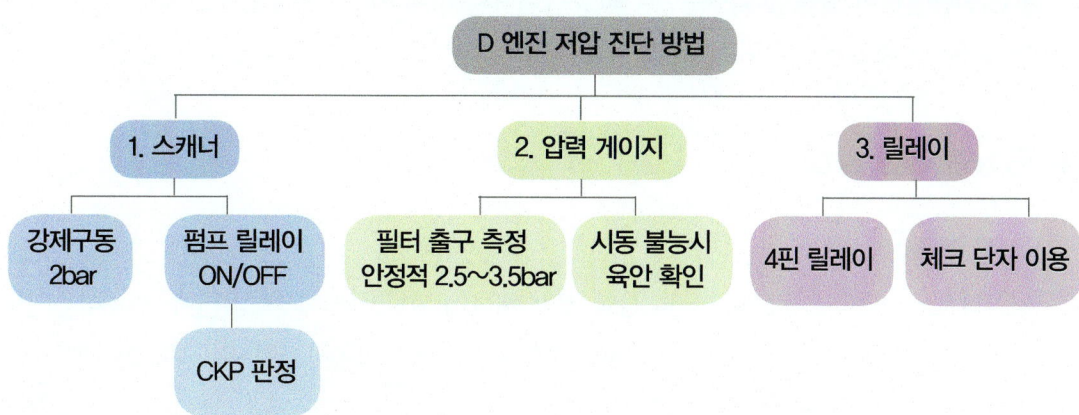

> **Tip**
>
> **진단 정리**
> ① 가솔린 엔진처럼 진단한다.
> ② 연료의 유무와 강약만을 확인한다.

　전기 모터를 사용하므로 전기 회로적인 구조도 가솔린과 동일하다. 단지 모터의 연료 토출량이 많을 뿐이다. 가솔린 엔진 차량의 경험을 돌이켜 보면 진단이 같다는 것을 알 수 있다. 시동이 불량일 경우에는 연료의 유무를 확인하면 될 것이고, 가속이 불량일 경우에는 연료의 압력을 측정하면 된다.

　기준이 되는 연료의 압력은 어느 정도 되어야 하는가? 커먼레일 디젤 엔진의 경우 필터의 출구에서 T자의 형태로 측정할 때 2.5~3.5bar 정도에서 차종별로 안정적으로 공급되어야 하고, 공전할 때의 압력이 가속시에도 안정적으로 유지되어야 한다.

1 저압 모터의 역할

　고압 펌프가 안정적으로 연료의 고압을 형성할 수 있도록 연료를 공급해 주는 역할을 한다. 일반적으로 3bar 정도의 압력으로 연료를 공급한다면 고압 펌프는 그 연료를 1500bar의 초고압으로 만들어 커먼레일에 저장한다. 따라서 연료 계통의 중간에서 압력의 누설에 대한 것 까지 감안하여 저압 모터에서 6bar정도의 토출 압력으로 연료 필터까지 송출하면 필터의 오버플로 밸브를 통해 2~3bar정도를 리턴시키고 나머지를 고압 펌프로 공급한다.

2 저압 모터 불량시 고장의 증상

연료를 공급하는 출발점이므로 연료의 공급이 원활하게 이루어지지 않으면 엔진의 시동의 지연되거나 시동이 불량하며, 엔진의 시동이 꺼지거나 가속 불량 등의 증상이 발생된다.

3 증상별 진단 방법

1) 시동 불량

전기적으로 릴레이를 제어하는 ECU의 접지 제어가 원활하게 이루어지는지, 릴레이는 정상적으로 자화되는지, 연료 펌프 모터는 정상적으로 작동되는지, 필터의 오버플로 밸브는 고착되지 않았는지 등을 점검하여야 한다.

① 스캐너의 키 온시, 스타팅시 레일 압력의 확인:최소 2~3bar이상 표출되면 정상
② 스캔 툴 데이터에서 "연료펌프 릴레이"가 "ON" 되는지 확인:CKP신호가 입력되면 ECU는 접지 제어를 실시한다. 이때 ECU가 접지 제어를 한다는 의미가 "ON"으로 나타난다. 릴레이가 실제로 자화 되었는지는 별개의 문제다.

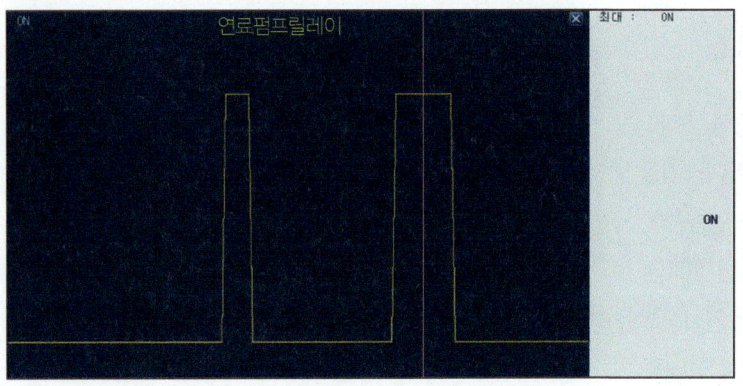

③ 필터의 출구쪽 라인과 입구쪽 라인을 피팅하여 키 온시, 스타팅시 연료의 송출 유무를 육안으로 검사한다.

2) 엔진의 시동 지연 또는 시동 꺼짐

① 압력 게이지를 필터의 출구쪽에 연결하여 토출 압력을 측정한다.
② 스타팅 시, 공전 시, 가속 시 안정적으로 정압이 유지되어야 한다.
③ D엔진의 유로 3타입은 2.5~3bar정도가 유지되어야 하고, 유로 4타입은 3~3.5bar 정도, R엔진의 경우는 4bar 이상이 유지되어야 한다.

3. 연료 시스템 고장진단

4 4핀 릴레이 점검

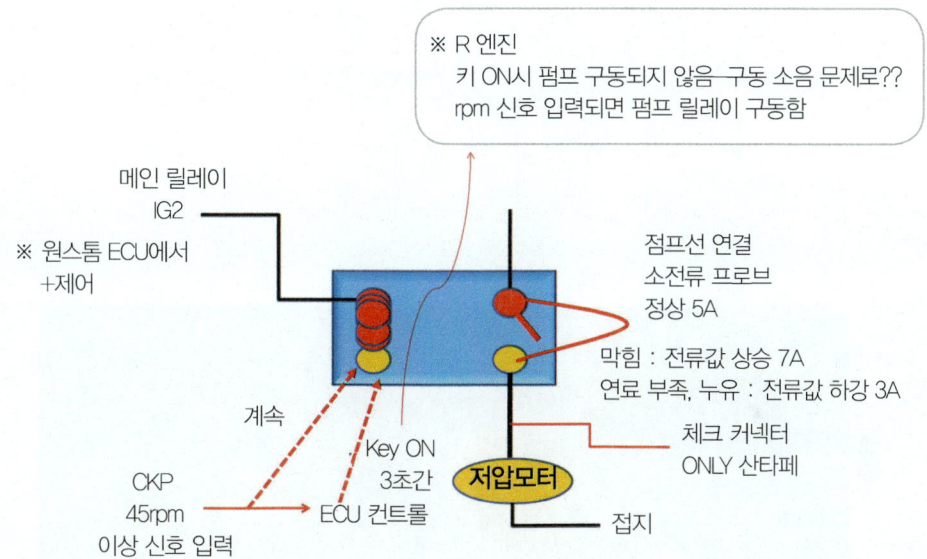

1) D엔진과 R엔진의 차이점

D엔진에서는 ECU의 릴레이 접지 제어의 로직이 ① IG2 전원의 입력 ② CKP 신호의 입력 2단계로 작동된다. 먼저 키 ON에 의해 전원만 입력되면 무조건 3초 동안은 저압의 연료 펌프 모터를 구동시킨다. 그 이유는 라인의 에어빼기와 시동성의 개선 및 펌프의 손상 방지 기능을 수행하기 위해이다. 따라서 연료 라인의 작업 후 키 ON, OFF를 수차례 반복한 후 시동을 걸어야 한다.

R엔진의 경우 입력신호 중 전원을 입력할 때 3초의 구동 로직을 삭제 하였다. 그 이유는 구동 소음이라고 하지만 이해가 되지 않는다. 이러한 로직으로 인해 R엔진의 경우 연료라인 작업 후 스캐너를 이용하여 에어빼기 기능을 수행해 주어야 한다. 그렇지 않으면 시동이 불가능 할 뿐만 아니라 고압 펌프 등 고압 라인의 손상을 초래할 수 있다. 특이한 것은 같은 피에조 시스템을 이용하고 있는 베라 크루즈, 모하비 같은 S엔진의 경우 D엔진과 같은 로직으로 구동된다는 것이다.

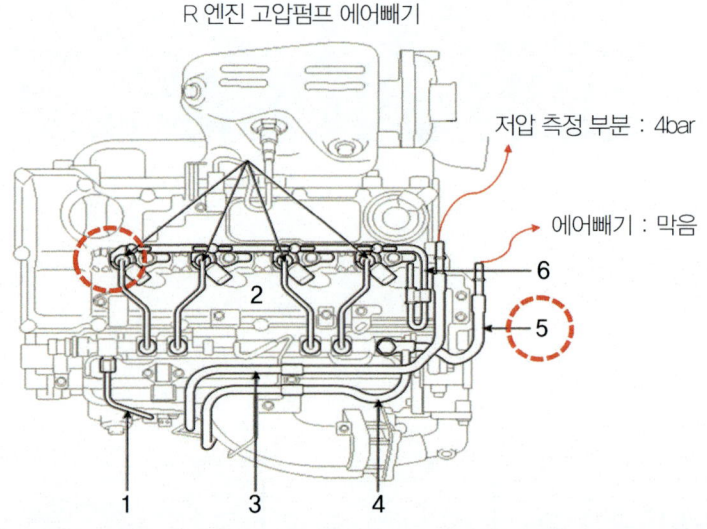

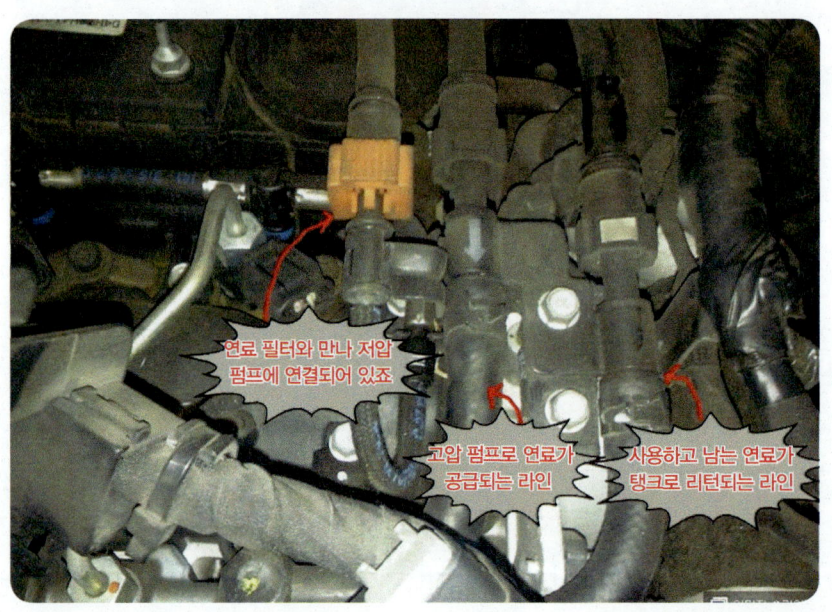

2) R엔진의 에어빼기 방법

① 커먼레일에서 인젝터로 연료를 공급하는 파이프 부분을 피팅 한다.
② **연료의 리턴 라인을 완전히 피팅한 후 막는다.**
③ 스캐너를 이용하여 "부가 기능"에서 "연료 에어빼기"의 기능을 실시한다.
④ 커먼레일측으로 에어가 빠지는지 육안과 소리로 확인한다. 부족하면 한 번 더 실시한다.
⑤ 피팅한 부분을 모두 체결한 후 스캐너의 "에어빼기" 기능을 한 번 더 실시한 후 시동을 한다.

연료의 흐름상 인젝터의 리턴과 고압 펌프의 두 방향으로 연료가 공급되다 보니 에어가 더 발생하는 듯하다. 하지만 실제로 인젝터를 분해하지 않는다면 인젝터에서 에어가 발생되지는 않는다.

오히려 R엔진의 특이한 것은 기존의 보쉬 펌프에서 과도한 저압 라인의 압력으로 인해 고압 펌프의 리테이너에서 경유의 누유를 방지하고 축방향의 리테이너를 보호하기 위해 새로운 리턴 라인을 하나 더 설치한 점이다. 이 리턴 라인을 제어하는 오버플로밸브에 에어가 유입되면 연료를 고압펌프에서 커먼레일로 압송하지 않고 연료 탱크로 리턴시킨다. 커먼레일로 토출되지 않고 리턴되기 때문에 커먼레일의 압력이 0bar가 되면서 시동이 되지 않는다.

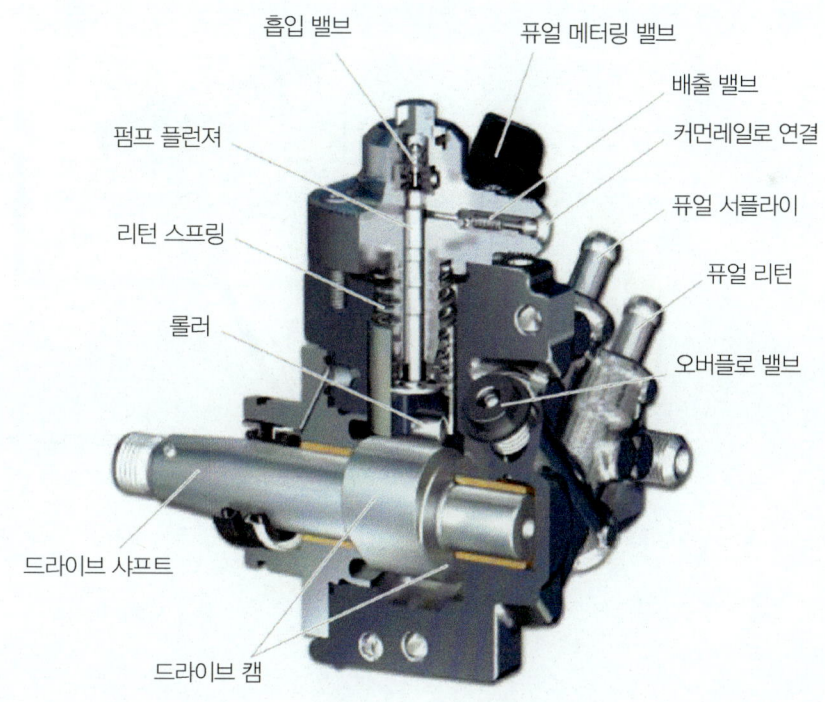

커먼레일 고장진단

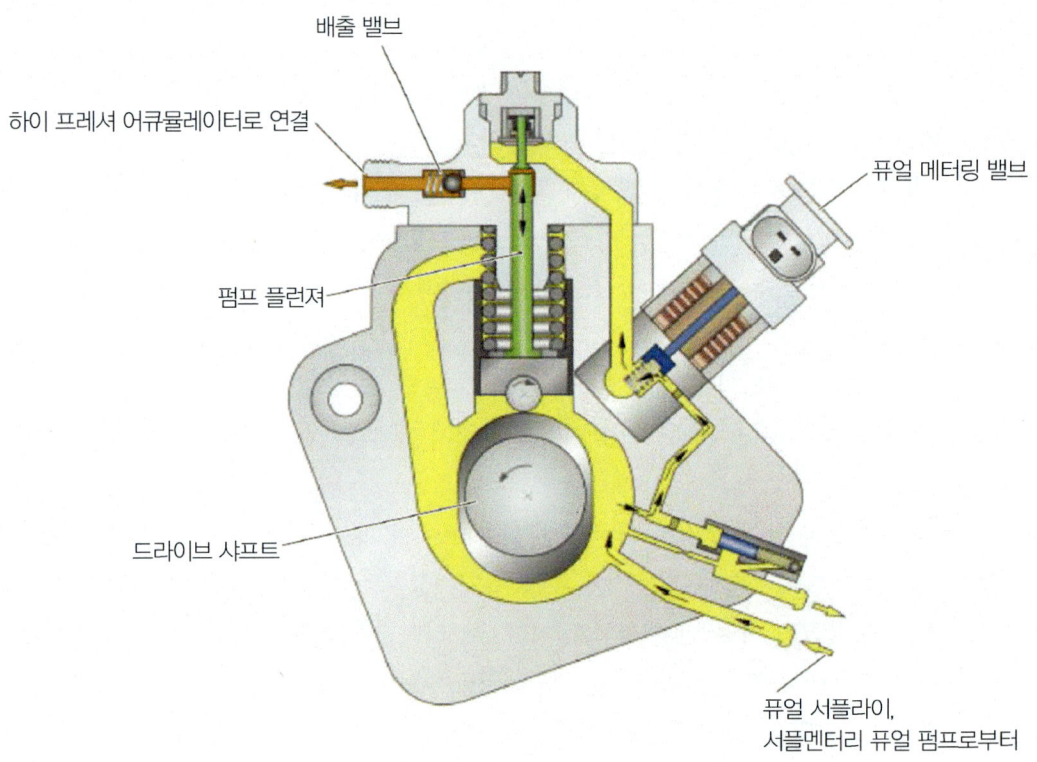

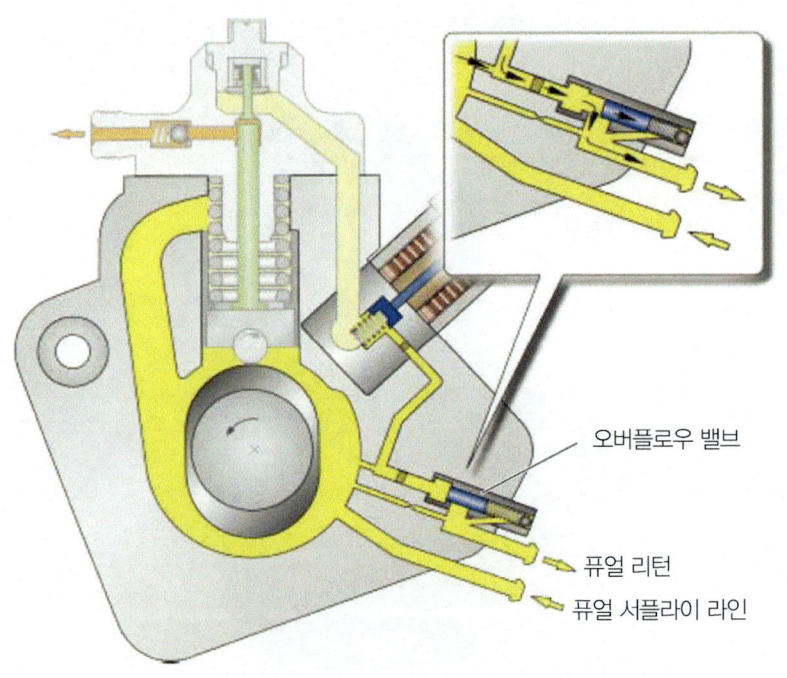

3. 연료 시스템 고장진단

5 연료 탱크의 형상에 따른 고장

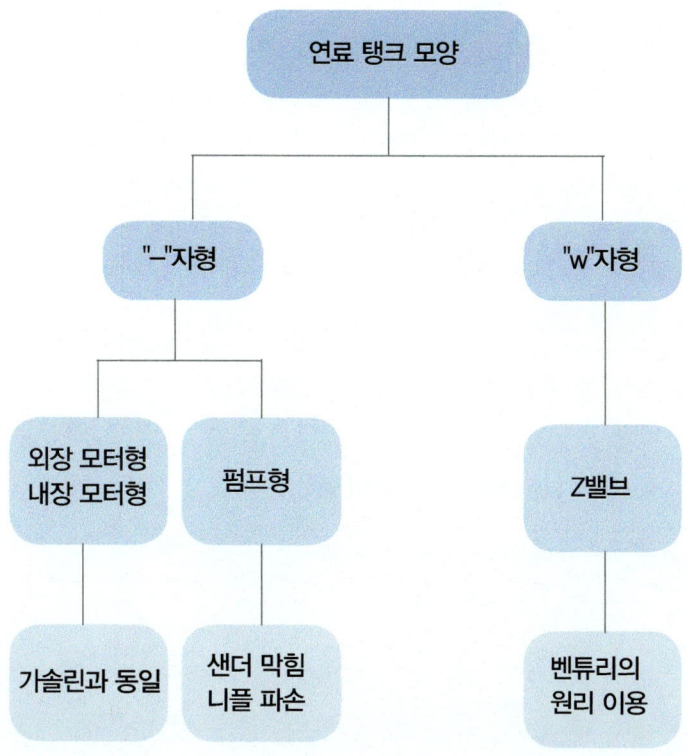

1) "W자형 탱크"(산타페 CM, QM5, 투싼, 스포티지)

최근의 차량들은 디자인의 편의와 공간의 효율을 위하여 연료 탱크의 형상을 동승석과 운전석으로 연료 탱크를 나누어 제작하며, 주로 운전석에 메인 모터와 메인 샌더를, 동승석에 서브 샌더를 장착하게 된다.

메인 모터 쪽으로 연료가 리턴되어 들어오는 라인에 벤튜리 효과를 만들어 동승석의 연료가 메인 모터의 방향으로 빨려 들어오도록 하여 동승석의 연료를 먼저 소비하는 구조로 되어있다.

문제는 메인 모터의 벤튜리 라인이 막히거나 동승석의 샌더 필터가 막히게 되면 운전석의 연료만 모두 소비하게 되고 동승석은 연료가 잔존하므로 계기판 상의 연료부족 경고등은 점등되지 않은 상황이 발생되어 차량의 운전자가 연료의 부족을 인지하지 못하여 주행 중 엔진 시동의 꺼짐으로 견인 조치하여 입고된다.

① 나타나는 증상
  ㉮ 연료 관련 고장코드 발생한다.
  ㉯ 계기판의 게이지는 연료 한 칸 정도 잔존한다.
  ㉰ 재시동시 시동이 걸렸다 꺼짐을 반복한 후 시동의 불능상태가 된다.

② 확인 사항
  ㉮ 연료 필터의 출구쪽 피팅 후 크랭킹 실시:연료가 토출되지 않는다.
  ㉯ 운전석 연료 탱크 확인:연료가 없다.

③ 조치 사항
  ㉮ 메인 모터+서브 샌더 교환
  ㉯ 연료 필터 교환
  ㉰ 고압 펌프 성능검사 실시:손상 여부 필히 확인

2) 제트 밸브(벤튜리 원리)

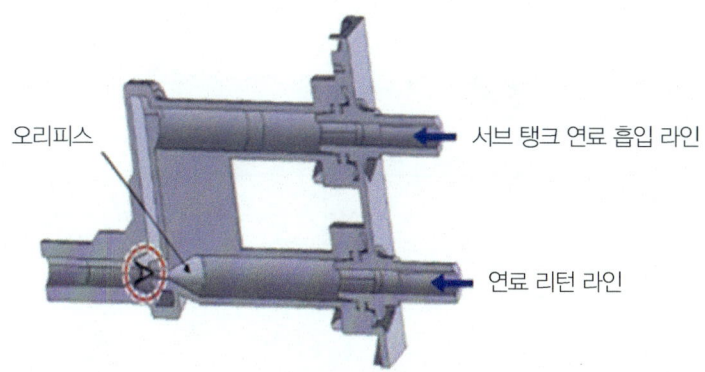

 연료를 사용한 후 리턴 되어 메인 탱크로 들어오는 라인의 통로를 좁게 만들어 놓으면 그 부분은 압력이 낮아져서 유속이 빨라진다. 이 부분에 서브 탱크의 리턴 라인을 연결해 놓으면 서브 쪽의 압력이 높기 때문에 서브 쪽의 연료가 더 많이 메인 탱크 쪽으로 넘어오게 된다. 이것은 자동차에서 가장 많이 사용하는 벤튜리의 원리이다. 커먼레일에서는 델파이 고압 펌프의 리턴 라인도 이와 동일한 방식으로 제어한다.
주로 현장에서는 메인 쪽의 연료 모터가 고장의 빈도가 높다. 만약 서브 샌더의 막힘인지 의심스러울 때는 서브 탱크의 흡입 라인에 투명호스를 장착하고 패트 병에 경유를 담아 시동을 걸어보면 메인 쪽의 불량인지, 서브 쪽의 불량인지를 확인할 수 있다.

접합부위 기밀불량으로 벤튜리작동 불량

3) 연료량 계측 방법

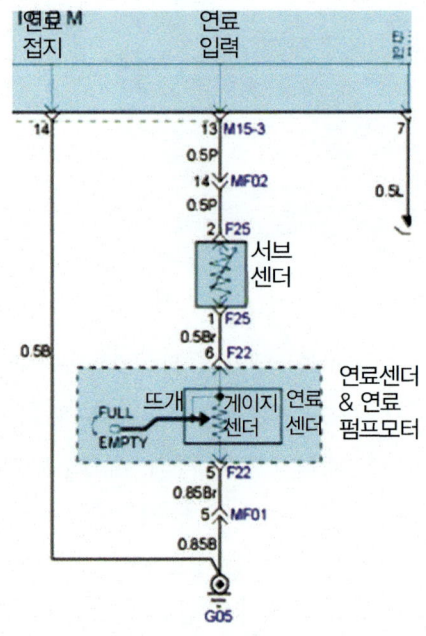

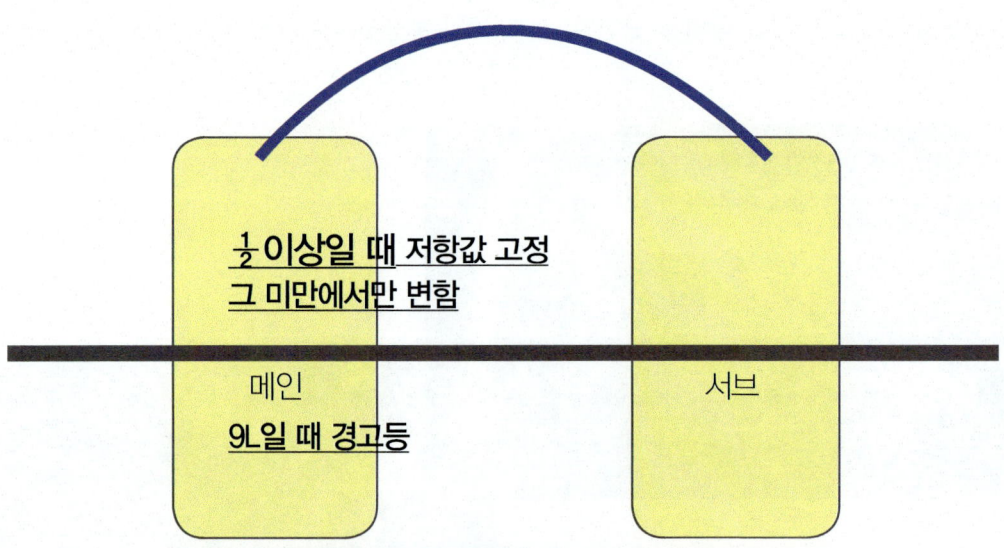

메인측 센더는 전체 용량의 1/2 이하만 계측하고 서브측은 전체 용량의 1/2 초과량만 계측하여 각각의 저항을 더해(합성저항) 전체 연료량을 계측한다.

■ 3. 연료 시스템 고장진단

4 고압라인의 진단 방법

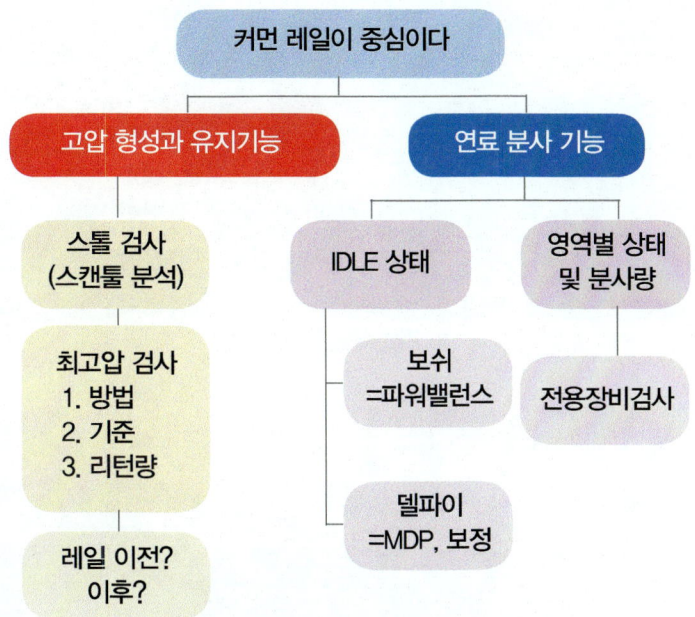

고압라인 진단은 고압형성기능과 연료분사기능을 구분하여 상호독립적으로 작용함으로써 진단도 두 가지 기능을 모두 진단하여야 한다.

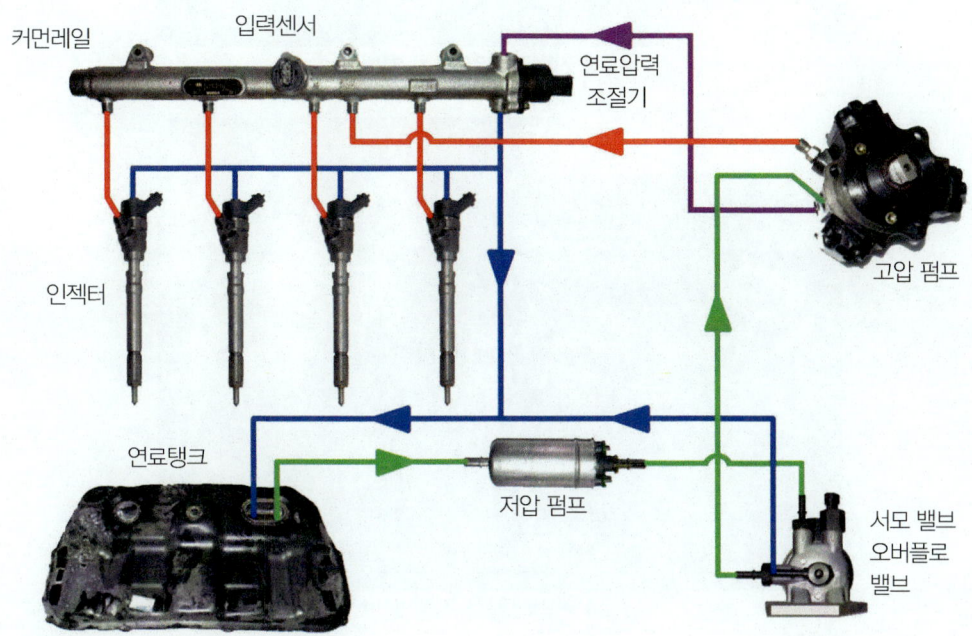

■ 커먼레일측 조절 밸브

■ 유로3 커먼레일측 조절 밸브

■ 유로4 커먼레일측 조절 밸브

1 커먼레일측 압력 조절 밸브의 작동원리

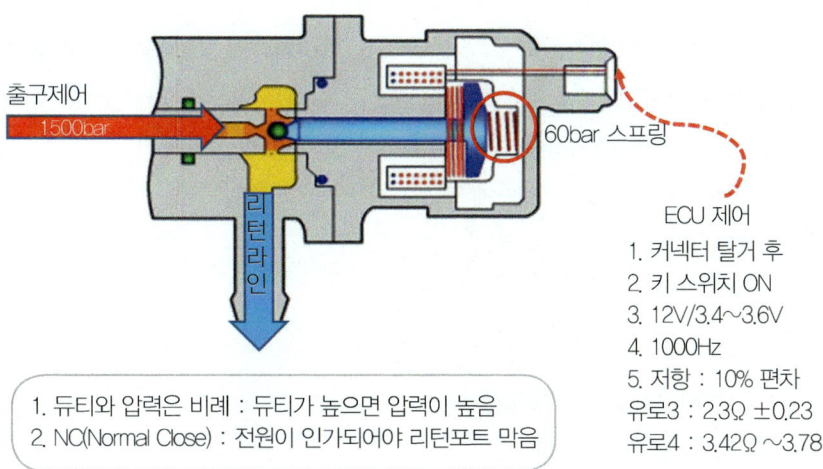

D엔진은 고압 펌프에서 무조건 1500bar 이상의 연료를 커먼레일로 보내준다. ECU는 레일 압력 센서의 신호값을 기반으로 현재 생성되어 저장된 연료의 압력을 평가한 후 기타 입력신호를 연산하여 커먼레일측 끝 부분에 설치된 레일측 압력 조절 밸브를 출력 제어한다. 즉, 필요한 압력만 남기고 나머지는 리턴 통로를 제어하여 탱크로 리턴시킨다.

1) 구조적 특징

① 솔레노이드의 뒤쪽에 60~100bar 정도의 힘을 견딜 수 있는 스프링이 설치되어 있다.
② 1mm의 볼이 리턴 통로를 단속한다.
③ 유로3 타입은 레일의 안쪽에 필터가 내장되어 있고, 유로4 타입은 조절 밸브에 레이저 필터를 장착하여 이물질을 여과한다. 만약 이 필터가 막히면 레일이 고착되면서 시동성에 문제가 발생한다.
④ 연료의 맥동을 줄이고 정밀제어를 위해 1000Hz 정도의 주기를 가지고 듀티 제어한다.

2) 작동 원리

최소 60bar가 넘는 압력이 레일로 공급되면 리턴을 막고 있던 볼이 밀리기 시작한다. ECU는 시동할 때, 공전할 때, 가속할 때 등 영역별로 필요한 압력을 레일에 저장하기 위해서 볼이 밀리지 않도록 솔레노이드를 자화시켜 볼을 잡아두면서 리턴통로가 적정하게 열리도록 제어한다.

① 조절 밸브의 듀티값이 상승할수록 리턴 통로를 닫게 되므로 압력은 상승한다. 조절 듀티와 압력은 비례한다.
② 차종별로 적정한 제어 듀티를 정리해 두어야 한다.
　㉮ D엔진의 경우 시동할 때는 17~22%정도에서 120bar 이상이 형성되고 만약, 형성되지 않으면 ECU는 한 번 더 커먼레일을 닫으려고 40%정도 듀티 제어를 한다.
　㉯ 공전할 때는 15~18% 정도이나 16% 정도에서 압력이 형성된다면 가장 이상적이다.
　㉰ 스톨시(2400~2500rpm)의 기준에서 40~45%정도에 압력이 1100bar 정도 이상 형성된다면 양호하다.

3) 사례 분석

① **차종:** 카렌스2 2002년식 오토매틱 차량
② **증상:** 시동의 지연 및 가속 불량
　고장 증상의 발생 시기, 발생 조건에 대한 구체적인 문진을 통하여 진단방향을 결정할 수 있어야 한다.
③ **데이터의 분석**
　㉮ **시동할 때의 데이터**

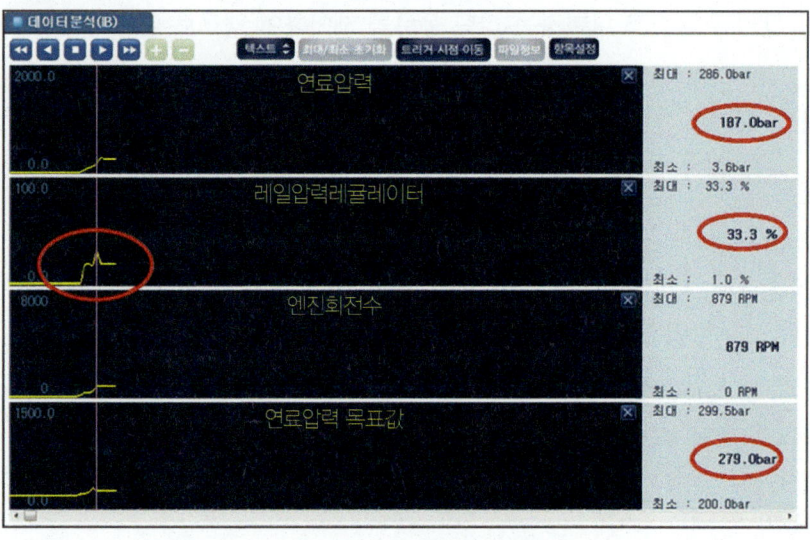

먼저 커먼레일에서 ECU가 인젝터를 제어하려면 압력이 최소 120bar 이상은 되어야 하기 때문에 D엔진에서는 조절 밸브의 듀티가 맵핑된 값인 20% 전후로 리턴 통로를 차단하면 레일의 압력이 시동에 필요한 압력만큼 유지된다.

■ 3. 연료 시스템 고장진단

시동 데이터에서 초기 시동을 할 때 빠르게 시동 압력에 도달하지 못하면 ECU는 리턴 라인을 한 번 더 40%대까지 차단하는 도중(33%)에 시동의 압력이 형성되어 시동이 이루어지는 데이터를 보이고 있다.

연료 압력 형성의 지연으로 ECU가 인젝터제어를 하지 않아서 시동이 지연되는 것으로 보아 연료 시스템의 문제임을 알 수 있다. 커먼레일을 중심으로 커먼레일 이전에서 누설되는지 이후에서 누설되는지를 평가 해 보아야 한다.

④ 스톨시의 데이터

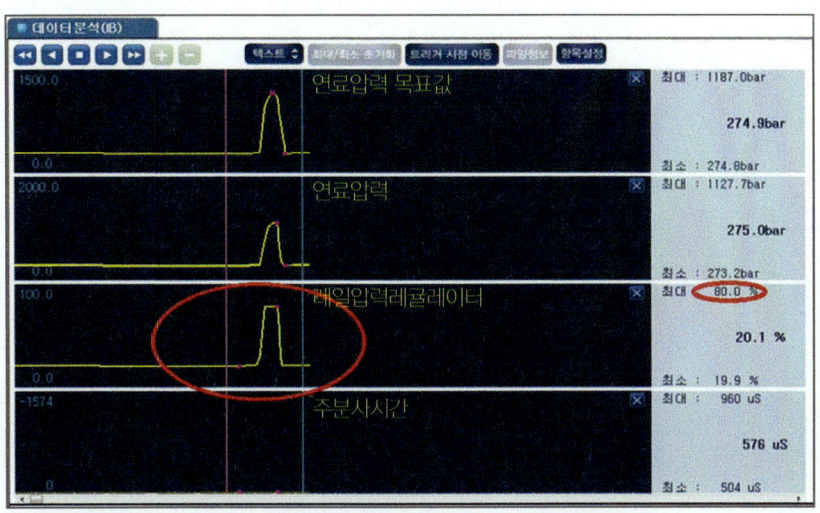

시동이 유지된 상태로 D레인지에서 스톨 테스트를 실시한 파형으로 엔진의 부하를 최대로 한 상태에서 연료 압력의 형성 기능을 측정해 본 것이다. ECU가 정한 최대 목표값은 1187bar이고 실제 레일의 압력은 1127bar이다. 따라서 60bar 정도가 부족한 상태이다.

현장에서 1100bar가 넘는 초고압 상태에서 60bar 정도의 차이는 무시할 수도 있다. 하지만 레일 조절 밸브의 듀티를 함께 분석하게 되면 무시할 수 없다. 사람으로 비유하면 주 40시간을 일해서 1000개를 만드는 사람과 주 56시간을 꼬박 일해야 1000개를 만드는 사람의 차이와 같다.

정상적인 D엔진 차량들의 경우 40~45%정도만 리턴을 막아주어도 목표값 만큼의 압력을 형성시킬 수 있어야 하는데 이 차량의 경우 그 2배(80%)를 막아주었는데도 목표값 보다 60bar가 모자라는 경우이다.

45

이 경우에는 **인젝터에서 리턴되는 연료량의 과다, 펌프의 토출 압력 부족, 레일측 조절 밸브의 기밀 불량을 점검하여야 한다.** 최고 압력을 만들어 인젝터의 리턴량을 확인하였을 때 상대적으로 2배 이상 과다하게 리턴이 되면 압력 저하의 원인이 되며, 고압 펌프는 압력 센서를 직결하여 압력을 평가해 보면 될 것이다.

인젝터, 고압펌프가 정상이라면 원인은 커먼레일 밖에 없다. 현장에서 커먼레일 누설을 진단하는 것이 쉽지만은 않은 일이다.

■ 3. 연료 시스템 고장진단

2 커먼레일측 조절 밸브의 성능을 평가하는 방법

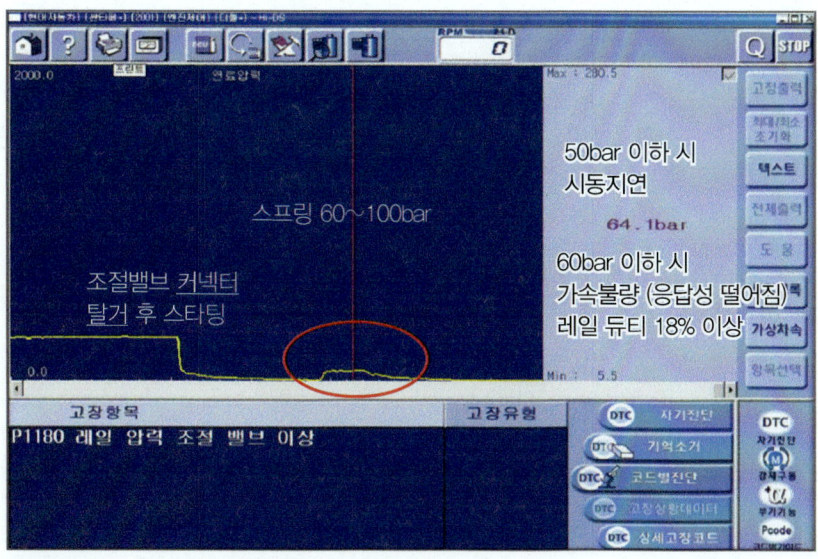

1) 볼과 스프링의 마모 및 노후 평가

① 엔진 작동 중에 시동을 끌 때

조절 밸브의 전원이 차단되어 NC(Nomal close) 상태가 되면 스프링의 장력에 의해 연료의 압력이 60bar 정도에서 한번 걸린 후 서서히 해제된다. 만약 그렇지 않고 바로 압력이 급격히 하강하게 되면 조절 밸브의 불량이다.

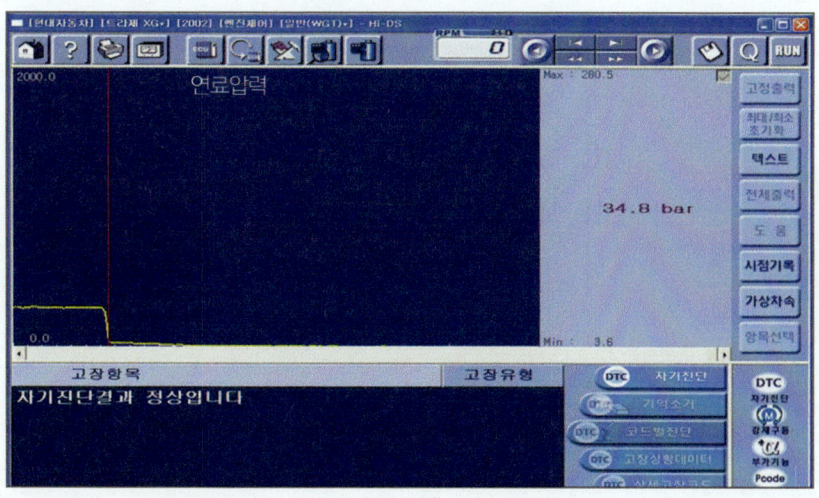

② 조절 밸브 커넥터 탈거 후 시동을 걸 때

조절 밸브에 전원이 인가되지 않은 상태이기 때문에 조절 밸브가 리턴 통로를 막고 있을 수 있는 압력은 최하 60bar 정도이다. 압력이 그 이상으로 되면 스프링을 뒤로 밀고 리턴 통로가 열리기 시작하기 때문이다.

즉, 조절 밸브 전원의 단선 상태에서 최소한 레일 압력은 60bar 이상은 되어야한다. 만약 그 이하라면 조절 밸브의 불량이다.

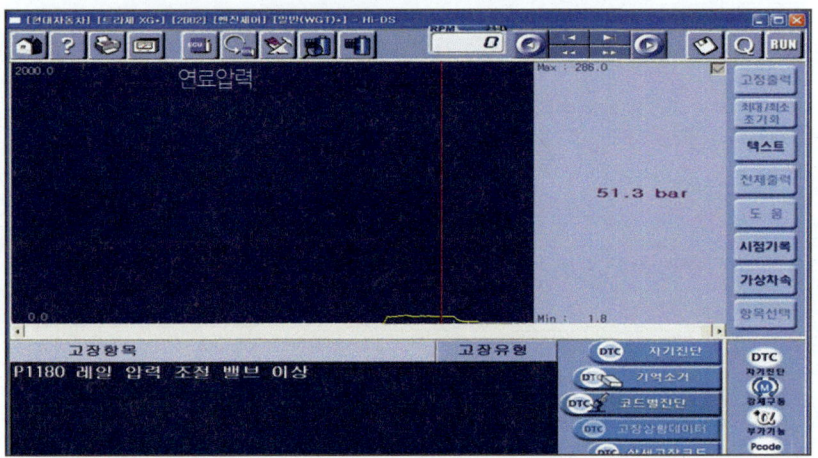

2) 기밀 누설 및 고착 진단

① 시동 불량의 증상에서 진단하는 방법

볼이 리턴 라인을 막지 못하고 고착되어 연료가 리턴되는 상태이면 커먼레일에 압력이 저장되지 않아 시동이 불가능하다. 조절 밸브를 탈거하여 진공의 유지 상태를 측정하면 밀착 여부를 판단할 수 있으며, 마이티백을 이용하여 진공을 형성시키면 5분정도 진공이 유지되어야 한다.

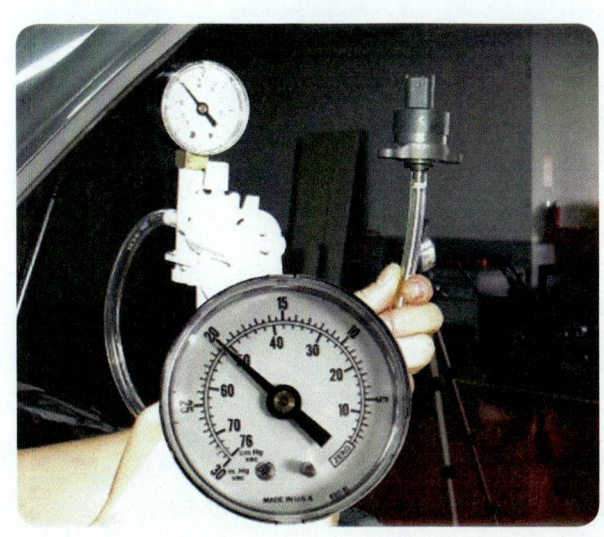

② 가속 불량의 증상에서 진단하는 방법-고압에서 기밀 불량을 측정

공전할 때에는 조절 밸브의 듀티가 16%정도로 양호하게 제어되는 경우에 커먼레일에 연료 압력의 저장성이 좋은 상태라 할 수 있다. 하지만 커먼레일 시스템은 초고압을 제어하기 때문에 저압 상태뿐만 아니라 고압 상태에서도 커먼레일에서 연료의 누설이 없어야 한다.

기본적으로 커먼레일의 압력 이상은 레일을 중심으로 커먼레일 이전 펌프측의 고압형성에 이상이 있는지, 커먼레일 이후 압력의 누설인지가 진단되어야 한다. 현장에서는 진단의 여건상 쉬운 진단부터 하여야 하며, 먼저 인젝터의 리턴과 펌프의 불량을 진단하게 되면 레일 조절 밸브의 누설만 남게 된다. 고압 상태에서 레일의 누설이 있다면 가속 불량 및 연비 불량을 초래하고 그 정도가 심하다면 엔진의 시동 꺼짐도 발생할 수 있다.

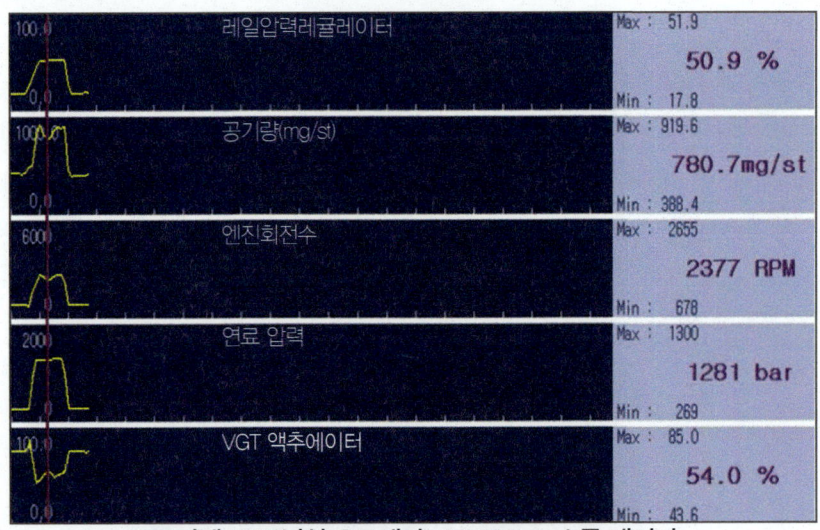
트라제 2007년식 오토매틱 170,000km 스톨 데이터

위 차량의 데이터에서 연료에 관련된 데이터만 확인해 본다면 목표의 압력값이 없어서 판단에 아쉬운 점은 있으나 증상은 가속력이 부족한 차량으로 압력만으로 확인한다면 정상으로 볼 수 있다. 하지만, 레일 압력 레귤레이터의 듀티 제어값을 보니 정상값보다 리턴 라인을 더 닫아주고 있다. 정상값은 45%정도이면 충분한데 5~6%정도를 더 제어해 주고 있는 것이다. 경우의 수를 고려해 보면

㉮ 고압에서의 인젝터의 리턴량 과다
㉯ 고압 펌프의 압력 부족
㉰ 고압에서의 조절 밸브의 기밀 불량

이며, 이와 별개로 공기 시스템에서 터보 진공 액추에이터의 작동 불량 등을 의심해 볼 수 있다. 이 부분을 공기 시스템에서 보도록 하자

㉮번과 ㉯번의 진단이 정상이라면 원인은 ㉰번일 것인데 그 확인을 위해 어떻게 기준을 설정하고 측정할 것인가?

- 레일 조절 밸브에 커넥터를 탈거한 후 배터리 전원 12V를 직접 인가한다.
- 레일 끝 부분의 리턴 라인 두 부분을 탈거한 후 펌프 리턴 라인을 막는다.
- 인젝터 리턴 라인에 투명 호스를 장착한 후 크랭킹 검사를 실시한다.

이때 3초정도 실시하였을 때 원칙적으로는 리턴은 발생되지 않아야 (유로4이상) 한다. 하지만 유로3 방식인 D엔진의 경우 리턴의 길이가 10cm이내이면 레일 조절 밸브의 기밀은 양호하다.

3. 연료 시스템 고장진단

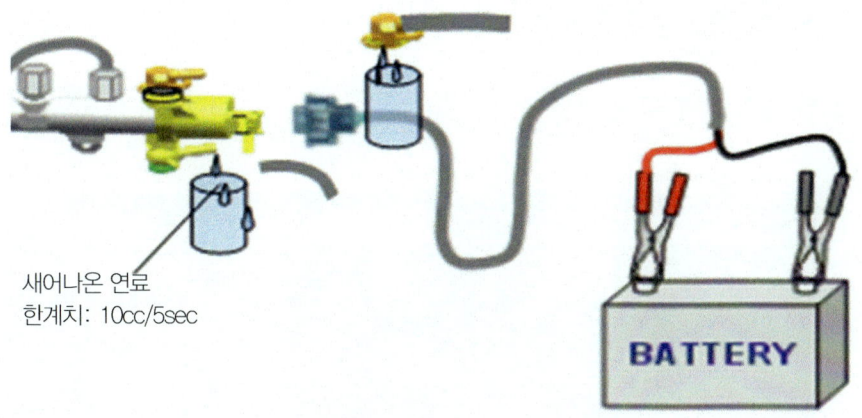

새어나온 연료
한계치: 10cc/5sec

3 최고 압력을 검사하는 방법

 레일측 조절 밸브를 완전 자화시켜 리턴 라인을 막은 상태에서 크랭킹을 실시하게 되면 고압 펌프의 압력이 그대로 커먼레일에 저장된다. 이론상으로는 인젝터나 고압 펌프의 성능에 이상이 없다면 커먼레일은 1500bar를 저장하여야 한다.
 하지만 유로3 타입의 보쉬 인젝터의 경우 설정 압력이 1350bar정도이다. 다시 말하면 인젝터의 구조적 특성상 1350bar정도까지 압력을 유지할 수 있으면 된다는 것이다. 따라서 레일측의 리턴 라인을 모두 닫아서 최고 압력의 검사를 실시하였을 때 1350bar정도만 되면 고압의 라인에서는 누설은 없다고 본다.

1) 배터리 전원을 직접인가

  레일 압력 조절 밸브의 2핀 중 하나는 전원선이고 다른 하나는 ECU의 제어선이다. 레일 압력 조절 밸브의 커넥터를 탈거한 후 조절 밸브에 직접 배터리 12V 전원을 그대로 인가하면 되는데 **극성을 구분할 필요는 없다.**
  윈도우 모터처럼 전원이 절환되는 것이 아니기 때문에 2핀 중 아무데나 + 혹은 -를 인가하면 된다. 하지만 주의할 점은 코일이기 때문에 5분 이상의 전원이 인가되면 코일이 타버리는 불상사가 발생된다. 따라서 D엔진의 경우처럼 "NC"타입으로 제어하는 조절 밸브 타입에서 레일측 또는 펌프측 어느 곳이든 직접 전원을 인가하지 않고 스캐너를 이용한 액추에이터 강제 구동의 기능을 이용하면 보다 안전한 검사를 할 수 있다.

배터리 전원을 직접인가 하는 방법은 유로4 이상에서 레일측과 펌프측에서 동시에 압력을 조절하는 방식의 경우에 한해서만 사용하는것이 바람직하다.

2) 압력 조절 밸브의 강제 구동

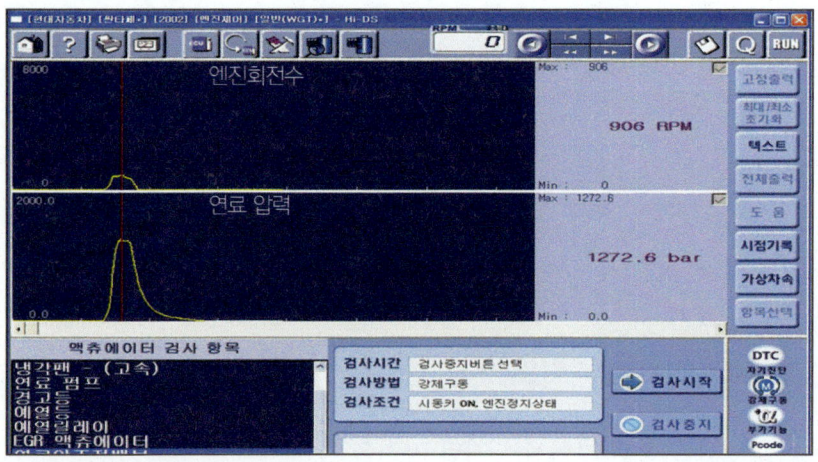

스캐너의 강제 구동 기능을 이용하면 안전하게 출력 제어를 실시할 수 있으며, 스캐너의 기능 중에서 소홀히 생각하는 부분 중 하나이다.

① 측정 방법

㉮ 스캐너의 "센서 출력+액추에이터 검사" 항목을 선택한 후
㉯ "레일 압력" 항목을 파형으로 변환시킨 후
㉰ 액추에이터 항목 중 "압력 조절 밸브"를 선택한 후 강제 구동 "시작"을 누른 후 크랭킹을 실시한다.

엔진의 시동이 이루어지고 압력이 상승된 후 자동으로 엔진의 작동이 정지된다. ECU는 이상 압력이 발생되면서 레일측 조절 밸브가 고착되었다고 판단하여 엔진의 작동을 정지시키는 것이다. 따라서 재시험을 실시하려면 고장 코드를 삭제하여야 한다. 이 짧은 시간의 연료 압력 곡선의 파형을 분석하여 고압 라인 전체의 누설을 판정하게 된다. 시간이 짧다면 인젝터 커넥터를 탈거한 후 시동이 걸리지 않도록 하여 실시하게 되면 좀 더 파형을 길게 볼 수 있다.

■ 3. 연료 시스템 고장진단

② 성능 평가의 기준 압력과 파형
  ㉮ 1000bar 이하:고압 라인의 고압 형성 및 누설 심함—명백한 고장이라고 판정 한다.
  ㉯ 1000~1250bar:고압 라인의 고압형성 및 누설 있음—성능의 저하를 평가하여야 한다.
  ㉰ 1300±50bar:고압 형성 및 누설의 기능은 양호하다.—별도의 펌프 성능, 커먼레일 리턴, 인젝터의 리턴 등을 검사할 필요가 없다.

③ 파형의 분석 및 기준
  ㉮ 파형의 기준

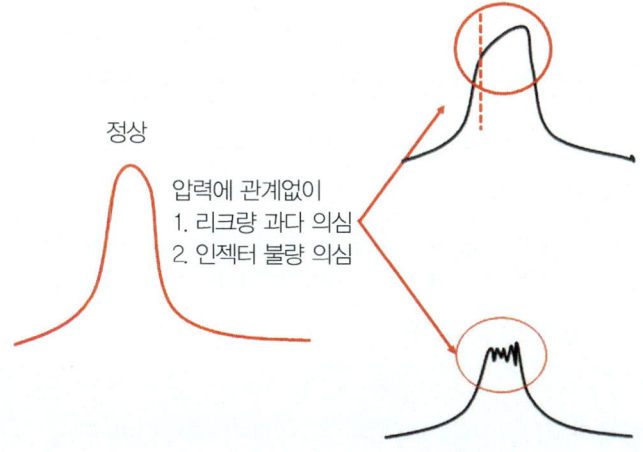

  ㉯ 파형 분석

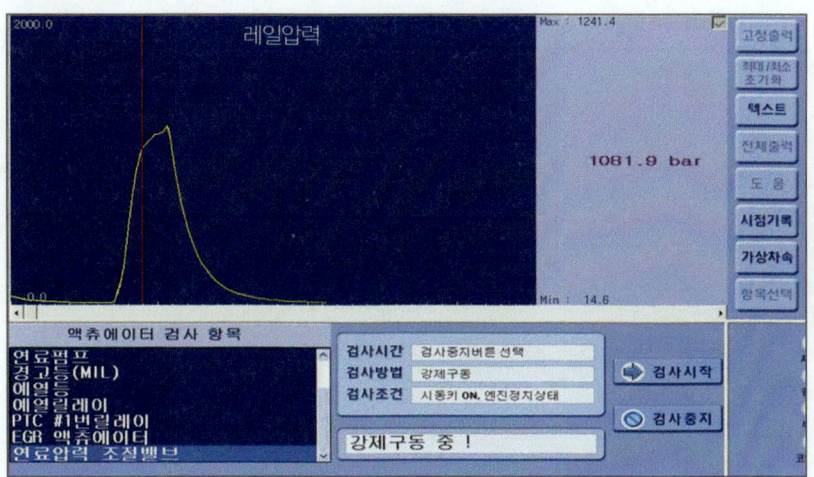

급상승한 후 하강 또는 유지되기 시작하는 순간을 찍어보아야 튠업이 가능하다. 최고 정점의 압력만을 보게 되면 성능을 평가할 수 없으며, 그대로 양호 또는 불량만 가능하게 된다.

위 파형을 나타낸 차량의 경우 1081bar까지는 급상승하지만 그 이후부터 완만한 곡선을 그리면서 1241bar까지 상승함을 알 수 있다. 최고 정점의 압력만을 보면 누설의 여부를 양호하게 볼 수 있으나 성능의 평가를 하려면 1100bar이후 고압의 상황에서 커먼레일 압력에서 누설이 시작되고 있을 알 수 있다.

만약 이러한 곡선의 모양이 표출된다면 펌프, 인젝터, 커먼레일의 고압 라인 어딘가에서 누설이 발생하여 고압 형성의 기능이 30%이상 저하되었음을 평가할 수 있다.

3) 인젝터 커넥터 단선후(시동불능조건에서) 조절밸브 강제구동

조절밸브 강제 구동 후 크랭킹하여 최고압력검사를 실시 후에 기준 압력에 도달하지 못하는 경우에는 최고압력상태에서 인젝터의 정적리턴을 측정하여 누설의 원인이 레일 이전인지, 이후인지 판단하여야 한다. 하지만 시동이 걸리는 최고압력검사 상태에서는 리턴 측정후 판별이 조금 어려운 경우가 많다. 따라서 시동이 걸리지 않는 상태를 만들고 이 상태에서 최고압력상태에서 정적리크를 측정하게 되면 진단과 판단이 쉽다.

측정방법은 2)항목과 같은 상태에서 추가로 인젝터 커넥터만 단선시키면 된다. 이때 기준압력은 1300bar가 아니라 1000bar까지 상승하면 정상이다. 이때 1000bar에 도달하는 순간의 인젝터 정적리크량은 10~15cm 이내로 보면 된다.

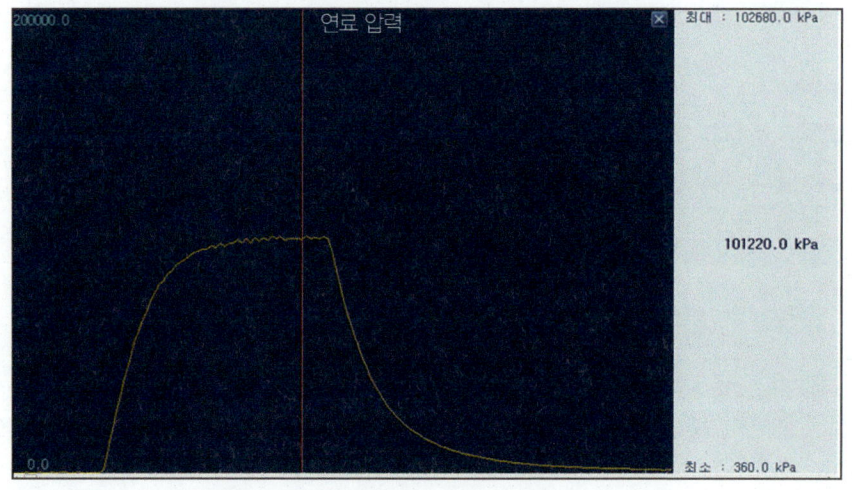

4 D엔진 연료시스템 고압 누설 기능의 성능 평가 진단 매뉴얼

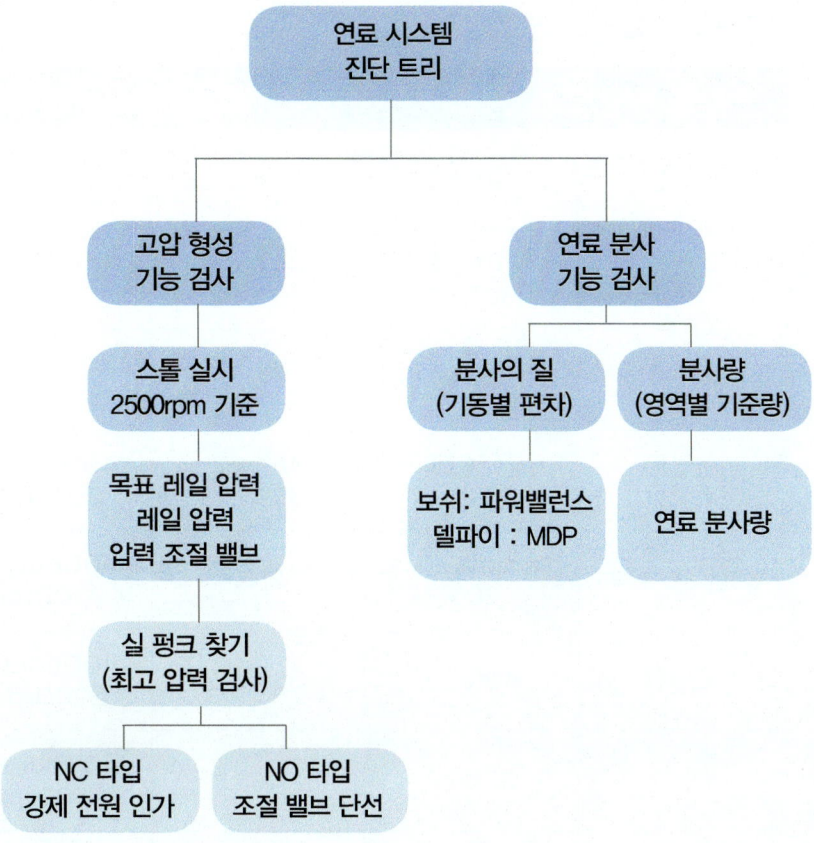

 현장에서 차량이 입고되면 먼저 고객의 문진을 통하여 진단의 방향을 설정해야한다. 연료 시스템의 문제인지, 공기 시스템의 문제인지, 압축 및 제어의 문제인지를 빠르고 정확하게 방향을 설정하는 것이 가장 중요하다.
 먼저 연료 시스템의 문제 여부를 판단하기 위해 스캐너의 연료 압력과 목표 압력, 조절 밸브의 데이터를 통해서 그 동기성을 확인하여 이상이나 의심이 생길 때는 최고 압력의 검사를 통하여 그 성능을 판정하여야 한다. 스캔 툴의 데이터를 통하여 방향을 빠르게 설정하기 위해서는 정비한계점에 대한 기준이 있어야 한다. (표 참조)
 최고 압력의 검사를 통하여 연료 시스템 중 고압 형성의 기능에 문제가 없다면 그다음 연료 분사의 기능 진단으로 넘어가고, 만약에 문제가 있다면 레일을 중심으로 이전에서 고압의 형성이 문제인지, 이후에서 누설의 문제 인지를 단품 검사를 통하여 진단한다.

Tip

엔진별 조절 밸브 듀티와 압력

	아이들	스톨	스톨 압력
D 엔진	16%±2	45%±2	1200bar±50 2400rpm
D 엔진 유로4	16%±2 32%±2	45%±2 30%±2	1450bar±50 2500rpm
A 엔진	1400mA±50	1150mA±50 1100mA 이상	1300bar±50 2500rpm
A 엔진 유로4	20%±2 38%±2	45%±2 35%±2	1400bar±50 2200rpm
08년 8월 이후	Nomal Closs 20%	25%	1400bar±50 2300rpm
A2엔진	40%±2	35%±2	1400bar±50 2200rpm
J 엔진	32%±2	27%±2	1400bar±50 2500rpm
J 엔진 유로4	870mA±50	750mA±50	1500bar±50 2500rpm
U 엔진	20%±2 38%±2	48%±2 32%±2	1500bar±50 2800rpm
R엔진	20%±2 32%±2	45%±2 30%±2	1400bar±50 2300rpm

3. 연료 시스템 고장진단

1) 목표 레일 압력 & 레일 압력 & 압력 조절 밸브 듀티의 상관 관계분석

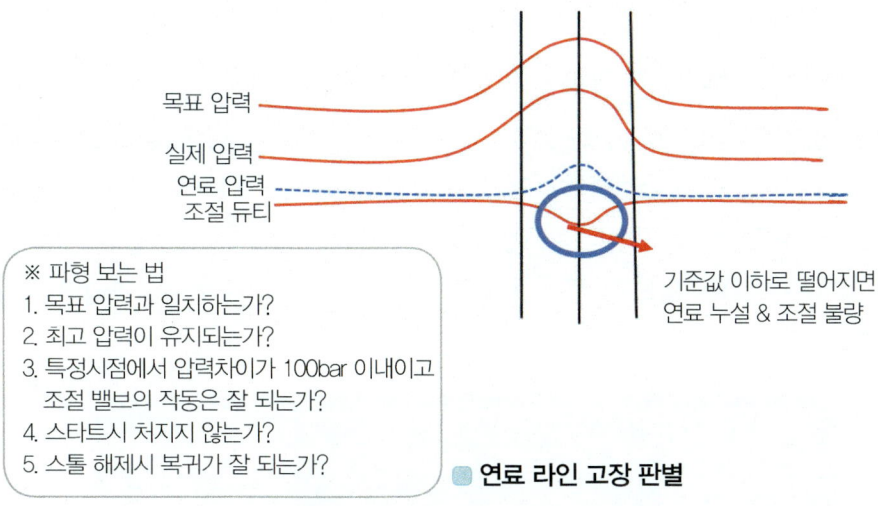

※ 파형 보는 법
1. 목표 압력과 일치하는가?
2. 최고 압력이 유지되는가?
3. 특정시점에서 압력차이가 100bar 이내이고 조절 밸브의 작동은 잘 되는가?
4. 스타트시 처지지 않는가?
5. 스톨 해제시 복귀가 잘 되는가?

기준값 이하로 떨어지면 연료 누설 & 조절 불량

▶ 연료 라인 고장 판별

Tip

조절 밸브 스톨 데이터
조건 : 스톨 테스트 실시 2400~2500rpm 기준

엔진 형식	정상 범위	정비 한계값(고장)
D 엔진	40~45%	50% 이상
유로4 D 엔진	레일 : 40~45%	레일 : 50~55%
	펌프 : 27~25%	펌프 : 23~20%
A 엔진	1100~1050mA	1000mA
그랜드 A 엔진	22~25%	27% 이상
A2엔진	34~35%	30%이하
HK 델파이, 유로3	27% 이상	25% 이하
HK 델파이, 유로4	750~700mA	650mA 이하
쌍용, 유로4	580~550mA	500mA 이하
R엔진	레일:45%	레일:50%이상
	펌프:30%	펌프:25%이하

목표 압력 대비 실제 압력이 상승하는가도 중요하지만 그러기 위해 조절 밸브를 얼마만큼 출력을 제어 하였는가를 함께 분석하여야 한다. 만약 그 분석이 위의 표에서 벗어나거

커먼레일 고장진단

나 의심스러우면 최고 압력의 검사를 통하여 성능의 평가를 실시한다. 현장에서 해야 되는 일중 가장 중요한 것이 이러한 나만의 데이터를 만들어가는 것이다.

2) 압력 조절 밸브 강제 구동 검사를 이용한 최고 압력 검사

성능을 평가하는 기준을 엄격하게 적용하여야 한다. 시스템의 양부만을 판정하는 것이 목적이 아니라 시스템의 성능을 평가하는 것이 목적이 되어야 한다. 예를 들어서 1200bar 정도의 압력이 나오는 경우에 양부로 판정하면 양호하다고 할 수 있다. 하지만 성능을 평가하면 20%~30%의 성능 저하를 논할 수 있다. 그래야 유지관리의 주체가 정비사가 될 수 있다.

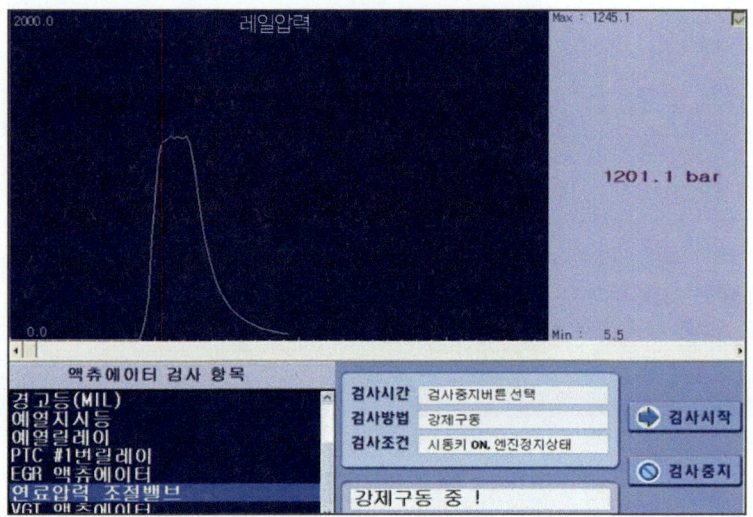

만약 압력이 부족한 것으로 판정이 되었으면 어느 부분에서 압력이 누설되는지 단품 검사를 통하여 찾아야 한다.

> **Tip**
>
> **최고압력평가의 의미**
> 각시스템별로 레일에 저장될 수 있는 기준압력이 존재하고 그압력만큼만 고압이 형성된다면 연료시스템기능중 고압형성과 유지기능은 문제가 없다라고 할 수 있다.
> 요즘차량들은 안전 및 기타이유로 스톨검사를 지양하고 최고압검사를 실시한다.
> 최고압검사에서 반드시 인지하여야하는 것은
> ① 각엔진별 최고압만드는 방법
> ② 최고압력기준
> ③ 최고압력시 인젝터 정적리턴량 …… 을 정리해두어야 진단이 쉽고 간단해진다.

① 각 엔진별 최고압력 만드는 방법

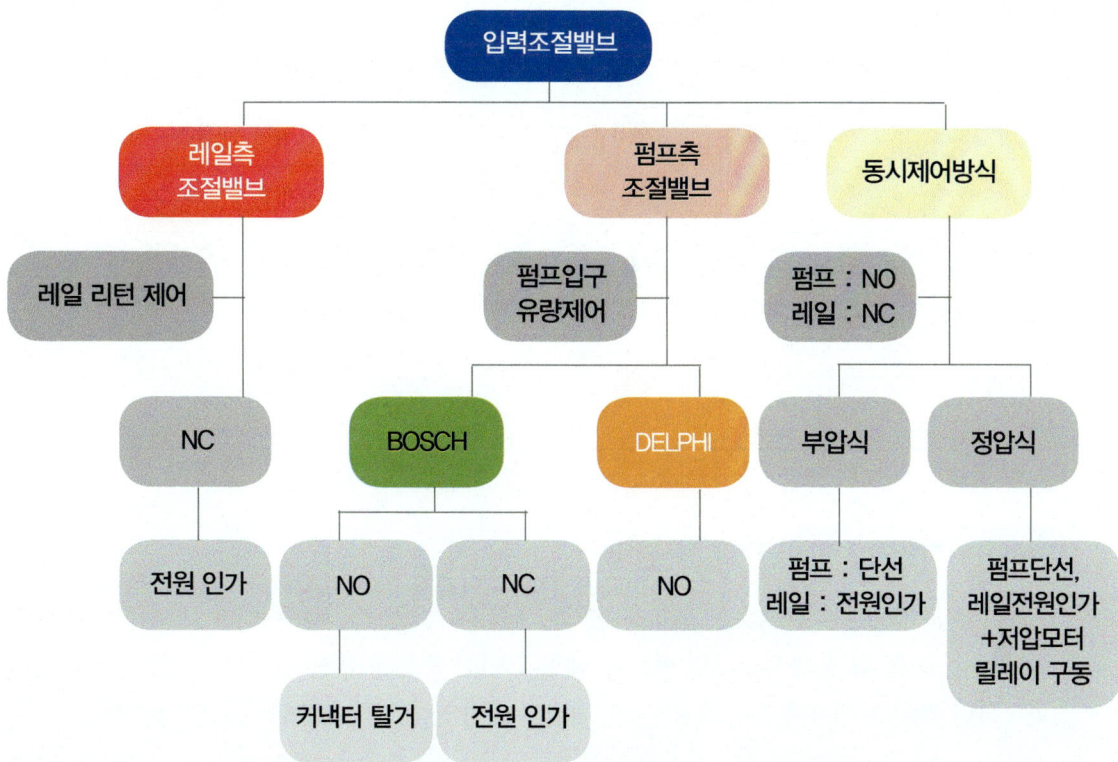

② 최고압력기준

엔진 형식	최고 압력 검사		펌프 직결 압력
유로3	보쉬	1200bar이상	1400bar이상
	델파이	1050bar이상	
유로4	1400bar이상		1600bar이상
유로5	1600bar이상		1800bar이상

③ 최고압력도달시 정적 리턴량-D,S,R엔진 (정압식시스템 정리)

	D	D유로4	R	S
방법	레일조절밸브 강제구동 후 크랭킹	레일: 조절밸브커넥터 탈거후 전원인가 펌프: 조절밸브커넥터 탈거 릴레이: 연료펌프릴레이 강제접지(수동구동)		
기준	1300bar±50	1400bar이상	1800bar이상	1400bar이상 (유로4)
리턴량	인젝터 단선후 최고압력검사실시 1000bar도달시 10~15cm이내	해당 압력 도달시 10~15cm이내	리턴 없음	

3) 레일 이전인가? 이후인가? 의 판단

만약 최고 압력의 검사를 실시할 때 인젝터 단품의 리턴 부분에 리턴이 되는 길이(투명 튜브를 이용)를 함께 측정한다면 빠르게 레일의 이전 또는 이후를 판별할 수 있다. 리턴이 과다하면 레일의 이후에 문제일 것이고, 리턴이 없다면 레일의 이전에 문제일 것이다.

① 고압 펌프의 성능 검사

D엔진의 경우 고압 펌프는 시동할 때, 공전할 때, 가속할 때에 관계없이 1500bar의 압력으로 레일에 토출한다. 만약 레일에서 인젝터로 압력이 전달되지 않도록 레일에서 인젝터로 공급되는 라인을 모두 막은 상태라면 1500bar가 표출 되어야 한다.

3. 연료 시스템 고장진단

　　이러한 상태에서 압력이 부족하다면 펌프의 성능 문제이거나 압력 조절 밸브의 문제일 것이다. 즉, 펌프 검사와 레일측 조절 밸브의 누설검사를 한 번 더 하여야 한다.(레일 조절 밸브의 경우 위에서 설명한 것처럼 검사를 하면 될 것이다.) D엔진의 경우 압력 센서와 펌프측 연료 파이프가 정확하게 결합이 되는 방식이라 압력 센서를 펌프에 직결하여서 펌프 압력을 측정할 수 있다.

② **기준 파형**

　　압력이 1500bar로 상승한 후 유지되는 파형 이외에는 모두 불량으로 판정하여도 되지만 고장의 상황별 원인이 펌프인가는 판정을 달리하여야 한다. 커먼레일 디젤 엔진의 경우 시동에 필요한 압력은 최소 압력은 120bar 이상이면 되고 시동을 유지하기 위해서는 200~250bar 이상의 갑작스런 압력 저하만 없으면 시스템적으로 연료를 차단하지는 않는다. 또한 압력이 1500bar가 완전히 레일쪽으로 공급되어야 인젝터, 레일측 노후로 인한 압력 저하를 상쇄시키고 90% 이상의 출력을 유지할 수 있다.

> 1500bar로 상승한 후 유지되어야 한다.
>
> 상승한 후 압력의 유지가 되지 않거나 불규칙하다면 가속력, 출력과 관계가 있다.
>
> 상승 과정에서 압력이 심하게 떨어진다면 시동성과 관련이 있다.

③ 불량 파형
  ㉮ 가속 및 연비의 불량

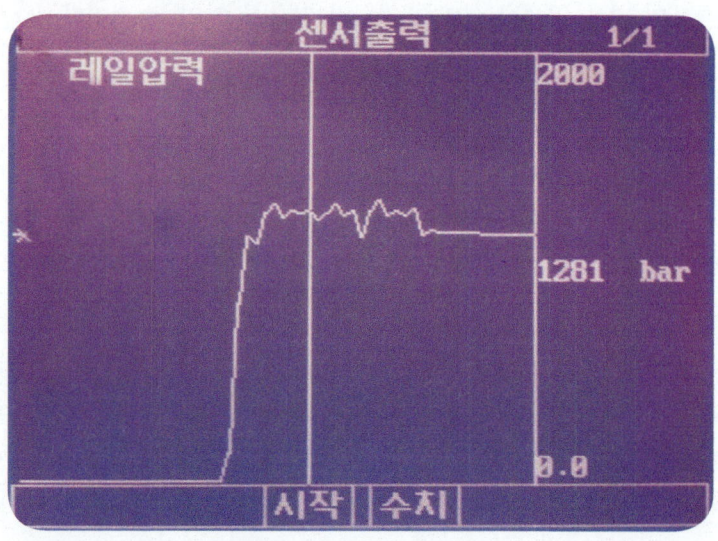

  ㉯ 시동 꺼짐

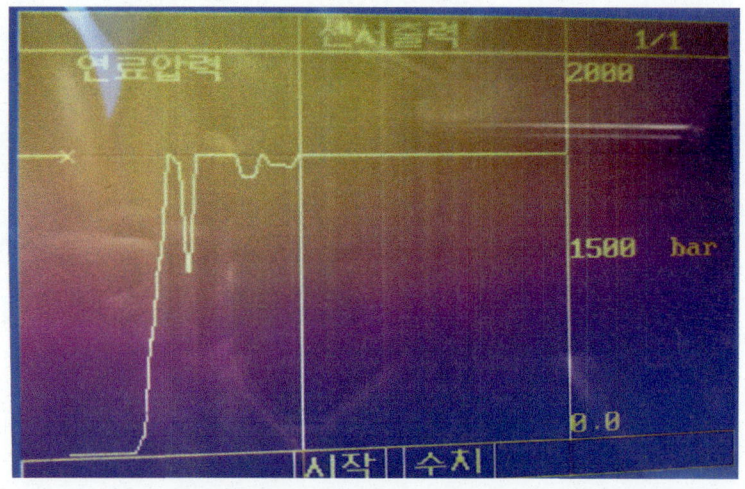

압력편차가 200bar이상발생시 인젝터제어를 컷시켜서 연료분사를 중지시킨다. 위의 고압펌프파형의 경우 시동이 걸렸다가 꺼지는 경우이다.

3. 연료 시스템 고장진단

> **Tip**
> **연료압력제어 로직**

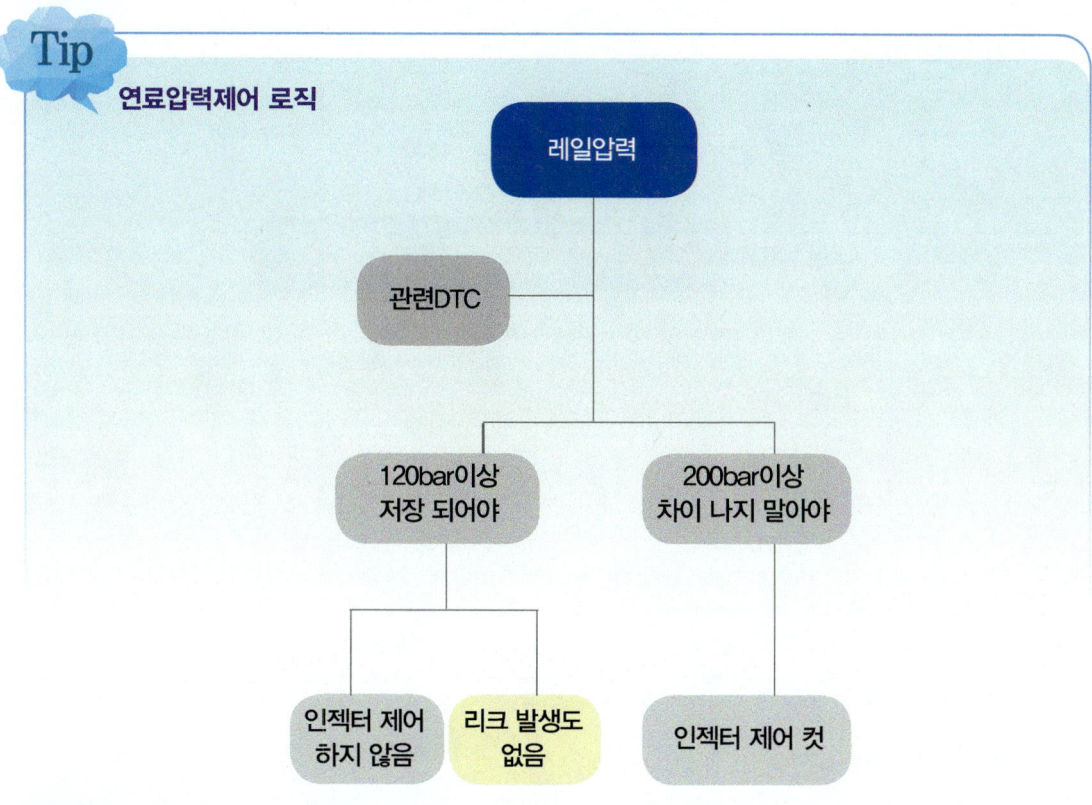

> **Tip**
> **고압 펌프의 내부 구조**

5 레일 압력 센서

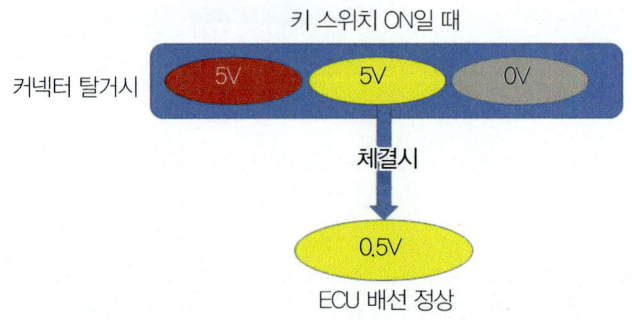

※ 고장시
1. D 엔진 : 450bar 고정 – 탈거한 후 시동이 되면 센서 불량
2. A 엔진 : 시동 꺼짐
3. J 엔진 : 압력이 상승된 후 시동 꺼짐 – 백리크 활용 가능

1) 레일 압력 센서의 진단

① 단품 불량, ② 관련 배선 불량을 구분하여 검사한다. ecu는 레일압력 센서에서 100~120bar 정도의 압력이 감지되어야 인젝터를 제어하기시작한다. 따라서 가장 중요한 입력신호이다. 레일압력신호가 오류가 나면 연료제어자체를 제대로 할 수가 없다.

진단방법으로는 키온상태에서 3핀의 전압이 5v,0.5v,0v를 나타내지 못하면 센서불량, 커넥터 탈거상태에서 3핀의 전압이 5v, 5v, 0v를 표출하지 못하면 배선, ecu불량을 확인하여야한다.

2) fail 기능을 이용한 활용

① 엔진별 특성에 따라 진단 기능에 활용 한다
② 델파이 시스템, 특히 유로5 타입의 A2 엔진에서 에어빼기 기능을 수행한다. 엔진별 림폼데이터를 반드시 확인해두어야한다.

3) 사례-가속시 시동 꺼짐 및 노킹(프라이드)

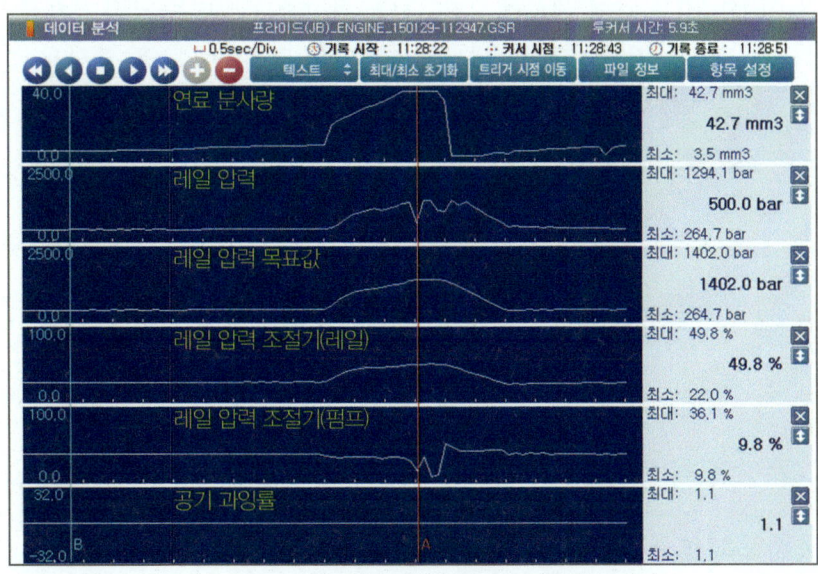

① **증상**

가속할 때 노킹 음이 과다하게 발생하면서 시동이 꺼지는 차량이다.

② **점검 및 데이터 분석**

스톨 검사 실시 중 레일 압력이 드롭 되면서 노킹이 발생됨을 인지하여 연료의 누설을 의심하였으나 최고 압력의 검사 결과가 이상이 없었으며, 서비스 데이터를 분석하여 보면 프라이드는 "U"엔진으로서 입·출구에서 동시에 제어하는 방식이다. 즉 펌프측과 레일측에서 모두 압력을 제어하는 방식이다.

펌프측은 유량이 많이 필요하여 압력이 높을 때 즉, 가속중일 때 그 제어량이 크고 레일측은 출발할 때, 가속할 때, 시동 ON, OFF시에 그 조절량이 많은 타입이다. 위의 데이터에서 스톨 중반에 즉, 압력의 증량이 많이 필요할 때 갑자기 압력이 드롭 된다. 이에 ECU는 펌프측 조절 밸브를 우선적으로 제어하게 되면서 압력을 유지시키려 한다.

문제는 압력 센서의 표출 값에 의존하여 ECU는 조절 밸브를 제어할 뿐이라는 것이다. 위의 데이터에서 압력 값이 먼저 드롭이 되면서 ECU는 스톨 상황이므로 레일측보다 펌프측 조절 밸브를 조절한다. 실제로는 압력이 정상적으로 토출되고 있는 상황에서 압력 센서의 오류로 인하여 더 많은 압력을 공급함으로서 과다 분사가 되어 노킹이 발생된 것이다.

③ 페일 모드를 이용한 검사

만약 이러한 경우 압력 센서의 오류인지를 확진하는 방법은 압력 센서를 단선시켜 스톨 검사를 해보는 것이다. 압력 센서의 커넥터를 탈거하여 스톨 검사를 할 때 증상이 개선되고 연료 압력의 곡선이 정상적이라면 압력 센서의 불량을 확진할 수 있다.

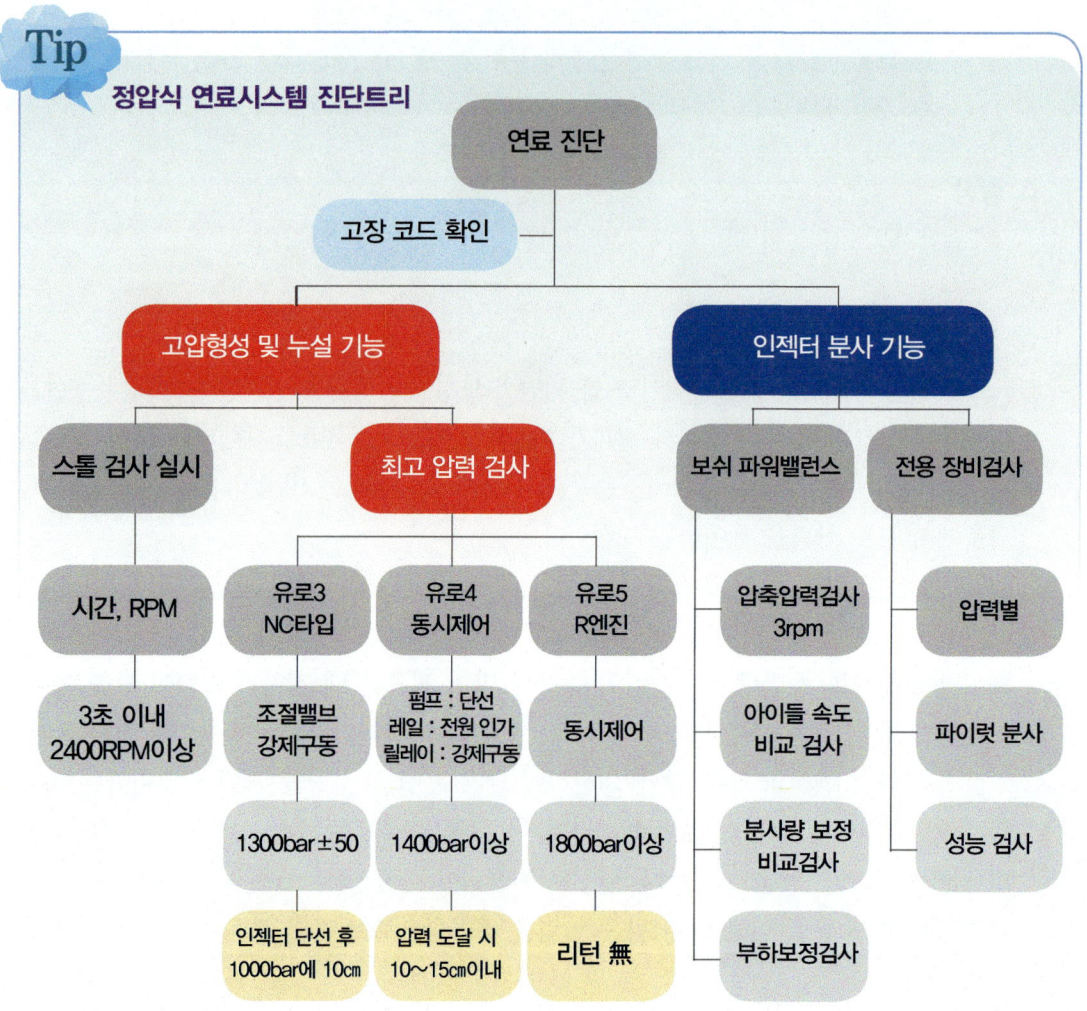

Chapter 3

Ⅱ 연료 분사 기능의 진단

Bosch Injector

고압의 형성이 잘된다고 하여 즉, 연료 압력이 높다고 하여 분사량이 많은 것은 아니며, 압력이 낮다고 하여 분사량이 적은 것도 아니다. 커먼레일의 인젝터에서 분사량을 증감하는 방식은 압력이 아니라 분사시간을 얼마만큼 인가하느냐에 따라 다르다.

커먼레일 디젤 엔진에서 고압 형성의 기능과 연료 분사의 기능이 독립적임을 기억하여야 한다. 연료 분사의 기능을 담당하는 것은 인젝터와 ECU의 제어이다. 분사가 양호하다는 것은 각 기통 간 밸런스가 좋아야 함은 물론 절대적인 분사량 또한 적정해야 한다는 것이다.

1 분사의 질

기통 간에 밸런스를 위해 ECU가 기통 간 보정을 실시한다. 현장에서 진단할 때 이를 확인하는 방법은 제작사의 시스템에 따라 조금씩 다르다. 보쉬 시스템은 스캔 툴을 이용한 파워 밸런스 기능(압축압력 및 연료계통 검사)을 확인하면 된다. 델파이 시스템의 경우 유로3 타입은 "MDP 학습 횟수, 학습 값", 유로4 타입은 "실린더 보정(μs), 실린더 속도(rpm)" 등을 이용하여 진단할 수 있다.

하지만 이 진단 모드의 조건은 엔진이 공전(idle)할 때의 진단 모드이다. rpm별, 압력별 상황에 알맞은 밸런스를 스캔 툴로 확인할 수는 없다. 인젝터 전용측정 장비로 직접 분사시켜보는 것이 정확한 방법이다.

2 분사량

ECU는 질량을 직접 계측할 수는 없다. 단지 압력이나 시간 등을 환산하여 분사량으로 계산할 뿐이다. 또한 각 기통의 각개별 분사량을 계산하는 것이 아니라 전체의 분사량만을 계산한다. 스캔 툴 데이터에서 분사량은 보정된 ECU의 의지일 뿐이다. 실제 그만큼 분사되었는지는 알 수 없다. 단지 간접적으로 몇몇 데이터를 이용해서 추정할 뿐이다. 예를 들어 분사량이 충분하다면 적정한 출력을 발생시킬 것이므로 스톨 시간(2500rpm까지)이 짧을 것이고, 분사시간 또한 적정하게 인가할 것이다. 공전할 때만이 아니라 영역별로 각개별 기통의 정확한 분사량을 계측하기 위해선 인젝터 전용측정 장비로 직접 분사해 보아야 알 수 있다.

1 커먼레일 디젤 인젝터의 일반적 특성

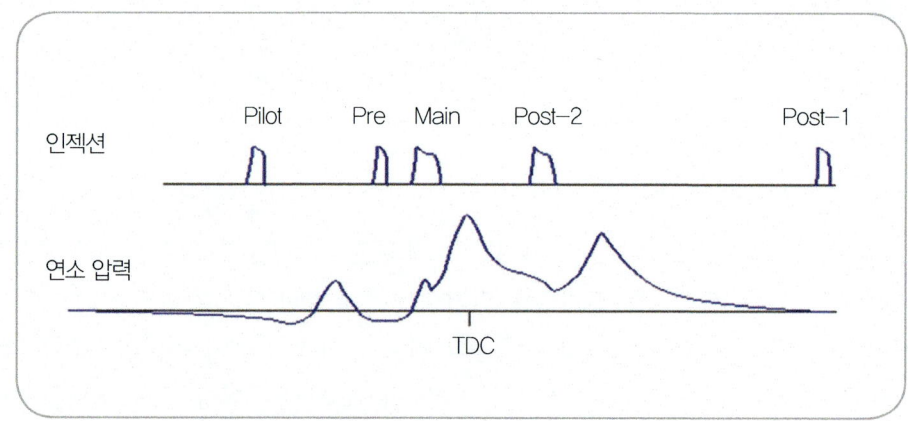

Pilot	Pre	Main	Post-2	Post-1
시동성	배출가스 저감 NVH 향상	토크 형성	토크/ 온도에 영향	촉매 발열온도 상승 (CPF재생)

1 특성

커먼레일 디젤에서 연료 분사 기능의 가장 큰 특징은 분사 압력, 분사 횟수, 분사량을 각 기통별로 독립적으로 제어할 수 있다는 것이다. 커먼레일의 경우 초고압의 연료를 제어할 수 있어야 한다. 따라서 그 작동의 기본 원리는 가솔린과 다르게 니들 밸브를 직접 제어하는 방식으로는 불가능하기 때문에 인젝터 내부에서 압력의 밸런스를 해제시켜 간접적으로 제어하는 방식을 사용한다.

2 작동 원리

압력을 채워서 상하의 밸런스를 맞춘 다음 압력의 해제, 즉 리턴을 발생시켜 노즐이 들려지면서 분사하는 방식을 이용한다. 커먼레일의 인젝터는 항상 리턴(백 플로)이 먼저 발생되고 리턴이 있어야 분사가 이루어진다는 것이다. 원칙적으로는 리턴이 많이 발생되어야 분사량도 많아진다는 것이다.

3 다단 분사(pilot 분사)

일반 디젤 엔진에서 사용하고 있는 노즐의 경우 압축 상사점 부근에서부터 상사점이후까지 한 번에 연료 분사를 이어간다. 이로 인해 초기에 착화지연 기간이 길어지게 되어 그로 인한 급격한 연소로 소음과 진동이 과다하게 발생되며, 배출가스 제어에서도 Nox, PM 등의 문제를 야기 시키게 되었다.

디젤 엔진이 가솔린 엔진에 비해 지구온난화의 주범인 CO_2를 줄일 수 있는 대안이었지만 그보다 더 심한 대기오염 물질을 다량으로 배출하게 되므로 사회적 문제가 되었다. 이러한 연소과정의 문제를 최소화시킬 방안으로 착화지연기간을 최소화하여 완전연소를 이루기 위한 대책이 다단 분사 시스템이다.

피스톤이 압축 상사점에 다다르기 전, 다시 말하면, 연료를 착화시킬 만큼 뜨거워지기 전에 먼저 아주 적은 연료를 미리 분사함으로써 조금 낮은 공기 온도에서 불씨를 만들고 그 불씨에다 주분사를 실시하게 되면 급격한 연소를 줄일 수 있어 불완전연소를 개선할 수 있게 된다. 쉽게 말하면 불을 피울 때 작은 불쏘시개에 불을 먼저 붙여 잔가지를 태우고 그 다음 큰 장작을 태우는 것과 같다.

이러한 다단 분사 즉, 여러 번 나누어 분사하기 위해서 전제되어야 하는 것이 높은 압력의 형성과 유지이다. 그 이유는 초기 분사량을 적게 하기 위해서는 분사되는 액적의 크기를 작게 하여야 하고 그러기 위해서는 분사 홀(hole)의 크기를 줄여 캐비네이션 현상을 이용하여 분무 상태를 무화시켜야 한다. 하지만 분사홀의 크기를 줄이면 가속의 영역에서는 오히려 분사량이 부족할 수 있다.

무화도를 높이기 위해 분공 수를 7홀 또는 8홀로 증가시킨 경우는 더욱 그러하다. 따라서 특정 구간에서 분사량의 부족을 해결하고 다공의 인젝터에서 캐비네이션 현상을 극대화하기 위해서는 압력이 더 높아야 한다.

따라서 유로3 타입에서는 2번의 다단 분사를 하기 위해서 최고 설정 압력이 1350~1400bar 정도가 필요하고, 유로4 타입에서는 최고 5번 정도의 다단 분사를 하게 됨으로써 1600bar 이상, 유로5 타입은 1800bar, 유로6 타입에서는 2000bar정도의 압력을 형성, 유지, 제어 되어야 한다.

Tip
캐비네이션 현상---인젝터크리닝의 필요성

유체의 흐름에서 유속이 빨라지게 되면 압력이 낮은 곳으로 유체속의 공기가 빠져나오는 현상을 말한다. 인젝터 노즐의 분사 통로를 좁혀서 고압으로 분무를 하면 좁은 노즐의 분사 통로를 빠져나오는 과정에서 그 압력은 높고, 통로가 좁을수록 유체의 속도가 빨라져 압력이 낮은 쪽으로 공기가 연료에서 분리되면서 무화를 촉진시키게 된다.

4 우리나라 차량에 적용된 인젝터 종류

2.5톤 이상 상용자동차에 적용된 덴소 인젝터를 제외하면 승용자동차 디젤과 소형화물 자동차에 적용된 인젝터는 보쉬와 델파이가 주종을 이룬다.

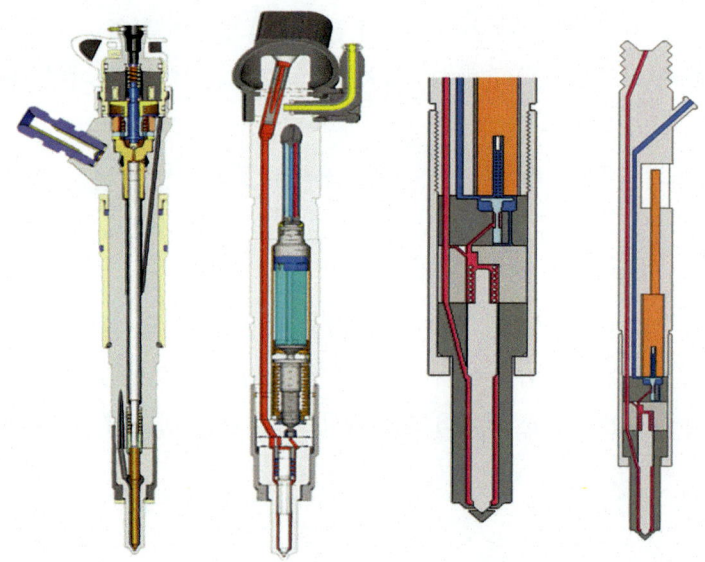

보쉬 유압 서브 솔레노이드 인젝터, 델파이 유압 서브 솔레노이드 인젝터, 보쉬 유압 서브 피에조 인젝터가 적용되어 있고, 델파이 직접 피에조 인젝터는 적용되지 않았다.

■ 3. 연료 시스템 고장진단

2 보쉬 인젝터의 특성과 진단 방법

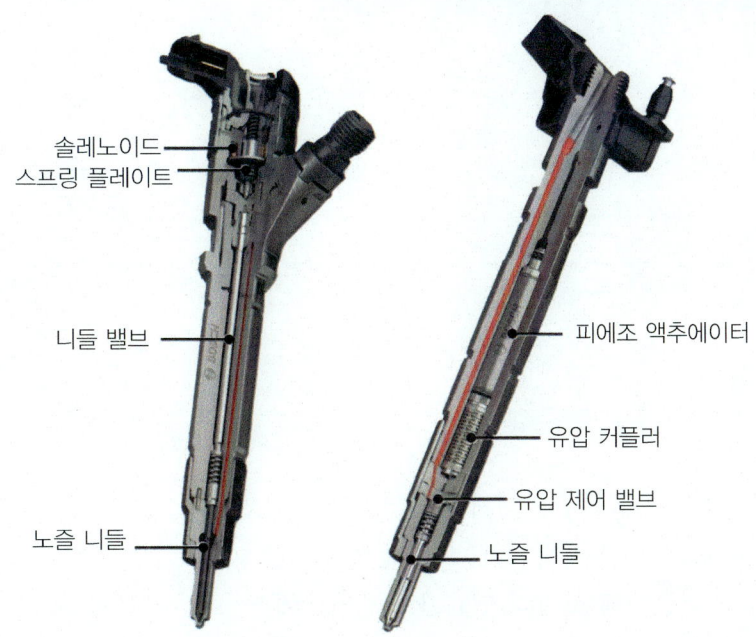

1 작동 원리

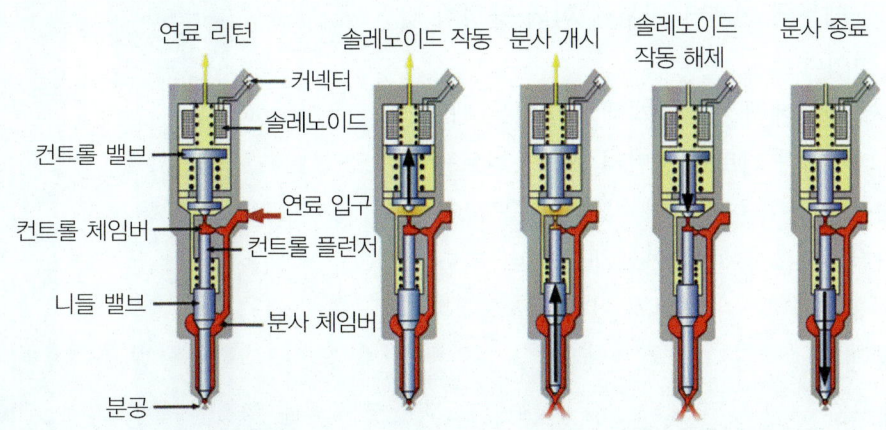

1) 분사 개시 전

보쉬 솔레노이드 인젝터의 경우 연료 주입 파이프를 경유하여 컨트롤 체임버의 "Z"홀을 통과한 고압의 연료는 솔레노이드에 전원이 인가되지 않으면 컨트롤 밸브를 누르고 있는 스프링의 장력에 의해 "A"홀을 통해 리턴되지 않고 컨트롤 플런저를 아래로 누르게 된다.

커먼레일 고장진단

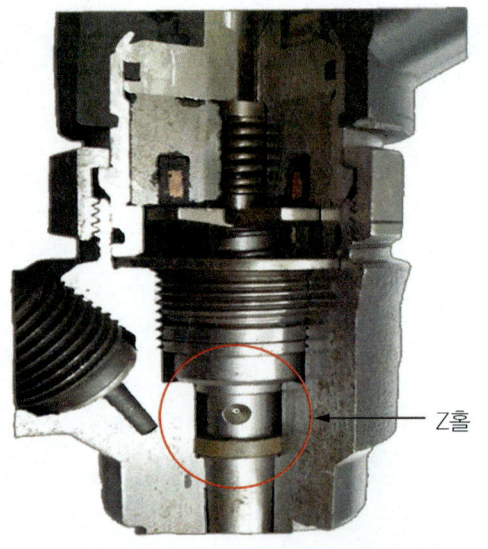

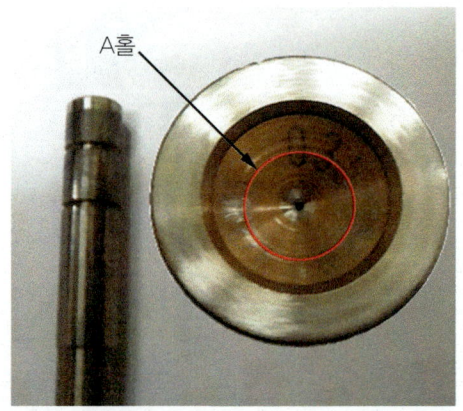

또하나의 방향은 노즐끝단까지 고압의 연료가 유입되어 대기한다. 챔버로 유입된 고압 연료는 솔레노이드가 자화되기전까지는 플런저를 아래로 밀어내어 노즐스프링을 누르게 되고 그힘에 의해 고압의 연료가 노즐끝단에 대기하고있음에도 불구하고 노즐은 닫혀있게 된다. 압력이 아무리 높아도 그 압력 자체가 누르는 형태이기 때문에 인젝터 내부에 힘의 균형이 맞아지는 것이다.

만약 이 상태에서 내부경계에 해당하는 테프론 씰링이 터지거나 컨트롤 플런저, 노즐, 컨트롤 밸브의 내부 부품이 마모되어 기밀작용을 하지 못하고 리턴통로를 통하여 연료가 리턴이 되면 인젝터의 내부 밸런스가 무너져 인젝터를 작동시킬 수 없게 된다.

◼ 파손된 테프론 씰링

◼ 편마모된 노즐니들

2) 분사 개시 시작

솔레노이드에 전원이 인가되어 자화되면 컨트롤 밸브를 들어 올려 컨트롤 체임버 내의 고압 연료가 "A"홀을 통하여 리턴 되기 시작하면 컨트롤 플런저를 누르고 있던 압력이 해제되어 노즐스프링의 힘에 의해 플런저가 들어올려지면서 분공을 막고 있던 니들 밸브가 열리게 되어 노즐 끝단까지 대기하던 연료가 분사를 시작하게 된다.

ECU가 솔레노이드에 인가하는 시간이 길면 길수록 니들 밸브가 열려 있는 시간도 길어서 분사량은 많아진다. 즉, 분사량의 증감은 인가되는 시간의 증감에 따라 변화된다. 만약, 카본이나 편마모 등으로 노즐의 섭동저항이 크다면 같은 시간을 인가하여도 해당 기통의 인젝터는 적은 량의 연료를 분사하게 되어 폭발력이 약화되고 피스톤의 속도 또한 느려질 것이다.(아이들 속도 비교 검사)

ECU는 CKP 신호를 감지하여 그 기통의 인젝터에 시간을 더 인가하게 되어 전체적인 기통간 밸런스를 맞추기 위해 다른 기통의 인젝터는 시간을 줄여주게 된다.(연료 보정량 검사) 이러한 피드백 과정은 스캐툴 기능(압축압력 및 연료계통 검사)를 통해 알 수 있다.

3) 분사 종료

솔레노이드에 전원이 차단되면 스프링 장력에 의해 컨트롤 밸브가 닫히면 다시 처음 분사 개시 전 대기상태로 돌아가서 노즐의 분공이 닫히게 된다. 노즐 심은 노즐홀더에 선 접촉을 하고 있는데 만약 노즐 심이 함몰되면 이러한 선 접촉이 되지 않게 되어 기밀작용의 불량에 의해 후적이 발생할 수 있다.

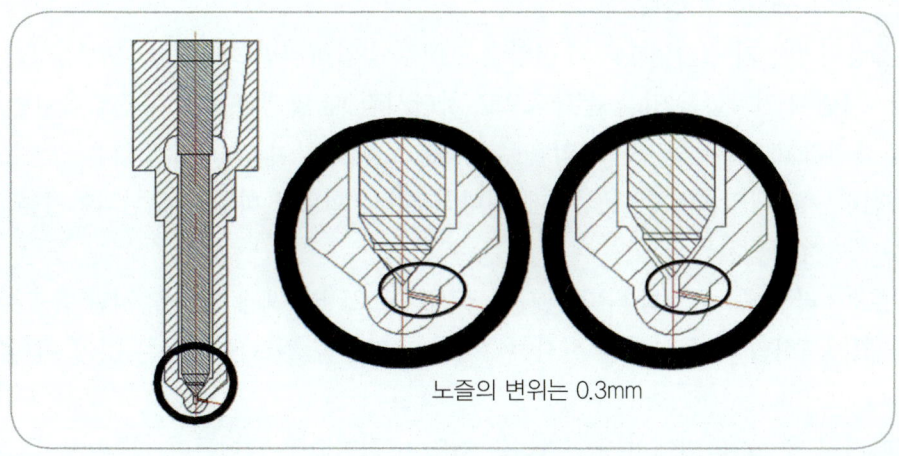

노즐의 변위는 0.3mm

출처: 디젤엔진용 인젝터의 노즐형상에 따른 분무특성 연구
- 경북대학교 석사논문 이영진

2 델파이 인젝터와의 차이점

1) 지연 시간의 차이

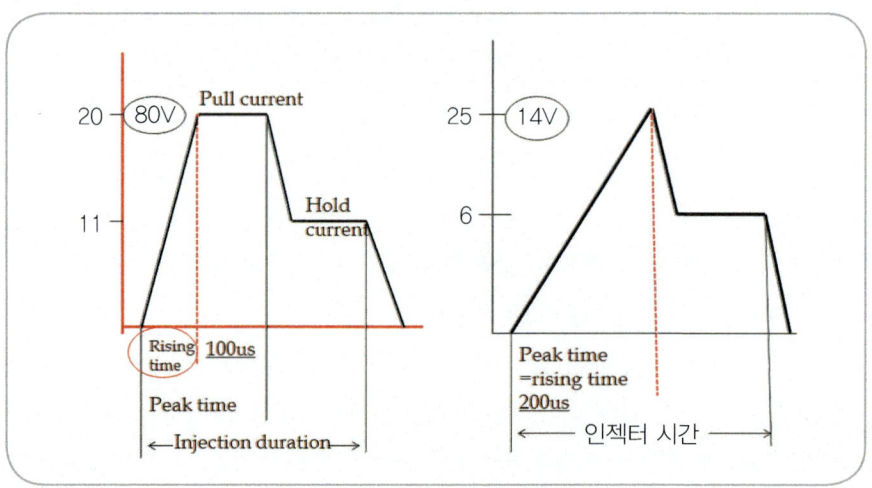

① 보쉬 시스템

보쉬 인젝터의 구조상 솔레노이드가 자화되어 실제 분사가 이루어지기까지는 아주 짧은 시간이지만 시간차가 발생할 수밖에 없다. 이러한 지연시간은 배출가스의 기준이 강화되어 정밀한 다단 분사를 요할수록 줄여나가야 한다.

이에 보쉬에서는 기본적으로 인젝터의 초기 개시시점에서 솔레노이드를 강하게 자화시켜 컨트롤 밸브를 빠르고 강하게 들어 올려야 한다. 따라서 기본 전압을 80V까지 승압하여 사용하게 된다.

차량의 발전기 전압인 14V의 전압을 80V로 승압하려면 회로를 1, 4번 2, 3번으로 묶어서 1번에 인가한 전압을 순간적으로 차단시킬 때 발생하는 서지 전압을 4번 콘덴서에 충전하고 3번에 인가한 전압을 순간적으로 차단하여 그 서지 전압을 2번 콘덴서에 충전하는 방식의 회로를 구성하게 된다. 따라서 회로가 하나만 단선되어서는 엔진 시동이 꺼지지 않는다.

유로3 타입에서는 2회 다단 분사를 실시하므로 별문제가 되지 않지만 유로4 타입에서 최대 5회의 다단 분사를 실시하기에는 고전압을 컨트롤 한다는 것이 여의치 않게 된다.

따라서 유로4 타입에서는 인가되는 전압이 절반으로 줄어든다. 약 48V정도로 솔레노이드에 인가를 하고 그 대신 솔레노이드 코일의 권선 수를 증가시켜 강한 자력이 발휘되도록 설계한다. 그 값들은 LCR 미터라는 측정기를 통하여 소위 "L" 값을 측정할 수 있다. 유로5 타입에 들어와서는 더욱 더 정밀한 제어가 필요하게 되어 기존의 솔레노이드 방식으로는 부족하여 피에조 인젝터를 사용하게 된다.

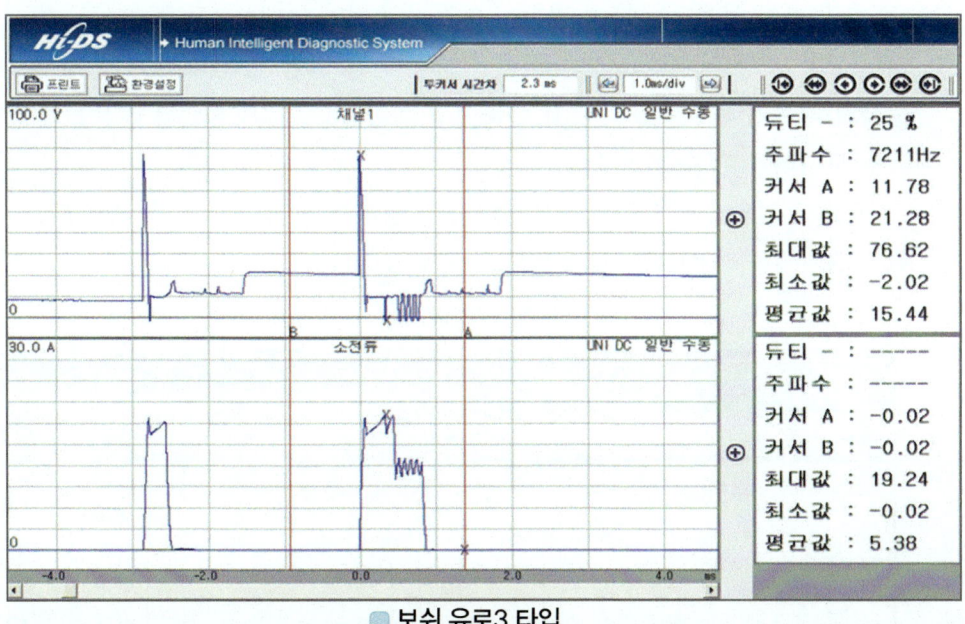

● 보쉬 유로3 타입

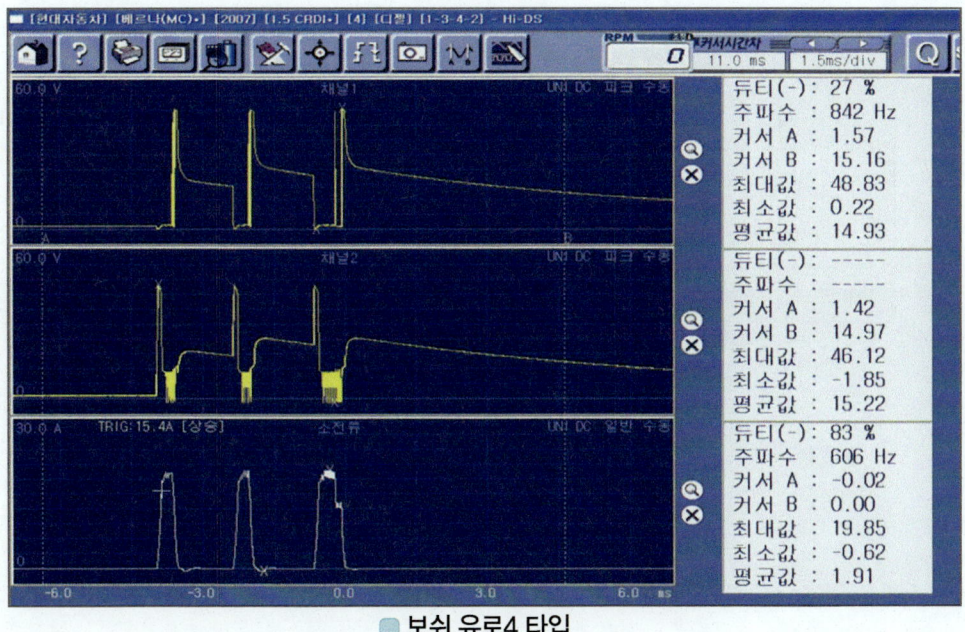

● 보쉬 유로4 타입

② 델파이 시스템

델파이 인젝터는 구조상 솔레노이드가 인젝터의 몸통 아래에 배치됨으로써 솔레노이드에 인가되는 시간과 실제 분사하는 시간의 지연차이가 보쉬 보다 훨씬 작게 된다. 따라서 보쉬 만큼 강하고 빠르게 자화시킬 필요가 없는 구조이다.

또한 델파이 인젝터는 제어 전압이 발전기의 전압 그대로 14V로 제어되기 때문에 제어 회로를 구성하는 것도 많은 차이를 보인다. 특별한 전압의 변동 없이 컨트롤이 가능하기 때문에 센서를 모니터링 하듯이 인젝터 회로에 3V정도의 전압을 인가하여 작동을 모니터링 할 수 있게 된다.

이렇게 전압의 모니터링과 노크 센서를 이용하여 델파이만의 특이한 "MDP 학습"이란 보정기법을 사용할 수 있게 된다.

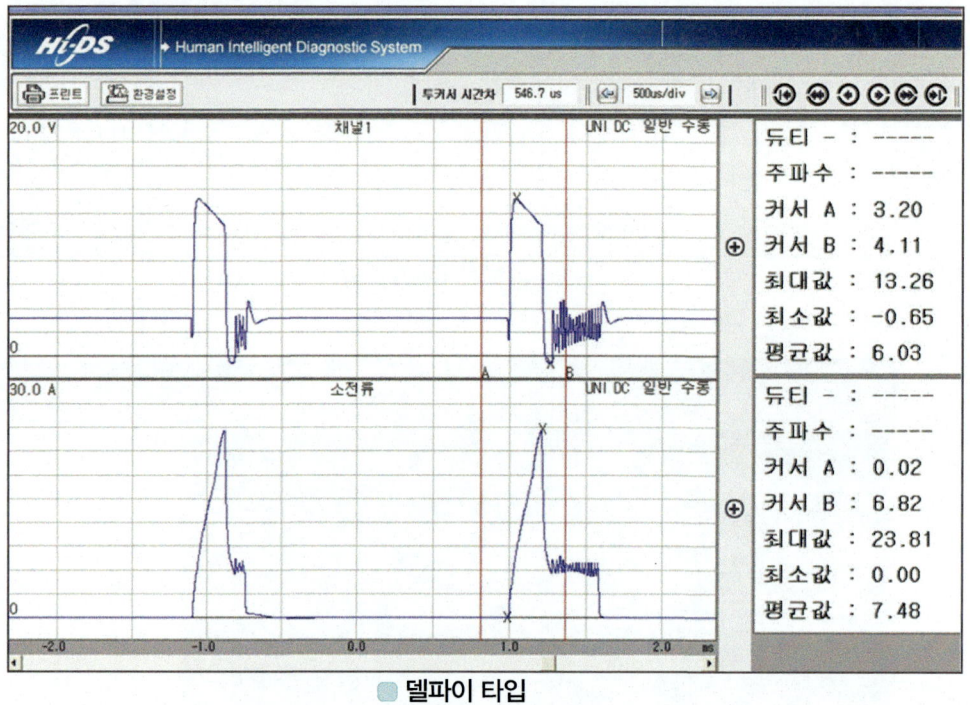

● 델파이 타입

2) 진단 방법의 차이

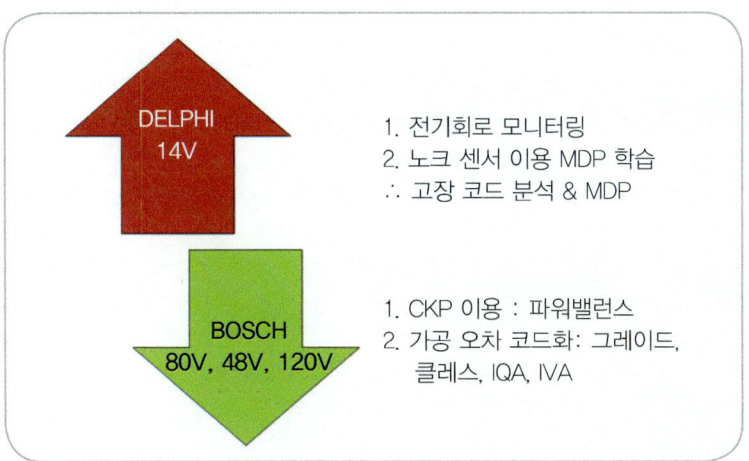

보쉬 인젝터의 경우 직접적인 진단방법을 사용하지 않고 분사시킨 다음 연소할 때의 폭발력으로 인해 발생하는 피스톤의 각속도를 이용하여 간접 측정하게 되며, 이러한 오차를 수정하기 위해 제작상의 가공 편차를 수치화시켜 코드화하는 방식을 사용한다.

반면 델파이 인젝터의 경우 기본적으로 고장 코드 분석을 기본으로 하며, 유로3 까지는 "MDP 학습 횟수, 학습값"을 이용하고 유로4 방식 이후는 "실린더 보정, 속도" 등을 이용하여 진단한다.

3 보쉬 인젝터의 진단방법

압축
- 배터리 완충상태에서(200rpm 이상)
- 3~5rpm 편차시 – 동 와셔 불량
- 10~15rpm 이상시-엔진결함 : 밸브개폐 기구, 피스톤 이상

아이들
- N레이지에서 측정
- 인젝터 노즐 불량 측정 : 순수한 인젝터의 기계적 이상 판정
- 10rpm 이상시 노후 판정
- 15rpm 이상시 부조 원인

보정
- N, D 레인지에서 두 번 측정할 것
- 두 기통의 합이 ±3 이상시 노후 판정
- 한 기통이 +2 이상, -2 이상일 때

1) 파워 밸런스의 전제 조건

① 상대 평가이다.
② 공전시의 성능 평가이다.
③ 연료 압력과는 별개의 문제이다.
④ CKP 속도만을 평가한다.
⑤ 3단계를 종합적으로 판정하여야 한다.

2) 압축압력 검사

① 검사 조건

인젝터에 전원이 인가되지 않은 상태에서 오로지 기계적으로 인젝터가 실린더의 압축 기밀을 잘 유지하는지를 확인하는 것이다. 명령 후 3초 이내에 실시하고 데이터의 신뢰가 부족할 때는 2회 이상 실시하여 평균값으로 판단한다. 원칙적으로 200rpm 이하 데이터는 신뢰성이 없다.

이 영역에서는 오로지 CKP의 속도만을 감지하므로 스타트 모터의 성능, 배터리의 성능, 각속도를 모니터링 하는 ECU의 속도 등 영향을 받게 된다. 따라서 해당 조건(온간시) 등을 동일하게 하는 것이 중요하다.

② 판정 방법

해당 기통에서 압축이 누설된다면 그 기통의 피스톤 각속도는 빨라질 것이다. 즉, rpm이 많은 것이 불량이다. 하지만 주의해야 될 점은 상대적인 평가이다 보니 압축의 누설이 심하여 rpm의 편차(최고 빠른 기통과 최고 느린 기통간의 편차)가 20rpm이상 발생할 때에는 불량에 해당하는 기통의 다음에 점화하는 기통이 상대적으로 낮게 표출되기도 한다. 언뜻 보면 낮은 기통이 불량인 것처럼 보일 수 있다. 만약 20rpm 이상의 편차라면 무조건 엔진의 문제라고 확진하여도 된다.

③ 성능 평가 기준

㉮ 유로3 시스템 : 1~2rpm 이내 양호
㉯ 유로4 시스템 : 2~3rpm 이내
㉰ 유로5 시스템 : 3~4rpm 이내

이 기준의 의미는 동 와셔의 밀착성과 그 교환 주기를 어떻게 설정할 것인가를 말하는 것이다. 현장에서 정비사가 직접 작업한 후 각자의 기준을 마련하여야 하며, 위의 기준은 필자의 기준인 것이다. 하지만 아무리 기준을 완화한다 하여도 압축압력의 기통 간 편차가 10rpm을 초과한다면 이는 동 와셔의 밀착성을 확인하되 실린더, 피스톤 등 엔진 자체의 기계적인 압축누설을 의심하여야 한다.

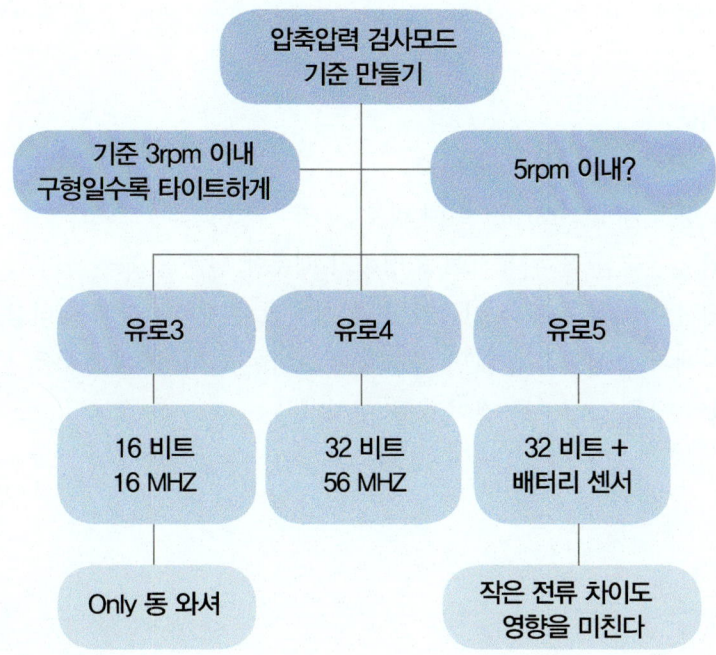

3) 아이들 속도 비교 검사

① 검사 조건

인젝터에 동일한 시간을 인가한 후에 그 폭발력으로 인한 피스톤의 각속도를 가지고 판정한다. 주의하여야 하는 것은 유로4 IQA 인젝터의 경우이며, 인젝터에 인가된 시간의 개념이 IQA 인젝터에서는 조금 다르게 적용된다.

IQA 인젝터라는 것은 전수검사를 통해 미세한 가공의 편차를 7자리 코드화시킨 다음 ECU에 코딩을 해주어 보정기능을 수행하도록 하는 인젝터이다. 다시 말해서 ECU가 똑같은 시간을 인가하여도 인젝터마다 받아들이는 작동은 모두 다르다는 것이다. 1번 인젝터는 600µs를 600으로 쓰지만, 2번은 630µs로 받아들여 사용한다는 것이다.

IQA 인젝터 부분에서 별도로 언급하겠지만 IQA 인젝터의 코드번호를 이용하여 인젝터의 성능을 평가할 수도 있다.

② 판정 방법

인젝터에서 연료를 분사시켜 그 폭발력을 평가하는 것으로 rpm이 낮은 기통은 성능이 저하된 인젝터이다. 기본적으로 압축압력의 평가와 매칭이 되는지를 보아야 한다. 압축압력 rpm이 가장 높고, 아이들 속도 비교에서도 그 기통의 rpm이 가장 낮다면 인젝터의 성능 자체를 논하기 전에 인젝터의 동 와셔의 밀착성을 먼저 논해야 한다.

이 검사 영역에서 평가하고자 하는 핵심은 인젝터 노즐의 상태이다. 냉간시에 부조가 발생하는 인젝터의 경우와 시동이 지연되는 경우의 인젝터 등을 평가할 수 있다.

③ 성능 평가 기준

㉮ 신품 장착 차량 : 10rpm 이내 양호
㉯ 재제조품 장착 차량 : 15rpm 이내 양호

재제조품의 경우 "심"을 이용하여 조정하기 때문에 단품을 교환하지 않고 과도한 조정을 하게 되면 아이들 속도의 편차가 조금 심해질 수 있다. 하지만 다음 단계인 연료의 보정 검사에서 보정이 잘된다면 양호하게 보아야 한다. 재제조품은 신품대비 80% 정도면 양질의 제품으로 보는 것이 옳을 듯하다.

4) 연료 분사 보정 검사

① 검사 조건

전단계인 아이들 속도의 비교 검사에서 가장 낮은 rpm을 나타낸 기통을 기준으로 연료 분사의 보정을 수행한다. 하나를 증가시키면 하나를 줄여서 전체의 밸런스를 맞춘다. 가장 마지막 단계의 검사이지만 현장에서 가장 먼저 실시함으로써 오진을 하는 경우가 많다. 그 이유는 이 검사의 영역이 인젝터의 상태를 측정하는 영역이 아니라 엔진의 전체적인 밸런스를 측정하는 것이기 때문이다. 따라서 스캐너 상에서도 검사의 조건을 압축압력이 정상일 때에만 분사의 보정 검사를 실시하라고 제시하고 있다.

② 판정 방법

어느 기통이 불량한가를 정확하게 선별하여 그 기통의 인젝터 만을 교환하게 되면 난처한 경우가 발생된다. 이 영역은 상대 평가임을 잊어서는 안된다. 전체의 기통이 모두 하향평준화 되어 있다면 밸런스는 양호하게 나올 것이다. 만약 가장 나쁜 인젝터 하나만 교환하여 새로운 인젝터가 설치되면 그 인젝터를 기준으로 다시 밸런싱을 할 것이다.

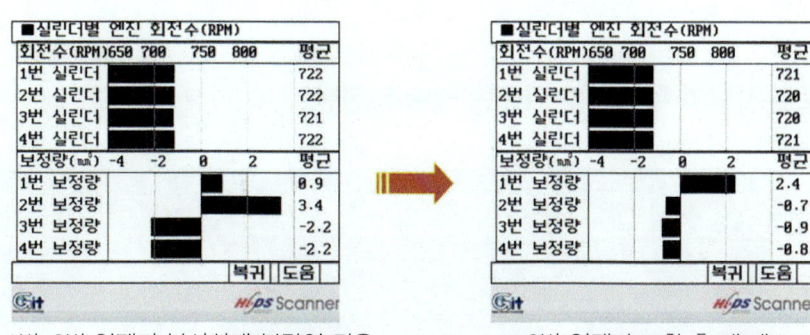

※ 1번, 2번 인젝터 분사상태 불량인 경우 　　　※ 2번 인젝터 교환 후 재 테스트

> ☞ 만약 2개의 인젝터가 동시에 트러블이 발생하는 경우 막대 그래프가 가장 큰 인젝터를 교환한 후 다시 분사의 보정 목표량 테스트를 실행한 후 재 점검하고 교환을 실시한다

이 영역에서 보고자 하는바는 연못위에 한가로이 떠다니는 오리를 보는 것과 같다. 연못 위는 한가로울지 모르나 물속에서는 엄청난 물 갈퀴질을 하고 있을지 모르는 일이다. 그 물속을 보고자 하는 것이 이 영역에서의 검사 목적이다. 인젝터의 양부 판정이 목적이 아니라 엔진의 밸런스가 좋고 나쁨을 확인하고자 하는 것이다.

③ 판정 기준
  ㉮ +보정, −보정값 중에 가장 많이 보정하는 것의 합이 3을 넘어가면 밸런스 불량
    예) (−2.0) + (1.5)= 3.5 (불량)
  ㉯ 특정 기통의 보정치가 +방향으로 2이상 넘어가면 불량

④ 부하 보정 실시
  스캐너를 이용한 밸런스는 공전시의 특정 영역에서만 검사하는 것이다. 따라서 인젝터전용 측정장비를 활용한 진단이 필요하다. 하지만 현장의 여건상 최대한 스캐너를 활용하고자 무부하 검사와 부하 검사를 함께 실시하여 밸런스 검사를 실시한다. 검사의 표준화를 위해 부하는 트랜스미션의 부하만을 전제로 한다.
  디젤 기관은 부하에 대한 보상을 가솔린과 달리 공기를 바이패스시켜 하지 않고 연료분사량을 증가시켜 하게 된다. 만약 인젝터가 성능이 좋다면 부하에 대한 보상능력이 좋을 것이다. 만약 그렇지 못하다면 ECU는 인젝터에 분사시간을 더 길게 주어 현재 발생한 부하에 대한 보상을 실시하여 rpm을 상승시키려 할 것이다. 이 검사의 영역에서 무부하시와 부하시의 편차가 심하다면 (무부하시와 비교하여 ±1정도증감시 불량) 그 기통에 설치된 인젝터의 성능을 평가해 주어야 한다.

5) 연료 분사량의 데이터를 이용한 밸런스 진단

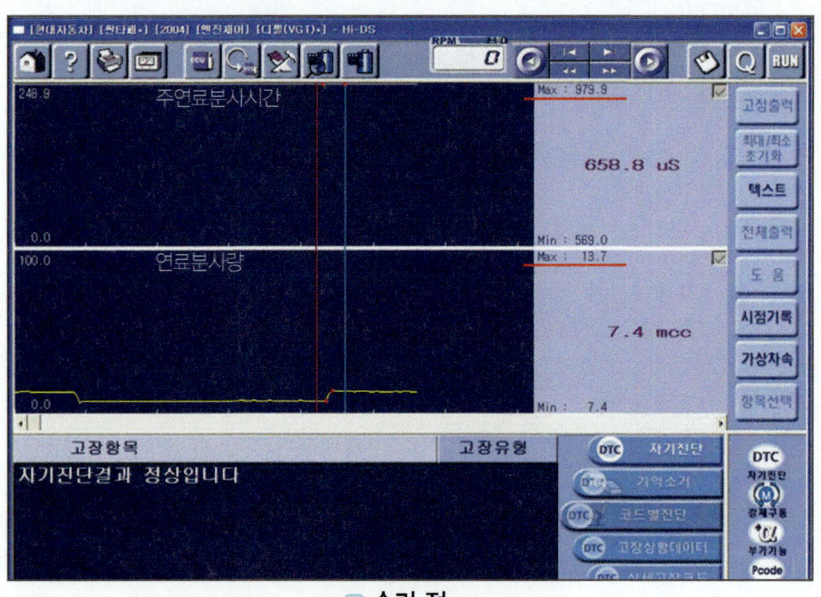

■ 수리 전

■ 3. 연료 시스템 고장진단

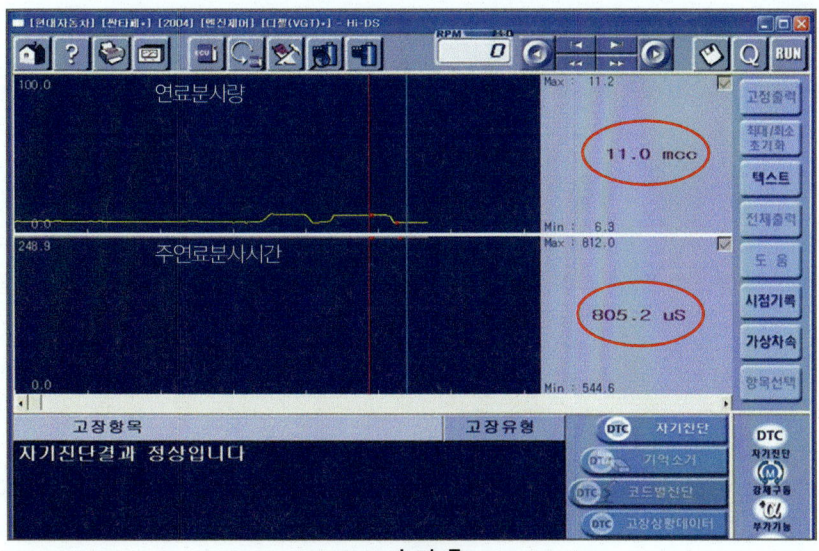

○ 수리 후

① 진단 방향의 설정

디젤 엔진의 경우 부하 보상에 대한 기본 로직은 연료 분사량의 증량을 통해 이루어진다. 스캔 툴 데이터에서 "연료 분사량"과 "주 연료 분사시간"을 이용하여 엔진의 밸런스 상태를 간략하게 진단할 수 있다.

진단의 표준화를 위해 부하는 트랜스미션의 부하로 한정하여 N레인지 상태에서 연료 분사량과 주 분사시간을 점검하고 D레인지로 변환할 때 그 변화의 정도를 가지고 판정한다. 엔진의 형식별로 N레인지일 때 분사량과 주 분사시간을 D레인지일 때의 데이터와 비교하여 현장에서 체크해 두면 신속한 진단의 방향을 설정하는데 도움이 될 것이다.

D엔진의 경우 N레인지일 때 연료 분사량은 6~8mm³(mcc) 정도이고, D레인지로 변환할 때 4~5mm³ 범위에서 연료 분사량을 증량하여 11~12mm³정도에서 부하 보상을 하게 된다. 분사시간은 트랜스미션 부하시 공전상태에서 900μs를 넘지 않는다.

② 사례 데이터 분석

수리 전 데이터에서 트랜스미션 부하시 주 분사시간을 970μs까지 증가시키면서 연료 분사량을 6mm³ 이상 증량하여 부하 보상을 하고 있다. 엔진의 파워 밸런스에 문제가 있는 것으로 이 경우에는 어느 기통의 문제인지를 진단하기 위해 "압축압력 및 연료계통 검사"를 실시하면 된다.

인젝터를 교환한 후 데이터를 보면 트랜스미션 부하시에 주 분사시간이 850µs이상 증가되지 않고 있으며, 연료 분사량의 증량도 5mm³ 이내에서 11mm³ 정도까지만 증량하여 부하 보상이 이루어지고 있음을 알 수 있다.

③ 주의

엔진의 형식별로 조금씩 다를 수 있으니 현장에서 데이터를 체크하기 바라며, 이 진단의 전제는 온간시에 트랜스미션 부하임을 주의하자. 다른 부하가 인가되거나 냉간시에는 증량의 정도가 더 심해질 것이다.

> **Tip**
>
> **"연료분사량"의 의미**
>
> 디젤차량에서 엔진부조 및 부하에 대한 RPM보상을 연료분사량의 증감을 통해 밸런싱하고자 하는 ECU의 의지이다.
>
> 주의할 사항은 현장에서 연료분사량 데이터를 보고 엔진부조의 원인을 인젝터라고 단정지어서는 안 된다는 것이다. 인젝터 문제로 엔진이 부조할 시에 연료분사량은 정상에서 3내지 5mm3정도만 보정하여도 rpm보상이 된다. 즉, 연료분사량이 정상치보다 10mm3 이상 늘어나 있는 경우에는 연료문제보다는 타이밍이나 흡배기 막힘의 문제로 접근하여야 한다.

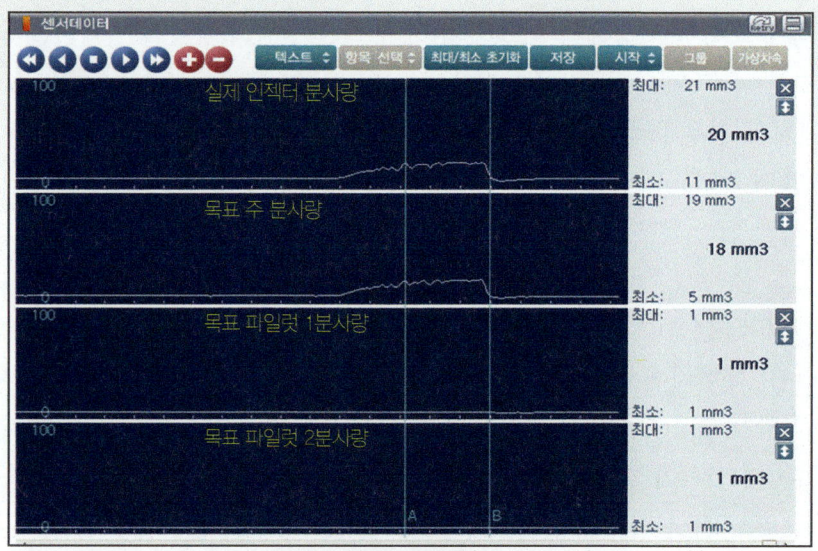

● -R 엔진, 배기막힘시

4 파워 밸런스 데이터 분석

1) 사례1. 소음 및 부조 발생-스포티지 2007년 145000km

① 압축압력 검사 및 연료계통 검사

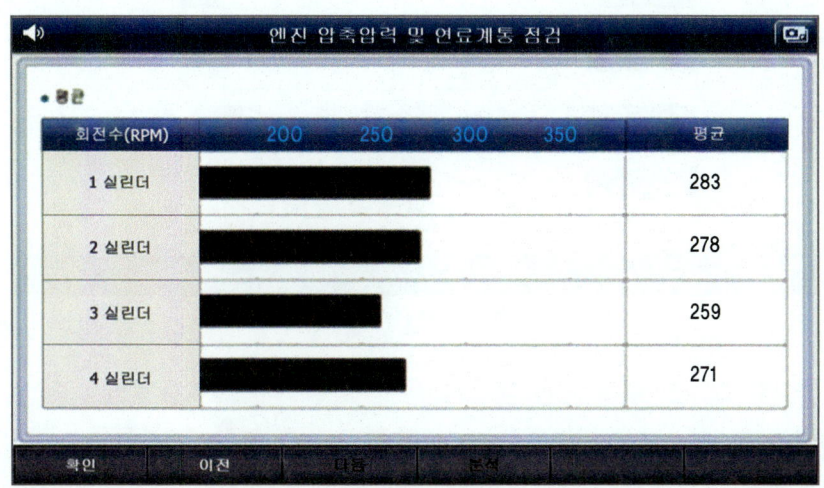

○ 압축 압력 검사

○ 아이들 속도 검사

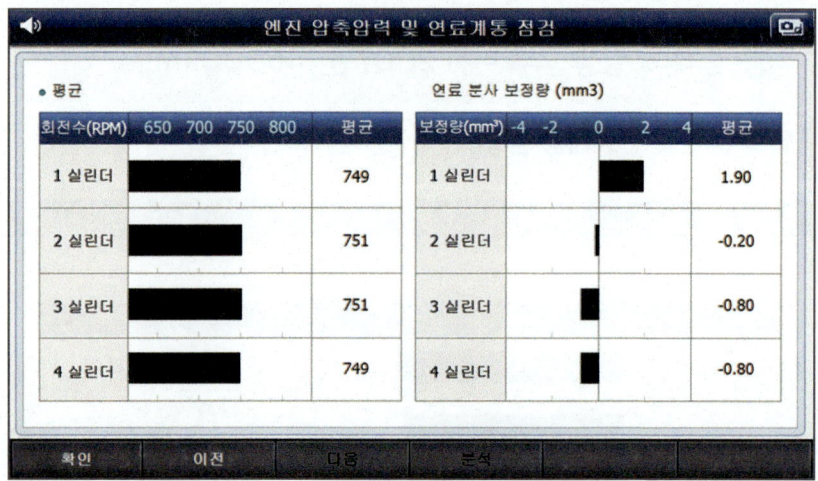

■ 분사 보정량 검사

② **데이터분석**
  ㉮ 압축압력 검사에서 편차가 20rpm 이상 발생하고 있는 것으로 보아 인젝터 동와 셔의 밀착성보다는 엔진의 기계적 압축누설이 의심된다. 1번 실린더의 속도가 가장 빠른 것으로 보아 1번 실린더의 불량이 의심되고, 3번은 상대적으로 느린 것처럼 표출된 것이다.
  ㉯ 1번이 압축의 누설이 되므로 1번 실린더의 폭발압력이 가장 느리게 표출되고 그편차도 10rpm이 넘는 것으로 보아 1번 실린더에 문제가 있다.
  ㉰ 가장 폭발력이 약한 1번 실린더를 중심으로 보정을 실시하고 있다.

  3단계의 검사과정이 논리적으로 분석되어야 한다. 인젝터를 교환해야 할 것인지, 클리닝이나 동 와셔의 교환으로 마무리 할 것인지, 엔진을 점검해야 할 것인지를 논리적으로 분석하여 판단해 보아야 한다.

③ **견적 기법**
  데이터의 결과가 위와 같다면 우선 동 와셔를 교환한 후 재평가할 필요가 있겠지만 만약 동 와셔의 밀착성이 문제라면 엔진 오일의 캡을 개방하였을 때 블로바이 가스가 다량으로 방출될 것이다. 그렇지 않다면 이는 엔진의 기계적인 문제임이 분명하다.

3. 연료 시스템 고장진단

> **Tip**
>
> **인젝터의 불량을 판단하는 방법**
>
> 　4단계의 파워 밸런스 검사에서 압축의 누설과 나머지 기통 검사의 결과가 논리적이고 특히, 분사 보정량의 검사에서 보정값이 1.5이내에 있다면 이는 인젝터의 클리닝, 와셔의 교환이 먼저 선행되어야 될 것이다. 하지만, 보정값이 2를 넘어간다면 밀착불량으로 인젝터노즐이 열화되었다고 보아야 한다. 크리닝보단 교환이 우선되어야 하겠다. 압축 검사와는 상관없이 아이들 속도 검사와 분사 보정의 검사가 논리적이라면 이는 인젝터의 불량이므로 클리닝으로 해결되지는 않는 경우가 대부분이다.

2) 사례2. 매연의 발생, 트라제 2004년식 120,000km

① 파워 밸런스 검사

㉮ 압축압력 검사

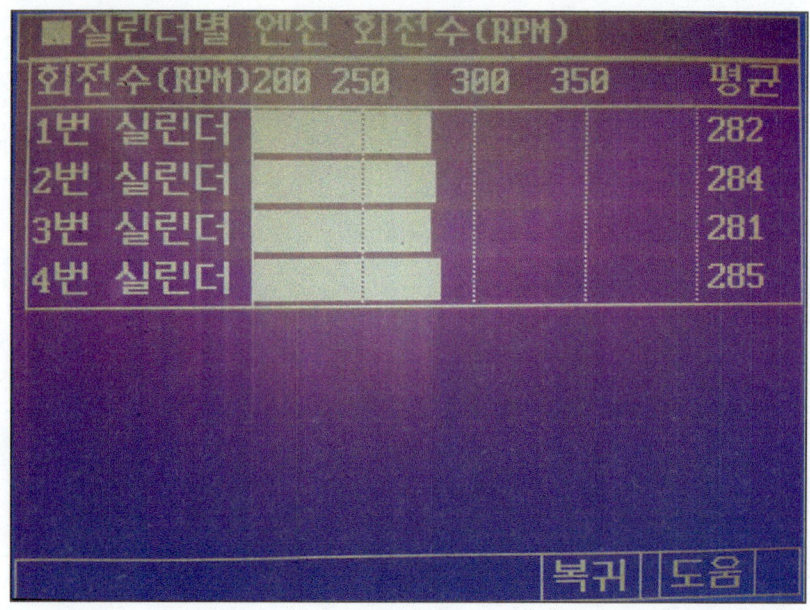

㉯ 아이들 속도 검사

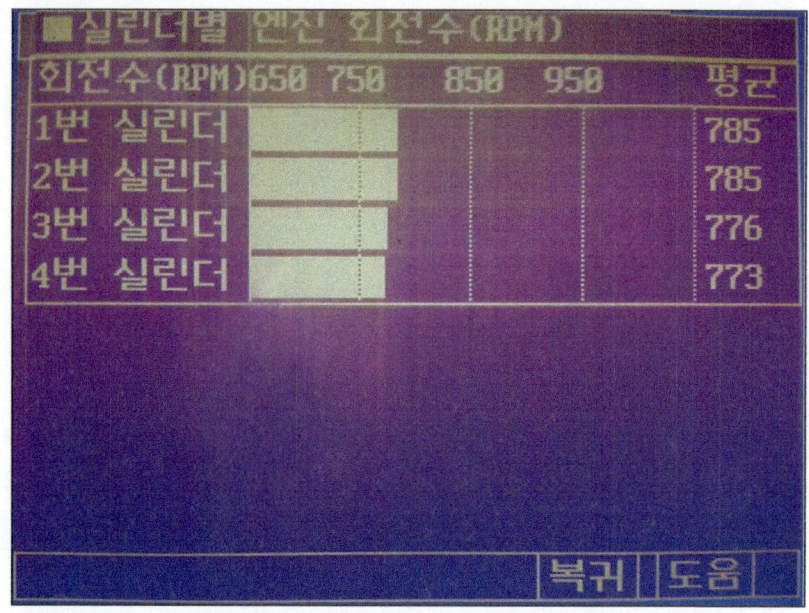

㉰ 분사 보정량 검사

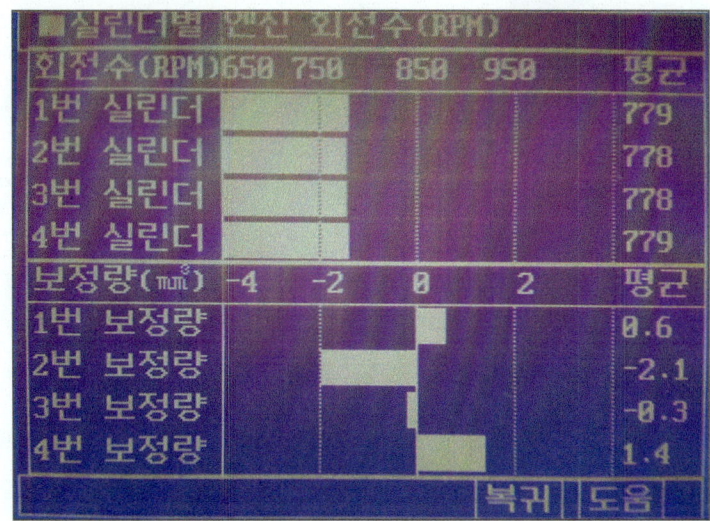

② 데이터 분석
  ㉮ 압축압력 검사에서 편차가 4rpm 정도가 발생된다. 기준보다 더 많은 편차를 보이므로 동 와셔의 밀착성을 의심해 본다.
  ㉯ 4번 실린더의 압축 누출로 인하여 4번의 폭발력이 약하다.
  ㉰ 4번 실린더를 기준으로 보정을 하고 있으나 그 보정값이 1.5를 넘지 않고 있다.

③ 견적 기법
  우선 인젝터의 밀착성을 개선시켜 정상적으로 만든 후에 파워 밸런스를 다시 측정해 보아야 할 것이다. 하지만 고장 증상이 매연에 있으므로 인젝터의 정밀한 측정이 요구된다. 만약, 정밀 배출가스 검사 대상이라면 인젝터를 교환하는 것이 검사에 유리할 듯하다.

5 동 와셔의 중요성

인젝터의 가장 중요한 역할은 직접연소실에 정확하게 분사하여 최적의 출력을 발생하는 것이기 때문에 인젝터의 분사 각도 등을 정확하게 계산하여 설계되어 있다. 만약 동 와셔의 밀착 불량으로 인젝터의 높낮이에 미세한 변화가 생긴다면 직접연소실에 분무하지 못하여 불완전연소를 일으키게 될 것이다.

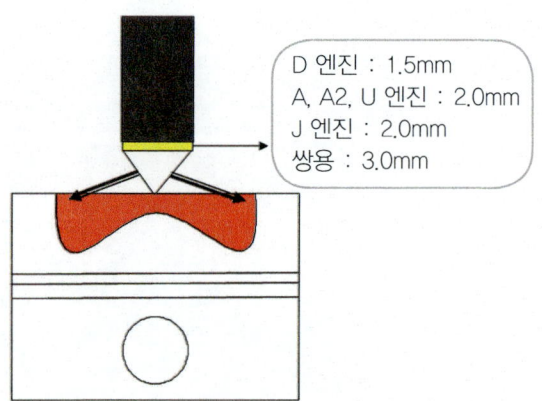

또한 보쉬 시스템의 경우 흡입행정일 때 엔진 오일이 연소실로 유입될 수 있고 압축과 폭발행정에서는 블로바이 가스가 오일 순환 통로로 유입되어 희석됨으로써 엔진 오일의 순환을 방해하여 엔진에 심각한 문제를 일으키게 된다. 파워 밸런스 검사 중 압축압력 검사에서의 자기만의 기준을 만들어서 마일리지 정비 상품으로 활용하여야 하겠다.

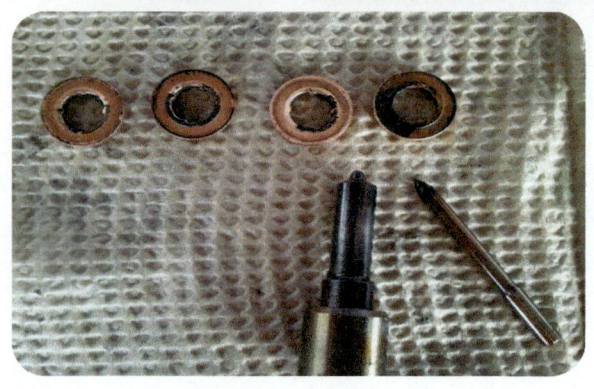

6 보쉬 인젝터의 종류

제조사	종류	적용	분사량 편차보정	인젝터 교환시
보쉬	일반인젝터	D2.0 A2.5	ECU에서 보정 회전수 파악 각개보정	스캐너 입력 없음
	그레이드	D2.0 A2.5	X.Y.Z	조합표에 따라 조합후 조립
	클레스화	A2.5	C1.C2.C3	동일 인젝터 조립후 ECU입력 (아이들 저속영역보정)
	IQA인젝터 (유로4)	U1.5 D2.0/D2.2	각 인젝터에 코드부여	각 코드입력후 조립 전 영역보정
	IQA+IVA인젝터 (유로4)	S3.0	각 인젝터에 코드부여	각 코드입력후 조립
델파이	C2i인젝터 C3i	J2.9 쌍용 렉스턴2	C2i코드부여 C3i코드필수	C2i가속시보정 C3i아이들, 가속보정

보쉬 인젝터의 경우 기본적으로는 분사 후 크랭크 각속도를 측정하여 ECU가 기통별 보정을 하는 방식을 사용하지만 좀 더 정밀제어를 위하여 가공의 편차를 고려하여 ECU가 그 값을 감안하여 보정 제어하는 방법을 사용한다.

기본적으로 신품의 경우를 제외하곤 재제조품의 경우는 고려치 않아도 되지만 IQA 인젝터의 경우는 신품이던 재제조품이던 모두 코딩을 반드시 실시하여야 한다. 그레이드라는 말은 등급을 말하며, 분사량이 많은 등급과 적은 등급을 잘 혼용하여 실린더의 밸런스를 맞추어 주라는 뜻이다. 별도의 조합표가 있지만 그 방법은 "X, Z"를 각각 2개까지만 사용하고, "Y"등급은 최소한 1개이상 사용하며, "X, Z"끼리 2개씩은 사용하지 말아야 한다. 즉, "Y" 등급을 주로 사용하라는 것이다.

클래스 인젝터는 말 그대로 같은 반끼리 사용하라는 것이다. 1반은 1반, 2반은 2반, 3반은 3반에 넣어주고 ECU에게 몇 반이 들어있다고 입력해 주어야 한다.

7   IQA 인젝터

유로4 이상의 시스템에서 배출가스 제어를 좀 더 정밀하게 하기 위해 전수검사를 통하여 인젝터의 가공 편차를 7자리의 코드화시켜 ECU에 코딩 해주어야 하는 인젝터를 말한다.

1) IQA 코드의 의미

기본적인 분사량에서 미세 보정을 하는 양이 1~3mm³ 정도로서 보정량이 가속력이나 출력에 큰 영향을 미치는 수준은 아니다. 하지만 배출가스 제어의 측면에서는 아주 큰 역할을 한다. IQA 코드를 변화시키면서 KD-147 모드로 정밀 배출가스 검사를 실시한 결과 값을 보면 코드 변화에 따라 매연이 10% 이상 차이가 발생됨을 알 수 있었다.

3. 연료 시스템 고장진단

IQA code		#1	#2	#3	#4
임의 코드 조합	입력 코드	C11GSF	8PIF35C	BRICDSE	7ZRV155
	보정량	−0.8	0.4	0.5	−0.1
	데이터	분사량(N)	분사량(D)	매연	
		3.5	6.5	13%	
임의 코드 일괄 8군	입력 코드	8GRH35SA	8GRH35SA	8GRH35SA	8GRH35SA
	보정량	0.6	−0.3	−0.2	0.0
	데이터	분사량(N)	분사량(D)	매연	
		3.5mm³	7.5mm³	11%	
임의 코드 일괄 A군	**입력 코드**	**A22D45F**	**A22D45F**	**A22D45F**	**A22D45F**
	보정량	−0.3	−0.1	0.4	0.0
	데이터	분사량(N)	분사량(D)	매연	
		3.9mm³	**6.7mm³**	**21%**	
임의 코드 일괄 C군	입력 코드	CBBCE5F	CBBCE5F	CBBCE5F	CBBCE5F
	보정량	−0.2	−0.2	0.4	0.0
	데이터	분사량(N)	분사량(D)	매연	
		4.3mm³	7.1mm³	17%	
임의 코드 일괄 7군	**입력 코드**	**77RT557**	**77RT557**	**77RT557**	**77RT557**
	보정량	−0.4	−0.1	0.5	0.0
	데이터	분사량(N)	분사량(D)	매연	
		5.5mm³	**8.2mm³**	**11%**	
임의 코드 A군	입력 코드	A11F81G	A1ACBSH	A1R7HWG	A1SX4WA
	보정량	−0.3	0.0	0.3	0.0
	데이터	분사량(N)	분사량(D)	매연	
		4.7	7.5	14%	
임의 코드 8군	입력 코드	81HUBAA	8773E17	87HX5EC	87ILCEC
	보정량	−0.8	0.0	0.4	0.4
	데이터	분사량(N)	분사량(D)	매연	
		5.5mm³	7.8mm³	12%	

2) IQA 코드를 활용한 인젝터의 간접 검사

200μs의 시간을 ECU가 출력을 할 때 무작위로 동일 시간을 주는 것이 아니라 누구에게 주는지를 알 수 있도록 하는 것이 IQA 코드이다. 코드에 따라 200μs를 230μs로 받아들인다는 뜻이다.

따라서 파워 밸런스 검사의 "아이들 속도 비교 검사"에서 IQA 인젝터는 동일한 시간을 인가하지만 각개 인젝터 별로 다르게 받아들이기 때문에 코드 숫자를 4기통 모두 동일 코드로 일원화시켜 입력하면 편차가 발생하게 된다. 하지만, 기계적으로 인젝터의 상태가 양호하다면 그 편차는 10rpm이내의 편차를 보일 것이다.

만약 코드를 통일하여 입력시켰을 때 편차가 20rpm 이상 발생되면 인젝터의 불량을 진단할 수 있으며, 주의할 점은 이 검사만을 신뢰하지 말고 종합적인 밸런스 검사 분석과 직접분사 검사가 요구됨을 명심하자.

8 인젝터의 탈부착

동 와셔의 두께가 0.5mm의 편차를 가지고 사양별로 다르기 때문에 조립을 할 때 정밀한 작업을 요함은 당연한 것이다.
① 실린더 헤드 면의 장착 홀을 깨끗이 연마한다.
② 토크렌치를 이용하여 정확한 토크로 조립한다.

Tip

규정 토크

엔진 형식	조임 토크(kg·cm)	주의 사항
D, U	250~290	U엔진 볼트 부러짐 주의
A	290~340	홀 청소 청결
A2	250~290	
J	200~220	체결 토크 약함
R	300~340	녹 발생시 주의
쌍용	110kg·cm +90° +10°	

Chapter 3

Ⅲ 보쉬 피에조 시스템

1 피에조 등장의 배경

배출가스의 기준이 강화될수록 인젝터의 다단 분사 횟수도 많아지고 보다 더 정밀한 제어가 요구된다. 현재 국내 차량의 경우 최대 5번의 다단 분사를 실시한다. 유로4에서 유로5 기준으로 강화되면서 솔레노이드 인젝터가 갖고 있는 응답성의 한계를 개선하고자 피에조 인젝터를 적용하기 시작 하였다.

솔레노이드 인젝터의 경우 분사와 분사 사이의 간격이 최대 0.0004초 정도인데 피에조 인젝터의 경우 그 간격이 0.0001초이다. 4배 정도 빠른 응답성을 가질 수 있다는 것이다. 솔레노이드 인젝터와 피에조 인젝터의 성능을 비교하면 피에조 인젝터의 우수성을 알 수 있다.

Item	SI	PI	DPI
Actuator type	Solenoid	Piezo	Piezo
Driving	Hydraulic-servo acting		Piezo direct-acting
Maximum of injection pressure(MPa)	160	180	200
Number of nozzle hole		7	
Needle speed (m/s)	0.5	0.8~1	3
Load type	Induction load	Capacitive type	Capacitive type
Needle weight(g)	15.5	3.2	5.67
Injector weight(g)	490	270	352

출처 : 성용하 전남대 석사논문 인용

2 피에조 인젝터의 종류

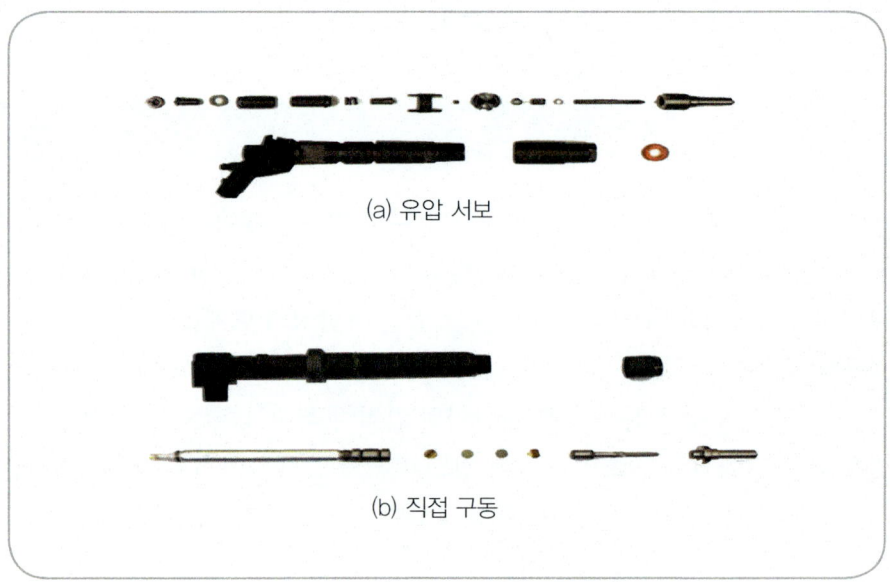

■ 구동 방식별 피에조 인젝터 분해도

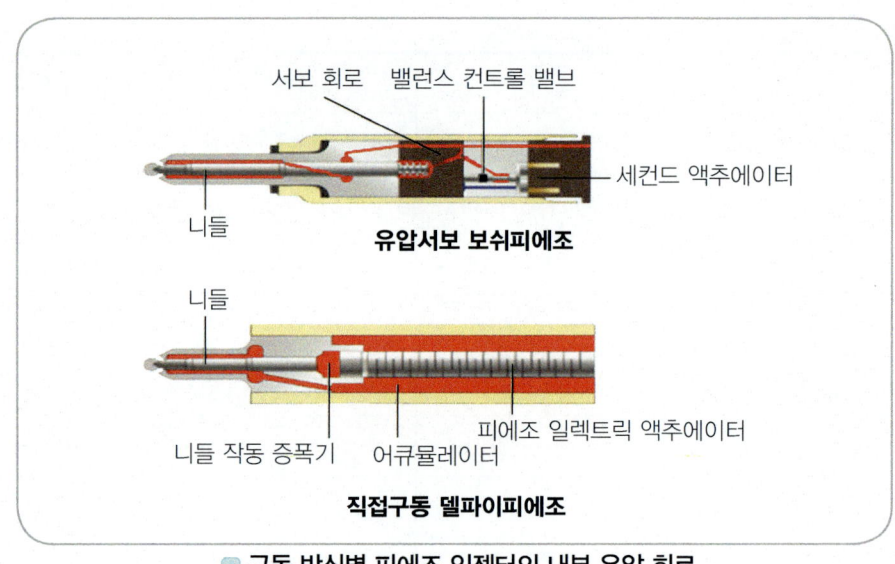

■ 구동 방식별 피에조 인젝터의 내부 유압 회로

출처 : 성용하 전남대 석사논문 인용

1 보쉬 유압 서보 피에조 인젝터

솔레노이드 인젝터와 같은 작동 원리로 압력의 밸런스를 간접적으로 제어한다. 다만, 솔레노이드를 자화시켜 컨트롤 체임버를 들어 올리는 것이 아니라 피에조 소자와 이를 보조하는 유압 커플러를 이용한다는 차이점만 있다. 국내의 차량에 적용하고 있는 방식이다.

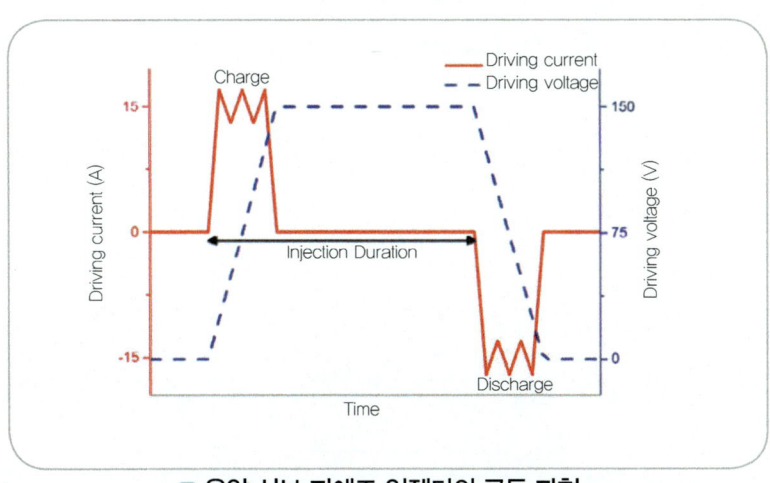

● 유압 서보 피에조 인젝터의 구동 파형

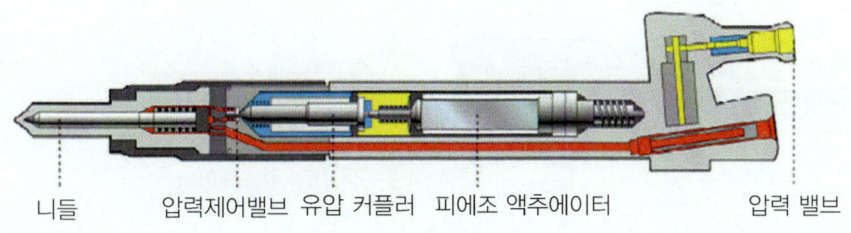

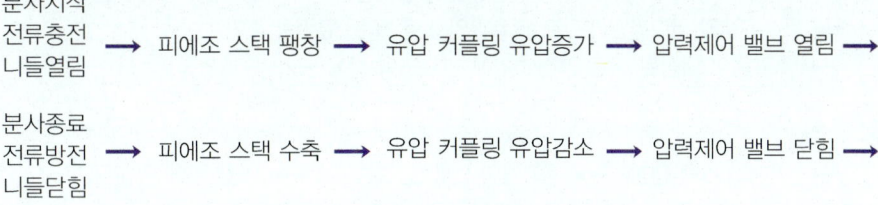

2 델파이 직접분사 피에조 인젝터

보쉬 시스템과 달리 델파이는 컨트롤 체임버의 압력 밸런스를 제어하여 순차적으로 니들을 제어하는 방식이 아니라 분사 니들의 압력 밸런스를 직접 제어하는 방식을 사용한다. 이는 피에조 소자의 크기나 길이가 훨씬 크고 길어야 하기 때문에 비용의 문제가 있으나 응답 속도가 3배정도 빨라서 7번 이상의 다단분사를 실시할 수 있다.

유압 서보 방식과 다른 점은 피에조 소자가 팽창할 때 분사하는 것이 아니라 수축할 때 분사가 개시 된다는 점이다. 현재 국내 차량에는 적용되고 있지 않다.

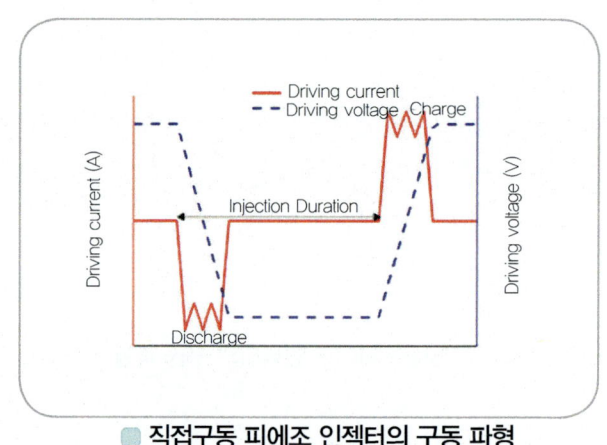

● 직접구동 피에조 인젝터의 구동 파형

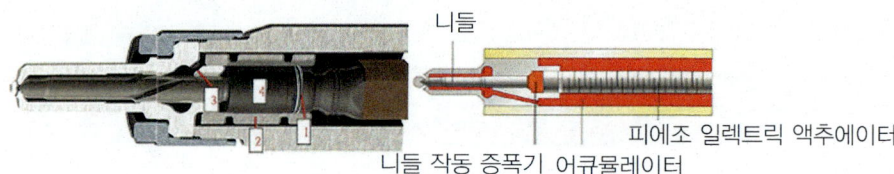

분사시작

전류 방전 → 피에조 스택 수축 → 네 개의 판(1) 압축감소 → 스택 끝에 연결된 피스톤(2) 이동
→ 노즐 캡의 연료라인(3)으로 연료유입 시작 또는 유입량 증가
→ 스프링이 내장된 니들 연결부(4)에 연료압력 작용 증가 및 니들 이동

분사종료

전류 충전 → 피에조 스택 팽창 → 네 개의 판(1) 압축증가 → 스택 끝에 연결된 피스톤(2) 이동
→ 노즐 캡의 연료라인(3)으로 연료유입 차단 또는 유입량 감소
→ 스프링이 내장된 니들 연결부(4)에 연료압력 작용 감소 및 니들 이동

■ 3. 연료 시스템 고장진단

3 보쉬 시스템의 유압 서보 방식의 피에조 인젝터의 작동원리

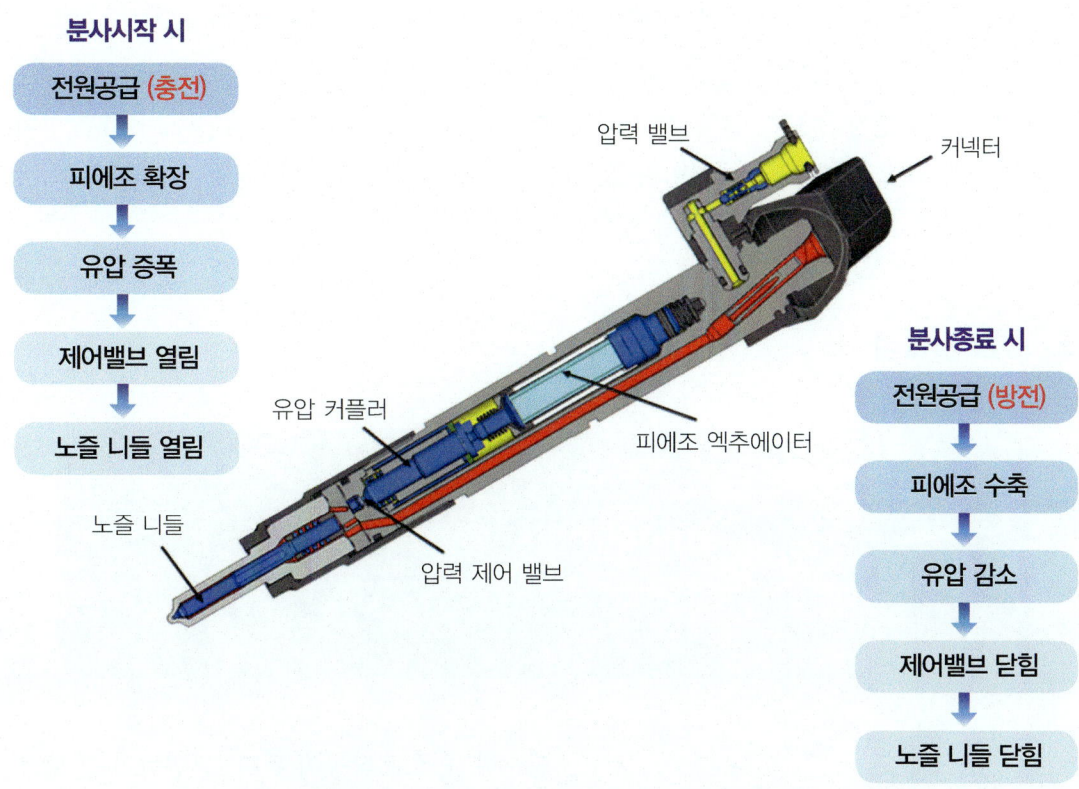

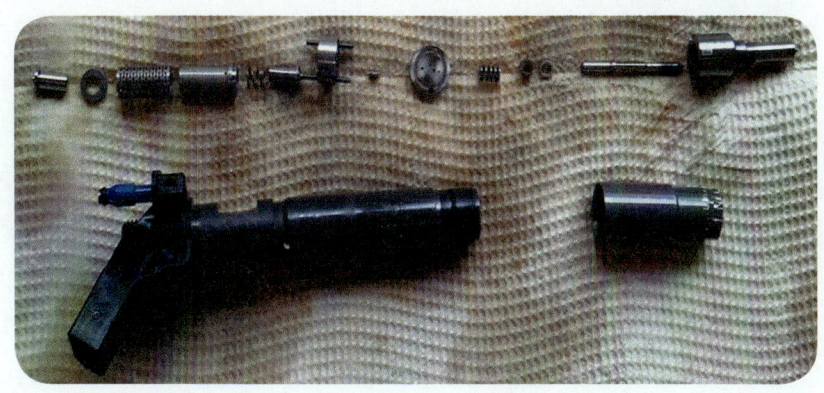

1 역 압전 효과

피에조라는 반도체는 2가지의 작용을 한다. 먼저 압력이 가해지면 전압을 발생시키는 압전 효과와 반대로 전압을 인가하면 그 길이가 늘어나는 역 압전 효과가 있다. 압전 효과를 이용한 것이 압력 센서이고, 역 압전 효과를 이용한 것이 피에조 인젝터이다.

역 압전 효과를 이용하여 120V 이상의 전압만 인가하면 아주 빠른 반응을 하는데 문제는 그 길이의 팽창 정도가 전체 길이의 2% 수준이 된다. 수축과 팽창의 정도가 너무 미미하여 솔레노이드 인젝터의 체임버와 플런저 같이 밸런스 작용을 할 수 없다. 따라서 그 작용을 도와줄 장치로 유압 커플러를 설치한다.

2 유압 커플러

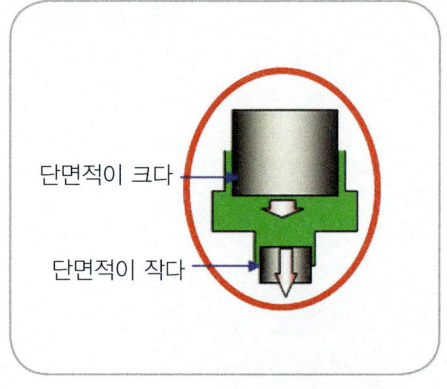

단순한 구조로 작동이 된다. 단면적이 큰 밸브가 조금 움직여도 단면적이 작은 밸브는 많은 이동을 하게 되는 구조이지만 여기에는 하나의 전제가 있다. 두 밸브사이에 유압이 공급되어 있어야 한다. 엔진 밸브 개폐기구 중 오토래시와 비슷한 원리이다.

따라서 유압 커플러에 압력을 유지하기 위해서 유압 서보 방식의 피에조 인젝터는 연료 모터가 필터를 거쳐 고압펌프와 인젝터 두 방향으로 저압 (약 4bar)의 연료를 공급해 주어야 한다. 인젝터를 분해한 경우는 전용의 장비를 이용하거나 오토래시와 같이 수동으로 에어를 빼내고 조립하여야 분사가 가능하다.

■ 3. 연료 시스템 고장진단

3 피에조 액추에이터의 작동 파형

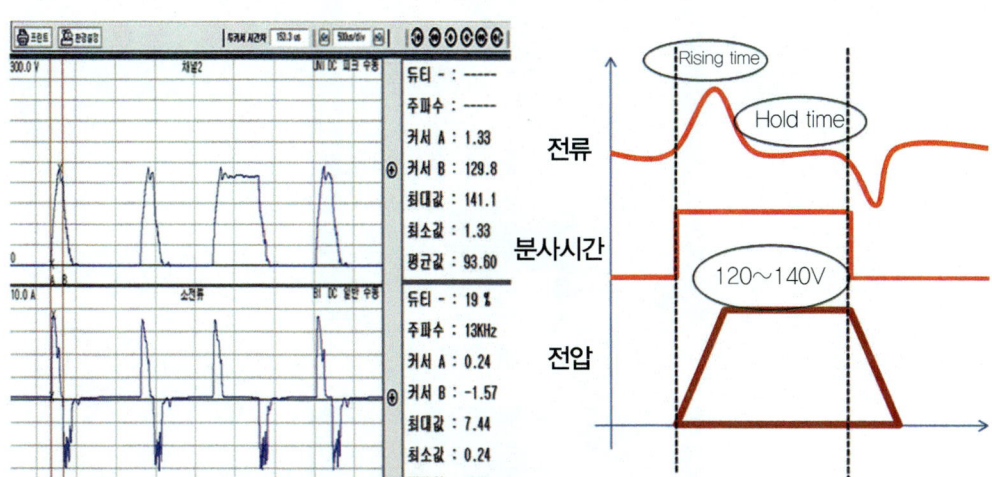

솔레노이드 인젝터와 달리 피에조 액추에이터에 고전압을 인가하여 충·방전을 반복하는 파형이다. 120~140V 정도를 인가하면 피에조 액추에이터가 팽창을 하여 유지하게 된다. 이때 분사가 진행되며, 인가된 전압을 방전시키면 피에조 액추에이터가 수축되면서 분사가 종료된다.

4 인젝터 압력 제어 밸브의 작동원리

1) 노즐 열림

솔레노이드 인젝터의 컨트롤 체임버를 비교하여 생각하면 된다. 고압의 연료가 노즐 끝단과 체임버의 두 방향으로 유입되어 대기한다. 컨트롤 밸브로 유입된 고압의 연료는 파일럿 밸브가 닫혀 있어 리턴되지 못하고 노즐 방향으로 압력이 전달되면 체임버에 압력이 저장되어 노즐을 가압하게 된다.

이때 피에조 액추에이터에 전압이 인가되면 피에조 액추에이터가 팽창되고 유압 커플러가 이를 보조하여 파일럿 밸브를 열게 됨으로써 체임버에 대기하던 고압의 연료가 리턴되어 압력의 밸런스가 해제되기 때문에 노즐이 열려 분사를 시작하게 된다.

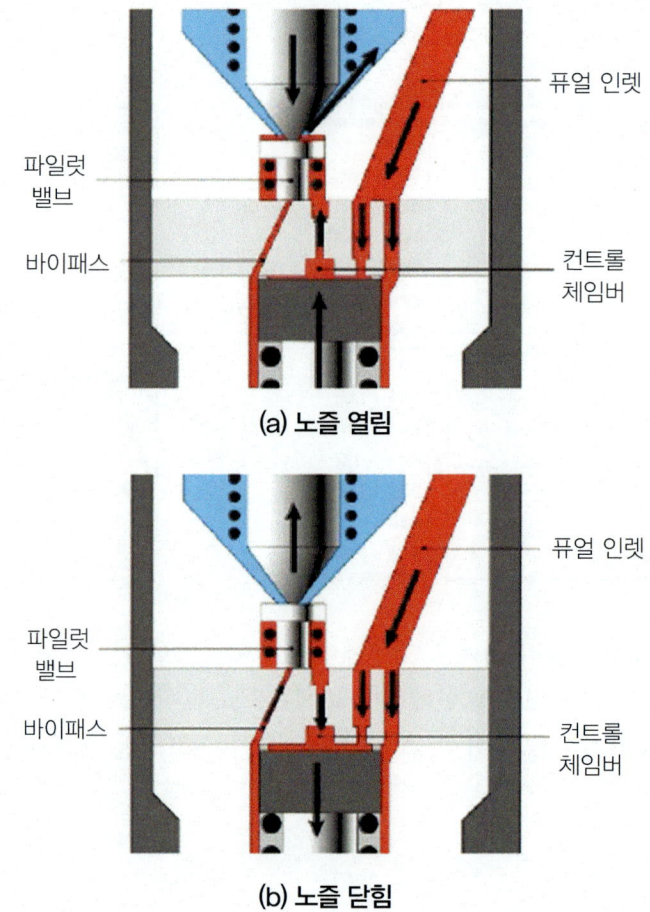

(a) 노즐 열림

(b) 노즐 닫힘

출처: 바이패스 방식 유압 서보형 피에조 인젝터의 내부 동적거동 해석
-숭실대학교 석사논문-조인수

2) 노즐 닫힘

인가되었던 전압이 방전되면 피에조 액추에이터가 수축되기 때문에 유압 커플러의 압력이 해제되어 파일럿 밸브가 리턴라인을 닫게 된다. 따라서 고압의 연료는 다시 체임버와 노즐 끝단에 대기하게 된다.

3. 연료 시스템 고장진단

4 피에조 인젝터 시스템의 연료 흐름도(현대 R엔진-유로5~6)

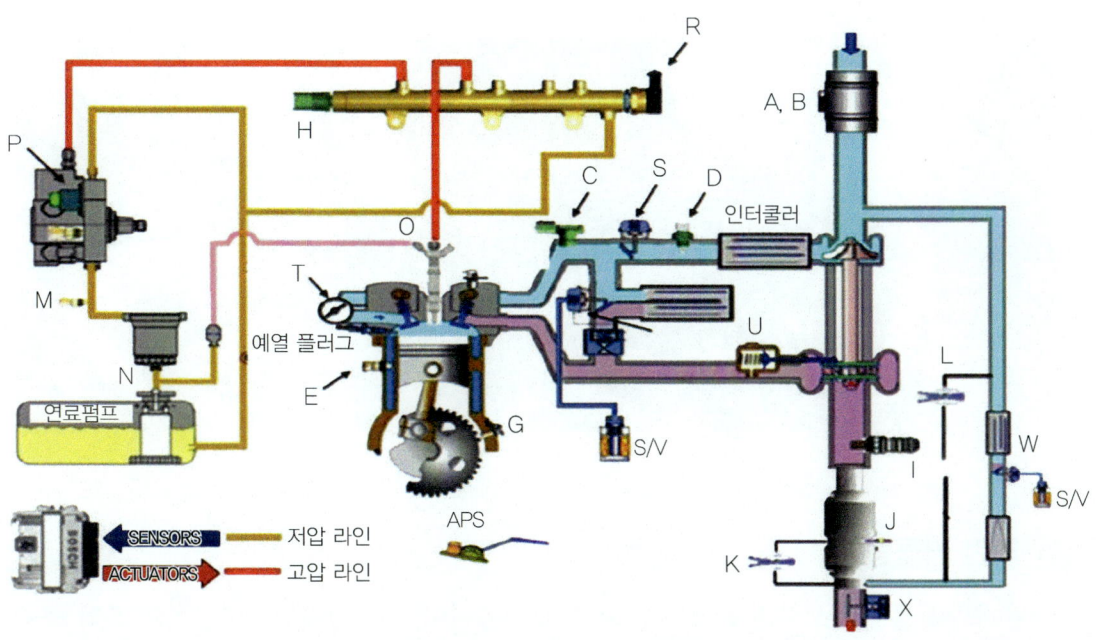

R 엔진 구성도					
A MAFS	B IATS #1	C BPS	D IATS #2	E 냉각수온센서	F CMPS
G CKPS	H RPS	I 람다센서	J 배기가스 온도센서	K 차압센서	L 저압 EGR 차압센서
M FTS	N 연료수분 감지센서	O 인젝터	P 연료압력조절 밸브	Q EGR 바이패스 밸브	R 레일압력조절 밸브
S 에어컨트롤 밸브	T 가변스월밸브	U VGT	V 고압 EGR	W 저압 EGR	X 배기압력조절 밸브

 연료의 흐름이 펌프와 인젝터 리턴의 두 방향으로 이루어지고 있음을 알 수 있다. 다른 엔진과 달리 두 갈래로 연료가 공급되어야 하기 때문에 저압 모터의 성능이 매우 중요하다. 현장의 사례에서 저압 모터의 고장이 많이 발생되는 이유이기도 하다.

5 피에조 인젝터의 탈부착시 주의사항

1 리턴 커플링

날개 부분을 한손으로 누르고 둥근 머리 부분을 수직으로 당기면 된다. 이때 작업 전 윤활제 등을 이용하여 미리 도포한 후 작업을 하며, 드라이버 등을 이용하여 커플링의 키를 제거하려고 해서는 안 되며, 장착할 때에는 커플링이 완전히 안착되었는지 반드시 확인하여야 한다.

2 연료 공급 파이프

17mm의 연료 파이프 탈거용 전용 공구를 사용하는 것을 권장한다. 만약 스패너를 이용한다면 리턴 주입구를 손상시키지 않도록 주의하여야 한다.

3 인젝터 고정 볼트

만약 인젝터 고정 볼트에 녹이 발생되어 있다면 무리한 힘을 주어 탈거하지 말아야 한다. 볼트가 부러지거나 나사산이 망실되면서 풀릴 수 있다. 고객과 사전에 양해가 반드시 필요한 부분이다.

Ⅳ 부압식(A,A2,U,U2,DELPHI) 엔진 연료 시스템 고압형성 및 유지 기능진단

1 흡입식 저압 펌프 방식

이 시스템은 연료 탱크에 전기 모터가 설치되어 있지 않으며, 엔진이 회전하면서 고압 펌프가 회전을 하고 같은 축에 연결된 저압 펌프가 함께 회전하여 연료를 흡입하는 방식이다.
정압 저압 방식과는 다르게 부압 방식이기 때문에 연결부위의 기밀 불량 혹은 막힘으로 인한 에어 발생이 문제가 된다. 이러한 에어의 유입은 고압 라인의 손상과 망실을 초래할 수 있다.
점검 시 에는 부압 게이지를 이용하여 에어유입, 필터막힘, 저압펌프 흡인력검사 등을 실시하여야 한다.

2 부압 방식 저압 라인을 사용하는 엔진 분류

필터의 모양을 보면 구분할 수 있다. 연료 탱크에서 필터까지는 누군가(?)가 최초에 연료를 공급 하여야 하기 때문에 필터에 어떤 형태로든 펌핑 장치가 필요하다. 따라서 연료 라인을 작업한 후에는 반드시 에어빼기를 해주어야 시동이 가능하게 된다.

① A엔진 : 쏘렌토, 포터2, 그랜드 스타렉스, 스타렉스
② A2 엔진 : 2011년 12월식 이후=그랜드 스타렉스, 포터2, 봉고3
③ KJ 엔진 : 카니발, 그랜드 카니발, 테라칸, 봉고3
④ 쌍용 D29DT, D27DT 엔진, 렉스턴, 로디우스, 카이런, 엑티언
⑤ U 엔진 : 프라이드, 베르나, 세라토 XD, HD, I30
⑥ U2 엔진 : 소울, 엑센트, I30, I40, 포르테 1.6
⑦ U2 엔진 중 프라이드 1.4-델파이 시스템 유로5 인젝터 적용

3 A엔진 연료 흐름도

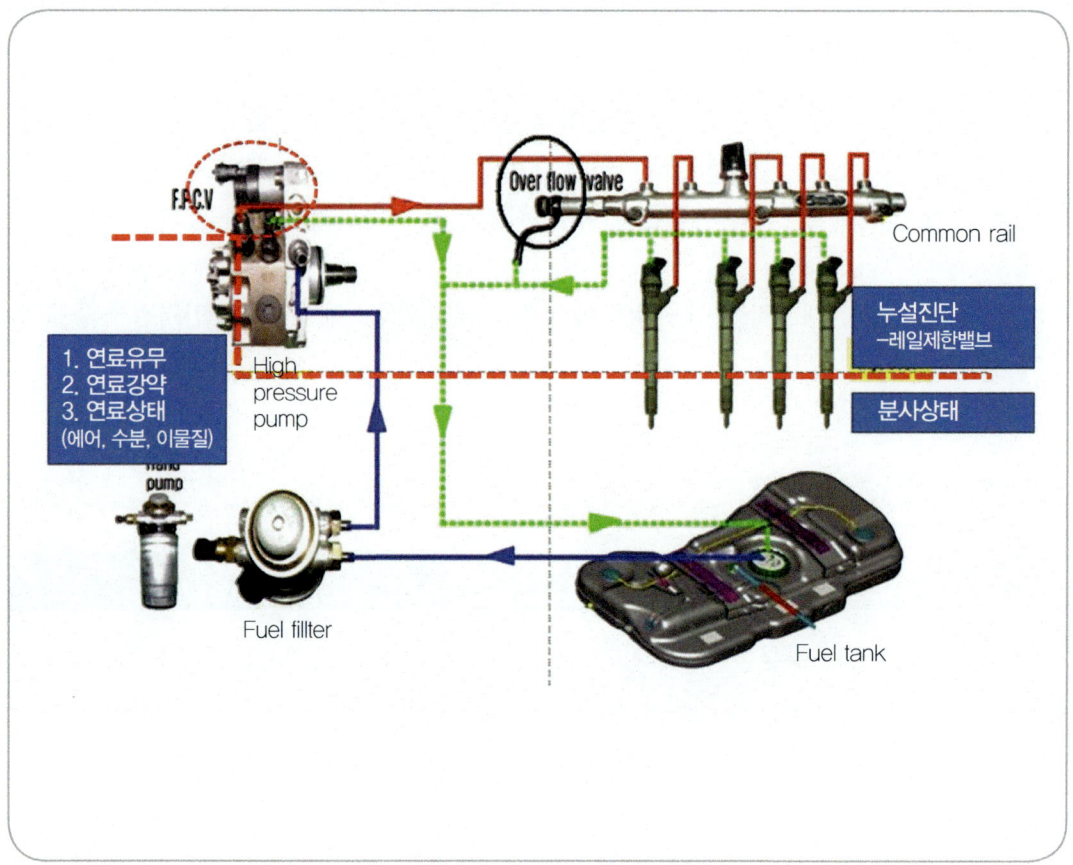

3. 연료 시스템 고장진단

1 저압 라인

연료 탱크에서부터 저압 펌프까지가 저압 라인에 해당한다. 특이한 것은 저압 펌프와 고압 펌프가 일체형이다. 필터까지는 펌핑을 하여 연료를 공급하여야 하고, 필터에서부터 저압 펌프까지는 엔진의 회전에 의해서 고압 펌프가 회전을 하여야 흡입될 수 있다.

1) 분해도

■ 보쉬 펌프분해도

■ 델파이 펌프 분해도

2) 고장이 많이 발생되는 부분

① 연료 탱크 안 저압 센더의 막힘 및 파이프 미세한 균열
② 연료 필터 막힘 및 에어의 유입
③ 저압 펌프의 흡인력 저하
④ 고압 펌프와 저압펌프연결 축 부러짐

3) 진단 방법

저압 라인은 부압 게이지를 필터출구와 저압펌프 사이에 장착하여 점검한다.
① **필터 막힘** : 공전시, 스톨시 부압 게이지의 값과 부압 상승 정도로 막힘을 판단 한다
② **에어 유입** : 투명 호스를 이용하여 에어의 유입을 판정한다.
③ **저압 펌프 흡인력** : 펌프에 부압 게이지를 직결하여 크랭킹시 부압의 상승도를 측정하여 펌프의 흡인력을 검사한다.

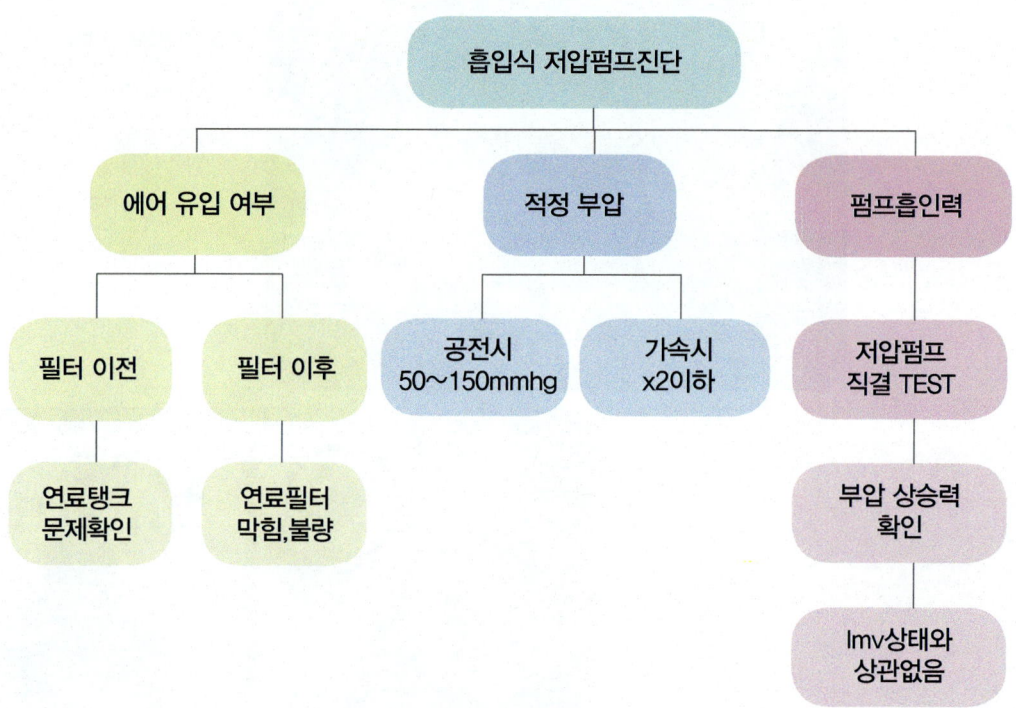

3. 연료 시스템 고장진단

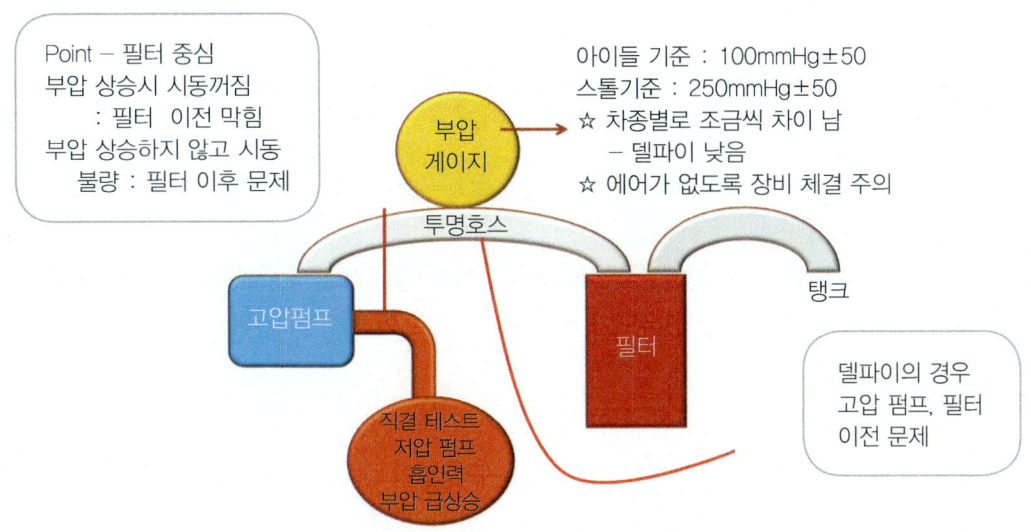

㉮ 필터와 그 이전 막힘

부압 게이지의 장착 위치가 필터의 출구에서 펌프의 입구 사이에 장착하여 검사하므로 만약 부압 게이지의 부압이 과다하게 상승한다면 단순히 필터의 막힘으로 진단하지 말고 필터 이전에서 전체의 막힘을 먼저 고려하여야 한다. 연료의 센더가 막히거나 파이프가 굽혀진 경우에도 부압은 상승하기 때문이다.

① 기준 : 공전시 50~150mmHg/ 스톨시 200~250mmHg
② 고장 : 공전시 200mmHg 이상/스톨시 300mmHg 이상

④ 에어 유입

에어 유입이 위험한 이유

① 경유는 연료 시스템의 윤활제 역할을 한다.

② 에어가 경유의 온도를 상승시킨다.

③ 압력의 형성이 불규칙적으로 된다.

커먼레일 디젤에서 고압의 부품들에 대한 윤활을 경유가 담당하는데 에어가 다량으로 유입되면 에어에 의해 경유의 온도가 상승되며, 이로 인해 경유의 점도가 낮아져 윤활작용을 못하게 된다.

또한 연료의 압력을 형성함에 있어 에어가 압축되면서 압력의 형성이 이루어지지 않으며, 이러한 상황이 지속된다면 고압의 부품들이 상당한 손상을 입게 된다. 따라서 흡입식에서는 에어의 유입에 대한 검사가 전체의 연료 시스템을 판단함에 중요한 과정이다.

· 에어의 정도 : 원칙적으로 공회전시에는 전혀 없어야 한다. 하지만 가속시 그 순간에 미미한 에어의 발생은 무시하여도 된다.

· 필터를 중심으로 이전과 이후를 반드시 구분하여야 한다.

■ 필터불량으로인한 에어발생

㉰ **저압 펌프의 흡인력 검사**

정상적인 경우에는 크랭킹을 실시할 때마다 상승하여 부압이 떨어지지 않아야 한다. 만약 부압이 상승하지 않거나 상승하다가 떨어지는 경우는 펌프의 불량이다. 타이밍과 상관없이 펌프가 회전하면 연료의 압력은 발생되어야 하고 저압 펌프가 회전만 한다면 부압은 발생되어야 한다.

저압 펌프의 역할은 필터까지 공급된 연료를 흡입하여 고압 펌프로 이송(3~4bar)해 주는 역할을 하는데 그 흡입력이 발생되지 않는다면 나머지는 검사할 이유가 없다. 현장의 사례에서 시동이 불능인 경우 플라이밍 펌프로 펌핑한 후 시동을 실시하면 시동이 되는 경우의 대부분은 저압 펌프의 불량으로 인한 것이다.

■ 펌프직결 크랭킹시 정상부압

2 델파이 시스템 저압 라인

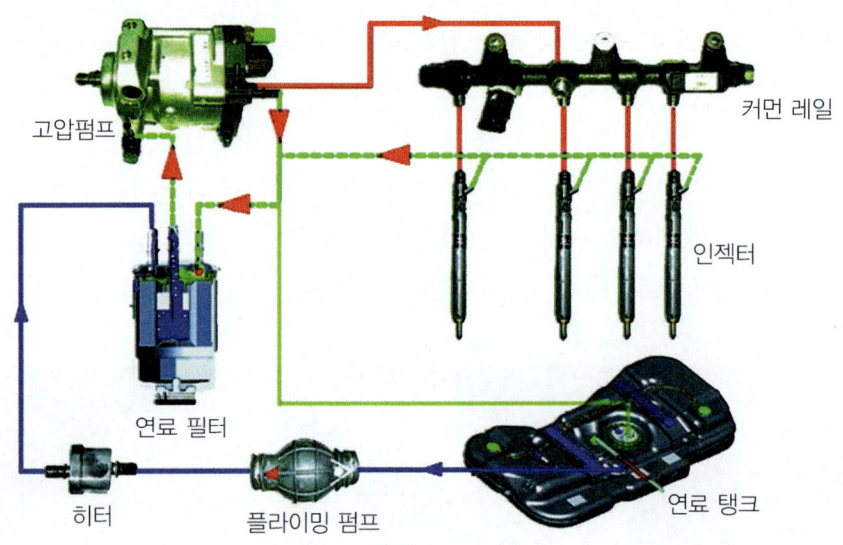

1) 델파이 연료 필터 특성

델파이 시스템만의 독특한 점이 연료의 흐름에 있다. 필터를 경유하여 고압 펌프로 보내진 연료는 사용한 후 연료 탱크로 리턴되어 냉각시킨 후 다시 필터로 돌아오는 과정을 거치는데 델파이에서만 특이하게 연료 필터와 인젝터를 순환하는 방식이다. 그 이유는 냉간시 경유의 착화성을 개선하여 궁극적으로 소음, 진동 및 냉간시 배출가스를 저감하고자 함에 있다.

● 델파이필터 내부단면

따라서 연료의 온도가 50℃이하일 경우에 일부는 연료 필터와 인젝터를 순환하고 일부는 탱크로 순환한다. 또한 50℃이상일 경우에는 전량이 필터를 경유하지 않고 펌프, 레일, 인젝터를 거쳐 연료 탱크로 순환하면서 연료를 냉각시킨다. 이러한 과정이 이루어지는 것은 필터 내부에 바이메탈이라는 개폐장치가 설치되어 있기 때문이다. 델파이 필터의 유지관리가 중요한 이유도 이것 때문이다.

만약 닫힌 상태로 고장이 발생되었다면 시스템적으로 큰 문제가 없을 수도 있지만, 열린 상태로 고착이 되었다면 연료를 냉각시키지 못하여 연료의 온도가 지속적으로 고온의 상태로 유지됨으로써 연료 시스템에 심각한 손상을 초래할 수 있다.

물론 연료의 온도가 80℃ 이상이 되면 연료를 제한하여 페일 모드로 진입하는 로직을 모든 커먼레일 차량 들은 가지고 있지만 정상적인 운행 과정이라면 50~60℃를 넘지 않도록 제어되어야 한다. 에어의 유입이라든지 바이메탈의 고착 등으로 연료의 온도가 지속적으로 60℃ 이상의 온도에서 제어되면 고압 계통의 부품 손상도 그만큼 많아진다.

현장의 사례들에서 1시간 이상 주행하면 가속의 불능 현상이 발생되는 차량들의 경우 "연료 온도" 데이터를 확인하여야 하고 라인의 에어 유입을 반드시 확인하여야 한다.

2) 델파이 에어 유입의 확인

　연료의 흐름이 필터로 되돌아오는 특성으로 인해 보쉬와는 다르게 고압 펌프, 레일, 인젝터를 경유하는 동안 리턴 라인에서 밀착의 불량이나 단품의 상태가 정상적이지 못하다면 에어가 발생되어 다시 필터로 유입되고 에어가 펌프로 토출되는 경우가 생길 수 있다. 따라서 에어의 유입을 확인하는 방법이 보쉬와 달리 3개 파이프 모두에 투명 호스를 장착하여 에어의 유입을 확인하여야 한다.

　만약 펌프에서 필터로 순환되는 라인에 에어가 발생한다면 이 에어는 다시 펌프로 공급되어 차량에 문제를 일으킬 수 있다. 현장에서 공회전시에 "찡찡"거리는 소음발생과 함께 차가 부조를 한다면 가장 먼저 에어유입을 확인하여야 한다.

특히 필터로 순환되는 라인에 에어발생 원인으로는
　① 인젝터 리턴호스
　② 펌프리턴 벤튜리
　③ 인젝터 불량
　등을 확인해 보아야 한다.

3) 플라이밍 펌프

　플라이밍 펌프에는 체크 밸브가 장착되어 있어서 한 방향으로만 작동하게 된다. 체크 밸브에 이물질의 끼임이나 마모로 인하여 잔압이 유지되지 못하면 시동지연 등의 문제가 발생된다.

　항상 경유에 젖어있는 고무 재질이 녹아서 발생된 이물질이 펌프나 인젝터로 유입되어 압력의 형성을 방해하는 경우도 많이 발생한다. 따라서 카트리지를 2회 정도 교환할 때 1회 정도는 플라이밍 펌프를 함께 교환해 주어야 한다.

● 플라이밍 불량(고무 찌꺼기 발생)

3. 연료 시스템 고장진단

4) 리턴 벤튜리 밸브

인젝터의 리턴 라인이 연료 필터로 연결되어 있어서 문제가 되는 것이 압력을 해제할 때 어떤 방법으로 신속하게 이루어지도록 할 것인가가 문제이다. 또한 인젝터의 리턴이 고압 펌프측에 리턴 라인과도 연결되어 있다.

ECU가 연료 압력 조절기를 제어하는데 가속 후 급감속하는 경우 레일의 압력을 빠르게 해제시키기 위해 펌프측의 압력 조절기를 닫고(NO 타입) 이미 공급된 레일의 압력은 인젝터를 닫힘 제어하면서 기계적으로는 리턴시켜 레일의 압력을 해제하게 된다.

이때(급감속시) 보다 빠른 리턴 제어를 위해 필요한 것이 리턴 벤튜리 밸브이다. 그 원리는 D엔진의 "w"자형 연료탱크의 저압 모터 리턴방식과 같은 벤튜리관을 이용하는 것이다. 펌프에서 리턴 되어 나오는 관로를 좁혀 두고 그 부분에 인젝터의 리턴 라인을 연결하면 인젝터의 리턴 압력이 낮아진 방향으로 먼저 빠져나가는 방식이다. 현장에서 탈·부착시 리턴 호스를 탈거하지 말고 리턴 밸브를 어셈블리 상태로 탈거하여야 부러짐을 방지할 수 있다.

■ 리턴라인 에어유입과다

3 고압 라인의 진단

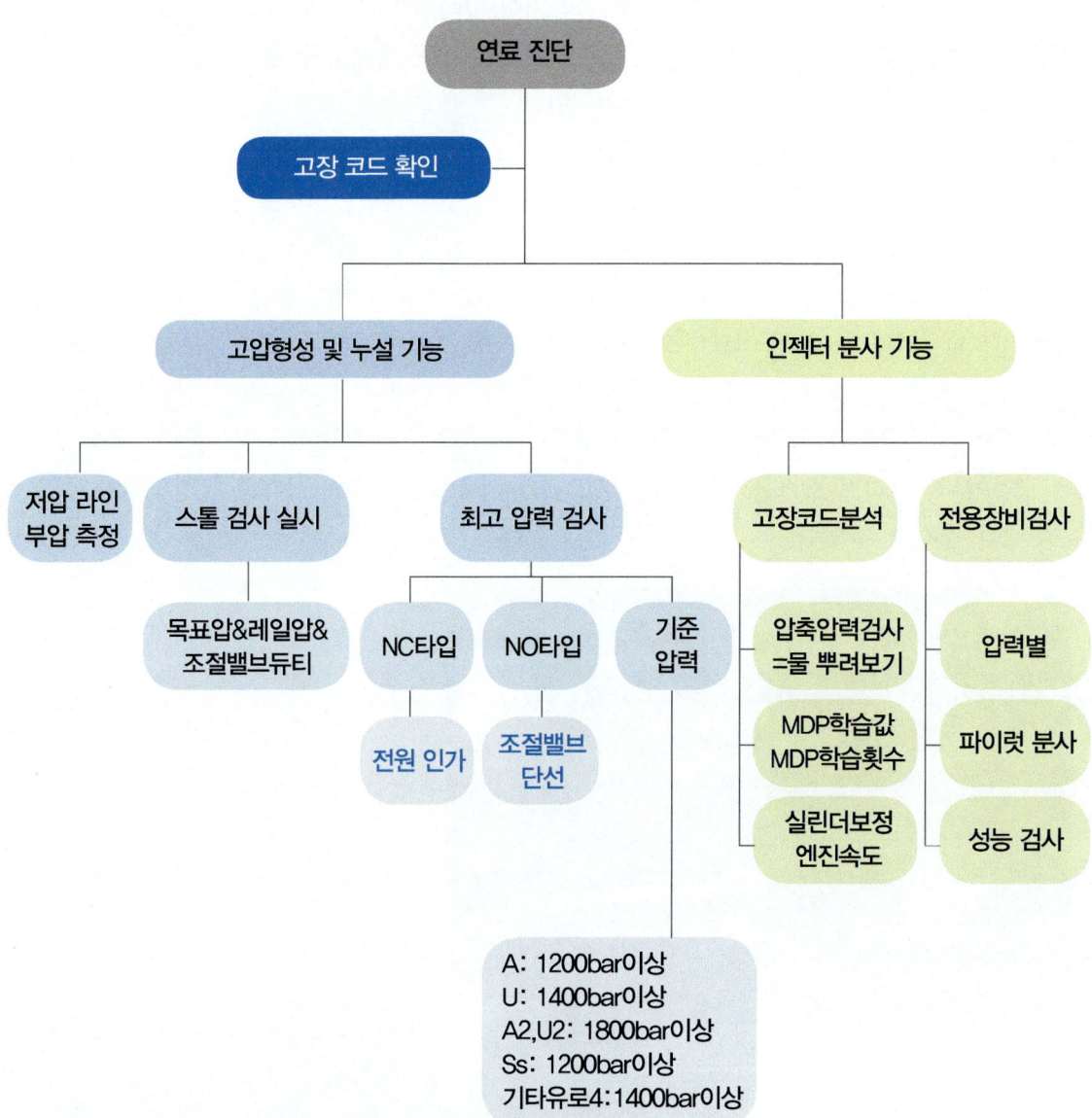

■ 3. 연료 시스템 고장진단

저압 펌프까지 흡입된 연료는 고압 펌프에 유입되어 초고압의 상태로 레일에 저장이 되며, 인젝터를 통하여 분사된다. 이때 연료가 저압에서 고압으로 형성하기 위해선 저압 펌프에서 고압 펌프로 가는 통로에 설치되어 있는 압력 조절 밸브의 유량 제어과정을 쳐야 한다.

즉, D엔진에서와 같이 무조건 레일에 전량을 토출한 후 레일에서 리턴 제어를 통해 저장되는 것과 반대로 필요한 압력만큼만 생성시켜 저장하는 방식이다. 따라서 이를 유량 제어 방식 또는 입구 제어 방식이라고 한다. 따라서 고압 라인을 진단하기 위해서 압력 조절 밸브의 구조와 기능을 이해하여야 한다.

1) 펌프측 압력 조절 밸브(=IMV, MPROP)

보쉬 시스템에서는 "MPROP"이라 하고 델파이에서는 "IMV"라고 할 뿐 그 기능은 동일하다. 다만, 보쉬 타입에서는 NO 타입(Nomal Open), NC 타입(Nomal Close)으로 구분되어 적용하고 있으나 델파이는 NO 타입으로만 적용하고 있다.

① 보쉬 타입 조절 밸브의 종류

A엔진의 경우 2008년 6월 형식을 기준으로 그 방식이 변경되었다. NO 타입이란? 조절 밸브에 전원이 인가되지 않으면 유량의 통로를 막고 있던 밸브가 스프링 장력에 의해 완전히 개방되는 방식을 말한다.

NC 타입이란? 전원이 인가되지 않으면 유량의 통로를 완전히 막고 있는 타입을 말한다. 두 방식 모두 스프링이 밸브 앞쪽에 위치하고 있으며 밸브 내의 통로를 어디에 위치시키느냐에 따라 닫힘, 열림 방식이 다르게 된다.

> **Tip**
>
> **품번**
>
> 1. 고압펌프 품번
>   4A,2A~~~~~~~~~~410: NO
>   4A,2A~~~~~~~~~~420: NC
>
> 2. 조절밸브 품번
>   ~~~~~~~~750: NC

117

② 진단의 차이

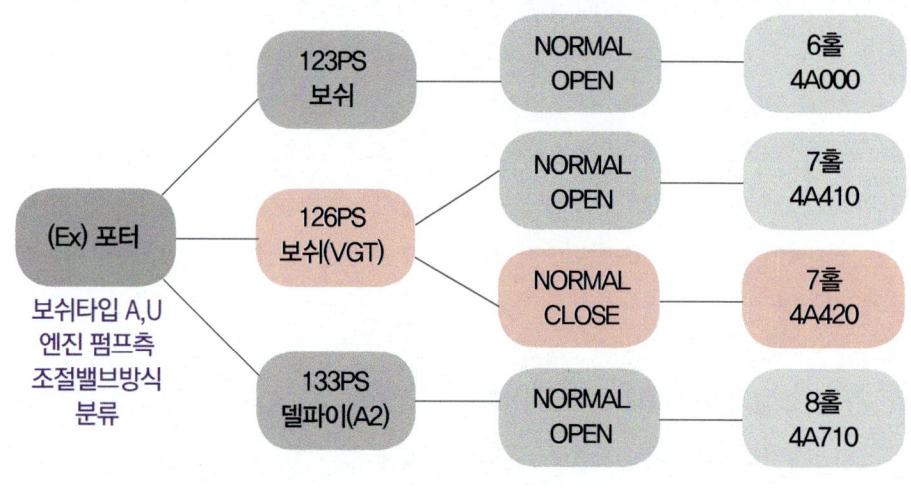

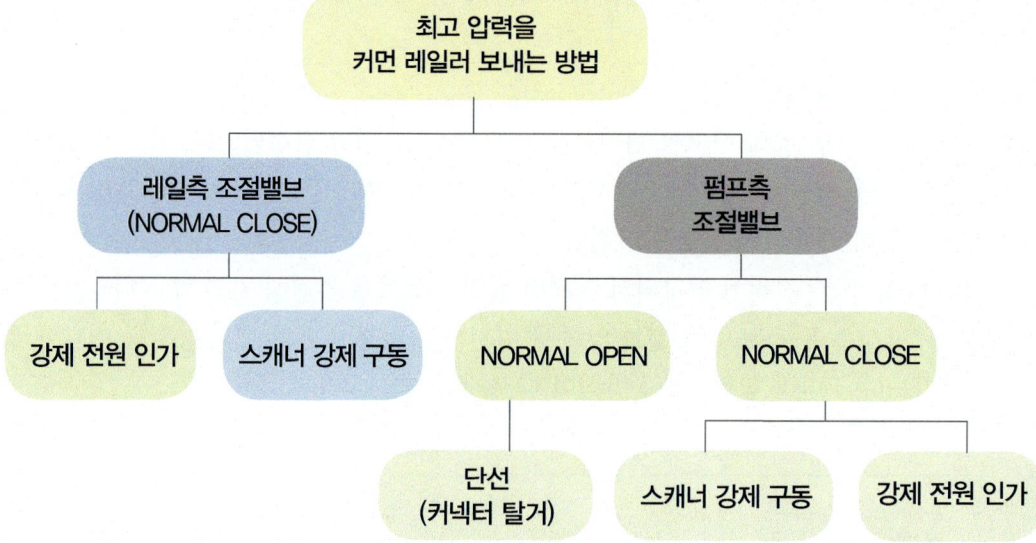

　　NO 타입의 경우 전원을 인가하지 않으면 유량의 통로가 완전 개방되는 방식이기 때문에 조절 밸브의 커넥터만 탈거하면 펌프는 최고의 압력을 형성할 수 있다. 반대로 NC 타입의 경우 단선시키면 압력이 해제되기 때문에 D엔진처럼 조절 밸브에 전원을 인가하여 열어 주어야 최고의 압력을 형성할 수 있다. 펌프의 성능과 고압 라인의 압력 형성 기능을 평가하기 위해 필요한 진단이다.

③ 조절 밸브 방식의 차이로 인한 고압 시스템의 차이

　NO 타입의 경우 예를 들어 운행 중 조절 밸브의 전원이 단선 된다면 유량의 통로가 완전 개방되면서 예상치 못한 초고압이 고압 라인에 공급된다.(물론, 로직 상 페일 모드로 진입하겠지만) 따라서 시스템을 보호할 장치(안전밸브)가 필요하다. 이러한 안전 밸브의 기능을 하는 것이 "레일 압력 제한 밸브"이다. 반대로 NC 타입의 경우는 이러한 안전장치가 레일에 필요하지 않다.

④ 작동 원리--델파이(IMV)

　제작사에 상관없이 그 작동 원리는 동일하므로 델파이 타입의 NO 타입에 대해서 이해를 해보자.

> Normal Open 방식 : 가속시 듀티 하강 – 커넥터 탈거시 유량의 통로 개방
> Normal Close 방식 : 가속시 듀티 상승 – 커넥터 탈거 후 전원을 인가하여야 유량의 통로 개방

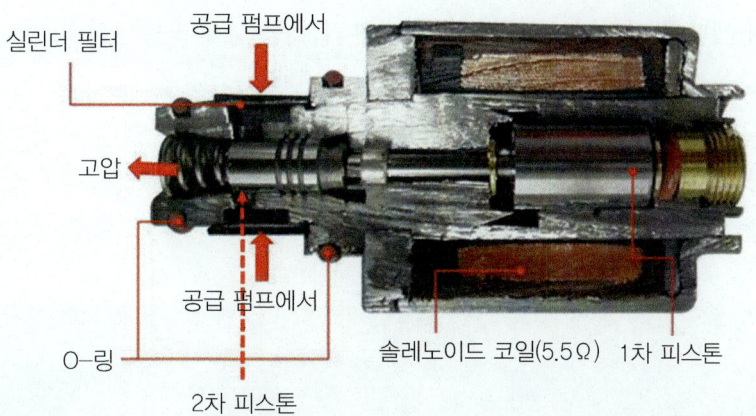

조절 밸브의 작동 원리를 캐스트 스윙으로 이해하자!

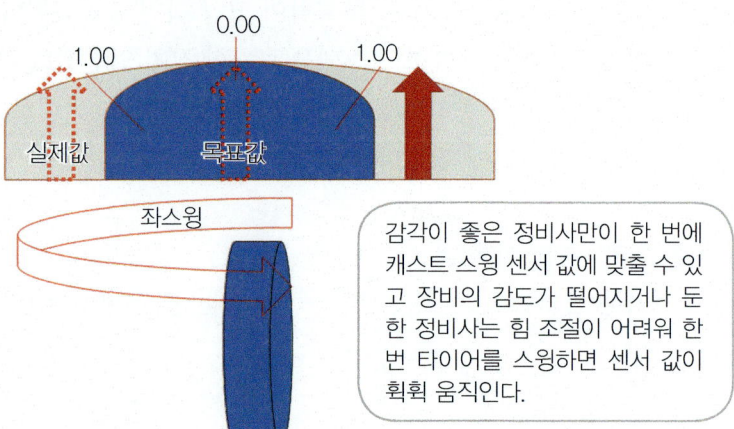

감각이 좋은 정비사만이 한 번에 캐스트 스윙 센서 값에 맞출 수 있고 장비의 감도가 떨어지거나 둔한 정비사는 힘 조절이 어려워 한 번 타이어를 스윙하면 센서 값이 휙휙 움직인다.

㉮ ECU & IMV & RPS의 피드백 과정

조절 밸브를 제어하는 힘은 아주 작은 전류와 듀티로 제어된다. A엔진의 경우 공전 시와 스톨시 전류 값의 차이는 0.3A 정도 밖에 차이가 나지 않는다. 연료가 통과하는 실린더의 개폐를 담당하는 1차, 2차 피스톤의 유동 상태가 좋아야 하며, 이를 위해 연료가 윤활을 담당한다.

만약, 2차 피스톤의 상태가 편마모 되거나 하여 섭동 저항이 많다면 얼라인먼트 조정에서처럼 캐스트 스윙을 작은 힘으로 조정하지 못하고 여러 번 좌우를 반복하여 센터 맞춤을 하여야 할 것이다.

3. 연료 시스템 고장진단

 그림과 같이 편마모된 피스톤이 장착된 차량이 급가속을 하는 경우를 가정하여 보자. 차량의 ECU는 APS 값을 기초로 급가속의 상황임을 감지하고 조절 밸브의 유량 통로를 개방하기 위해 조절 밸브에 가해진 힘을 약화시키는 출력 제어를 실시한다. 하지만 2차 피스톤이 스프링의 장력에 의해 뒤로 신속하고 정밀하게 ECU가 제어하는(목표 레일 압력) 만큼 이동하지 못하면 유량의 통로가 충분히 개방되지 않기 때문에 실제의 압력(레일 압력)을 상승시키지 못한다.

 이때 목표의 압력만큼 상승되지 못함을 압력 센서를 통하여 신호를 입력 받은 ECU는 다시 한 번 더 조절 밸브의 힘을 더 약화시키는 명령을 내린다. 이때 섭동 저항이 많은 2차 피스톤이 뒤로 과도하게 이동이 되면서 유량을 많이 통과시키면 레일의 압력이 오히려 목표한 값보다 더 많이 상승하게 된다. 그러면 목표 값보다 높은 압력의 신호를 입력 받은 ECU는 다시 통로를 닫으라는 명령을 주게 되고 그 명령을 수행하고자 밸브의 힘을 더 증가하게 된다.

 이때 피스톤의 섭동 저항으로 인해 제어 값만큼 닫아주지 못하고 더 밀려 닫히게 되면 레일의 압력은 목표 값보다 과도하게 더 낮아지게 된다. 이러한 피드백 과정을 반복하는 동안 차량은 울꺽거리면서 가속의 불량과 출력의 부족 증상을 나타내게 되며, 심하면 시동의 꺼짐 현상도 발생하게 된다.

④ 스캔 툴 데이터 분석
㉠ 차종 : 그랜드 카니발 2009년식, 오토, 120,000km
㉡ 증상 : 가속 불량, 급가속시 울컥거림
㉢ 데이터 분석 : 스톨 검사 실시

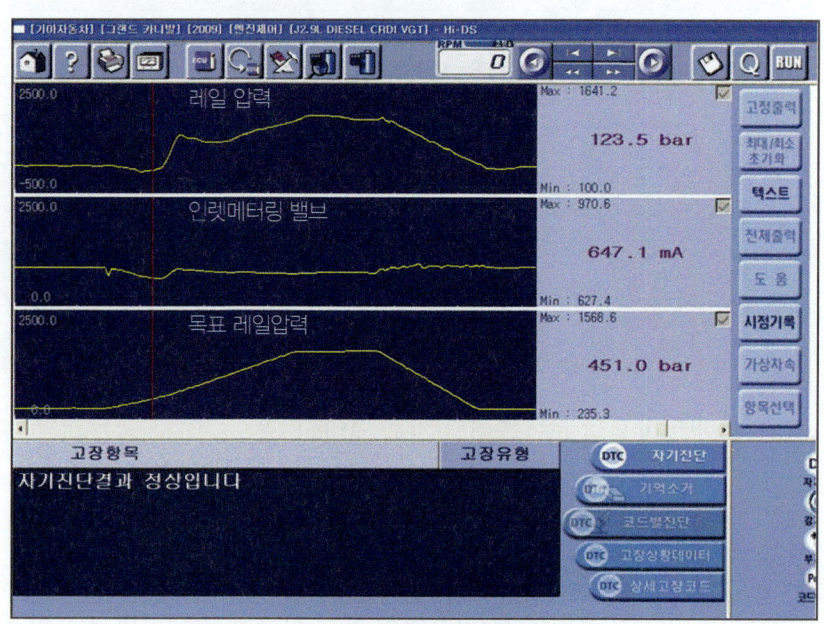

스톨 검사를 실시한 결과 스타트 하는 순간 목표 압력 대비 실제 압력이 너무 낮기 때문에 인렛 미터링 밸브(IMV)는 정상 값보다 전류를 더 낮추어 유량을 증가시키려 한다. 레일에 저장된 연료가 부족한 것으로 우선 압력의 형성이 부족한 것인지, 압력이 누설되는지를 판단하여야 한다. 최고 압력이 1641bar 정도로 높고 목표 압력인 1568bar보다도 더 높은 압력을 형성하고 있기 때문에 이는 고압을 형성하거나 저장하는 기계적인 부품의 고장은 아니라고 판단된다. 하지만 압력의 편차가 매우 심하고 (200bar 이상) 그 편차를 줄이기 위해 조절 밸브가 피드백을 하는 것으로 보아 인렛 미터링 밸브의 작동에 섭동 저항이 큰 것으로 의심이 된다. 위에서 그 작동 원리를 설명한 것처럼 목표 압력에 따라가고자 제어명령을 내렸으나, 밸브 내부의 2차 피스톤의 섭동 저항으로 인해 그 움직임이 무거운 것이다.

앞서 설명한 것처럼 연료라인의 파형분석 5가지에서 출발시, 압력 해제시 레일 압력이 드롭되어 그 압력이 200bar 이하를 나타내는 경우는 연료 압력의 조절이 불량하여 나타나는 고장의 파형이다. 동일한 고장의 데이터들을 정리하여 보자.

3. 연료 시스템 고장진단

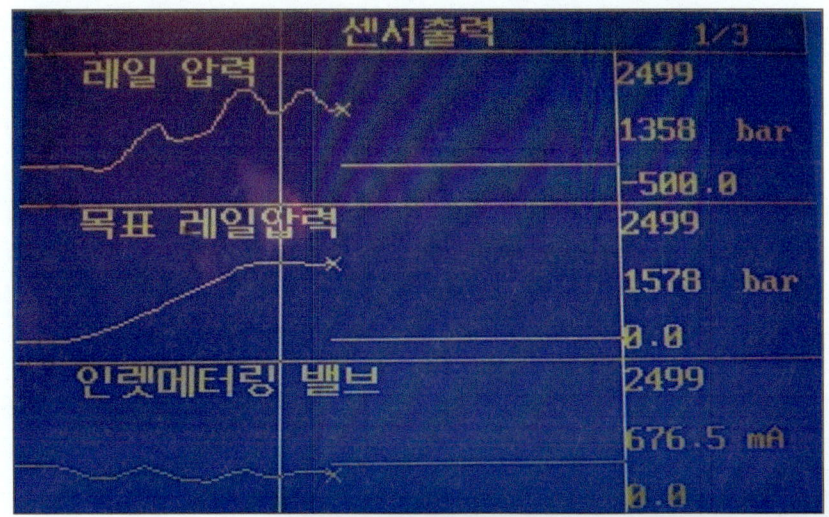
● 그랜드카니발
 －가속시 울꺽거림

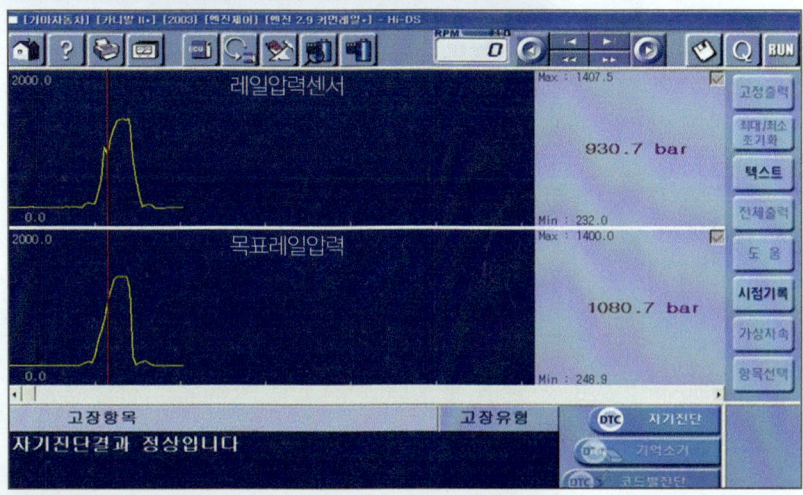
● 카니발2－가속시 노킹 과다

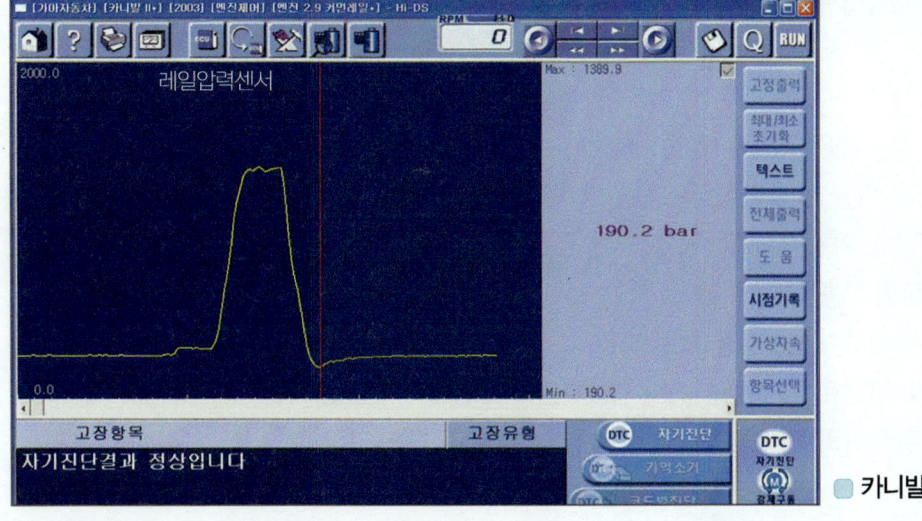
● 카니발2－시동 꺼짐

㉓ **파형 분석 : 압력 조절 밸브 고장**
  ㉠ 목표 압력 보다 실제의 레일 압력이 높다.
  ㉡ 급가속시, 급감속시 압력이 200bar 이하로 드롭 된다.
  ㉢ 가속 중 노킹 음이 특정 구간에서 많이 발생한다.
  ㉣ 정차시, 급감속시, 출발시 시동의 꺼짐이 발생한다.

㉔ **조치 사항 : IMV 교환**

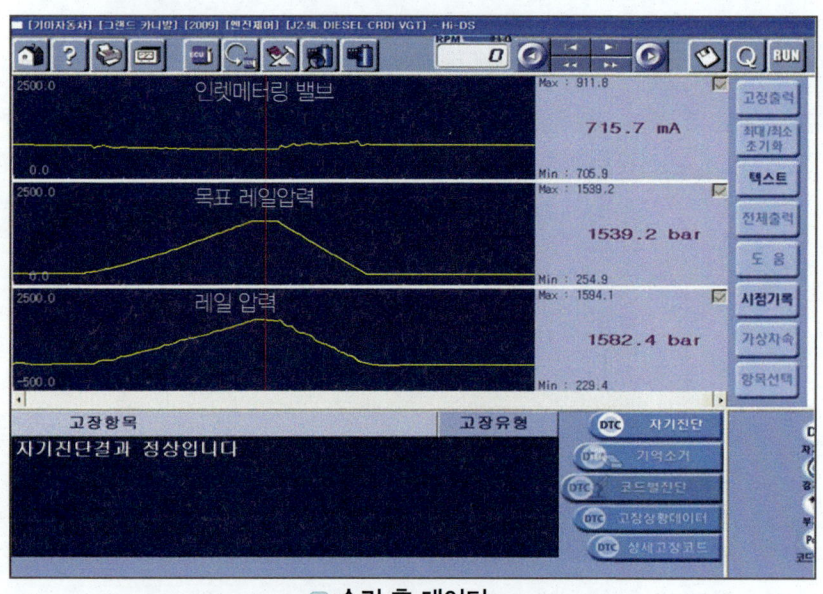

■ 수리 후 데이터

대부분의 경우 위와 같은 데이터나 증상을 나타내면 압력 조절 밸브의 단품만을 교환 조치하여도 좋은 결과를 얻을 수 있다. 하지만 고압 펌프 단품 자체의 성능판정은 반드시 조절 밸브를 교환한 후 재평가 해주어야 한다. 현장 사례에서 조절 밸브의 불량이 발생하는 차종들의 공통점으로는

㉠ **델파이 차종**
㉡ **조절 밸브가 옆으로 장착된 타입**
㉢ **케미컬(연료 첨가제)을 과다 사용하면서 주행거리가 짧은 차량**
㉣ **연료 필터의 관리가 안된 차량의 경우에 그 고장빈도가 높다.**

㉮ 압력 조절 밸브의 응답성 검사

스톨 검사를 통하여 조절 밸브의 불량을 판별하는 것은 벌써 고장 증상이 나타났을 때에 문제이므로 밸브의 단품 성능을 평가하기에는 부족한 점이 있다. 따라서 가장 정확한 것은 전용의 장비를 이용하여 단품에 임의의 전류 값을 인가하면서 그 응답성을 검사하는 것이 좋을 것이다. 그렇다면 실차에 장착된 상태로 응답성을 검사하고 성능을 평가할 수 있는 방법은 없는가? 샘플링속도가 빠른 스캔툴을 활용하여 간단하게 진단하는 방법을 알아보자.

㉠ 측정방법

필터에서 펌프로 공급되는 연료호스를 롱로우즈를 이용하여 엔진rpm이 하강하여 부조할때까지 연료를 차단하고, 공급하고를 반복하여 레일압력대비 조절밸브 피드백정도를 비교분석한다.

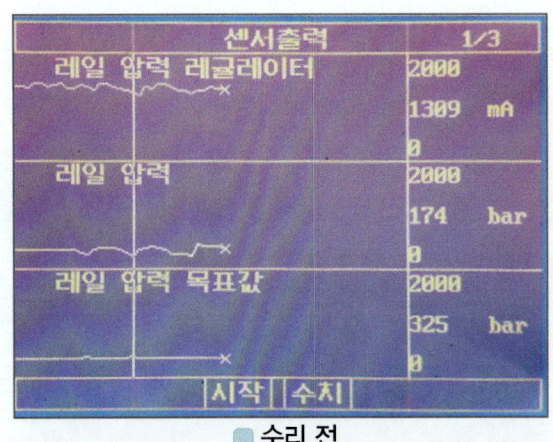
■ 수리 전

㉡ 사례 - 소렌토2004년식 시동꺼짐

연료공급이 차단되니 연료압력이 174bar까지 낮아지게 되고 이때 ecu는 조절밸브를 출력제어하여 압력을 올리려 한다. 하지만 ecu의 의지대로 조절밸브단품이 조절이 되지않으니 압력은 상승하지않고 이에 조절밸브의 전류값을 더 줄여서 제어하니 압력이 상승함을 볼 수 있다.

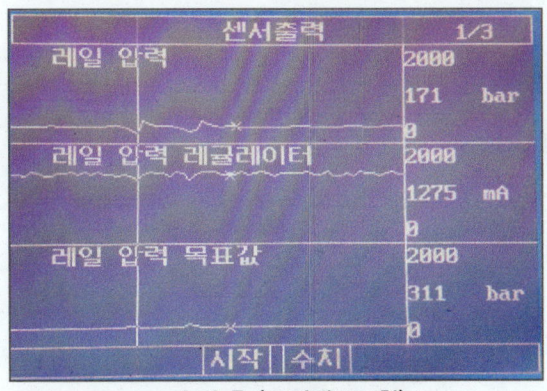
■ 수리 후 (조절밸브교환)

수리후에 연료압력과 조절밸브전류값이 동시에 피드백됨을 볼 수 있다.
인위적으로 연료를 차단함에 조절밸브피드백을 얼만큼 빠르게 할수있는가? 다시 말하면 ecu의 의지인 조절밸브전류값을 실제 조절밸브단품이 얼만큼 응답성있게 반응하는지를 확인해 보는 진단방법이다.

2) 고압 형성 기능에 대한 진단트리

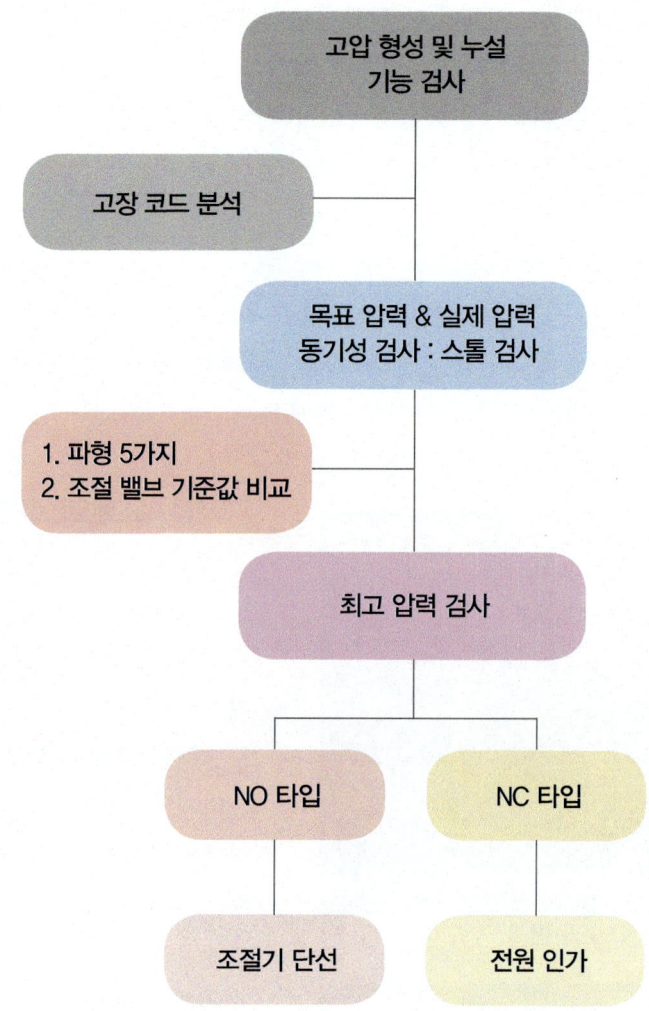

① 진단 방향과 정비 방향의 선정-스톨 검사 실시

　차량의 상태를 신속하게 평가하기 위해서는 차량에 부하를 증가시켜 부하에 대한 출력과 피드백이 잘 이루어지는지 스캔 툴 데이터를 통하여 검사한다. 현장에서 가장 쉽게 할 수 있는 방법으로 스톨 검사를 실시하며, 주의 할 점은 스톨 검사를 실시하기 전에 반드시 스캐너를 이용하여 트랜스미션의 이상 유무를 확인하여야 한다.

먼저 차량이 입고되었을 때 자기진단을 통하여 고장 코드가 발생되어 있는지를 확인하고 고장 코드가 발생 되었다면 정비지침서의 코드별 진단 가이드를 참고하여 진단을 진행하면 된다. 코드가 있는 경우나 없는 경우 모두 연료 시스템을 진단하기 위해서는 고압의 형성과 연료 분사의 기능을 독립적으로 평가해 주어야 한다.

고압 형성의 기능에 대한 진단의 시작은 목표 압력과 실제 압력의 동기성과 연료 압력 조절 밸브의 연동성을 함께 평가해 주어야 한다.

㉮ 스톨시 연료 파형 5가지 포인트

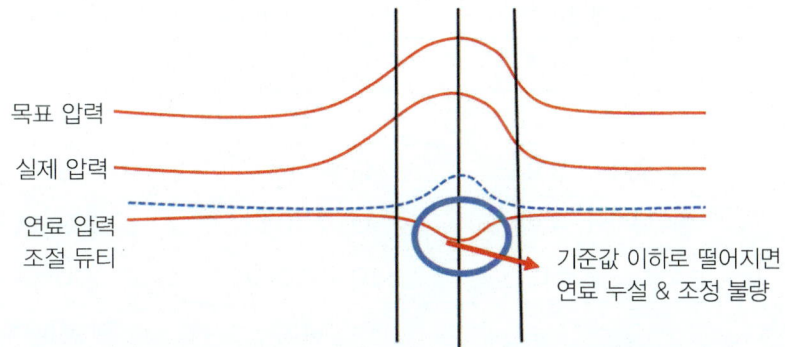

파형 보는 법
1. 목표 압력과 일치하는가?
2. 최고 압력이 유지되는가?
3. 특정시점에서 압력편차가 100bar 이내이고 조절 밸브의 작동은 잘 되는가?
4. 스타트시 처지지 않는가?
5. 스톨 해제시 복귀가 잘 되는가?

3, 4, 5번의 경우 연료 압력 조절이 불량일 때 나타나는 파형임을 앞서 설명하였다. 지금까지 1, 2번의 경우 목표 압력과 실제 압력이 동일하다면 연료 시스템은 정상으로 판정하였지만 그것은 고압의 형성 기능만이 양호하다는 것이라고 앞에서 언급하였다. 이제부터는 목표 압력과 실제 압력이 같다는 판단에서 하나를 더 확인하여야 한다. 바로 조절 밸브 데이터 값이다. 얼마만큼 일을 해서 목표 압력에 맞추어 주고 있는지를 확인하고 평가해 주어야 한다.

㉔ 조절 밸브 데이터 기준

조절 밸브 스톨 데이터
조건 : 스톨 테스트 실시 2400~2500rpm 기준

엔진 형식	정상 범위	정비 한계값(고장)
D 엔진	40~45%	50% 이상
유로4 D 엔진	레일 : 40~45%	레일 : 50~55%
	펌프 : 27~25%	펌프 : 23~20%
A 엔진	1100~1050mA	1000mA
그랜드 A 엔진	22~25%	27% 이상
A2엔진	34~35%	30%이하
HK 델파이, 유로3	27% 이상	25% 이하
HK 델파이, 유로4	750~700mA	650mA 이하
쌍용, 유로4	580~550mA	500mA 이하
R엔진	레일:45%	레일:50%이상
	펌프:30%	펌프:25%이하

· HK델파이 – 현대 · 기아 차종 중 델파이시스템차량을 의미한다.
· 그랜드 A = 그랜드 스타렉스

② 최고 압력 검사-성능 평가 단계

목표 압력 대비 실제 압력과 조절 밸브의 데이터를 분석하여 경향을 파악한 후 정밀진단을 하기 위해서 최고 압력 검사를 실시한다. 압력 조절을 어떤 방식으로 하는가에 따라 검사 방법에 차이가 있다.

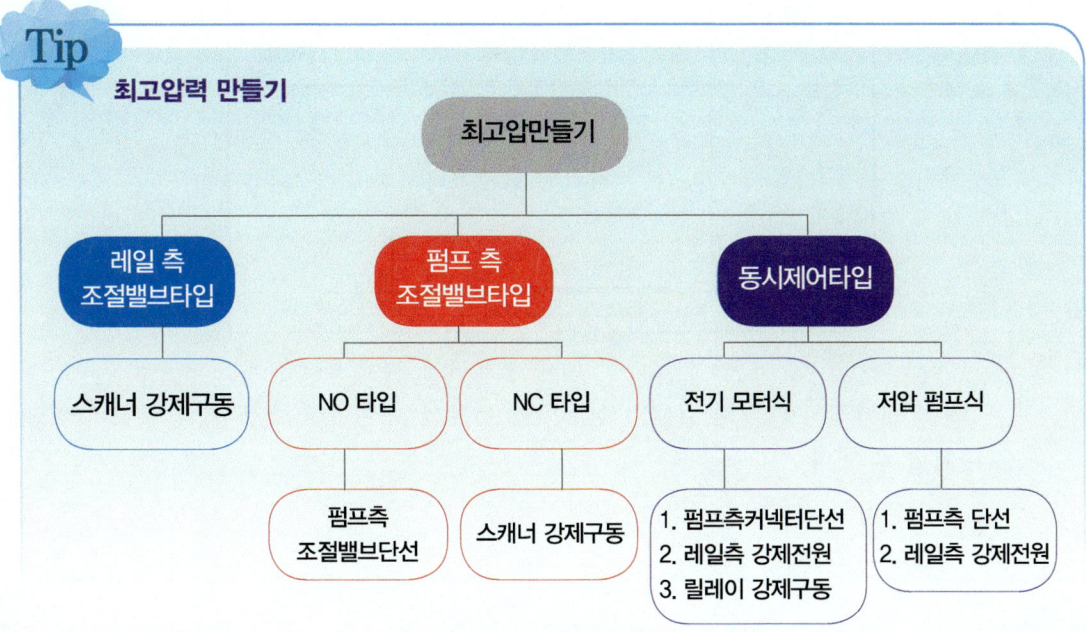

㉮ NO 타입 조절 밸브 방식

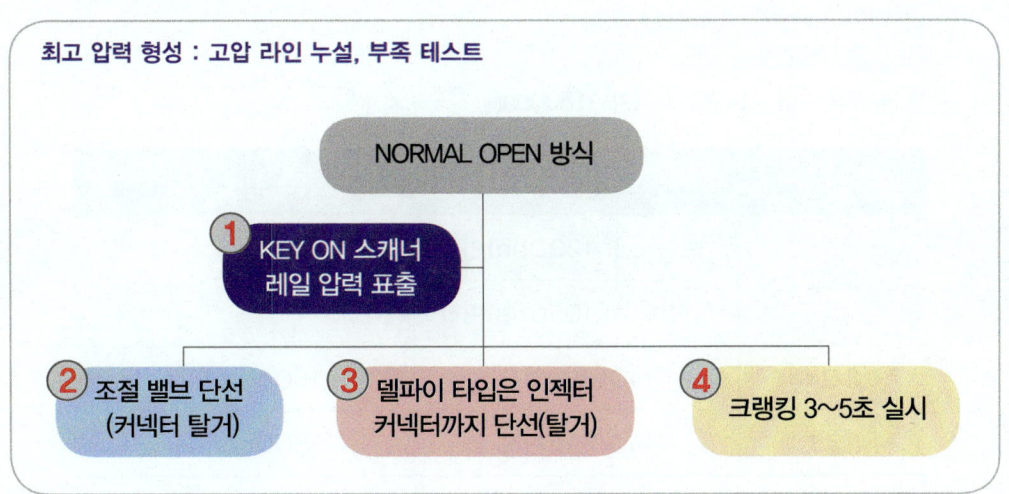

커먼레일 고장진단

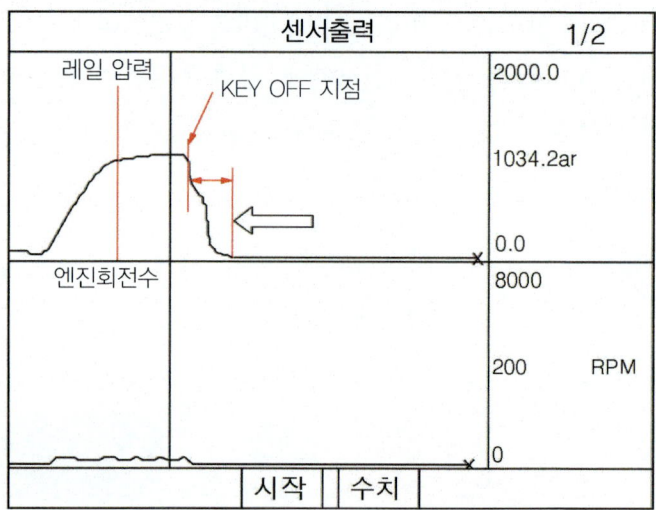

이때 스캐너에서 레일의 압력이 상승하는 파형을 분석하여 전체 고압 라인의 성능을 평가할 수 있다.
- 급상승하여 압력이 유지되는 시점의 압력
- 상승 후 해제되는 모습

> **Tip**
>
> **기준 최고 압력**
> ① A엔진 : 1200bar 이상
> ② 델파이 J엔진 : 1050bar 이상
> ③ 쌍용 : 1200bar 이상
> ④ 유로4 이상 : 1400bar이상~1800bar
>
> | | 최고 압력 검사 | | 펌프 직결 압력 |
> |---|---|---|---|
> | 유로3 | 보쉬 | 1200bar이상 | 1400bar이상 |
> | | 델파이 | 1050bar이상 | |
> | 유로4 | 1400bar이상 | | 1600bar이상 |
> | 유로5 | 1600bar이상 | | 1800bar이상 |

㉠ 검사 파형 분석--A엔진 : 소렌토

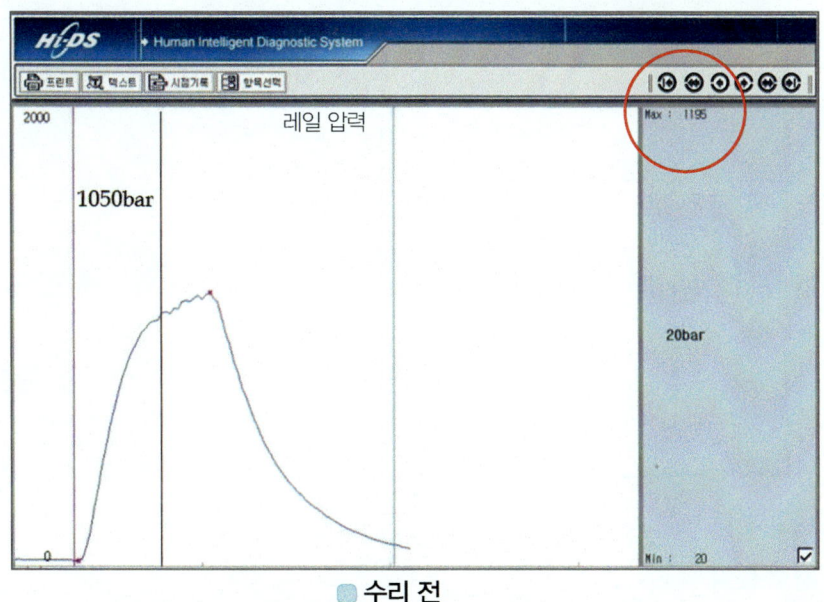

■ 수리 전

　최고 압력의 정점이 되는 압력은 1195bar(기준 : 1200bar)를 표출하지만 압력이 급상승한 후 유지되는 시점의 압력을 보면 1050bar 정도이다. 이것은 1050bar 이상의 고압에서는 레일에 압력이 저장되지 못하고 누설되는 것으로 전체 고압 라인의 어디엔가 고압이 누설되고 있음을 의심하여야 한다.

　정상적이라면 펌프에서 1300bar 이상의 압력이 레일로 유입되어 인젝터의 리턴 라인으로 누설되는 량을 감안하더라도 1200bar 정도는 급상승하여야 한다. 레일을 중심으로 어디에서 누설이 되는지 인젝터의 리턴 라인, 레일 제한 밸브의 누설, 펌프의 불량, 연료 필터의 막힘 등 단품 검사를 통해서 찾아야 한다.

　최고 압력의 검사를 실시할 때 인젝터와 제한 밸브에 리턴 튜브를 장착하여 한 번에 실시하게 되면 리턴 유무에 따라 레일 이전 또는 이후의 문제인지를 보다 빠르게 진단할 수 있다. 인젝터나 제한 밸브에서 리턴이 과다하게 발생한다면 인젝터, 제한 밸브의 누설로 압력이 부족한 것이고 만약 리턴이 발생하지 않는다면 펌프, 필터의 샌더 등 레일 이전의 문제임을 판단할 수 있다.

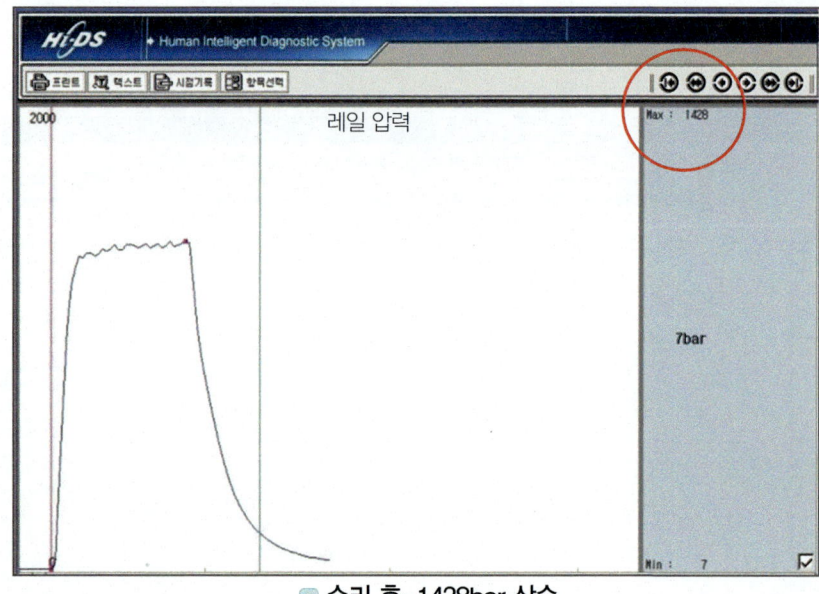

■ 수리 후-1428bar 상승

ⓒ **사례 분석**

ⓐ 차종 : 소렌토 2003년식, 오토, 120,000km

ⓑ 증상 : 차선을 변경하기 위해 추월할 때 시동의 꺼짐이 발생한 후 시간의 경과 후에 재시동이 성공되어 입고된 차량임.

ⓒ 데이터 분석 : 입고되어 진단 메뉴얼에 따라 고압의 누설 평가를 실시한다.

● 목표 압력 & 실제 압력 & 조절 밸브 비교 분석 실시

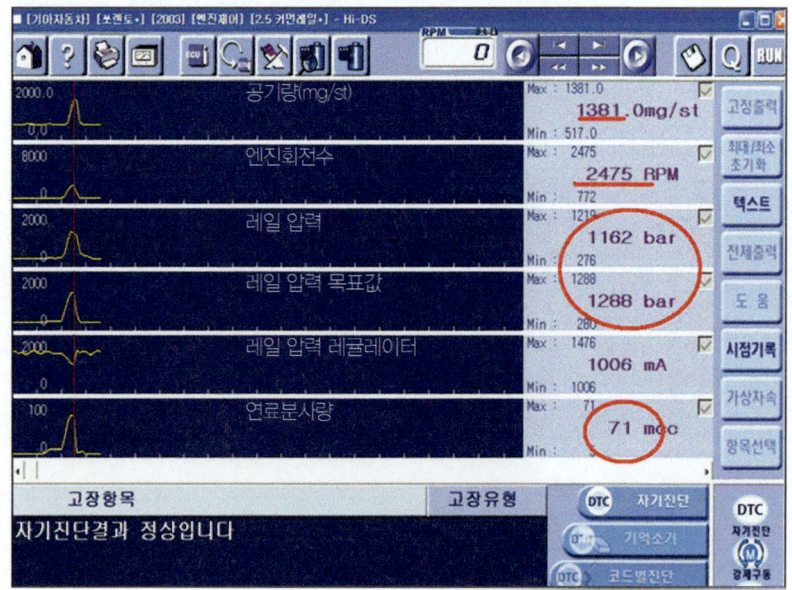

공기량과 rpm, 연료 분사량은 정상적으로 보인다. 하지만 목표 압력 대비 실제 압력이 100bar 이상 편차가 나면서 그 시점에 조절 밸브 또한 정비한계 값 근처까지 떨어져 있다.

레일에 고압이 저장되지 못한다는 의심이 든다. 최고 압력 검사를 통해서 정밀 진단을 요한다.

● **최고 압력 검사-NO 타입**

조절 밸브 커넥터만 탈거하면 유량의 통로를 완전 개방하여 펌프가 최고 압력을 형성할 수 있다.

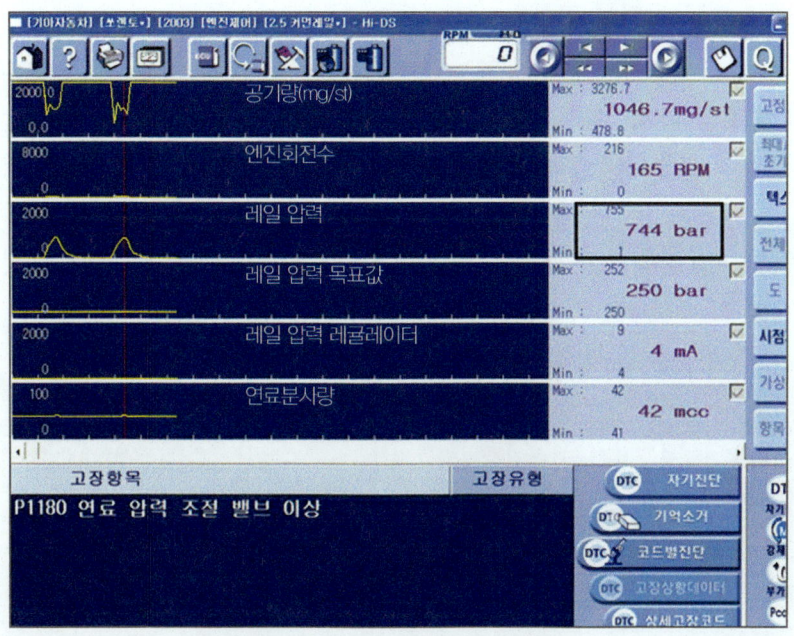

조절 밸브(레일 압력 레귤레이터)의 전류 값이 4mA를 나타낸다는 것은 단선된 상황이다.

크랭킹의 결과 레일의 압력은 744bar 밖에 표출하지 못한다. 레일의 압력이 1000bar 이하를 표출하게 되면 고장의 직접적인 원인이 연료의 누설임이 확실하다. 지금 현재는 고압 라인이 모두 연결된 상태의 레일 압력으로 펌프가 압력을 형성하지 못하는 것인지, 레일의 제한 밸브에서 누설되는 것인지, 인젝터에서 고압의 기밀을 유지하지 못하고 누설이 된 것인지는 알 수 없다.

● 단품 검사 실시
  · 연료 필터의 막힘, 에어 유입 검사–부압 게이지 장착
  · 인젝터 리턴 튜브 장착
  · 레일 제한 밸브 누설검사–투명 튜브 장착

  장착한 후 최고 압력 검사를 재실시하여 리턴 유무, 부압 게이지 상승 여부, 에어 발생 여부를 검사하여 단품의 불량을 판정한다.

  위의 차량은 상기의 검사 과정에서 공전시 부압은 250mmHg를 나타내고 스톨시에는 400mmHg 까지 상승하였다. 이 결과로 보아 필터 및 연료 센더 막힘을 의심하고 확인하여 연료 필터를 교환하였다.

● 조치 사항
연료 필터를 교환한 후 최고 압력 검사 실시

다음 데이터에서 1000bar를 넘어서는 것으로 보아 시동의 꺼짐에 대한 수리는 완료되었음을 알 수 있다. 하지만 정비기준으로 정한 1200bar의 수직 상승은 되지 않는 것으로 보아 고압 펌프 이후 단품들의 성능 저하를 평가할 수 있다.

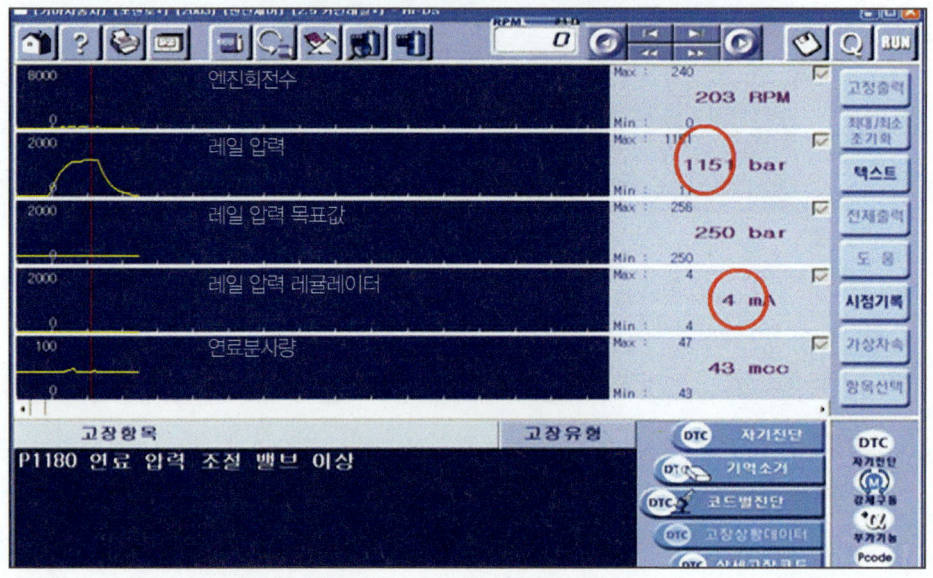

● 주의 사항

이 사례에서 알 수 있듯이 흡입식 저압 방식의 엔진에서는 저압 라인의 고장인 경우 수리를 한 후 반드시 고압 라인의 성능 저하를 평가해 주어야 한다. 744bar의 압력을 접하던 고압의 부품들이 1151bar의 고압이 공급되면 깜짝 놀랄 수도 있을 것이다.

④ NC 타입의 조절 밸브 방식 최고 압력 검사

조절 밸브의 전원이 인가되지 않으면 통로를 닫는 방식이기 때문에 유량의 통로를 완전히 개방하기 위해서는 조절 밸브에 강제적으로 전원을 인가하여야 한다. D엔진의 레일 압력 조절 밸브와 같은 진단 방법을 활용하면 된다.

NC 타입은 대부분 유로4 방식이기 때문에 최고 압력이 기본적으로 배기량에 관계없이 1400bar 이상을 표출한다. NC 또는 NO 타입의 제어를 구별하는 것은 서비스 데이터에서 "조절 밸브 듀티와 연료의 압력"이 서로 정비례한다면 NC 타입 제어이고 반비례한다면 NO 타입 제어방식이다.

● 그랜드 스타렉스 2008년 6월 이후 형식의 서비스 데이터

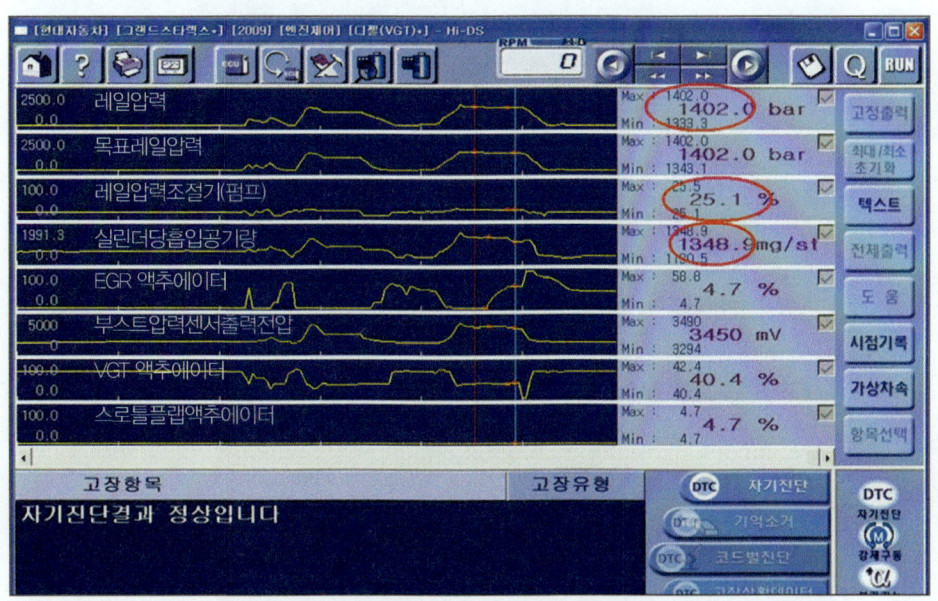

● 최고 압력 검사 방법

액추에이터 강제 구동 모드에서 펌프측 연료 압력 조절기를 선택한 후 강제 구동을 시작한 상태에서 크랭킹을 실시한다. 순간적으로 유량의 통로가 완전 개방되어 레일

의 압력은 급상승하면서 시동이 걸렸다가 꺼진다. 레일에 이상 압력이 표출되어 시스템적으로 연료를 차단시킨다.

이때 표출되는 압력이 얼마인지를 보고 누설 여부의 판단을 한다. 유로4 방식은 기본적으로 압력센서가 1800bar까지 감지함으로 시동이 순간 걸리게 되면 1800bar까지 압력이 표출되게 되고 시동이 걸리지 않는 조건 (인젝터커넥터단선 혹은 캠센서탈거)에서는 1400bar이상만 표출된다면 고압형성의 문제는 없다고 본다.

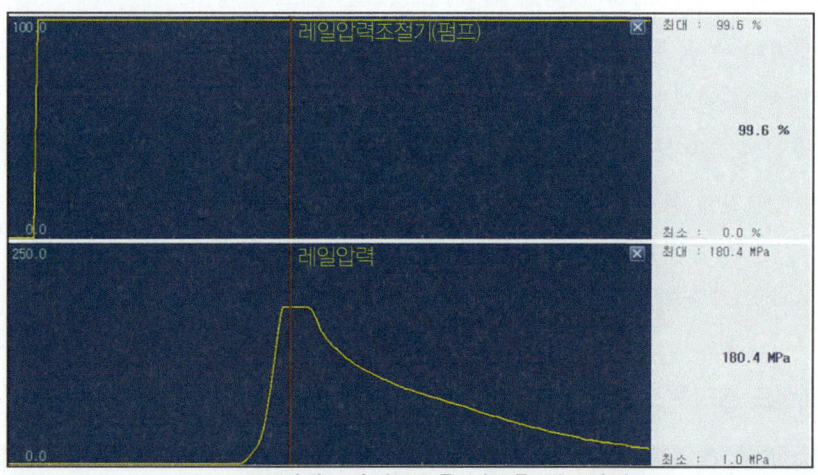
● 조절밸브강제구동후 시동후 최고압력

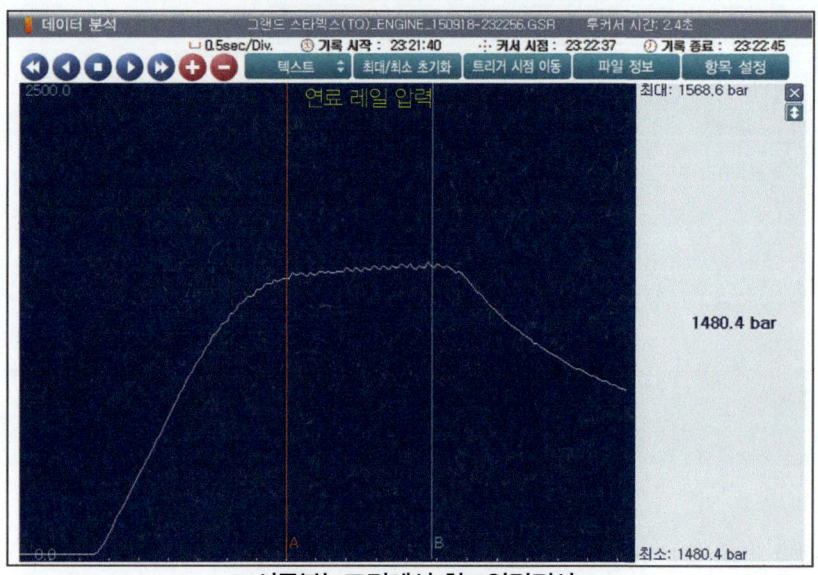
● 시동불능조건에서 최고압력검사

■ 3. 연료 시스템 고장진단

③ 레일 제한 밸브의 누설 검사

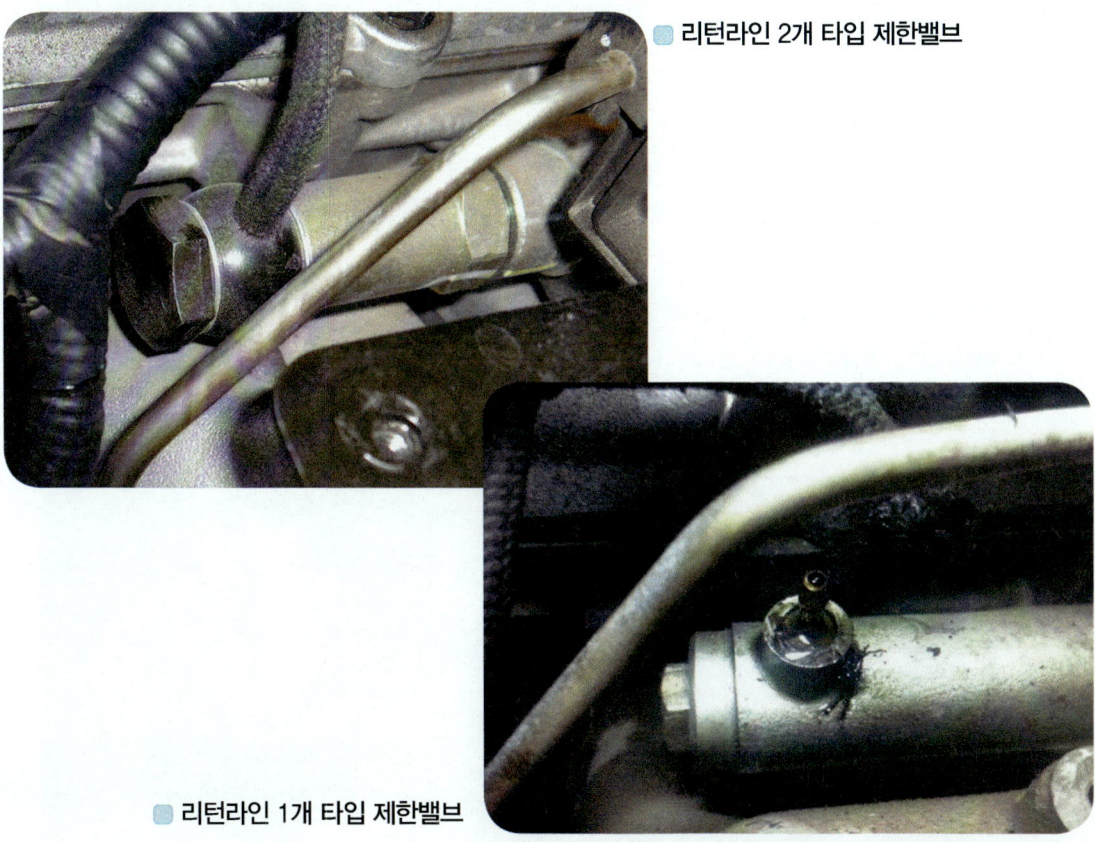

리턴라인 2개 타입 제한밸브

리턴라인 1개 타입 제한밸브

㉮ 필요성

NO 방식의 압력 제어 밸브가 장착된 시스템에서 레일에 과도한 이상 압력으로 고압 시스템이 손상되는 것을 방지하기 위해 레일 끝단에 장착(델파이는 고압 펌프에 장착)된 안전밸브이다.

㉯ 개방 압력

A엔진의 경우는 1750bar 이상의 압력이 레일에 저장되면 리턴 라인으로 리턴시킨다. 델파이 타입은 2000bar 이상에서 대기로 방출한다.

㉰ 진단 방법

개방 압력 이전에서 압력이 누설되면 레일에 압력이 저장되지 못한다. 인젝터에서 과다하게 리턴되는 것과 같은 현상이 나타난다. 투명한 리턴 튜브를 제한 밸브에 장착하고 최고의 압력을 검사할 때에 리턴이 발생하는지를 검사한다.

실제 운행되는 자동차에서는 리턴량은 없어야 한다. 리턴이 어떤 상황, 어떤 압력에서 발생하느냐에 따라 시동의 지연, 시동의 불능, 가속 불량, 시동 꺼짐의 증상이 발생된다.

㉣ 현장 조치

오랜 시간 고압에 노출되기 때문에 리턴 통로를 막고 있던 밸브의 마모나 스프링의 쇠약으로 기밀 작용이 불량하여 누설이 발생된다. 대부분 오진의 사례가 많다보니 고객과의 견적에서 분쟁이 발생되기도 한다.

현장에서는 이러한 경우 정비사가 선택하는 임기응변으로 제한 밸브의 리턴 라인을 막아버리는 경우가 있다. 그러나 임기응변으로 대처하기 보다는 원칙적으로 교환을 하여야 한다. 부득이한 상황이라면 "스폿 용접"으로 라인을 막는 경우도 있다.

Chapter 3

Ⅴ 델파이 시스템 연료 분사 기능 진단

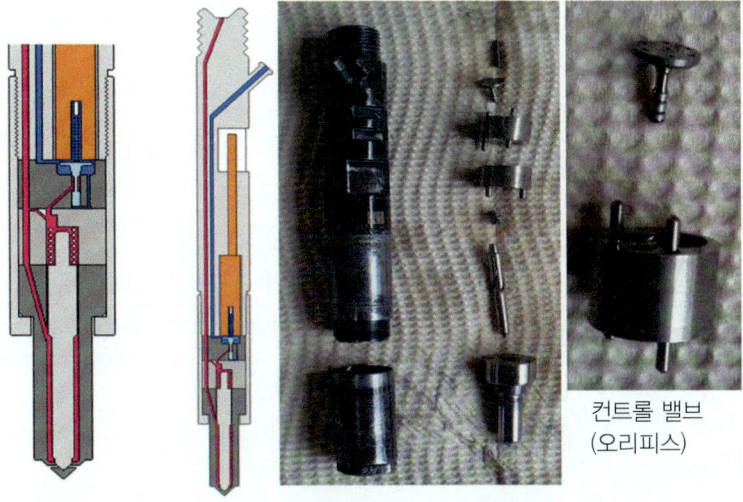

컨트롤 밸브
(오리피스)

1 델파이 인젝터의 특징

① 보쉬타입보다 분사의 지연이 짧다
② 발전기의 전압을 그대로 사용하여 제어한다.
③ 솔레노이드가 인젝터 몸통 속에 위치한다.
④ 오일 라인을 거치지 않고 직접 연소실에 장착되어 있다.
⑤ 컨트롤 밸브 내 오리피스의 미세 작동으로 압력 밸런스를 해제한다.

  이러한 특징으로 인해 ECU는 전압을 모니터링 하여 배선의 단선, 단락을 진단할 수 있으며, ECU의 제어에서부터 분사까지의 지연시간이 짧음으로 인해 정밀한 제어가 가능하다. 다만 오일 라인을 거치지 않고 연소실에 바로 장착됨으로서 외부에서 수분의 유입 등으로 인젝터가 고착되어 탈착되지 않는 경우가 발생하고, 작업시 미세한 이물질로 인한 컨트롤 밸브의 고착과 노즐의 함몰에 의한 후적 등이 문제가 된다.

2 델파이 인젝터의 종류

	C2I(유로3)	C3I(유로4)
코딩 (학습값 초기화)	16자리 코딩	20자리 코딩
편차 보정	가속시 파일럿 분사 보정	공전시+가속시 파일럿 분사 보정
실차 증상	1. 1000~1500rpm 부조 2. 노킹 단기간 학습함	1. 냉간시 아이들 부조 2. 가속시 1500rpm 부조 장기 학습으로 고객 불만 발생
조건	교환 전에 MDP 학습값이 편차가 심할수록 증상도 심함	

C2I : individual injection correction
C3I : individual improved individual injector

인젝터 교환 후 두 타입 모두 코딩을 하여야 하며, 특히 C3I 타입의 경우 코딩이 되지 않으면 시동 꺼짐, 부조, 가속 불량 등 고장이 개선되지 않는다.

3 작동 원리

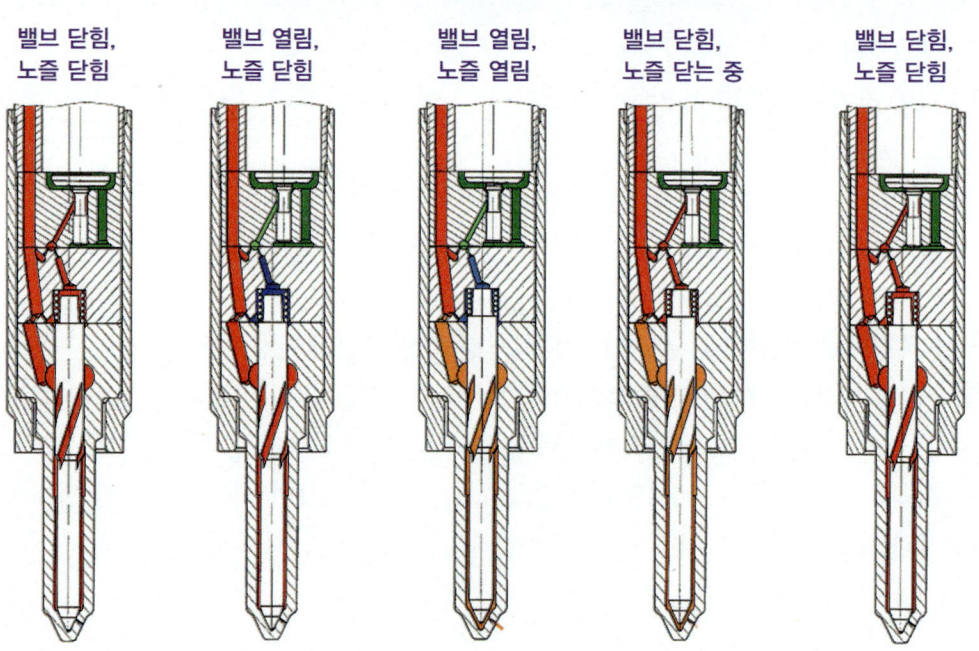

밸브 닫힘, 노즐 닫힘 | 밸브 열림, 노즐 닫힘 | 밸브 열림, 노즐 열림 | 밸브 닫힘, 노즐 닫는 중 | 밸브 닫힘, 노즐 닫힘

1 분사 개시

컨트롤 밸브의 오리피스가 스프링의 장력에 의해 격납되어 있는 상태에서 고압의 연료가 노즐의 끝단과 컨트롤 밸브의 두 방향으로 유입되면 인젝터 내부의 압력 밸런스에 의해 노즐은 개방되지 않고 분사 대기 상태에 있다.

ECU가 제어 신호를 주게 되면 인젝터 몸통 속에 위치한 솔레노이드가 자화되어 오리피스를 들어 올린다. 이때 내부의 압력 밸런스가 해제됨으로써 인젝터의 노즐이 개방되어 분사가 개시된다. 보쉬 타입보다는 좀 더 간단한 작동을 한다.

2 분사 종료

솔레노이드에 인가되었던 전원이 차단되면 스프링의 장력에 의해 오리피스가 컨트롤밸브에 격납이 되고, 리턴되지 못하고 돌아온 연료와 스프링의 장력에 의해 노즐이 닫히면서 연료의 분사가 종료된다.

4 델파이 인젝터의 진단 방법

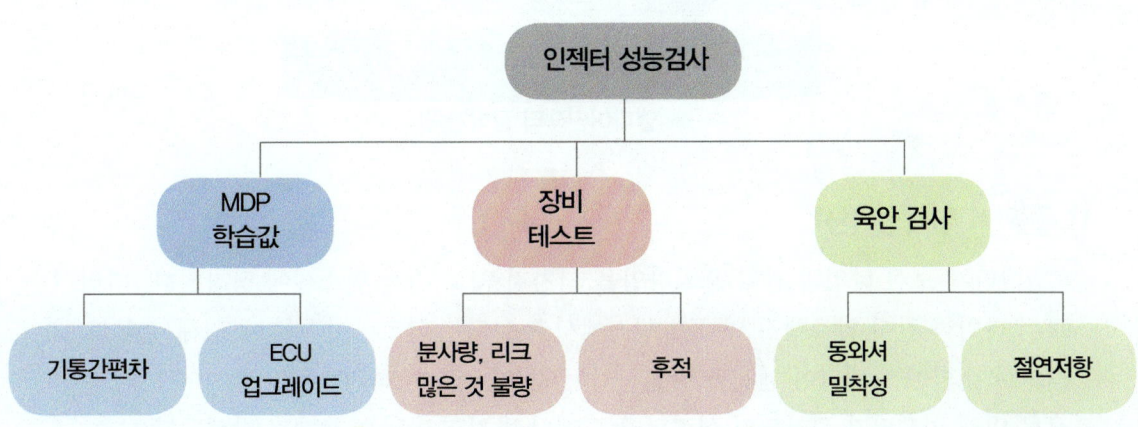

델파이 인젝터의 경우 기본적으로 전압을 모니터링 하고 있으므로 고장 코드에 대한 해석이 중요하다. 고장 코드를 세분화하여 표출해줌으로써 코드별 진단 가이드를 진단 표본으로 생각하여 반드시 지침서를 참조하여야 한다.

델파이 타입은 서비스 데이터의 분석만을 가지고 그 성능을 평가하기가 쉽지 않다. 그 이유는 보쉬 타입과 같이 파워 밸런스 검사모드가 지원되지 않기 때문이다. 다만, 노크 센서와 CKP값을 이용하여 인젝터의 최소 분사 보정 즉, MDP라는 데이터를 이용하여 실린더의 밸런스 상태를 추측해 볼 수 있다. 하지만 MDP라는 것은 보정 데이터가 너무 정밀하여 진단 데이터로 사용하기에는 부족한 점이 있다.

유로4 타입에서는 MDP 데이터를 표출해 주지 않는다. 단지 "~~보정"이란 데이터를 지원해 주고 있다. 인젝터의 정확한 진단을 위해서는 인젝터전용 측정장비를 사용하는 것이 가장 좋다. 하지만 현장의 여건에 맞도록 최대한 데이터 정비와 육안검사를 통해 인젝터의 성능을 평가해 보자.

1 육안 검사

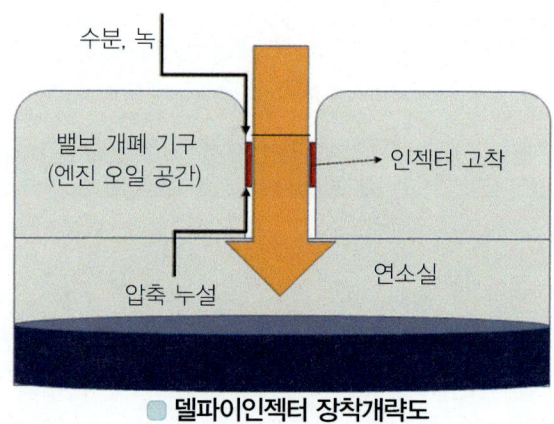

■ 델파이인젝터 장착개략도

1) 동 와셔 밀착성 검사

인젝터가 보쉬 타입과 달리 오일라인을 거치지 않고 직접 연소실에 장착된다. 따라서 보쉬 타입과 같이 압축행정 및 폭발행정에서 누설되는 블로바이 가스에 의해 오일의 희석으로 순환이 방해되어 엔진을 망실시키는 경우는 없다. 하지만 외부에서 수분의 유입으로 인해 인젝터가 고착되어 실린더 헤드에서 탈거되지 않는 문제가 발생된다.

이러한 현상을 방지하기 위해 현대·기아 차량의 경우 유로4 방식부터는 인젝터의 몸통에 O-링을 장착하여 고착을 방지하고 있지만 가장 좋은 것은 2년 또는 4만km마다 인젝터를 탈거하여 동 와셔를 교환해 주는 방법이다.

보쉬 타입처럼 피스톤의 각속도를 측정하여 압축의 누설을 검사하는 방법이 스캔 툴에서 지원하지 않는다. 배선의 단선, 단락만을 검사하는 부가 기능들이 있을 뿐이다. 델파이는 위의 그림처럼 압축의 누설을 육안으로 검사 할 수밖에 없다.

2) 절연 저항 검사

솔레노이드가 인젝터 내부에 있는 구조이기 때문에 인젝터의 몸통과 절연이 되지 않고 누전이 되는 경우가 있다. 델파이의 경우 3V 전압을 인젝터의 제어회로에 남겨두게 되는데 이를 이용한 진단으로 전압을 모니터링 하여 단선, 단락을 검사한다.

인젝터 4개 중에 하나가 단선이 된다면 해당 기통 이외에 3개의 인젝터를 가지고 제어한다. 하지만 하나가 단락이 되면 ECU는 4개의 인젝터를 모두 제어하지 않는다. 이러한 누전은 인젝터 내부의 기밀 불량에 의해서 인젝터가 나빠지는 경우와 커넥터 쪽으로 수분이 들어가면서 발생하게 된다.

카본역류　　　　　　　　　수분유입

2 고장 코드 분석

델파이 시스템에서 전원이 단락된 경우는 4개의 인젝터 모두를 제어하지 않는다. 하지만 어느 한 곳에 단선이 된 경우는 나머지 3개의 인젝터만으로 엔진의 밸런스를 유지하려고 한다.

따라서 엔진의 회전속도를 1000rpm까지 상승시켜 최대한 밸런스를 유지하려고 제어한다. 만약 단락의 상황이 감지되면 ECU는 고장 코드를 표출하게 되는데 이것은 2004년을 기준으로 이전 차량은 "P" 코드가 상세화 되지 않았기 때문에 "상세 코드, C 코드"라는 항목을 거쳐서 확인해야 한다.

고장 코드의 의미	S/C to GND or B+ 접지, 전원측 단락	
점검 부위	1. 인젝터(약 0.3~0.8Ω) : 저항값이 적어서 단선, 단락의 판단이 어렵다. 절연저항 필요 2. 인젝터 배선 3. ECU	
델파이 특성	단선	단락
	시동가능, 부조	시동불능
현장 진단	단선 상태를 만들어 시동 실시 -고장 코드 소거 후- 1. 커넥터를 1개씩 탈거하면서 시동되면 해당 인젝터 내부 단락 2. 번갈아 탈거 후 실시하여도 시동이 되지 않으면 배선, ECU 불량	

● **P1310** (인젝터 제어회로 이상) : ex. 카니발, 봉고, 테라칸

이러한 고장 코드가 발생되어 있고 시동 관련 문제가 발생하였다면 단선의 상황을 만들어 가면서 단락된 것이 어디인가를 찾아야 한다.

3 절연 저항계

인젝터의 내부 단락을 검사하기 위한 장비로 절연 저항계가 있으며, 순간적으로 250V 이상의 전압을 공급하여 절연의 상태를 측정하는 것으로 규정 값은 10MΩ 이내가 정상이다. 재 제조된 인젝터의 경우 절연저항 검사를 필수적으로 하여야 한다.

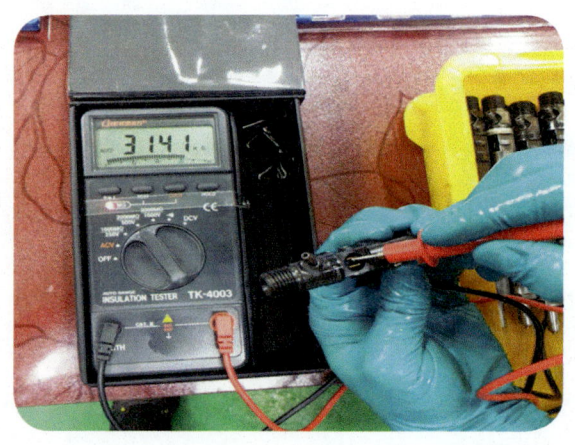

4 인젝터 관련 고장 코드 분석

1) 2004년 이전 식 (P0201~0204)

항목	고장 코드	고장 내용
DTC	P0201	인젝터 #1(실린더 #1) 이상
상세 코드	04	신호값 낮음
	91	인젝터 항시 열림
	86	인젝터 항시 닫힘
	01	회로 단선
	OC	회로 단락

상세 코드	판정 조건	점검 항목
04	MDP 학습값이 규정값을 초과한 경우	· 인젝터 회로 단선, 단락 · 인젝터 단품 불량 · 실린더 압축압력 이상 · 연료 라인 이상 · ECM 불량
91	인젝터 열림 고착	
86	인젝터 닫힘 고착	
01	인젝터 제어회로 단선	
OC	인젝터 제어회로 단락	

P코드를 상세하게 나누어 표출하지 않고 대표 코드를 발생한 후 스캐너 하단에 "상세"라는 항목을 한 번 더 진입해서 상세 코드를 확인하여야 한다.

2) 2004년 이후식

항목	감지 조건	고장 예상 부위
	P0201~0204 : 실린더 #1 인젝터 이상 : 인젝터 제어가 불가능	
판정값	1번 실린더 인젝터 회로 단선 혹은 단락	
페일 세이프	1. 엔진 회전수 1000rpm 상승 · 단선 2. 노크 센서 체크 금지 3. Mdp 학습금지(노크 센서 신호 무시) 4. 인젝터 와이어링 저항 측정 금지 5. 토크 저감 6. a/c 작동 금지 7. 누설 테스트 금지	인젝터 회로 인젝터 단품

다음페이지로 표 이어짐》

항목	감지 조건	고장 예상 부위
	P0263~66.69.72 : 실린더 #1- 인젝터 회로-신호값 이상 : 과도한 연소 충격	
판정값	· 1번 실린더 인젝터 작동시 ckp의 각 속도 변화가 크게 발생 · 노크센서에 의한 mdp학습치를 초과할 경우	· 인젝터 단품 열림고착 · 인젝터 단품 닫힘고착 · 인젝터 회로 · 낮은 압축압력 · 연소폭발압력누설

페일 세이프	· 인젝터 열림고착:엔진 강제 정지
	· 인젝터 닫힘 고착
	  - rpm1000으로 상승
	  - 3개 인젝터로 엔진구동
	  - 토크 저감
	  - mdp 학습 금지
	  - 파일럿 인젝션 금지	

P코드를 상세화 하여 표출해 준다. 델파이 시스템의 경우 기본적으로 정비지침서를 통한 고장 코드의 해석이 얼마만큼 중요한 것인지 알 수 있다. 고장 코드가 발생한다는 것은 지침서의 진단 가이드를 참조한다면 쉽게 진단이 가능하다.

3) 기통 판별 방법

보쉬 시스템과는 다르게 델파이 시스템의 유로3 방식에서는 실린더 번호와 인젝터 번

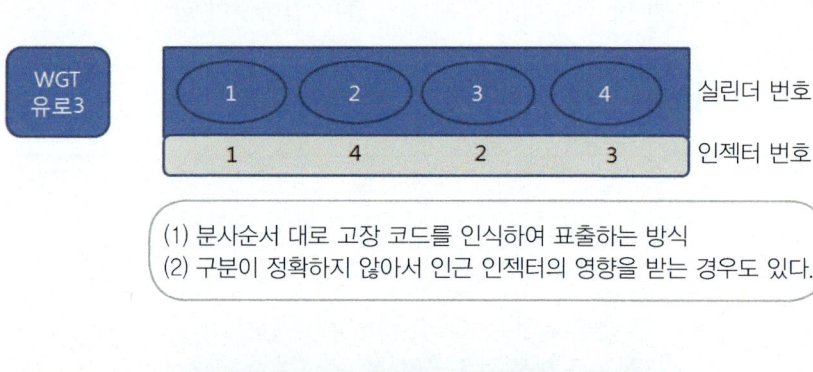

(1) 분사순서 대로 고장 코드를 인식하여 표출하는 방식
(2) 구분이 정확하지 않아서 인근 인젝터의 영향을 받는 경우도 있다.

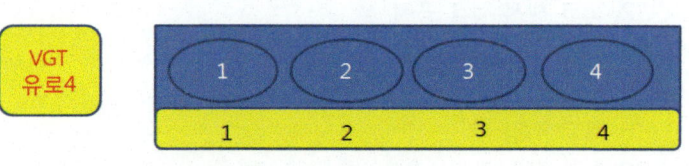

구형 버전의 단점을 극복하기 위해 노크 센서를 2개 장착하여 인근 인젝터의 인젝터의 영향을 최소화 하여 판별한다.

호를 구분하여 고장 코드를 표출함으로서 고장 코드가 발생하였을 때 정확히 고장의 기통을 판별하기가 어려웠지만 유로4에서는 실린더와 인젝터 번호를 구분하지 않기 때문에 고장의 기통에 대한 판별을 쉽게 할 수 있다.

하지만 유로3 방식이든 유로4 방식이든 델파이 시스템의 경우 노크 센서가 인근 기통의 연소폭발의 영향을 많이 받아 감지되므로 고장 코드가 발생한다면 인젝터를 이동시켜 MDP 값을 확인해 보거나 인젝터측정 전용장비로 정확하게 검사하는 것을 권장한다. 사용하는 스캐너에 따라서도 다르게 표출되고 차량별로도 조금씩 다르게 표출되기도 하기 때문에 고장 코드가 발생하였다면 반드시 정비지침서의 DTC 설명을 참조하여야 한다. 예를 들어서 그랜드 카니발 유로3 방식의 차량이 아래와 같은 고장 코드를 발생하였다면 어떻게 해석하여야 하는가?

구분	P0266	P0202
GIT골드 스캐너	CYL.2 인젝터 회로-밸런스	2번 실린더 인젝터 회로 이상
G2, GDS	실린더#2-인젝터 회로-신호값 이상	실린더 3번 인젝터 회로-제어값 단선
DTC 설명	2번 실린더 인젝터 작동시 CKP 속도 변화 이상	3번 실린더에 장착된 2번 인젝터의 단선 단락
부가 설명	CKP, 노크 센서 신호 모니터링 하여 순차로 작동하는 2개의 인젝터 작동 구간에서 CKP, 노크 센서 이상 신호 감지	실린더 번호와 인젝터 번호 구분

■ 차량의 연식을 입력할수있는 스캐너와 할 수 없는 스캐너의 차이점

3번 실린더에 장착된 2번째 분사하는 인젝터 회로상의 문제로 옆에 있는 2번 실린더에 장착된 인젝터의 밸런스가 맞지 않게 표출되었다고 할 수 있으며, 2번 실린더에 장착된 인젝터의 실화로 인접한 3번 실린더에 장착된 인젝터가 이상이 있다고 표출되었을 수도 있다는 것이다. 즉, 유로3 타입은 고장의 인젝터를 정확히 지적하기가 쉽지 않다. 하지만 고장 코드를 잘 해석 한다면 최소한 2개의 인젝터는 구분할 수는 있다.

하지만 이러한 경우에도 2번과 3번 실린더에 장착된 인젝터 2개를 교환하면 된다. 라고 쉽게 생각하지 말고 인젝터의 밸런스에 문제가 있다고 생각하고 4개를 모두 전용의 장비로 검사 혹은 리턴 검사를 실시하거나 인젝터를 서로 이동시켜 데이터를 입력한 후 MDP 변화의 값을 가지고 판단하는 것과 같은 검사 과정이 필요하다.

4) MDP 학습(MINIMUM DRIVE PULSE)

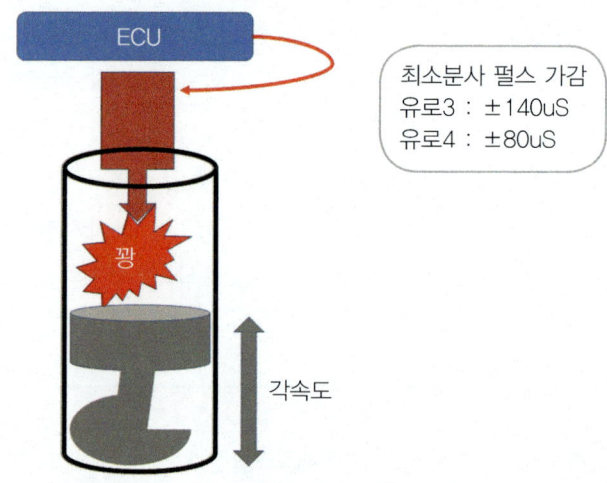

① MDP의 의미

델파이는 고장 코드를 감지하고 연소의 밸런스를 피드백 하는 과정이 보쉬와 다르게 노크 센서가 폭발할 때의 진동을 감지하여 그 값을 보정 값으로 사용한다는 점이다. ECU가 인젝터의 솔레노이드에 제어 시간을 인가하면 인젝터 내부의 유압 밸런스를 해제시켜 분사하고 착화하면 그 폭발력에 따라 피스톤의 움직임 속도에 편차가 발생한다.

노크 센서와 피스톤 각속도를 모니터링 하여 ECU가 인젝터에 인가하는 시간을 가감하면서 피드백 하는 것을 MDP라 한다. 어떤 값(MDP 값)을 가지고 몇 번(MDP 횟수)이나 학습을 하였는가를 서비스 데이터로 표출해 주는 것이다.

하지만 그 값이라는 것이 보쉬 시스템의 IQA 보정 값보다는 미미한 값으로 진단에 사용하기에는 절대적이지 않다. 단지 상대적으로 밸런스가 맞는지 아닌지 정도로 사용하면 될 것이다. 유로4 방식으로 가면서는 MDP라는 데이터가 사라진다. 대신 "~보정"값으로 대체하고 있다.

■ 3. 연료 시스템 고장진단

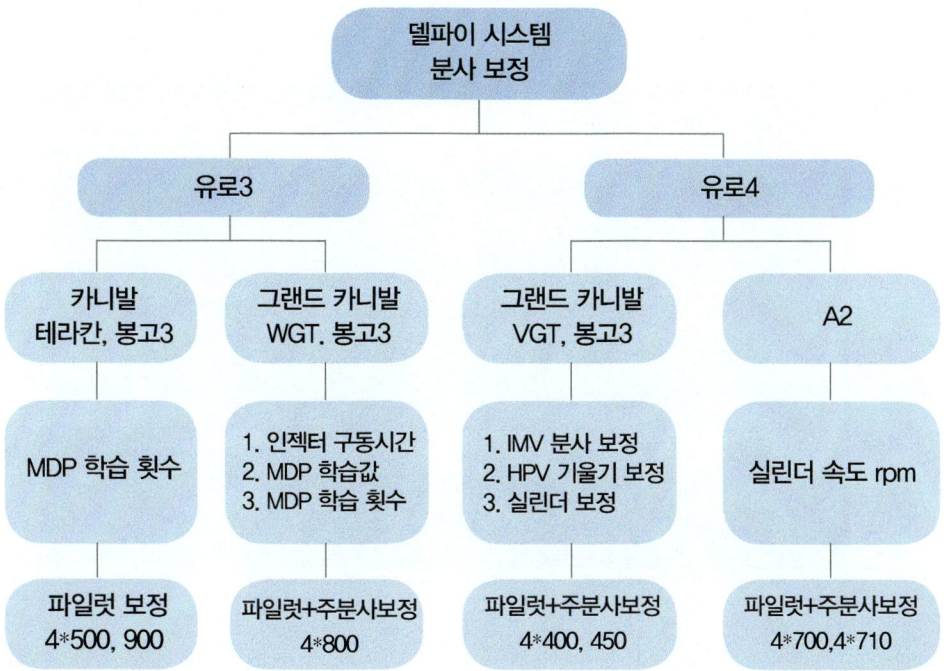

② 사례 분석

㉮ 차종 : 그랜드 카니발 WGT. 오토. 115,000km

㉯ 증상 : 공전시 노킹음이 심함

㉰ 스캔 툴 데이터 분석

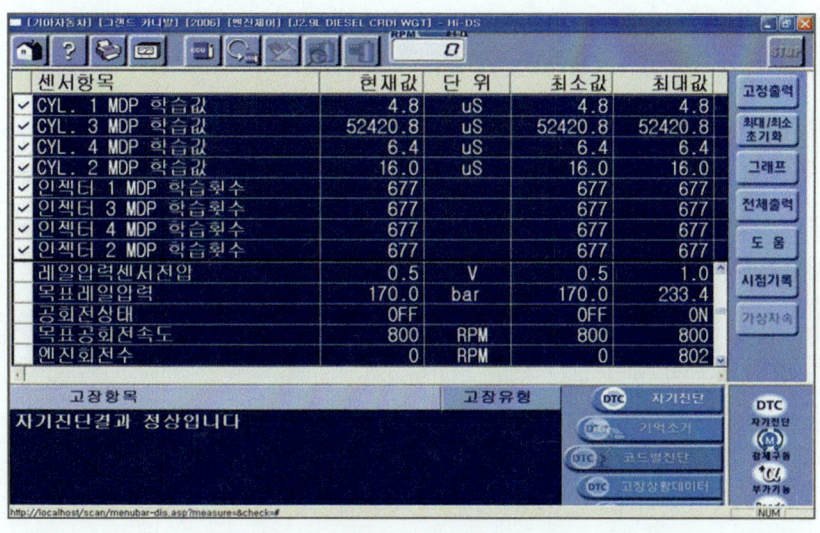

기통 간 밸런스를 확인하고자 MDP 학습값과 횟수를 확인해 본다. 이때 학습값과 횟수에 대한 나름의 기준을 가지고 있어야 진단이 가능하다.

149

ㄱ 학습값, 횟수에 대한 기준

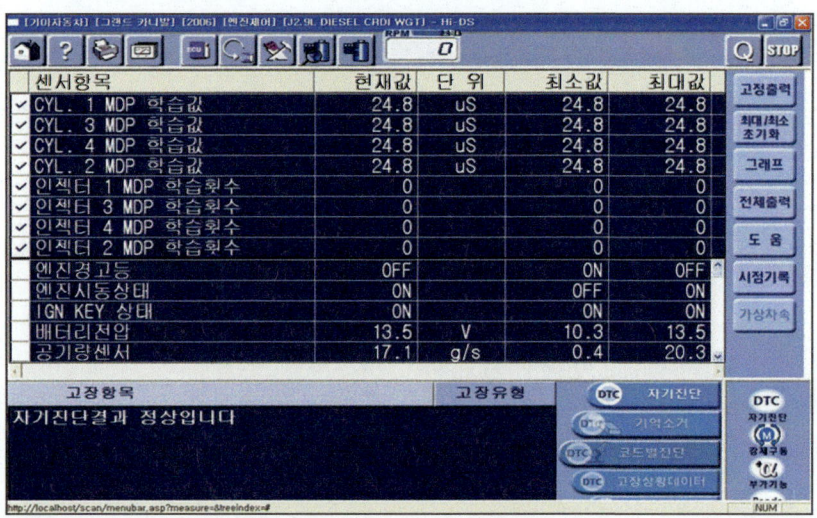

ECU 학습값을 초기화시키면 24.8μs의 초기 값을 표출하며, 이것은 학습값의 목표 값이 24.8μs이라는 뜻이다. 충분한 학습 후에는 초기 목표값인 24.8μs 근처에 학습 값을 가지고 있어야 한다. 위의 스캔 툴 데이터 상에서 실린더 3번 인젝터의 학습값이 아직도 많은 학습을 하고 있다. 나머지는 초기 목표값과 큰 차이 없이 안정화되어 있음을 알 수 있다.

677회나 학습하는 동안 아직도 3번이 안정화가 되지 않을 수도 있고, 안정화 되었다가 다시 학습을 하는 것일 수도 있다. 하지만 현재의 값을 보면 ECU가 3번만을 유독 학습시킨다는 것은 3번 실린더의 인젝터가 나쁠 수도 있고, 인근 인젝터의 문제일수도 있다는 것이다. (델파이 유로3방식에서는 기통판별이 정확하지 않다)

즉, 인젝터의 밸런스가 맞지 않아서 노킹이 발생하는 것이다. 학습값의 기준은 24.8μs를 기준으로 평균적으로 안정화되는 것을 기준으로 하여 전체 인젝터의 밸런스 문제를 진단하면 족하다.

학습 횟수에 대한 기준은 어떻게 선정하여야 하는가? 절대적인 기준은 아니지만 현장에서 피드백을 해본 결과 학습 횟수가 400회를 초과하면 한 번쯤 동 와셔의 교환과 클리닝을 실시하고 학습값을 초기화 해줄 필요가 있는 것 같다. 정상적인 차량의 경우 2년에 40,000km정도(운전 습관에 따라 차이가 있음)를 운행하게 되면 클리닝 및 동 와셔의 교환 작업을 해주어야 한다.

ⓒ 학습 과정

　인젝터를 교환한 후 학습값을 초기화하고 인젝터의 데이터 16자리를 입력한 후 시운전을 한 결과 학습값이 50,000㎲를 나타내고 있다. 학습을 진행하고 있는 중으로 학습의 횟수가 각각4회, 총16회 정도가 될 때까지 학습값은 안정화되지 않을 것이다.

　학습이 진행될수록 초기의 목표값으로 안정화되어야 하며, 학습값이 안정화될 때까지는 노킹 음이나 엔진의 가속력이 조금 부족할 수도 있다. 반드시 인젝터를 교환한 후 인젝터의 코딩과 시운전을 통해 안정화시킨 다음 출고하여야 한다.

③ ECU 업그레이드

　유로3 타입의 델파이 현대·기아 차량의 경우 스캐너 상에 "시스템 사양 정보"라는 데이터를 확인하여 사양이 낮은 경우 ECU의 업그레이드를 실시하여야 한다.

업그레이드 항목은

㉮ MNS 인젝터 제어 관련 로직 개선 : ~42~

㉯ APS/노킹 제어 관련 로직 개선 : ~50~

이다.

　인젝터 관련 업그레이드가 되지 않으면 MDP 관련 학습이 수행되지 않아 가속 불량의 증상이 발생된다. 이때 MDP 학습 횟수가 엉터리로 표출됨으로써 인젝터의 교환으로 오진하는 경우가 많다.

커먼레일 고장진단

```
        시스템 사양정보

   차    종 : 카니발 I/II
   제어장치 : 엔진제어
   사    양 : 엔진 2.9 커먼레일


             C7E50EA1

                 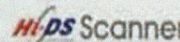
```

커먼레일 디젤 관련 업그레이드 (2015년 1월 기준)

제작사	차종	참고사항	개선사항
현대	싼타페(구)	매연관련	디젤매연TCU(압축, 압력 테스트진입가능)
현대	싼타페(구)	밋션관련	DMF--->SMF 사양변경시
현대	싼타페(구)	밋션관련	WGT 3--->2 변속감 향상
현대	싼타페(구)	밋션관련	VGT 3--->2 변속감 향상
현대	싼타페(구)	밋션관련	VGT M/T 등판력 향상
현대	싼타페(구)	밋션관련	A/T 변속감/변속단 개선
현대	싼타페/트라제	매연관련	싼타페/트라제 디젤매연 ECU
현대	트라제XG	밋션관련	3--->2 변속감 향상
현대	트라제XG	엔진관련	2WD A/T 서행시 울컥거림개선
현대	트라제XG	매연관련	VGT A/T 냉간시 엔진부조/백연개선
현대	트라제XG	밋션관련	A/T 3-4 변속감 향상
현대	테라칸	MDP 학습관련	인젝터의 MDP 학습로직개선
현대	포터2 A2	냉방성능, DPF관련	냉방성능 및 DPF 재생소음 개선
현대	포터2 A2	A2 2.5 CPF관련 (P1405)	CPF 영구재생 로직개선
현대	포터2 A2	센서관련	APS 경고등 점등 개선
현대	포터2 A2	엔진관련	A/T 연소음 개선
현대	그랜드 스타렉스 A2	A2 2.5 CPF관련 (P1405)	CPF 영구재생 로직개선
현대	그랜드 스타렉스 A2	냉방성능, DPF관련	냉방성능 및 DPF 재생소음 개선
현대	그랜드 스타렉스 A2	전자 EGR관련	전자 EGR로직 향상
현대	그랜드 스타렉스 A2	A2 VGT 업그레이드(인젝터교환후)	CPF 영구재생 로직개선
현대	그랜드 스타렉스 A2	엔진관련(AT)	AT 동기어굿남 로직개선
현대	싼타페 DM	클러스터 적산 거리계 표시 개선	전산거리계 로직개선
현대	싼타페 CM(R엔진)	TCU관련	초기시동시 P/N 충격개선
현대	싼타페 CM(R엔진)	EGR 쿨러관련	EGR쿨러 로직개선
현대	싼타페 CM(R엔진)	엔진 경고등관련	엔진 경고등 오작동및 관련 로직 개선
현대	싼타페 CM(R엔진)	전자 EGR관련	전자 EGR로직 향상
현대	싼타페 CM(D엔진)	고장코드관련	FL 액추에이터 관련 경고등 점등

제작사	차종	참고사항	개선사항
현대	싼타페 CM(D엔진)	매연관련	DPF 영구재생로직 개선
현대	싼타페 CM(D엔진)	전자 EGR관련	전자 EGR로직 향상
현대	싼타페 CM(D엔진)	소음&진동관련	경사길 60~90KM 차체진동 개선
현대	I40 U2	1.7 U2엔진 EPB관련(C1513)	EPB(전자브레이크)로직개선
현대	I40 U2	스마트키 관련(SMK)	스마트키 로직 개선
현대	I40 U2	AFLS (어댑티브 헤드 램프)경고등	AFLS(어댑티브 헤드 램프)경고등 로직개선
현대	I40 U2	APAS(자동주차)관련	APAS(자동주차)로직 업그레이드
현대	I30 1.6	전자 EGR관련	전자 EGR로직 향상
현대	I30 1.6	IDLE RPM 관련(P2192,PO461)	아이들 알피엠 유동성 개선
현대	I30(U2엔진)	전자 EGR관련	전자 EGR로직 향상
현대	벨로스터 1.6	IDLE RPM 관련(P2192,PO461)	아이들 알피엠 유동성 개선
현대	엑센트 1.6	냉간시 엔진관련	냉간시 차량 울컥거림 개선
현대	엑센트 1.6	IDLE RPM 관련(P2192,PO461)	아이들 알피엠 유동성 개선
현대	아반떼 MD 1.6	IDLE RPM 관련(P2192,PO461)	아이들 알피엠 유동성 개선
현대	투싼 IX	TPMS 관련	TPMS 통신로직 개선
현대	투싼 IX	TCU관련	초기시동시 P/N 충격개선
현대	투싼 IX	EGR 쿨러관련	EGR쿨러 로직개선
현대	투싼 IX	전자 EGR관련	전자 EGR로직 향상
현대	투싼 IX	터보 관련	터보 액추에이터 로직 개선
현대	투싼 IX	BCM 관련	10MY BCM 업그레이드
현대	투싼 IX	조향장치 관련	EPS ECU UPDATE
현대	투싼 IX	진동관련	D단 정차시 진동개선
현대	투싼(D엔진)	전자 EGR관련	전자 EGR로직 향상
현대	투싼(D엔진)	밋션관련	WGT 3--->2 변속감 향상
현대	투싼(D엔진)	전자제어관련	ESP 로직개선
현대	투싼(D엔진)	엔진관련	운전성/IDLE 안정성개선
현대	투싼(D엔진)	엔진관련	냉간운전성 향상
현대	베라크루즈	냉간시 노킹	냉간시동시 연료 맥동음 개선
현대	베라크루즈	전자 EGR관련	전자 EGR로직 향상

3. 연료 시스템 고장진단

제작사	차종	참고사항	개선사항
현대	베라크루즈	소음&진동관련	부밍음 로직 개선
현대	베라크루즈	4WD 관련(차체관련)	4WD VDC(차체자세제어) 로직개선
현대	베라크루즈	매연관련	2WD 초기 시동시 백연개선
현대	베라크루즈	엔진관련	열간시 1500RPM구간 노킹음 개선
현대	베라크루즈	밋션관련	냉간시 2-1 변속감 향상
현대	베르나 MC	밋션관련	AT TCU 로직개선
현대	NF 쏘나타 2.0	전자 EGR관련	전자 EGR밸브 제어로직개선
기아	카렌스2	엔진관련	냉간시 엔진부조개선
기아	카니발2	엔진관련	노킹/APS로직개선
기아	카니발2	인젝터관련	MNS 인젝터 적용
기아	쏘렌토	밋션관련	MT/AT 변속감향상
기아	쏘렌토	밋션관련	5단 A/T TCU S/W변경
기아	쏘렌토	밋션관련	5단 A/T ECU S/W변경
기아	쏘렌토R 2.2	엔진관련	워밍업후 시동개선
기아	쏘렌토R 2.0	ECU관련	ECU 업그레이드
기아	봉고3	매연관련	백연 및 냄새대책
기아	봉고3	매연관련	P0101 감지대책
기아	스포티지	밋션관련	WGT TCU 3---〉2 변속감 향상
기아	스포티지	EGR관련	EGR 밸브제어로직 개선
기아	스포티지	매연관련	에어컨 ON Nox 저감
기아	그랜드 카니발(신)	출력관련	2.9 VGT 40Km 주행성향상
기아	그랜드 카니발(구)	출력관련	2.9 VGT TCU 주행성향상
기아	그랜드 카니발	엔진관련	P0101 감지대책(EGR)
기아	그랜드 카니발	연료제어관련	P0088 VGT IMV로직개선
기아	뉴카렌스	매연관련	에어컨 ON Nox 저감
기아	뉴카렌스	매연관련	P2002 CPF 영구재생 로직개선
기아	프라이드	제동관련	ABS 로직개선
기아	쏘울	매연관련	에어컨 ON Nox 저감
기아	모하비	엔진관련	디젤 S3.0 냉간 시동성향상
기아	모하비	제어관련	10MY VDC 경고등 점등 개선
기아	모하비	엔진관련	S3.0 시동지연 개선

5 인젝터 파형 측정

델파이인젝터의 경우 인젝터 양부판정을 하기에 센서데이터가 부족하다. 전체 밸런스의 문제를 진단하더라도 불량기통을 정확하게 판별하기는 어렵다.

따라서 정확한 불량기통판별은 전용장비를 사용하거나 분해하여 육안검사를 하는수 밖에 없다.

하지만 모든 작업현장의 여건들이 다르기에 공통적으로 갖추고 있는 진단기를 최대한 활용하는 방법중의 하나로 오실로스코프를 이용한 인젝터 파형측정을 통해 인젝터의 양부를 판단해 보자.

주의할 점은 파형측정을 통한 인젝터 진단은 코일불량과 노후판단정도만 가능한것이고 노즐불량등 기계적고장이 파형으로 정확히 투영되지는 않는다는 점이다.

1 정상적인 인젝터파형-카니발2003

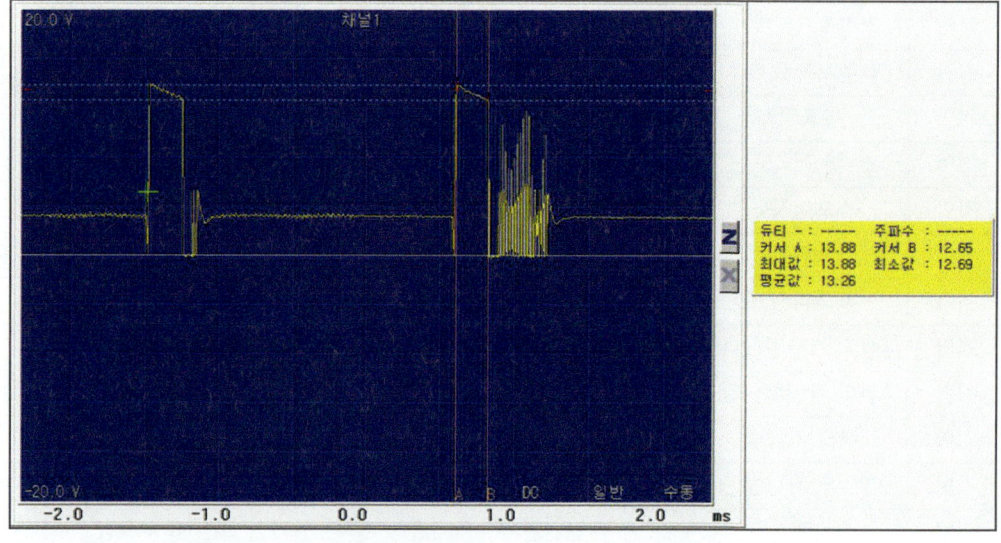

주분사파형에서 최대값과 최소값차이,즉 기울기의 전압차이가 1V이내이다. 정상적인 인젝터파형의 경우 1V이내 기울기편차를 가지고 있다.

2 노후된 인젝터파형

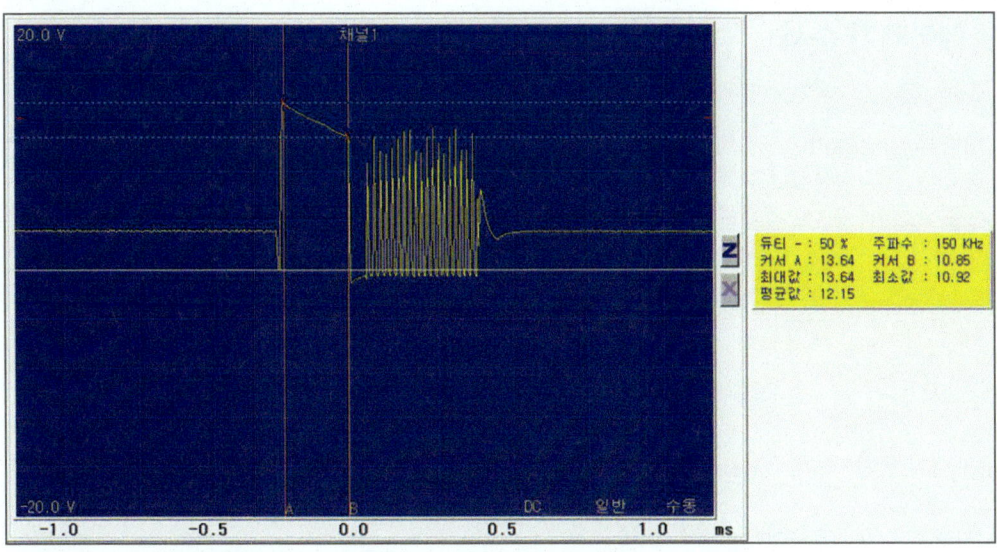

    최대, 최소값의 편차가 3V가까이 난다. 만약 부조할정도의 인젝터라면 그 편차가 3V이상 5V가까이 발생한다. 물론 그 정도 되면 델파이시스템에서는 해당기통 인젝터불량 고장코드를 표출해줄 것이다.

    그러나, 오실로스코프로 코일의 인덕턴스를 측정하여 고장진단하는 것은 전기회로적인 (단선, 단락, 코일피로도) 고장에 국한되고 기계적 고장을 파형으로 명확히 구분하기는 쉽지 않다.

6 에어빼기 방법

1 에어빼기 순서

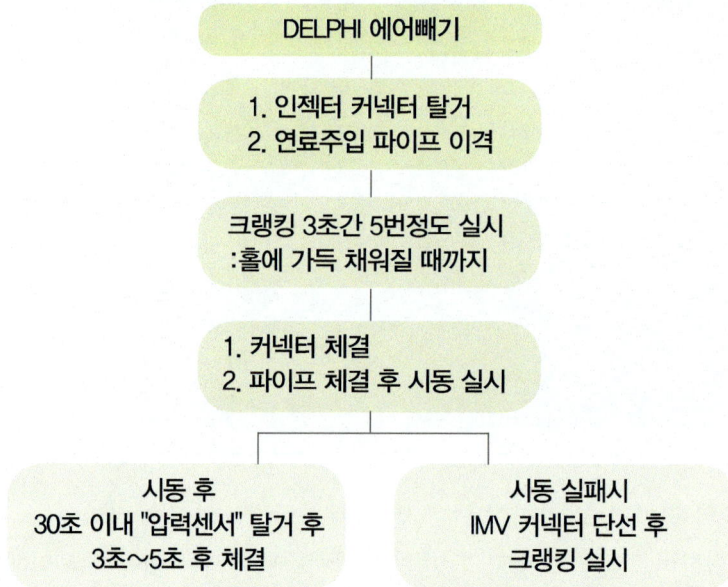

델파이 인젝터의 경우 에어 혹은 이물질 오염으로 인한 인젝터의 고착이 문제가 되기 때문에 연료 계통에 관련되는 작업을 하는 경우에는 항상 청결을 유지하여야 한다. 하지만 청결의 유지가 어느 정도가 되어야하는지 막연한 두려움만 가지고 있을 수는 없다.

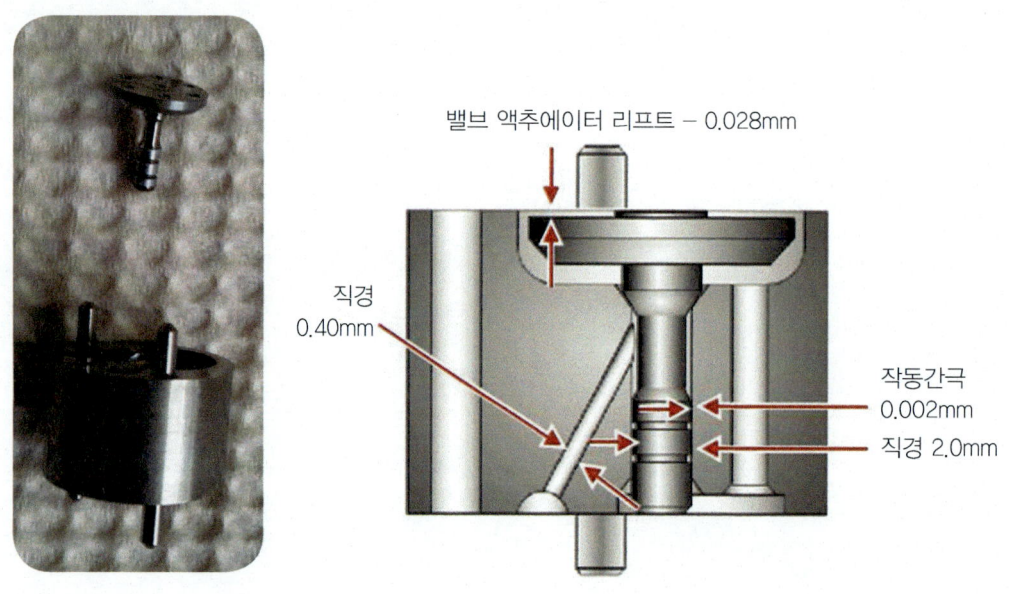

구조적으로 컨트롤 밸브의 오리피스만 격납된 상태라면 1/1000mm의 좁은 간극을 파고들 이물질은 작업현장에서는 없다고 본다. 이에 오리피스를 격납된 상태로 유지하고자 인젝터의 전원을 인가하지 않은 상태에서 에어 빼기를 실시한다. 엔진룸을 한 번 청소하고 인젝터 작업 후 정확한 에어빼기를 실시하면 뜻하지 않게 인젝터가 고착되는 불상사는 없다.

2 A2 엔진 작업 후 부조시

A2 엔진의 경우 에어빼기가 잘 되지 않아 미세하게 남아 있는 에어에도 인젝터의 노즐이 고착된다. 따라서 A2 엔진의 인젝터에 관련된 작업을 한 후 에어빼기 기능을 실시하고 시동 후 30초 이내에 레일 압력 센서를 약 5초간 탈거한 후 체결한다. 압력 센서를 탈거하면 최고 압력까지 순간적으로 압력이 상승하여 라인의 미세한 에어를 빼주는 기능을 한다. 작업을 완료 후에는 고장 코드를 소거해 주어야 한다.

7 쌍용 차량 진단

델파이 시스템을 사용하지만 현대·기아 차량과는 다르게 일반 정비업소에서 쌍용차량은 생소하게 다가오곤 한다. 스캔 툴 데이터의 한계와 기타 툴들의 문제 등등 의 이유가 있을 것이다. 기본적으로 엔진의 구성은 어떤지, 진단 방법은 어떻게 다른지 알아보고자 한다.

1 엔진 분류

구분	세부항목	D27DT	D27DT/CDPF (2007년 7월 이후)	D27DTP (2008년 이후)
흡기	AFS	전압모니터링	주파수	주파수
	터보	WGT	WGT	VGT
	스로틀	미적용	ACV	ACV
배출가스	EGR	진공	전자식+쿨러	전자식+쿨러
	CDPF (DOC+DPF)	미적용	적용	적용
연료계통	C2I/C3I	C2I 5홀	C3I 7홀	C3I 7홀

구분	세부항목	D20DT (2005 이후)	D20DTF (2011년 이후)	D20DTR (2013년 이후)
차종		엑티언, 카이런, 렉스턴	코란도C	투리스모
흡기	터보	VGT	E-VGT	E-VGT
	스월/스로틀	미적용/진공, 전자	적용/전자	적용/전자
배출가스	EGR	엑티언 : 진공/전자 렉스턴 : 전자	전자	전자
	DPF	2008이후 적용	적용	적용
연료계통	C2I/C3I	액티언 : C2I/C3I 렉스턴 : C3I	유로5 적용 C3I 8홀	유로5 적용 C3I 8홀

3. 연료 시스템 고장진단

2 연료 시스템 진단

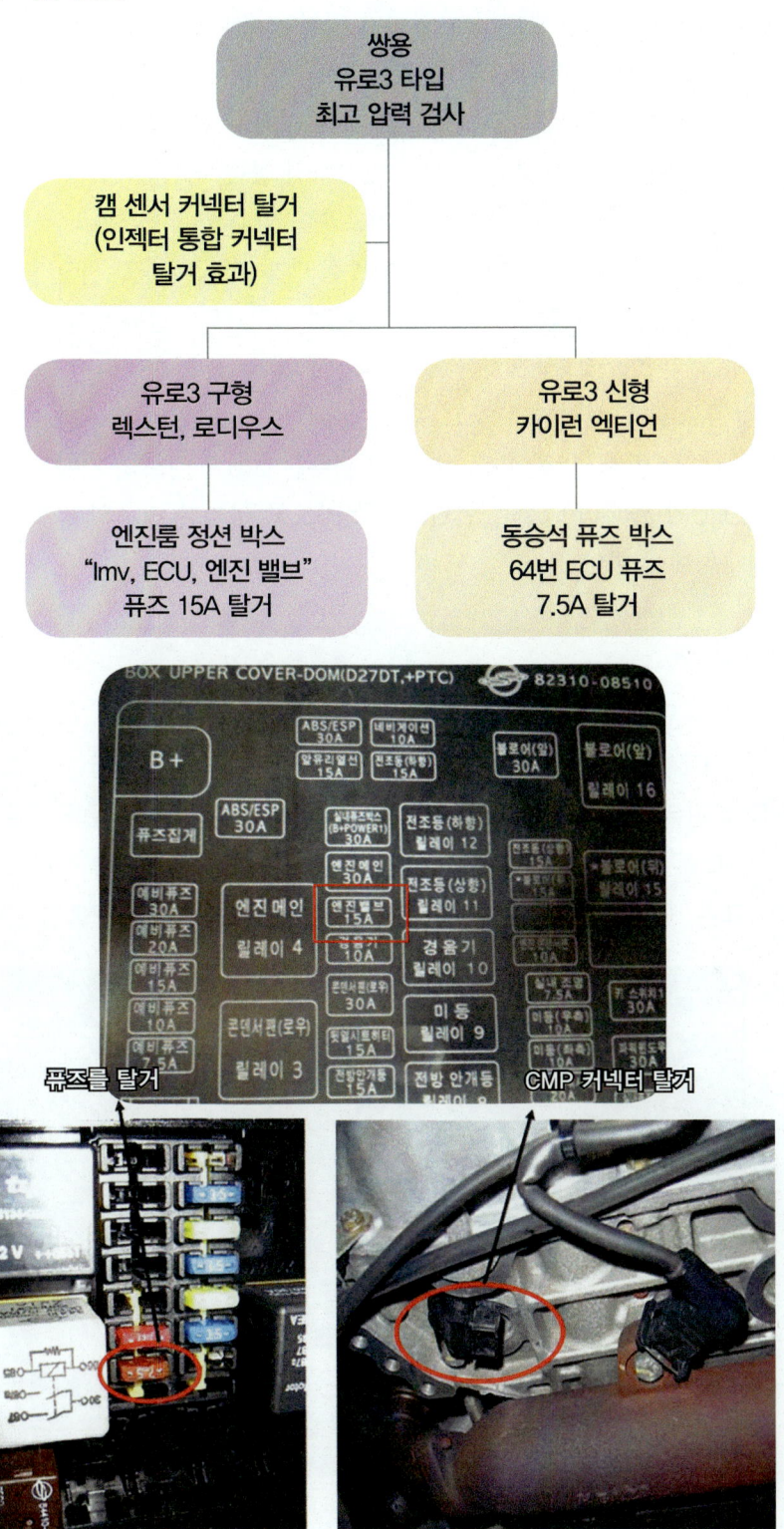

64번 ECU2퓨즈

현대·기아의 델파이 시스템처럼 최고 압력의 조건을 만들면 된다. 다만, 현대·기아와 다른 점은 IMV 커넥터를 탈거하기가 쉽지 않다는 것이고, 유로4 타입은 레일 압력이 2000bar로 페일 되어서 최고 압력 검사가 곤란하다는 것이다.

따라서 유로3 타입에 한해서 최고 압력 검사를 실시하고 유로4 타입은 더미 저항을 펌프 조절 밸브에 걸어주어 단선 상태를 ECU가 인지하지 못하게 한 다음 최고 압력 검사를 하여야 한다. 하지만 현장에서 실시하기에 번거로움이 있다.

우선 유로3 타입의 경우 고압 펌프에 직접 조절 밸브 커넥터를 단선시키기가 쉽지 않게 설계 되어있다. 현대·기아와 달리 조절 밸브에서 ECU로 연결되는 회로가 엔진룸 정션 박스 혹은 동승석 퓨즈 박스를 거쳐서 ECU로 연결되어 있다.

따라서 직접 IMV를 단선시키지 않고 회로 상에서 중간 전원의 퓨즈를 탈거함으로써 그 동일한 효과를 볼 수 있다. 또한 유로4 타입의 경우는 100Ω 정도의 저항을 탈거한 커넥터에 연결하여 ECU가 센서의 단선을 인지하지 못하도록 하거나 전용의 검사 장비를 활용하는 방안을 강구하여야 한다.

1) 성능 평가 기준

델파이 시스템은 모두 1050bar 정도만 나오면 정상이라 볼 수 있다. 하지만 쌍용 차량의 경우 5기통 엔진(2700cc)이 대부분이어서 신차 기준 정상적인 차량들의 압력은 1200bar를 넘기는 경우가 대부분이다. 지금 상기 검사 차량은 인젝터 하나가 나머지 것과 상대적으로 두 배 정도의 리크가 발생한 차량인데 과다 리크된 인젝터를 하나 교환한 상태이다. 교환 전 검사 데이터를 보면 200bar정도 낮게 압력이 표출됨을 알 수 있다.

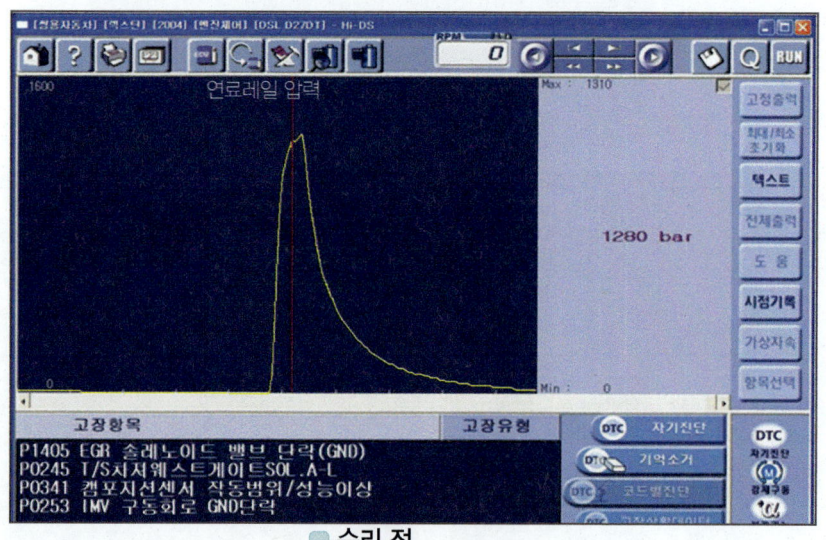

■ 수리 전

기준 시점을 피크에 두지 않고 급상승하여 꺾이는 부분에 두어야 튠업이 가능하다. 1280bar 이후에 압력의 누설이 발생함을 의심해 볼 수 있다. 이때 인젝터의 리크량 상대 비교를 통해 압력의 누설부위를 진단할 수 있다.

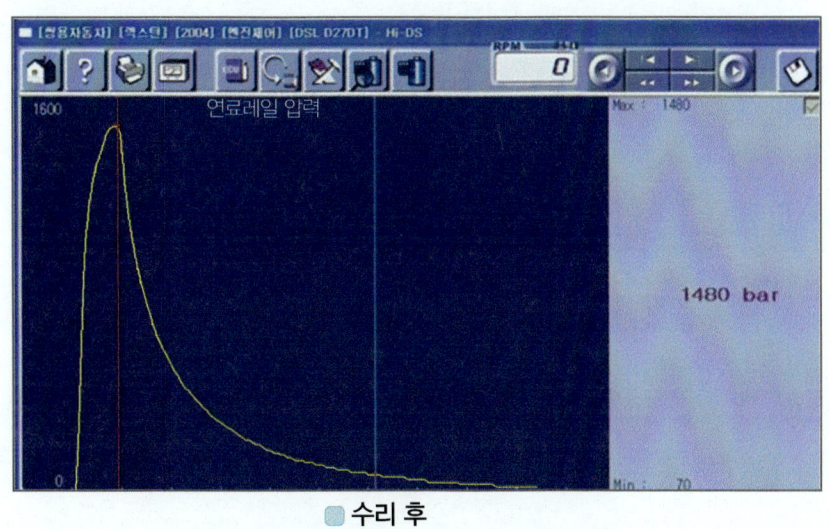

● 수리 후

위에서 보는 것처럼 상대적으로 과다(2배)하게 리크가 발생된 인젝터를 교환한 후 최고 압력이 상승하였음을 알 수 있다. 최고 압력이 1200bar를 넘는 것은 성능 평가의 기준이다. 즉, 정비 하한선이라 할 수 있다. 상기의 차량은 고객이 가속의 불량을 호소하여 입고된 차량이다.

가속 불량이라 함은 지극히 주관적인 고장인 것이다. 고객이 느낌으로 말하면 정비사는 데이터로 입증하여야 한다. 정상적인 범위에서 최고 압력이 상승하였지만 그로인한 가속의 작은 불량도 민감한 고객은 인지하는 것이다. 이에 상대적인 비교평가를 통해 인젝터 리크를 수리해 줌으로서 고객에게 만족을 줄 수 있다. 고정된 기준에 연연하지 말고 고객의 특성에 맞는 유기적인 기준의 적용이 필요하다.

2) 사례-카이런 시동 꺼짐

① 서비스 데이터

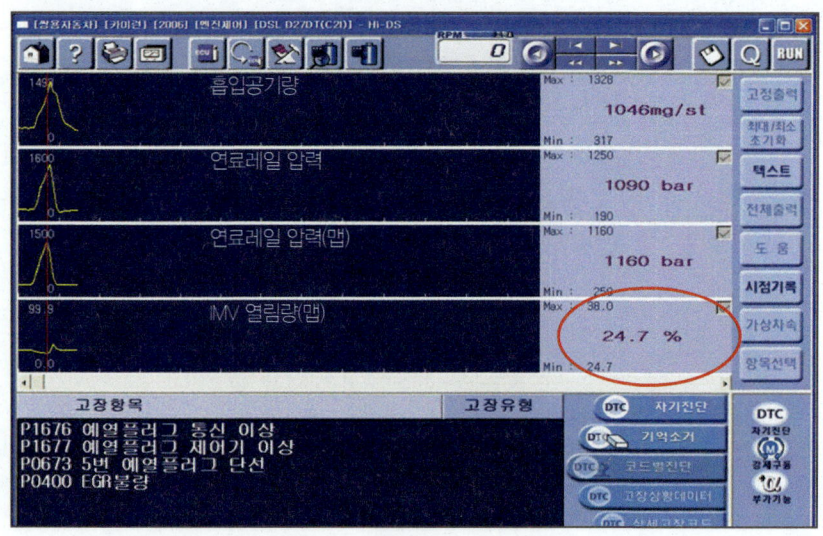

스톨 검사를 실시한 결과 레일 압력이 목표 레일 압력보다 70bar정도 부족한 상황이다. 1100bar 이상의 고압 상태이므로 순간적인 압력이 부족한 것이고 오히려 최고 압력은 1250bar 정도로 목표 압력인 1160bar 보다도 더 높다. 압력만을 평가한다면 양호하다고 평가할 수 있다.

하지만 조절 밸브의 듀티를 보면 압력이 부족한 순간의 듀티가 24.7%까지 낮아져 있다. 즉, 유량의 통로를 정비 한계점인 25%이하로 낮추었는데도 압력이 모자란다는 말이다. 레일의 압력 누설이 의심된다.

최고 압력 검사를 실시하여 고압 라인 전체의 압력 누설 평가를 실시한다. 검사시 인젝터 리턴량을 함께 측정하여 누설의 원인이 레일의 이전인지, 이후인지를 측정해 보아야 한다.

② 조절 밸브 기준값 : 스톨 2400~2500rpm 기준

엔진 형식	정상 범위	정비 한계값(고장)
D 엔진	40~45%	50% 이상
유로4 D 엔진	레일 : 40~45%	레일 : 50~55%
	펌프 : 27~25%	펌프 : 23~20%
A 엔진	1100~1050mA	1000mA
그랜드 A 엔진	22~25%	27% 이상
A2엔진	34~35%	30%이하
HK 델파이, 유로3	27% 이상	25% 이하
HK 델파이, 유로4	750~700mA	650mA 이하
쌍용, 유로4	580~550mA	500mA 이하
R엔진	레일:45%	레일:50%이상
	펌프:30%	펌프:25%이하

③ 최고 압력 검사 실시

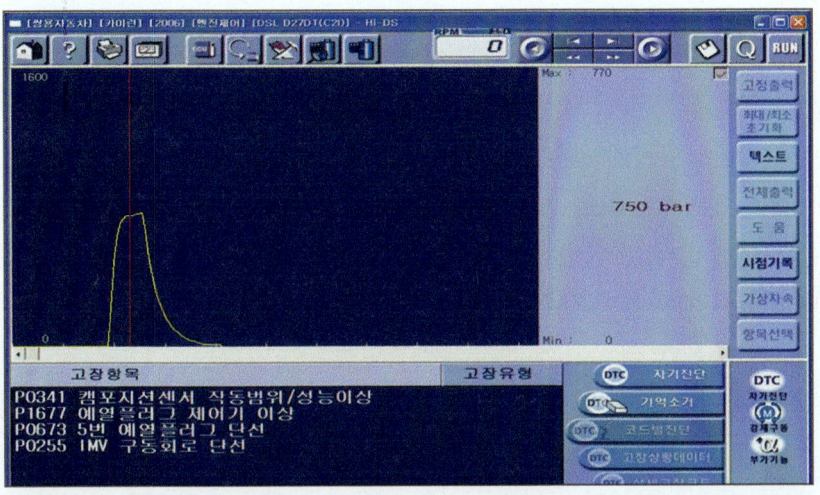

최고 압력 검사 결과 1000bar를 넘지 못한다. 이때 연결된 인젝터의 리턴 튜브를 통해 과다하게 리턴이 되었다. 따라서 인젝터의 과다한 리턴으로 인해 압력이 누설됨을 진단할 수 있었다. 주의할 것은 인젝터에서 과다하게 리턴이 발생되면 반드시 연료의 상태를 확인하여야 한다. 쇳가루가 발생되어 있는지 이물질이 과다하게 발생되어 있는지를 반드시 확인하여야 고장이 재발되지 않는다.

④ 델파이 인젝터의 리턴량 검사 방법

보쉬 타입과 동일하게 인젝터의 동적 리턴량을 가지고 인젝터의 성능을 평가하는 것은 지양되어야 한다. 오히려 최고 압력의 상황에서 정적인 리턴량을 가지고 내부부품의 기밀에 대한 내구성을 평가하는 것에 의미가 있다.

델파이 인젝터 리턴량 테스트
고장 코드와 MDP 학습값을 비교하여 종합적으로 판단한다.

5초에 1cm~2cm

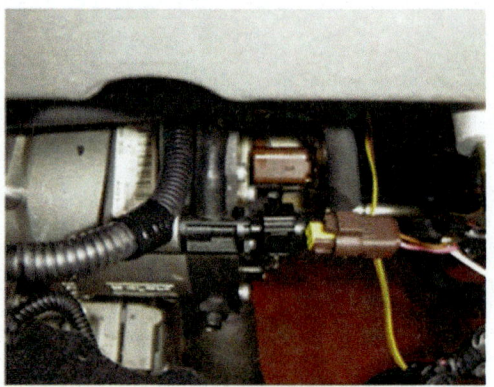
5초에 10cm이하 20cm 이상은 시동 꺼짐

상대적인 평가 후 규정 내에 있어도 모두 많은 경우 가속 응답성이 떨어진다.

인젝터의 통합 커넥터만을 탈거한 상태에서(400bar 정도) 크랭킹을 5초간 실시하면 정상적인 인젝터는 리턴량이 거의 발생되지 않는다. 만약 이 조건에서 3cm 이상 리턴량이 발생하면 최고 압력 상태에서는 10cm가 넘어가게 된다. 그리고 나머지 것들과 상대 비교를 하여 상대적으로 3배 이상 리턴량이 발생된 것은 불량으로 본다. 주의할 것은 리턴량은 고장 상황과 매칭해서 판단하여야 한다는 것이다.

부조나 노킹의 상황이라면 상대 평가하여 2배 이상 리턴량이 발생한다면 기준값에 상관없이 불량으로 판정하여야 하고, 시동 꺼짐 등의 고장 상황이라면 리턴량이 하나라도 20cm가 넘는다든지, 4개 모두 10cm를 넘는 경우 불량으로 판정하면 된다.

MEMO

Chapter 3

Ⅵ A2 엔진 연료시스템

1 적용 차종

① 포터2 133PS | ② 그랜드 스타렉스 | ③ 봉고3

2011년 12월 이후에 생산된 현대, 기아 차종들을 말한다.

2 배출가스 규제

유로5 기준을 만족하기 위해 DPF가 필수 적용되었고 인젝터 및 연료시스템은 델파이시스템을 적용하고 있다.

3 연료시스템의 특징

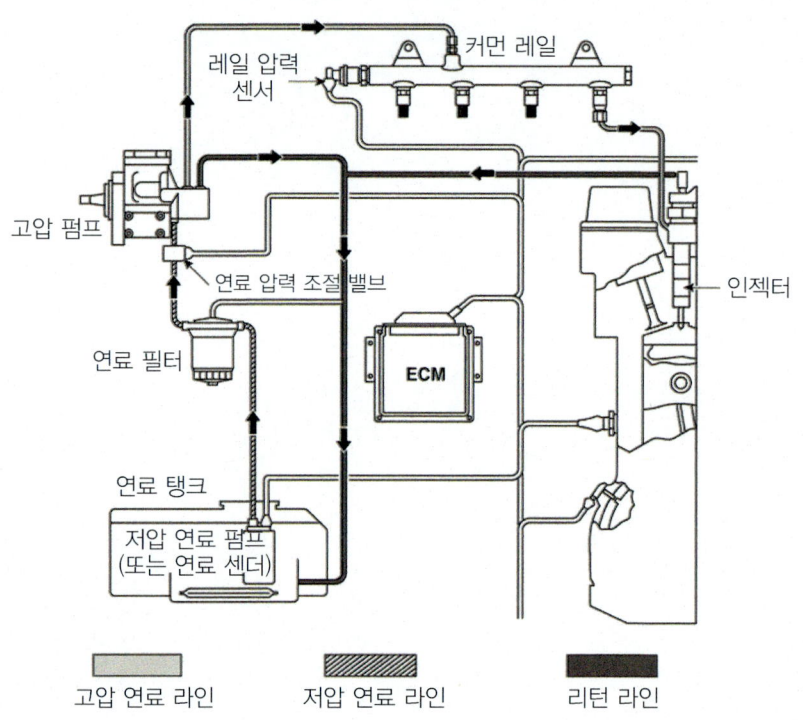

3. 연료 시스템 고장진단

1 연료 흐름도

연료의 흐름은 기존의 델파이 방식과 같다. 고압 펌프에 연료 압력 조절 밸브가 장착되어 있으며, 그 제어 방식은 NO 타입이다. 최고 압력 검사시 커넥터만 탈거하면 된다는 말이다.

구분		제원
연료 분사 시스템	형식	커먼레일 직접분사 방식 (CRDI : Common Rail Direct Injection)
연료 리턴 시스템	형식	리턴 타입
고압 연료 압력	최대 압력	1800bar
연료 탱크	용량	65
연료 필터	형식	고압 형식(엔진룸 내 장착)
고압 연료 펌프	형식	기계식 플런저 펌핑 형식
	구동 방식	타이밍 체인
저압 연료 펌프	형식	기계식 기어 펌핑 형식
	구동 방식	고압 연료 펌프 일체형

2 연료 필터 문제 많이 발생

인젝터 분공의 홀수가 8개나 되고 그 정밀성을 보호하기 위해 연료 필터의 필터링 수준을 너무 예민하게 만들어 놓은 것 같다. 현장에서 많이 발생하는 고장으로 필터의 막힘이 주 고장(고장 코드 P0087 연료 압력 낮음)의 사례를 이룬다.

필터의 막힘 진단은 스캔툴데이터를 이용하여 그 차이를 진단할 수 없다. 반드시 부압 게이지를 이용하여야 되는데 기존 부압식 엔진의 공전시 정상 부압인 50~150mmHg를 훌쩍 넘어 300~~400mmHg를 나타내면서 시동의 꺼짐, 가속 불량 등의 증상을 초래한다.

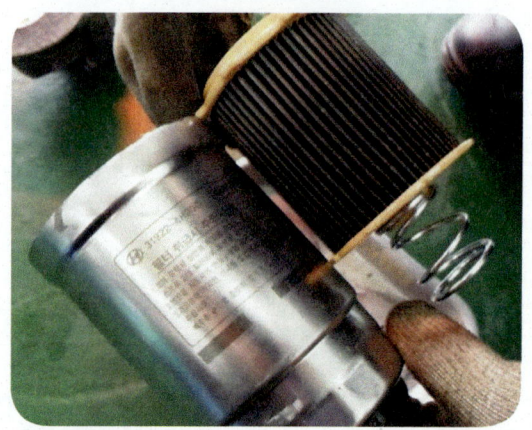

3 C3I 인젝터 유로5 기준

C3I (Improved Individual Injector Calibration)	
C3I 코드	총 20자리로 구성 1~9까지 아라비아 숫자, 영문자 I/O/Q/V를 제외
MDP 학습	주행 및 공회전시
분사노즐	8홀

인젝터의 C3I 코드 표기

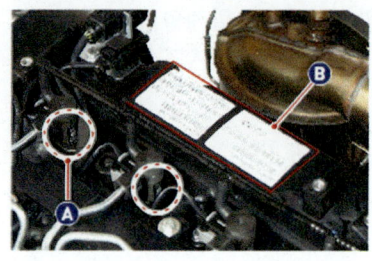

(A) 인젝터 표기	(B) 실린더 헤드커버 표기 (쌍용차량)
	ENG NO:00000000000000 1. 12345678901234567890 2. 12345678901234567890 3. 12345678901234567890 ENG NO:00000000000000 4. 12345678901234567890
인젝터 상단부에 C3I 표기	2개의 라벨에 엔진 일련 번호 표기와 인젝터 별 C3I 표기가 인쇄

　인젝터 분공의 홀수가 8개씩이나 되고 그 무화도 또한 솔레노이드 인젝터 중에 최고이다. 하지만 기존의 델파이 인젝터와 달리 노즐의 정밀도가 너무 좋은 탓인지 노즐의 고착이 많이 발생한다. 아마도 다단분사를 실시하다 보니 압축행정 중에 압축가스가 노즐로 역유입되어 노즐의 고착을 심화시키는 것이 아닌가 싶다. 정상적으로 운행되는 차량들도 가끔 노즐이 고착되면서 헌팅이 발생되거나 후적이 발생하는 경우가 있다.

■ 3. 연료 시스템 고장진단

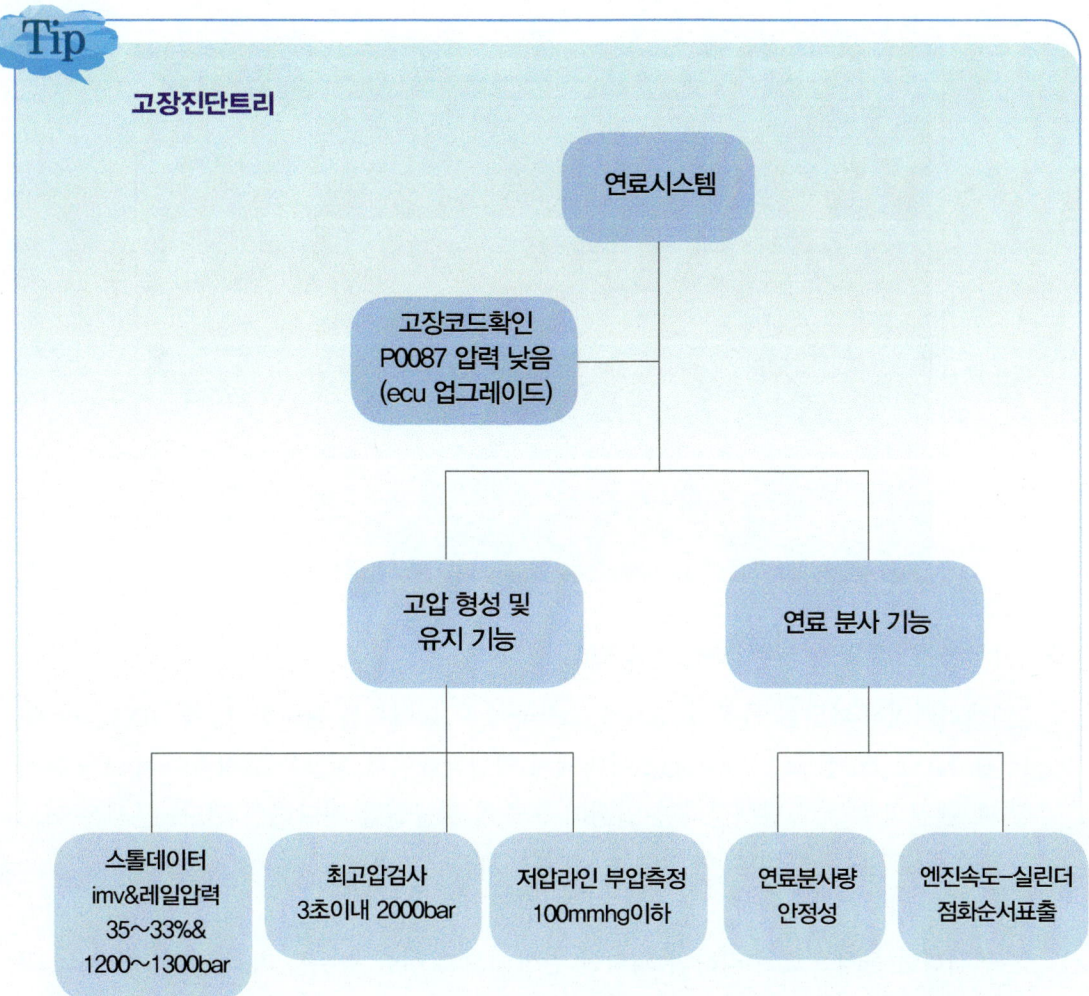

1) 인젝터 고장 진단 방법

스캔 툴 데이터에 **"엔진속도-실린더"** 라는 데이터가 있다. 각 기통의 실린더 밸런스를 rpm으로 표출해 두었는데 만약 특정 기통의 인젝터에서 분사가 불균일하다면 rpm이 고정되지 못하고 움직이게 된다.

주의하여야 할 것은 기통판별이 점화순서라는 것이다. 즉 아래 스캔툴데이터에서 실린더2번이 이상하지만 이는 2번기통을 말하는 것이 아니고, 2번째 분사되는 기통이라는 말이므로 3번인젝터 불량인 것이다.

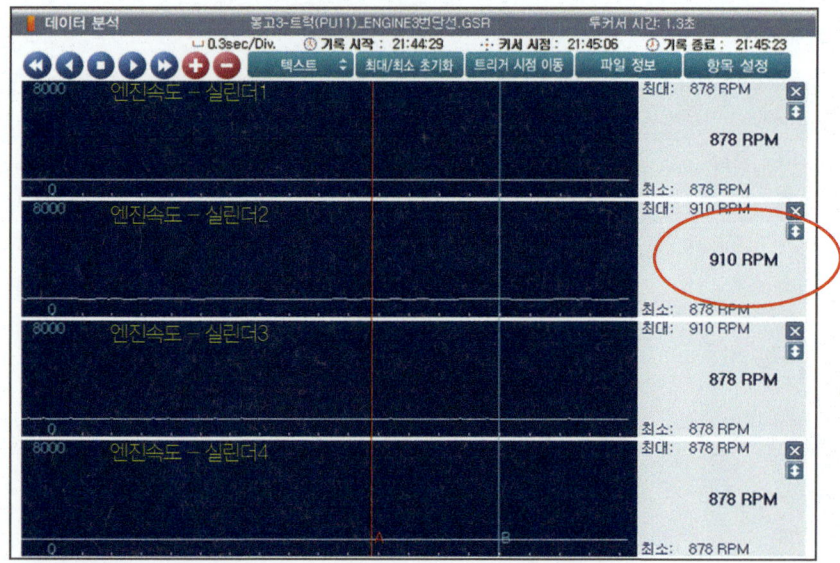

2) 아이들 이외 영역 밸런스 진단 방법

액셀러레이터 페달을 특정의 rpm에 고정하여 부조 여부를 판단한다. 즉, 1000, 1200, 1400, 1700rpm 정도로 2000rpm 이내에서 액셀러레이터 페달을 고정하여 rpm을 유지할 때 엔진의 부조가 발생한다면 인젝터 노즐의 불균일을 진단하면 된다. 문제는 어느 기통이 불량인지를 구별할 수 없다는 점이다.

위의 서비스 데이터에서도 유독 고정되어 움직이지 않거나 유독 많이 rpm의 변화가 큰 인젝터를 불량으로 수리하면 되지만 현장에서 그러한 경우는 거의 없다. 한 개의 인젝터가 고장이면 밸런싱을 맞추기 위해 나머지 인젝터들이 함께 요동치므로 특정의 인젝터 하나를 골라낸다는 것은 인젝터측정 전용장비를 이용하지 않고는 결코 쉽지 않은 진단이다.

3) 콕킹 현상

노즐의 홀 8개중 1개 이상이 막히는 경우 혹은 노즐의 니들이 노즐 홀더에 고착되는 경우를 콕킹 현상이라 한다.

① **원인**
㉮ 엔진 오일의 유입
㉯ 경유에 수분 과다로 인한 발청
㉰ 관련 계통 정비시 이물질의 유입

② 고장 증상
  ㉮ 가속이 불량하다.
  ㉯ 가속시 미세한 부조 현상이 발생된다.
  ㉰ 간헐적으로 헌팅이 발생된다.

③ 점검 및 조치
  ㉮ 해당 인젝터에서 과다한 리크가 발생치 않는다.
  ㉯ 시동이 불능이라면 압력 조절 밸브를 단선시켜 최고 압력으로 크랭킹을 실시한다.
  ㉰ 만약 시동이 유지되는 경우라면 압력 센서를 단선시켜 순간적인 고압을 형성하여 막힌 것을 뚫는다. 구분 되어야 할 것은 컨트롤 밸브에 이물질이 유입되어 오리피스가 고착되면 과다한 리크가 발생한다는 것이다. 이러한 경우에는 고압으로 뚫어버리면 인젝터의 리크가 더 심화될 수 있다. 따라서 이러한 경우는 콕킹 현상의 경우와 달리 인젝터를 분해 클리닝하여야 한다.

4) 스캔 툴 데이터를 이용한 고장진단

국내의 커먼레일 차량들 중에 가장 많은 스캔툴데이터를 지원해주는 차종 중에 하나이다. 센서 출력1, 2로 나뉘어져서 총 106개의 데이터를 지원하는데 시스템 별로 연료 관련, 공기 관련, 배출가스 관련 데이터를 잘 정리해 두어야 하겠다. 대표적으로 연료 관련 데이터를 정리해 보자.

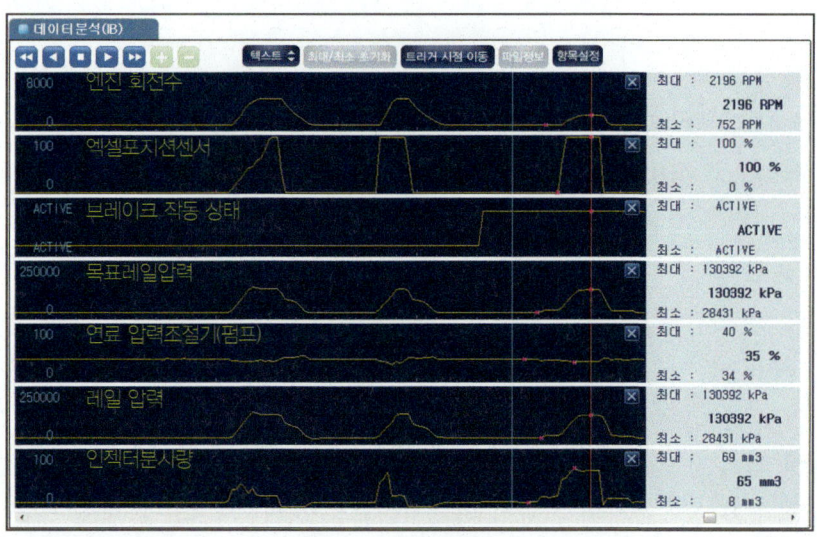

① 스톨 rpm : 2200rpm
② 펌프 조절 밸브 듀티 : 공전시 40%~스톨시 35%, 30% 이하는 연료 누설 고장
③ 연료 분사량 : 65mm³ | ④ 연료 압력 : 1300bar~1400bar

오토 트랜스미션 기준 정상값 들이다. 신 차종이 입고되면 각자의 시스템별 데이터를 저 장하여야 한다.

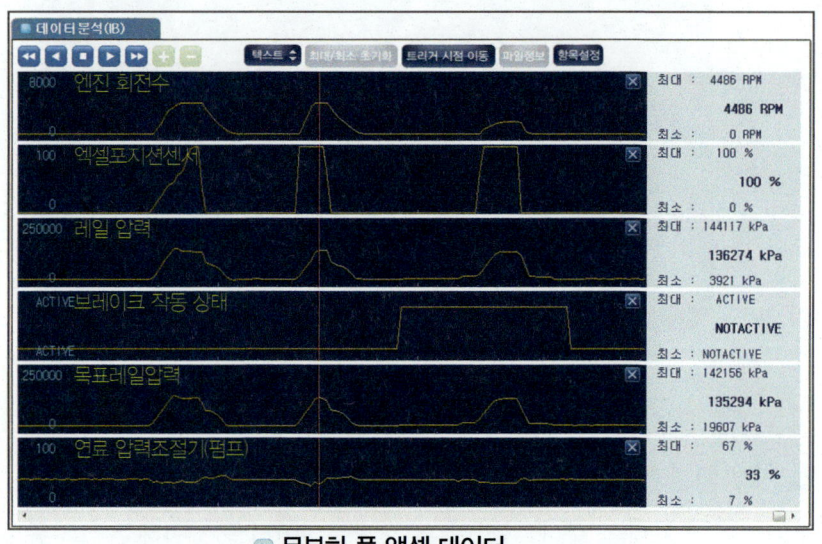

● 무부하 풀 액셀 데이터

① rpm : 4486 | ② 연료 압력 : 1362bar
③ 조절 밸브 듀티 : 33%, 30%이하는 연료의 누설

4 에어빼기 기능

　기본적으로는 델파이 인젝터의 에어빼기 기능을 수행한다. 컨트롤 밸브에 오리피스를 격납시킨 후 에어빼기 기능을 하여야 하므로 인젝터 커넥터를 탈거한 후 인젝터 연료 파이프를 이격시키고 크랭킹을 실시하면서 에어빼기를 한다. 문제는 그 다음부터이다. 잔존의 에어가 조금이라도 있으면 "콕킹 현상"이나 컨트롤 밸브가 고착되기 때문이다.
두 가지 방법 중 하나를 실시하여 에어빼기를 한다.

① 고압 펌프의 연료 압력 조절 밸브 커넥터와 인젝터의 커넥터 모두를 탈거한 후 인젝터의 연료 입구 파이프를 이격시키면서 풀었다 조였다 번복하여 에어를 뺀다. 크랭킹은 5초간 4회 이상 실시한 후 모두 체결하고 고장 코드를 소거한 후 시동을 한다.

② 시동한 후 30초 이내에 레일 압력 센서를 단선시키면 최고 압력으로 상승하면서 시동은 유지된다. 레일 압력 센서의 커넥터를 탈거한 후 약 5초 정도 유지한 다음 체결하고 엔진의 밸런싱 상태를 확인한 후 미세한 부조가 잔존한다면 한 번 더 탈거하고 체결한다. 엔진이 안정 된다면 고장 코드를 소거한 후 출고한다.

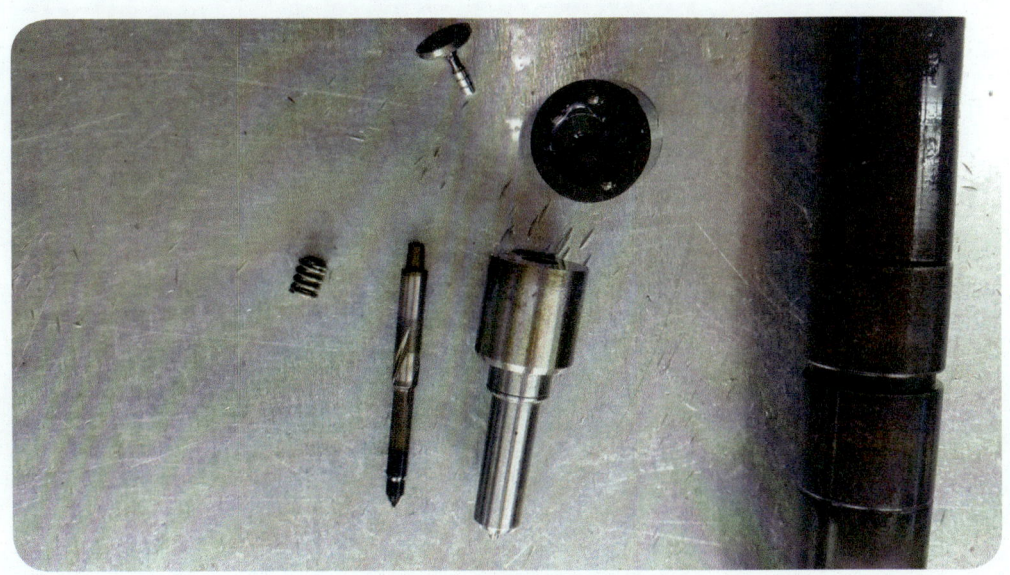

A2인젝터 노즐,오리피스 분해도

5　기타 시스템

　봉고와 포터는 모두 WGT가 적용되어 있고 그랜드 스타렉스는 VGT가 적용되어 있기 때문에 스캔 툴 데이터에 VGT 액추에이터라고 되어 있어도 구분하여야 한다. 기존에 WGT 거버너가 정압식으로 제어되었다면 A2엔진에 와서는 ECU가 진공을 컨트롤 함으로서 부압식으로 제어함으로써 VGT 같은 효율을 내고자 하는 것이다.

1 터보 관련 데이터 혼동

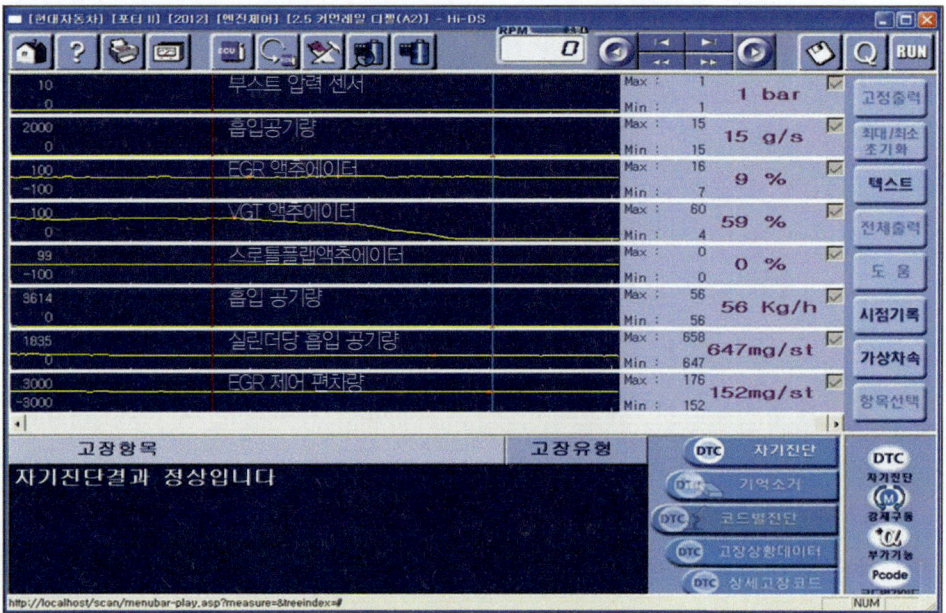

　데이터 상으로는 VGT 액추에이터라고 되어있으나 제어되는 것이 VGT 액추에이터 제어와는 반대로 제어된다. 포터 133PS의 터보 제어를 도해하면 다음 그림과 같다.

3. 연료 시스템 고장진단

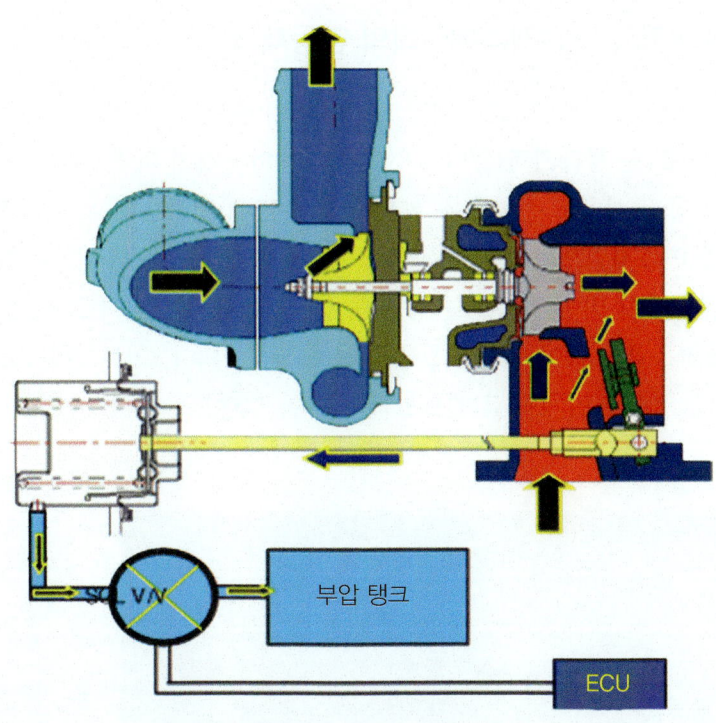

2 VGT액추에이터와 EGR액추에이터의 연동제어

EGR이 작동되어 배기가스가 순환되면 배기유량이 줄어들게 되고 터빈속도도 줄어들게 되어 출력이 저하되는 문제가 있었다. 이에 EGR제어영역이 가속 시, 중고속에서 제한될 수 밖에 없었고 공전 시에도 순환률에 제한을 둘 수밖에 없었는데 유로5 A2엔진VGT제어에서 두 가지를 연동시킴으로서 EGR이 작동될 때 VGT베인을 더 좁혀 줄어드는 배기유량을 최대한 활용하여 터빈의 속도를 유지하려 한다. 이러한 제어로직으로 인해 좀더 넓은 EGR제어영역을 확보하여 배출가스저감에는 도움이 되나, 이로 인한 EGR밸브의 카본노출이 많아지고 자연스럽게 EGR밸브고착이 유독 그랜드스타렉스VGT차량에서만 다발생하게 된다.

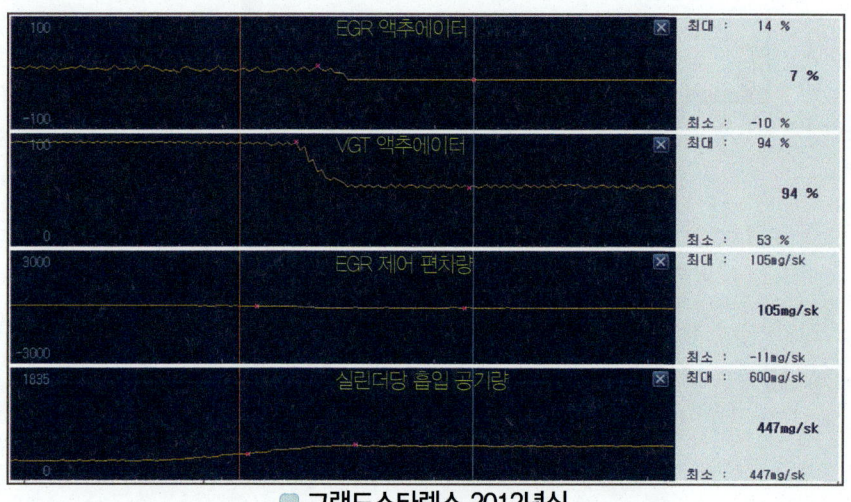

그랜드스타렉스 2012년식

① 고착시 작업상 주의사항

탈거작업 시 단품을 분해하여 밸브만 탈거하지 말고 쿨러까지 어셈블리로 전체를 탈거하여야 작업난이도가 쉬워진다. 시간당 공임률로 보아도 구형 그랜드스타렉스보다 좀 더 어려운 작업인듯하다.

② 견적상 주의사항

DPF위치가 R엔진처럼 배기매니홀더에 일체형으로 되어있지 않아서 포집과 재생이 명확히 구분되어지는 DPF이다. 즉, EGR고착문제가 발생하면 DPF에는 반드시 과다포집되어있기 때문에 견적에서 DPF크리닝 혹은 재생, 수리견적이 반드시 포함되어야 하고 육안검사 시 DPF에 흑연이 과다포집되었다면 고속으로 30분이상 주행하면서 재생시켜야 된다. 일반적 서비스재생으로는 재생이 불가한 경우가 많다.

3 유로5 기준 만족

유로5 기준을 만족하기 위해 DPF를 필수적으로 적용하고 있다. DPF 관련 데이터도 국내 차량 중 가장 많이 지원하고 있다.

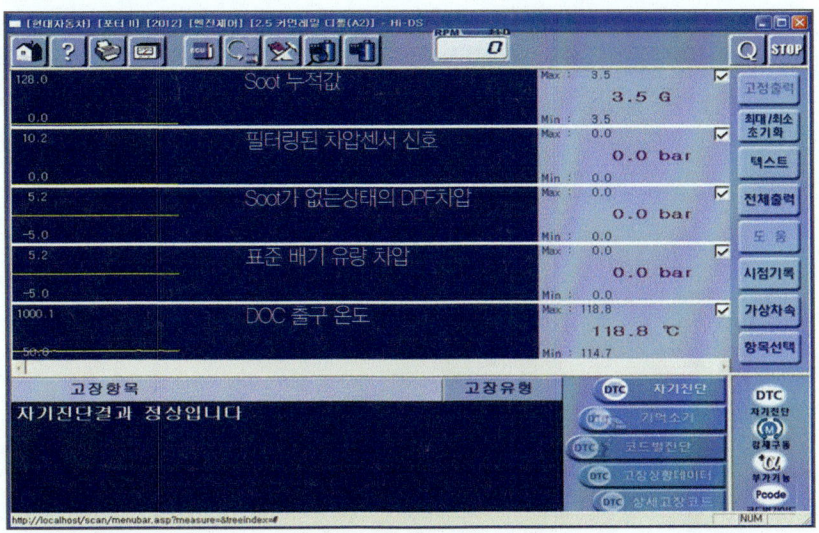

기타 공기 관련 시스템은 뒤편에서 다시 다루기로 하고 연료 관련 시스템은 기본적으로 델파이 시스템과 동일하게 접근하면 될듯하다.

Chapter 3

VII 동시 제어 방식 연료 시스템

1 동시 제어 방식의 작동 원리

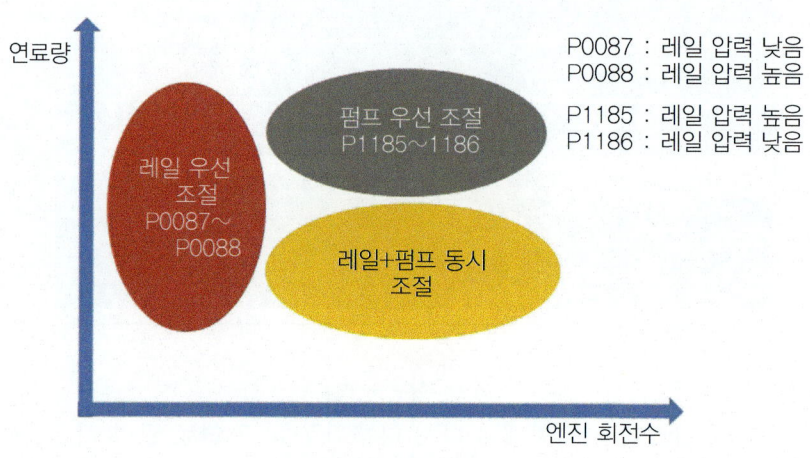

● 동시 제어 작동 원리

펌프와 레일에 압력 조절 밸브가 두개 장착되어 있다. 펌프측 조절 밸브는 유량을 제어하고, 레일측 조절 밸브는 압력을 조절하는 역할을 하게 되는데 상황에 따라서 어느 한 쪽이 더 많이 조절이 되고 주도적으로 조절될 뿐 항상 함께 제어된다.

빠른 응답성이 요구되거나 압력을 빠르게 해제하여야 될 때에는 레일측을 더 많이 제어하고 많은 힘이 필요할 때에는 펌프측을 더 많이 제어하는 형태로 상호 보완을 한다. 따라서 조절 밸브의 부하가 적다보니 고장빈도도 상대적으로 적으며, 서로 피드백이 빨라서 고장을 진단하기도 쉽지 않다.

각 엔진형식 별로 기준 데이터를 숙지하고 진단에 활용해 보자.

3. 연료 시스템 고장진단

	아이들	스톨	스톨 압력
D 엔진	16%±2	45%±2	1200bar±50 2400rpm
D 엔진 유로4	16%±2 32%±2	45%±2 30%±2	1450bar±50 2500rpm
A 엔진	1400mA±50	1150mA±50 1100mA 이상	1300bar±50 2500rpm
A 엔진 유로4	20%±2 38%±2	45%±2 35%±2	1400bar±50 2200rpm
A2엔진	40%±2	35%±2	1400bar±50 2200rpm
08년 8월 이후	Nomal Close 20%	27% 이하	1400bar±50 2300rpm
J 엔진	32%±2	27% 이상	1400bar±50 2500rpm
J 엔진 유로4	870mA±50	750mA±50	1500bar±50 2500rpm
U 엔진	20%±2 38%±2	48%±2 32%±2	1500bar±50 2800rpm
R엔진	20%±2 32%±2	45%±2 30%±2	1400bar±50 2300rpm

2 최고 압력 검사

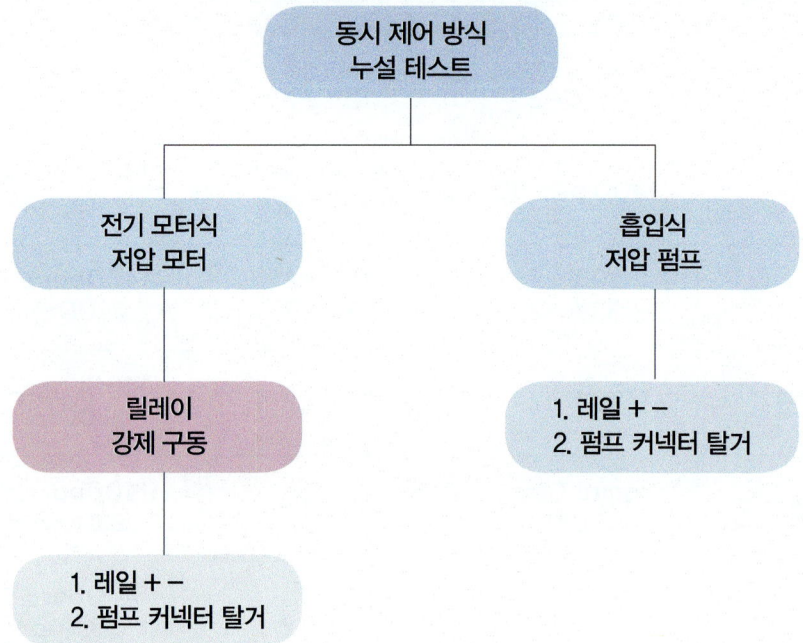

펌프와 레일에서 동시에 압력을 제어하는 방식은 펌프측은 "NO 타입" 레일측은 "NC" 타입이다. 레일은 D 엔진처럼, 펌프는 A엔진처럼 진단하면 된다.

1 탱크에 전기 모터가 있는 방식

유로4 방식 이상에서 동시 제어를 하게 된다. 따라서 유로4 방식에서는 연료 조절기의 커넥터를 탈거하는 순간 페일 모드에 진입하게 되는데 전기 모터 방식에서는 ECU가 연료 펌프 릴레이에 접지 출력을 하지 않게 된다. 연료 모터가 작동되지 않으면 레일의 압력 검사를 할 수가 없다.

따라서 전기 모터 방식의 저압 시스템에서는 전기 모터를 강제로 구동시키는 작업이 필요하게 된다. 4핀 릴레이에서 상시 전원과 모터 라인을 찾아 강제로 접점을 붙이거나 커넥터에 100Ω 정도의 저항을 걸어 페일 모드로 진입하지 못하도록 하는 방법 중 하나를 선택하여 연료 모터를 구동시켜 주어야 최고 압력 검사를 실시할 수 있다.

3. 연료 시스템 고장진단

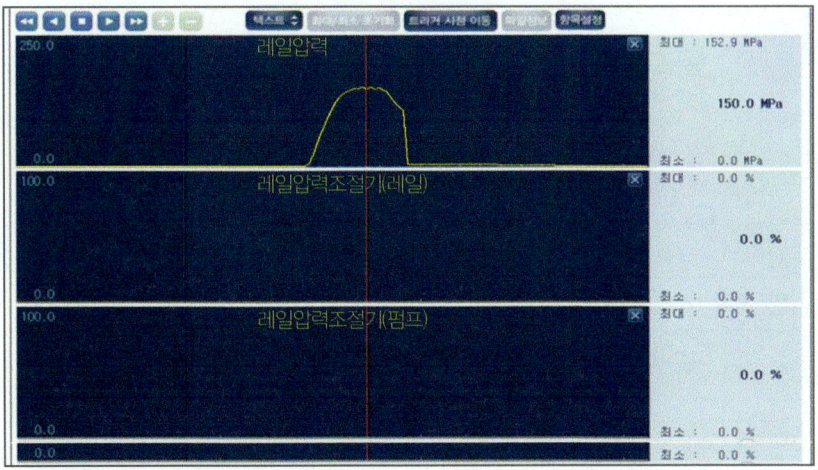

2 기계식 저압 펌프 방식

페일 모드가 없기 때문에 레일측에는 강제 전원을 인가하고 펌프측은 단선시키면 된다. 레일측은 리턴을 모두 닫고, 펌프측은 유량의 통로를 완전 개방한 상태에서 크랭킹을 실시하면 된다.

동시제어 방식은 기본적으로 유로4 이상의 시스템이다. 설정 압력이 1400~1600bar 정도를 넘어선다. 따라서 최고 압력 검사를 실시하게 되면 배기량에 상관없이 1400bar 이상이 표출된다. 최고 압력 검사시 1400bar를 넘는 고압이 레일에 저장된다면 고압 라인의 누설은 없다고 진단한다.

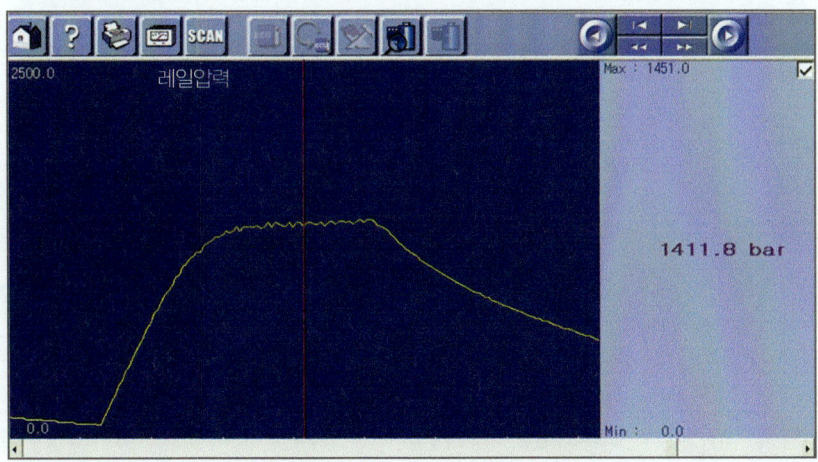

인젝터 적용표

엔진형식	품종	제작사 품번	적용차종
쉐보레	인젝터	9644-0397(GM)	윈스톰, 토스카VGT
R	인젝터	33800-2F000	투싼IX, 스포티지R엔진---피에조Type
S	인젝터	33800-3A000	모하비, 베라크루즈
D	인젝터	33800-27000	싼타페 WGT, 트라제XG WGT, 카렌스2 WGT, 엑스트렉 WGT
U	인젝터	33800-2A100	아반떼XD, 세라토
A	인젝터	33800-4A400	쏘렌토 VGT(0502~0609)
D	인젝터	33800-27800	싼타페CM2.2VGT
U	인젝터	33800-2A400	아반떼HD, I30, 클릭, 뉴베르나, 세라토(0601~)뉴프라이드
U	인젝터	33800-2A800	I40(1.7엔진)
U	인젝터	33800-2A900	뉴-엑센트(1.4), 뉴-아반떼(1.4), 뉴-I30
D	인젝터	33800-27400	투싼VGT, NF소나타, 싼타페CM2.0VGT, 로체VGT, 뉴스포티지, 뉴카렌스VGT
A	인젝터	33800-4A500	그랜드스타렉스(0704~)VGT, 쏘렌토VGT
A	인젝터	33800-4A600	포터VGT(0607~)
A	인젝터	33800-4A710	포터133마력(2012년식~)
A	인젝터	33800-4A1**	A스타렉스WGT 03.12~07.4, 쏘렌토WGT0 3.12~05.1, 리베로WGT 03.12~계속
A	인젝터	33800-4A3**	A포터2 2.5WGT 04.3~06.6
D	인젝터	33800-27900	싼타페 VGT, 트라제XG VGT, 투싼 WGT, 뉴스포티지 WGT
J	인젝터	4X500	(델파이타입)카니발 - (4x500~4x900=호환가능)
J	인젝터	4X800	(델파이타입)그랜드카니발/테라칸 (4x500~4x900=호환가능)
J	인젝터	4X900	(델파이타입)봉고3 (4x500~4x900=호환가능)
J	인젝터	4X400	(델파이)그랜드카니발VGT (유로3 호환불가!)

3. 연료 시스템 고장진단

엔진형식	품종	제작사 품번	적용차종
J	인젝터	4X450	(델파이)봉고3VGT (유로3 호환불가!)
쌍용	인젝터	665 017 0221	렉스턴, 로디우스, 카이런, 엑티언(유로4 5기통)
쌍용	인젝터	664 017 0121	렉스턴, 로디우스, 카이런, 엑티언(유로4 4기통)
쌍용	인젝터	665 017 0321 (=0121)	렉스턴, 로디우스, 카이런, 엑티언(유로3 5기통)
쌍용	인젝터	664 017 0221 (=0021)	렉스턴, 로디우스, 카이런, 엑티언(유로3 4기통)
쉐보레	고압펌프	9685 9151(GM)	윈스톰, 토스카VGT
D	고압펌프	33100-27000 /27010	싼타페WGT, 트라제XG WGT, 카렌스2 WGT
A	고압펌프	33100-4A000 /4A010	스타렉스WGT03.12~07.4, 쏘렌토 WGT 03.12~(포터2 2.5WGT 04.3~06.6)
D	고압펌프	33100-27900	싼타페 VGT, 트라제XG VGT, 투싼WGT,뉴스포티지
A	고압펌프	33100-4A410	쏘렌토 VGT(0502~0609), 아반떼XD 세라토
A	고압펌프	33100-4A410	그랜드스타렉스(0704~)VGT, 쏘렌토VGT
D	고압펌프	33100-27400	투싼VGT, NF소나타, 싼타페CM2.0VGT, 로체VGT, 뉴스포티지, 뉴카렌스VGT
U	고압펌프	33100-2A400	아반떼HD, I30, 클릭, 뉴베르나, 세라토(0601~), 뉴프라이드
S	고압펌프	3A000/3A100	모하비, 베라크루즈
U	고압펌프	33100-2A420	쏘울, 아반떼HD(08.8월~)
A	고압펌프	33100-4A420	포터VGT(0607~)
A	고압펌프	33100-4A700	포터133마력(2012년식~)
R	고압펌프	33100-2F000	투싼IX, 스포티지R엔진---피에조Type
J	고압펌프	4X400	그랜드카니발 VGT
J	고압펌프	4X500/700	카니발, 봉고3, 그랜드카니발
쌍용	고압펌프	664 665(쌍용)	4,5기통 렉스턴, 로디우스, 카이런, 엑티언

Chapter 3

VIII 커먼레일 디젤 차량 견적기법

1 견적의 원칙

　예를 들어서 A엔진의 경우 연료 필터의 막힘으로 시동이 꺼졌다면 고장의 원인은 필터 막힘이다. 그러면 여기서 필터만 교환하면 되는가? 시동 꺼짐이란 결과에 원인 제공은 필터 막힘이지만 필터의 막힘으로 인해 가장 힘이 들었을 부품은 무엇인가?

　바로 고압 펌프일 것이다. 필터가 막힘으로 인해 캐비테이션 현상으로 에어가 다량으로 발생 되었을 것이고 이로 인해 펌프는 상당한 손상을 입었을 것이다. 따라서 반드시 펌프의 성능을 최고 압력 검사를 통해서 평가해 주어야 한다.

　공기 시스템에서 전자 EGR 고착으로 인해 가속의 불량이 발생하였을 때 EGR을 고착시킨 원인을 찾고 그 다음 그로인해 손상을 입었을 부품을 찾아 수리해야 됨을 언급하였다. **원인, 결과, 예방정비 이 3가지의 요소**를 항상 고려하여 견적에 반영하여야 나만의 상품이 만들어지는 것이다.

2 견적 기법 이론

1 문간에 다리 넣기

1) 방법

고객이 원하는 것부터 시작해서 조금씩, 하나하나씩 견적을 늘려가는 기법
① 고객 안전—심각한 차량의 손상—중요 소모품 순으로 하나씩 진행한다.
② 첫 방문인 고객은 +1 만 우선 실시한 후 시간을 확보하여 정밀 점검을 한다.

2) 주의 할 점

① 눈으로 확인이 가능한 부분부터 수리를 권유한다.
② +1 승인 후 최대한 고객과의 대화를 나눈다.
③ 절대 오버하지 말라
④ 다음 방문시 작업해야 될 것들을 철저히 점검해 준다.

2 문간에 머리 넣기

1) 방법

① 먼저 큰 것부터 시작해서 나머지 주변의 것은 그냥 따라간다.
② 고객 안전-차량의 큰 손상-중요 소모품에 문제 발생시 완벽한 수리를 위해 정비범위를 넓게 잡는다.
(예) 엔진 오버 히터시
원인이 라디에이터 터짐에 있다면 먼저 헤드의 손상여부를 확인해야 됨을 고지한 후 라디에이터를 교환하게 되면 고객은 라디에이터 견적은 판단하지 않게 된다. 헤드를 교환하지 않아도 되니 비용을 줄였다고 생각하는 것이다. 그러면 서모스탯, 부동액 플러싱, 수온 센서 등은 예방정비로 쉽게 승인할 수 있다.

2) 주의 할 점

① 고장 원인은 좁게 견적은 넓게의 의미다.
② 고장 원인으로 인해 손상될 수 있는 부분을 반드시 언급하되 오버하면 안 된다.
③ 전체 수리 견적을 먼저 한껏 던지지 말고 그 원인 부위의 심각성만 부각시킨다.
   (예) 오버 히터시
   견적이 100만원 정도 나옵니다.(나쁜 예)
   헤드의 손상이 의심되는데 먼저 라디에이터부터 주변을 수리한 후 확인해 봅시다.
   ---35만원 정도부터(좋은 예)

커먼레일에 관련된 정비시에도 각자의 현장 상황에 맞게 만들어 보자

Chapter 4
공기 시스템

Ⅰ 배출가스규제에 관한 기준
Ⅱ 공기 시스템의 개요
Ⅲ 터보 시스템 고장 진단
Ⅳ 배출가스 재순환 장치 고장 진단
Ⅴ 공기량 센서(AFS) 고장 진단
Ⅵ 매연 저감의 대책
Ⅶ CPF(매연저감장치)

Chapter 4

I 배출가스규제에 관한 기준

일반 디젤 엔진의 연소 과정에서 연소에 참여하는 공기의 비율은 70%를 넘지 못 한다. 그 이유는 가솔린기관과 달리 공기를 압축하여 800℃까지 상승된 공기 속에 연료를 분사하여 기화되는 연료로부터 착화 되어가는 확산 연소방식의 압축착화 디젤 엔진에서는 노즐 주변 공기만 연소에 참여하게 되는 국부적으로는 농후하나 배출되는 잉여공기는 많게 되는 초희박기관의 형상을 띠게 되어, 실제 유입되어 압축된 공기의 70%정도만이 연소에 참여하게 된다. 따라서 연소에 참여하는 공기의 비율을 높여 연소효율을 높이고 배출가스를 효과적으로 저감하기 위하여 모든 커먼레일 엔진에서는 과급을 기본으로 하고 기존의 일반 디젤에서는 계측할 필요가 없는 공기량을 계측하여 EGR제어에 필요한 입력 신호로 사용하게 된다. 공기의 효율을 높이기 위해 스월 밸브(Swirl Valve)와 신공기를 교축하는데 필요한 스로틀 장치도 설치하고 있는데 이러한 공기 시스템의 모든 장치들은 배출가스의 저감, 특히 질소산화물과 PM(Particulate Matters)의 저감에 그 궁극적인 목적이 있다.

커먼레일 디젤 엔진에서는 초고압의 분사장치인 인젝터가 분사시키는 연료의 무화와 밸런스를 유지하기 위해 과급장치를 기본적으로 채택하고 있다. 특히 연비문제로 인해 다운사이징을 추구하다보니 과급장치의 발전은 더 중요한 과제가 되었고 이에 WGT에서 E-VGT까지 과급장치의 발전이 상당한 정도에 이르고 있다. 과급의 성능이 향상됨으로써 EGR의 순환률을 50%이상 증가시킬 수 있게 되었으며, 높아진 EGR의 순환률로 인해 발생하는 불완전연소의 산물인 PM을 제어하기 위한 배출가스 포집장치인 DPF(Diesel Particulate Filter)의 적용도 유로5 제어부터는 필수가 되었다.

2015년 9월부터 국내에 적용된 유로6 기준에 적합한 배출가스의 저감장치로는 기존의 EGR 시스템으로는 여러 가지의 부족한 점이 많아 PM제어처럼 선처리 장치가 아닌 후처리 장치로서 LNT(Lean NOx Trap) 촉매를 적용하게 되었다.

향후 커먼레일 디젤 엔진의 발전과 정비의 수요는 연료 시스템보다 공기 시스템과 배출가스 제어 시스템에서 더 많이 발생할 것이다. 연료 시스템과는 달리 보쉬, 델파이 구분 없이 공통적인 제어 시스템을 가지고 있으므로 전체 공기 시스템의 개요부터 이해하여 보도록 하자.

■ 4. 공기 시스템

1 유로 기준이란?

유럽연합에서 규정한 배출가스 규제 기준으로서 이 기준을 만족하지 못하면 유럽연합에 차량을 수출하지 못한다. 국내에서도 디젤관련 배출가스 기준은 유럽 방식을 그대로 채용해서 사용하고, 가솔린에 관련해서는 미국의 방식을 참고하여 규제한다.

2014년 9월 기준으로 유럽에서는 유로 6기준을 적용하고 있으며, 유로 기준에서 규제하고자 하는 것은 PM(입자상물질)과 Nox(질소산화물)이다. 두 가지의 배출가스를 어느 정도 적게 배출하여야 하는지를 정해 놓은 것이 유로 기준이다. 커먼레일 디젤 엔진의 발전도 이 기준을 만족하기 위한 과정의 산물이다.

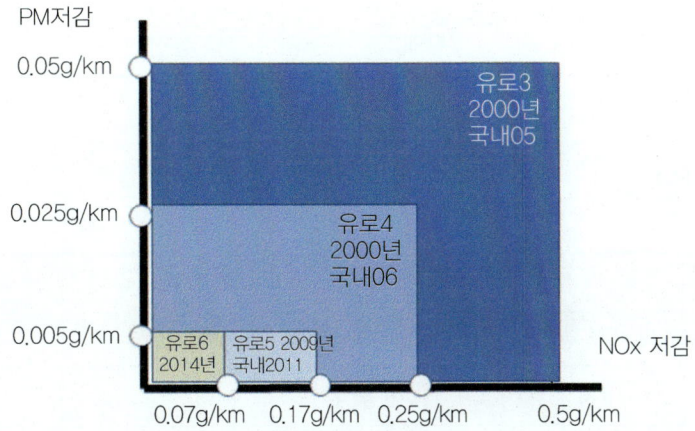

191

2 유로 기준에 따른 커먼레일 디젤 엔진 기술의 발전

1 PM 저감 방안

배출가스 규제	선처리 방안			후처리 방안
	연료압력 (bar)	홀 수, 특성	과급	
유로3	1350	5~6홀/솔레노이드	WGT/VGT	DOC 촉매
유로4	1600	7홀/솔레노이드/IQA	VGT	선택적 DPF
유로5	1800	7~8홀/피에조	E-VGT/CAN	DPF 필수채택
유로6	2000	8홀/솔레노이드/피에조	E-VGT/CAN 통신	DPF 필수채택

2 Nox 저감 방안

배출가스 규제	선처리 방안			후처리 방안
	파일럿 분사	배출가스 재순환		
유로3	1회	진공식		없음
유로4	2회	전자식		없음
유로5	2회	전자식(피드백 회로)	저압 EGR	없음
유로6	2회	전자식(피드백 회로)		SCR, LNT 촉매

4. 공기 시스템

3 유로 기준에 따른 시스템 변화

1 유로3 & 유로4(현대, 기아, 보쉬 시스템 비교)

구분		Euro-Ⅲ	Euro-Ⅳ
연소계통	분사압력	1,350bar	1,600bar
	다단계 분사	파일럿+메인	파일럿+프리+메인+포스트(1, 2)
	연소실	현 사양	분사압력 변경에 따른 최적화
	EGR 쿨러	미적용	적용
	EGR 밸브	진공 방식	전자식 구동
흡기계통	터보차저	VGT	용량증대 VGT
	흡기 스월 제어	미적용	적용
	스로틀 플랩	진공 ON/OFF	전자식 구동(모터)
후처리	산화촉매	적용	성능향상
	매연필터(CPF)	미적용	적용
연료	황 함량	350~500ppm	10~50ppm
기타	λ 센서	미적용	적용
	배기온도 센서	미적용	적용

2 유로5 & 유로6(그랜드 카니발 비교)

	주요 항목	VQ R-2.2 VGT(Euro-5)	YP R-2.2 VGT(Euro-6)
엔진 일반	배기량(cc)	2,199	←
	내경(mm)×행정(mm)	85.4×96	←
	압축비	16.0 : 1	←
	최대 토크(kgf·m/rpm)	44.5/1800~2500	45/1750~2750
	최대 출력(Ps/rpm)	200/3,800	202/3,800
	공전속도(rpm)	790±100	←
	최대 회전수(rpm)	5,000	←
연료 장치	ECM	보쉬 3세대(EDC17CP)	←
	인젝터	피에조 인젝터 (8홀 156°)	솔레노이드 인젝터
	최고 연료압력(제어압력)	1,800bar	2,000bar
	연료압력 조절방식	입출구 제어 (MPROP, PCV)	←
	연료탱크 용량	64ℓ	80ℓ
윤활 장치	엔진오일 용량	6.7ℓ	6.3ℓ
	오일 점도 등급	5W-30 (-20℃~40℃)	←
	오일 품질 등급	ACEA C3(DPF 전용)	←
흡·배기 장치	촉매장치	DOC+DPF	LNT+DPF
	EGR	고압 EGR (저압 EGR→SL/XM)	고압 EGR
	EGR 쿨러	바이패스식 EGR 냉각기(고압)	←
	가변 흡기장치	SCV (Swirl Control Valve)	←
배출가스 규제	배기 규제 대응	Euro5	Euro6

4 배출가스 제어 장치와 공기 시스템의 상관관계

유로 기준이 강화될수록 입자상물질과 질소산화물을 줄이기 위한 대책으로 흡기 시스템과 배기 시스템에 많은 제어장치가 새롭게 장착되어 배출가스 규제 대책을 마련하고 있다.

① 스로틀 플랩 제어(ACV)는 시동을 끌 때 디젤링 현상을 방지하기 위해 한 번 작동하던 것을 유로4 이후에 전자식모터로 제어하면서 EGR 순환시 흡배기의 압력 차이를 만들기 위해, DPF 재생시 혼합비를 농후하게 하기 위해 운행 중 수시로 열고 닫음을 반복한다.
② 스월 밸브를 통해 하나의 흡기 포트를 둘로 나누어 그중 하나를 닫힘, 열림 제어를 실시하여 스월 효과로 인한 흡기 효율의 증대를 통하여 EGR의 순환률을 높이고자 한다.
③ 배출가스 순환장치(EGR)의 정밀한 제어를 위해 제어 방식도 전자식으로 바뀌고 제어 자체를 피드백하기 위한 시스템이 강화되었다. 유로5 이상에서는 고압 EGR과 저압 EGR을 병행해서 채택함으로서 질소산화물의 저감에 많은 시스템을 활용하고 있다.
④ 람다 센서를 배기 매니폴드에 장착하고 공기 과잉률을 피드백하여 정밀한 EGR제어의 신호로 사용한다.
⑤ DPF(매연저감장치)와 촉매를 하나로 묶어서 HC, CO, PM을 동시에 저감시키고자 한다. 유로6 기준에서는 기존 DOC+DPF를 LNT+DPF 방식으로 채택하여 기존에 촉매 등 후처리로 불가능하였던 Nox를 저감할 수 있는 후처리 장치를 사용하고 있다.
⑥ AFS(에어플로 센서)는 EGR 피드백 제어신호로 사용된다. 유로3 규제에서는 전압 모니터링을 하고, 유로4 규제에서는 주파수 모니터링을 한다.

Chapter 4

Ⅱ 공기 시스템의 개요

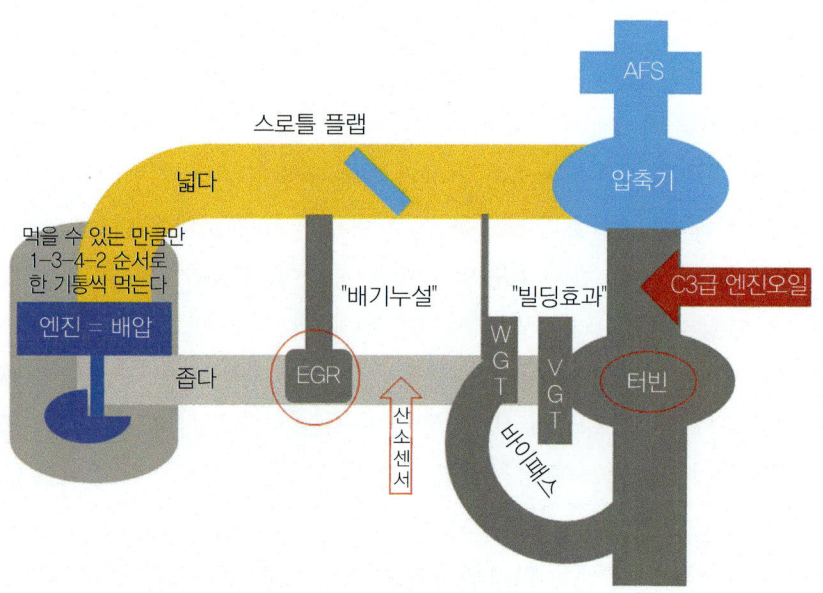

● 공기 시스템 전체 개요도

공기 흐름의 이해

커먼레일 디젤 엔진은 압축착화 엔진이다. 공기는 불을 붙이기 위한 불씨와도 같다. 반드시 공기가 압축되어야 연료분사를 통해 불을 붙일 수 있다. 그런데 그 연소에 필요한 공기는 고압의 무화 분사를 하는 커먼레일 디젤 엔진에서는 자연 흡기 방식으로는 부족하다. 배출가스의 저감이 목적인 커먼레일 디젤 엔진에서 추가적인 연소 공기의 공급을 증가시켜 연소에 참여율을 높이고자 한다면 과급은 필수적인 시스템이다.

과급 시스템에서 배출가스의 압력에 의해 터빈이 회전하면 하나의 축으로 연결된 압축기가 회전하여 외부공기를 실린더로 흡입시키는 방식의 배기 터보 방식을 사용한다. 이러한 터보 방식은 반드시 엔진의 출력이 발생하여야 과급이 이루어진다는 것이다. 터빈을 회전시키는 배기가스를 그대로 사용할 것인가, 가변하여 사용할 것인가, 진공제어를 할 것인가, 전기 모터를 이용하여 제어할 것인가에 따라 적용하는 방식이 달라진다.

4. 공기 시스템

커먼레일 디젤 엔진은 배출가스의 저감이 목적인 엔진이다. 그 중에서 가장 중요한 것은 PM과 NOx의 저감인데 PM의 경우 DPF라는 저감장치를 적용하면서 사실상 거의 해결이 되었다. 하지만 NOx의 경우 유로6 이상의 규제에서는 SCR(Selective Catalytic Reduction), LNT(Lean NOx Trap)촉매 등을 통해 후처리하지만 이전의 규제에서는 EGR이란 배출가스 재순환 장치를 통해 저감의 기능을 수행해 왔다.

배출가스 재순환을 하는 이유는 질소산화물(NOx)의 발생 조건이 1500℃ 이상의 고온 연소에서 다량으로 발생됨으로서 연소 온도를 낮추는 장치가 필요하며, 그 방법이 CO_2가 다량 포함된 배출가스를 재순환시켜 연소실을 불완전 연소상태로 만들어 해결하고자 한 것이다. 문제는 연소실에서 불완전 연소가 되면 매연이 발생되므로 배출가스 재순환 제어의 정밀성과 관리가 필요하게 되고 발생한 매연을 포집하여 재생하는 DPF 시스템과 연동하여 제어하고 관리하는 것이 필요하다.

배출가스를 재순환시키기 위한 방법은 흡배기의 압력차를 이용하는 것이다. 배기 시스템에서 가장 압력이 높은 곳은 터보차저 이전의 배기 관로이다. 따라서 터보차저 이전에 순환장치를 설치하게 되는데 이러한 EGR 장치를 고압 EGR이라고 한다. 유로4의 규제까지는 대부분 고압 EGR로 충분하였지만 유로5, 유로6의 규제 이상이 되면서는 고압 EGR로는 부족하여 저압 EGR 시스템을 적용하게 된다.

고압 EGR의 설치 위치에 따른 열 변형과 카본의 고착 등으로 EGR 장치가 기밀이 불량하게 되면 터빈을 회전시키는데 사용되어야 할 배기가스가 누설되어 터빈의 속도를 떨어뜨리게 되고 이로 인해 연소실로 공급되어야 할 연소 공기도 줄어들게 된다. 즉, EGR 밸브가 작동되어 열리면 엔진으로 들어가는 연소 공기도 줄어든다는 것이다. 커먼레일 디젤 엔진에서 AFS를 설치하는 이유이다.

디젤 엔진은 실린더에 들어오는 공기를 계측할 필요가 없다. 왜냐하면 엔진구동시 스로틀이 항시 개방되어 있는 디젤기관에서는 한 기통 당 흡입하는 공기량은 정해져 있기 때문이다. 흡입 공기량 값이 주분사를 결정하는 입력 신호가 아니라는 것이다. 오로지 EGR 제어에 대한 피드백 신호로 사용하기 위해 AFS를 적용하고 있다. 하지만 공기량센서의 값이 정상적인 변화폭을 나타내지 않게 되면 ECU는 EGR을 제어할 수 없으므로 정상출력의 20~30% 정도를 줄이게 된다. 즉, 실질적으로는 공기량센서는 연료보정의 기능을 수행한다고 볼 수 있다.

ECU가 배출가스를 저감하기 위해서 EGR 장치를 전기적 신호로 제어하게 되면 밸브가 열리는 순간부터는 흡기 관로까지 배기관과 흡기관의 압력 차이를 이용하여 순환을 하게 된다. 공전상태에서는 당연히 배기관의 압력이 높아 순환하는데 문제가 없지만 중속 이상에서는 흡기관의 압력이 상당히 높아져서 순환하는데 어려움이 있다. 이때 순환을 돕기 위해 흡기관 입구의 압력을 낮추어줄 필요가 있다. 이것이 바로 에어 컨트롤 밸브(ACV)이다.

EGR 밸브가 열릴 때 부스트 압력과 공기량을 감안하여 스로틀 보디의 플랩을 모터를 이용하여 닫아줌으로서 배기가스가 흡기관으로 넘어갈 수 있도록 하는 장치이다. ACV의 경우 피드백회로가 적용되어있어 카본고착정도에 따라 학습을 하여 그 초기닫힘과 열림값을 재설정한다. 흡기와류를 만들기 위한 가변스웰밸브도 피드백회로를 통해 EGR제어와 연동되고 학습을 통해 정밀제어하여 배출가스저감에 중요한 기능을 수행한다.

커먼레일 디젤 엔진에서 공기 시스템은 질소산화물과 입자상물질을 줄이기 위해 노력의 산물이다. 엔진의 출력적인 측면에서는 오히려 방해가 될 수도 있지만 제어의 정밀성을 통해 상호 밸런스를 잡아간다. 만약 공기 시스템의 한부분만이라도 성능이 저하된다면 배출가스가 과다하게 배출될 수 있다. 정비현장에서 공기 시스템에 대한 체계적인 유지 관리를 해주어야 하는 이유이다.

Chapter 4

Ⅲ 터보 시스템 고장 진단

터보차저 시스템의 고장 진단은 스캔 툴 데이터를 분석하여 진단과 정비방향을 결정하고 부압 게이지와 육안 검사를 통해 확진하는 순서로 진단한다. 문제는 진단이 어려운 것이 아니라 견적이 어려운 것이다. 부품이 고가이며, 탈부착 또한 여의치 않은 부품이라 오진을 할 때에는 곤란한 경우를 겪게 된다. 따라서 정확한 고장의 진단이 요구된다.

1 터보차저의 종류

배기가스를 이용한 배기터보(Turbo Charger)와 임의의 동력을 이용한 슈퍼차저 중 국내 차량은 배기터보를 적용하고 있다. 배기터보는 배기가스를 그대로 이용하는 WGT 터보(waste gate turbocharger)와 배기가스관로를 가변시켜 배기유량을 조절하는 VGT 터보(Variable geometry turbocharger)가 있다. 유로4 이상의 배출가스 규제에서는 대부분 VGT 터보를 사용하며, 유로5 이상의 규제에서는 배기관로를 조절하는 방식을 진공 방식에서 전자제어 방식으로 업그레이드 하여 적용되어 있다.

1 WGT 터보

1) 구조 및 명칭

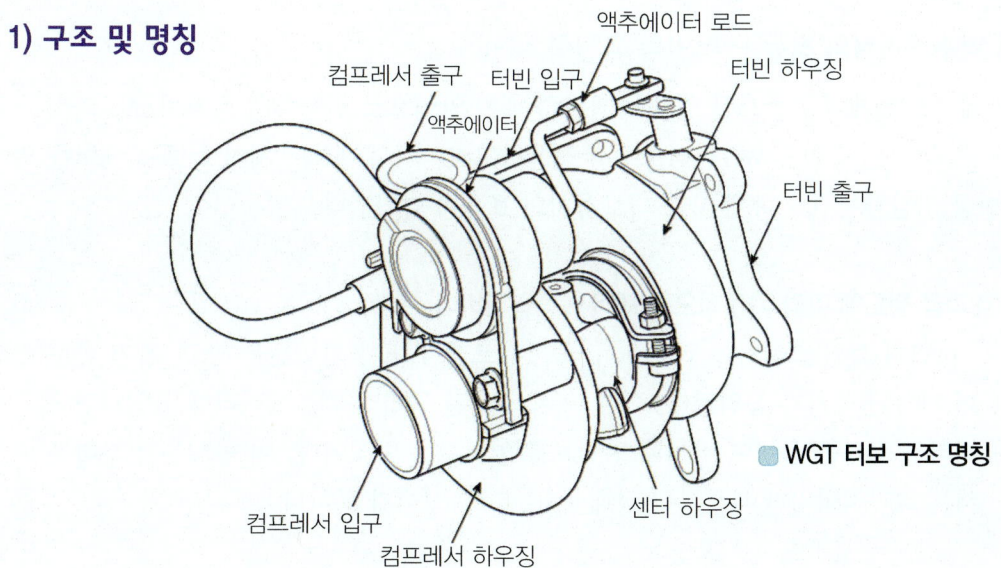

■ WGT 터보 구조 명칭

2) 작동 원리

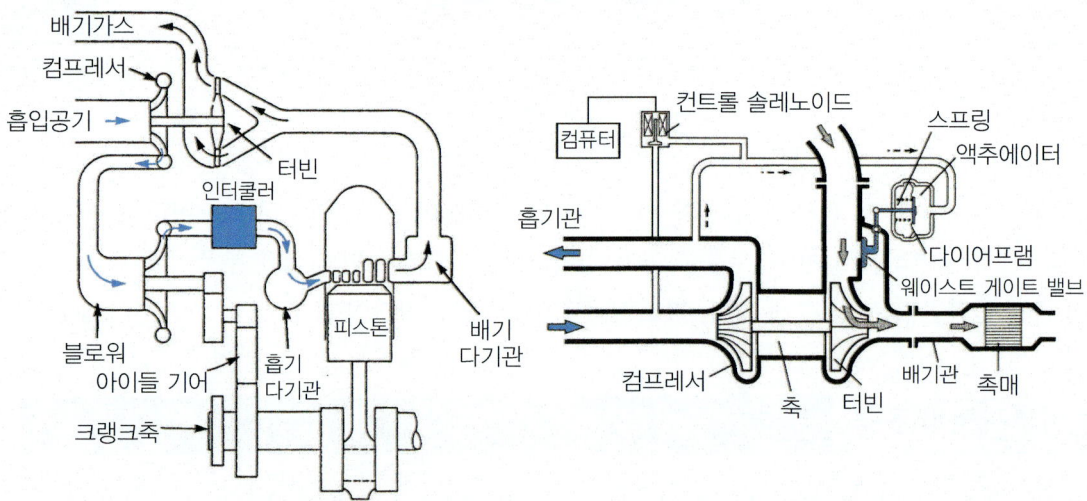

배기가스를 이용하여 터빈이 회전하고 하나의 축으로 연결된 컴프레서가 회전하면서 외부의 공기를 흡입하여 연소실로 공급하는 방식이다. 터빈의 회전력은 오로지 배기가스의 압력이 높고 낮음에 따라 좌우 된다.

터빈이 견딜 수 있는 한계점 이상의 회전이 발생될 때는 액추에이터의 제어에 의해 배기가스를 바이패스시켜 터빈을 보호하는 구조를 가지고 있다. 이를 웨이스트 게이트 밸브라고 한다. WGT 방식은 고속에서는 성능을 극대화 할 수 있으나 저속에서 작은 배기 압력을 가변시킬 수 없기에 저속에서의 효율이 떨어진다.

3) 액추에이터의 작동 - 터빈의 회전력 제어

웨이스트 게이트 밸브를 열어서 과도한 배기 압력으로 인한 터보차저의 보호와 과급효율을 높이는 방법을 WGT 터보에서 적용하고 있다. 웨이스트 게이트 밸브 제어를 얼마만큼 적절하게 하느냐에 따라 터보차저의 효율이 달라진다.

① 과급 정도에 따라 기계적으로 제어 - 정압거버너

터빈이 과회전(over revolution)하면 컴프레서 또한 과회전을 하고, 흡기 관로에 오버 과급된 공기가 흡입된다. 이때 오버 과급된 공기가 액추에이터에 유입되면 액추에이터가 로드를 움직여 바이패스 밸브를 열어주는 방식이다. 이 방식은 전부하 상태에서는 효과적이지만 부분부하 상태에서는 효과적이지 못하다.

4. 공기 시스템

액추에이터의 점검 방법은 액추에이터 입구에 공기를 1bar 정도 가압하면 액추에이터 로드가 움직여야 한다. 현장 사례에서 액추에이터에 연결된 호스가 터지거나 로드가 부러지는 경우가 발생하는데 이러한 경우에는 가속 불량의 증상을 나타낸다.

WGT 터보의 경우 누적 주행거리가 많다보니 바이패스 밸브의 변형으로 인한 밀착 불량의 사례가 많이 발생한다. 바이패스 밸브가 기밀이 불량하면 상시 배기 압력이 부족하여 터빈을 정상적으로 돌려주지 못하게 된다.

② 진공 액추에이터를 이용한 ECU의 제어 – 부압거버너

쌍용 차량과 현대·기아 A2 엔진의 경우 컴프레서의 압력으로 액추에이터를 작동시키는 것이 아니라 ECU가 직접 진공 액추에이터를 제어하여 진공 액추에이터가 터보차저의 액추에이터를 제어하는 방식을 적용하였다. 이는 부분 부하시에 웨이스트 게이트 밸브를 제어하는 기계식 제어의 단점인 터보 래그 현상을 줄여 효율을 높이고자 함이다.

■ A2 엔진 포터2 서비스 데이터

4) 저널 베어링 윤활

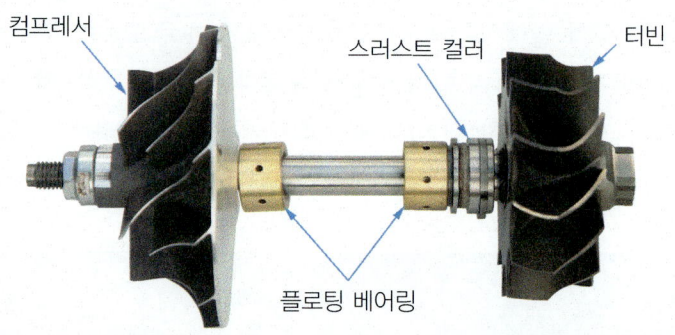

■ 저널 베어링(플로팅 베어링) 설치 위치

터빈과 압축기가 하나의 축으로 구동될 수 있는 것은 베어링이 있기 때문이다. 이 베어링의 종류는 볼 베어링과 저널 베어링(Floating Bearing) 두 종류가 있는데 국내의 차량들은 출고시 저널 베어링이 장착되어 있다.

■ 볼 베어링   ■ 저널 베어링(Floating Bearing)

■ 터보베어링 윤활라인 점검

중요한 것은 어느 것이든 베어링의 윤활을 담당하는 것은 엔진 오일이라는 것이다. 터보차저 엔진에서 고속 고온의 터보차저를 냉각시키고 윤활을 담당하는 것은 엔진 오일이다. 적정한 오일의 선택과 관리가 중요하다. 엔진 오일 교환할 때 고객과의 접점을 만들어 보자!

2 VGT 터보

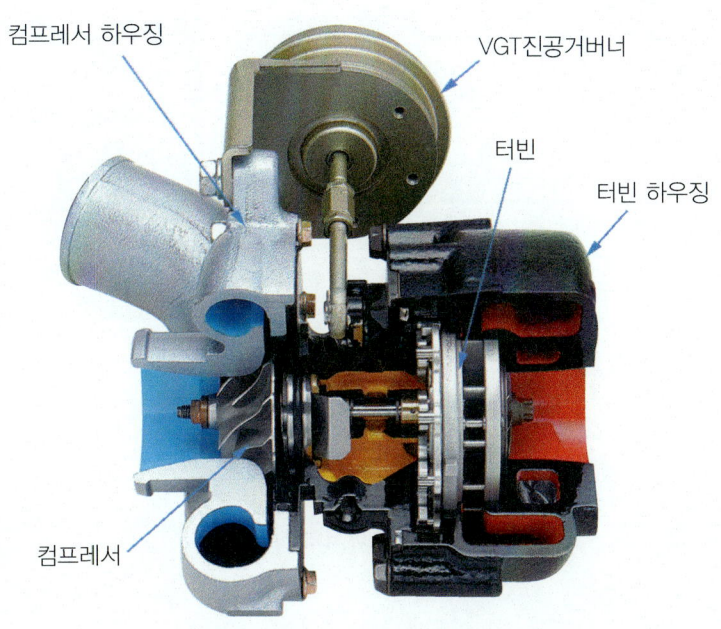

1) WGT와의 차이점

구분	WGT	VGT
액추에이터	정압 방식	부압 방식
회전수 제어	웨이스트 게이트 밸브 개폐 방식	베인 간극 제어 방식
저속	배기가스 의존 저속시 가속력이 VGT 대비 떨어짐	베인 간극을 좁힘
고속	정압식 회전력 조절	베인 간극 넓힘
효과	고속구간 가속 성능 향상	저속 구간 토크 증대로 가속 성능 향상 연비 향상 : 기존 WGT보다 23% 성능 향상

2) 작동 원리

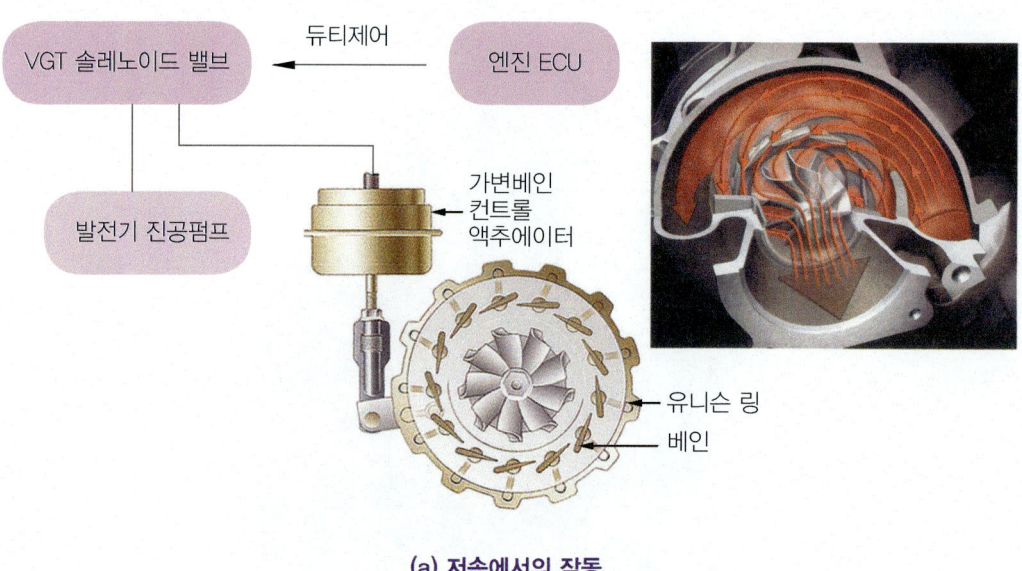

(a) 저속에서의 작동

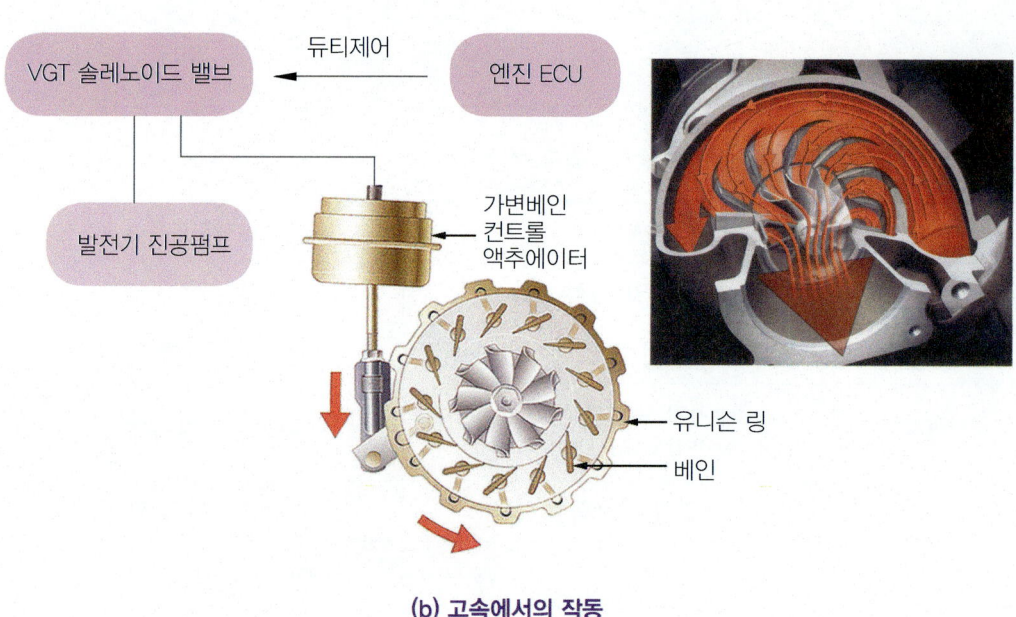

(b) 고속에서의 작동

● **VGT의 작동**

4. 공기 시스템

　터빈의 속도를 단순히 과부하시 바이패스시켜 제어하는 수준의 웨이스트 게이트 방식이 아니라 배기의 유량 자체를 베인의 날개 각도를 진공의 단속으로 각각 가변시켜 터빈의 속도를 제어한다. 베인을 조절하는 진공 거버너와 진공 액추에이터 등의 제어가 중요하다. 진공제어가 정밀하지 않으면 오히려 터보를 망실시키는 요인이 되기도 한다.

2 VGT 진공식 터보 진단트리

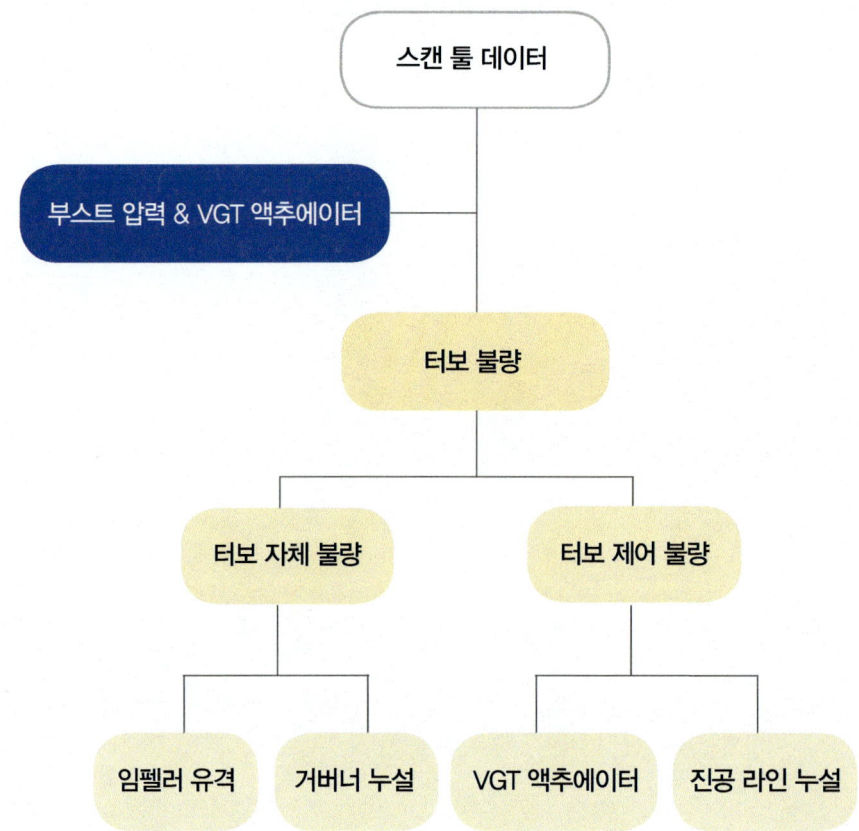

1 스캔 툴 데이터의 이해

ECU는 부스트 압력 센서와 공기량 센서를 통해 현재의 과급 정도를 판단한 후 VGT 액추에이터를 출력 제어로 터보 베인의 열림, 닫힘량을 조절하여 과급량을 피드백 한다. 출력 제어를 과도하게 하여서 과도하게 과급이 발생되었거나 과도하게 출력 제어를 하여야만 정상의 과급이 발생한다면 터보의 고장을 의심해 보아야 한다.

반대로 터보를 출력 제어조차 하지 않는다면 이는 터보의 고장 이전에 엔진 출력의 미발생 원인을 먼저 진단하여야 한다. ECU는 엔진의 기본적인 출력이 발생되지 않는다면 터보 자체를 제어하지 않기 때문이다.

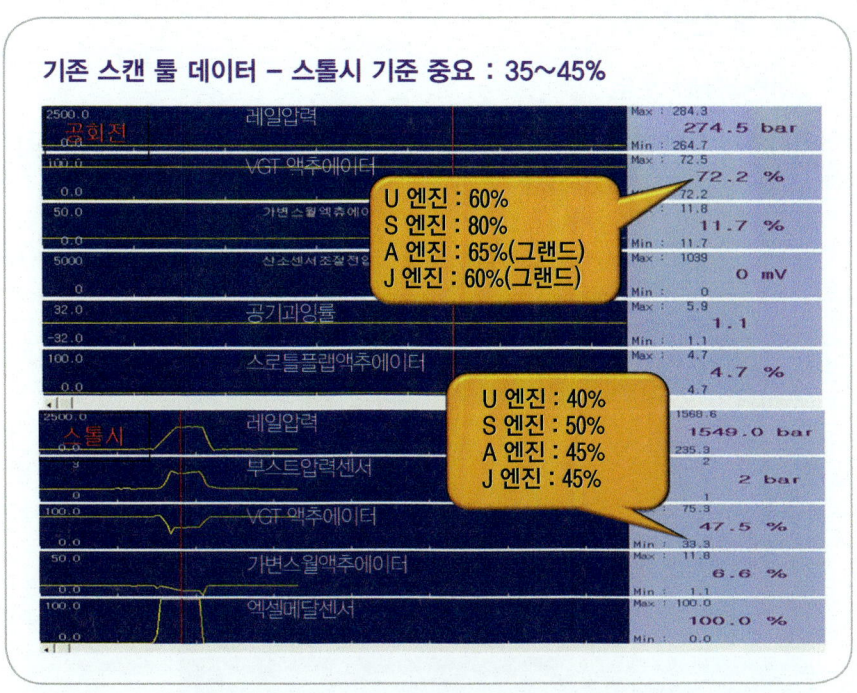

정상적인 차량의 경우 ECU가 제어하는 초기 출력 제어값은 기본적으로 맵 값을 주게 된다. 초기값을 출력 제어한 후 부스트 압력 센서를 통해 과급의 정도를 피드백하여 부족한 과급이 발생되었다면 듀티를 줄여서 VGT 터보의 베인을 더 열어주는 제어를 하게 된다.
즉, VGT 듀티가 정상값보다 낮아져야 정상 부스트 압력이 나온다면 터보의 고장을 의심한다. 국내의 차량들은 스톨시 부스트 압력을 220~250kPa 정도에서 한계값을 설정하고 있다. 이 압력 이상이 발생하게 되면 오버 부스트로 인식하여 페일(림폼)모드(부스트 압력 과대 : 3000rpm 제한)로 진입하게 된다.

2 고장 사례 및 진단 방법

① 차종 : 아반떼 HD, 오토
② 증상 : 간헐적 가속 불량, 경고등 점등(P0238 : 부스트 압력 센서 신호값 높음)
③ 스캔 툴 데이터-스톨 검사 실시

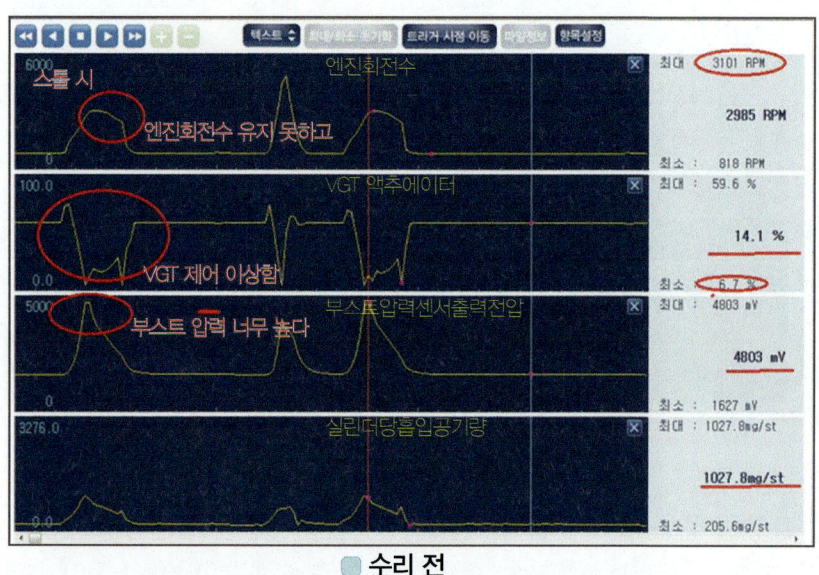

■ 수리 전

1) 고장 코드 분석(정비지침서 참조)

항목	P0238:부스트압력센서신호값높음		
검출 방법	전압 모니터링		
검출 조건	IG key ON		
판정값	출력 신호 최대값 이상(4900mV 이상인 경우)		
검출시간	2sec		
페일 세이프 (Fail Safe)	연료 차단	비실행	고장시 기본값은 1000hPa
	EGR 금지	실행	
	연료 제한	실행	
	체크 램프	비작동	

지침서의 DTC 코드 해석을 참고하면 부스트 출력 전압이 4.9V 이상으로 2초 동안 표출될 때 오버 스피드로 인식하여 연료를 제한하여 출력을 떨어뜨리게 된다. 키온 상태의 인식이므로 시동을 끄고 재시동 후 증상이 사라지게 된다. 터보의 작동이 좋지 않아서 오버 스피드된 것임을 알 수 있다.

2) 스캔 툴 데이터 분석

1600cc 차량의 스톨시 정상 제어의 공기량과 부스트 압력을 알아야 오버 스피드 여부를 진단할 수 있다. 기본적으로 부스트 압력은 3.5V~4.5V 정도에서 제어되고 공기량은 750~850mg/st, 엔진 회전수는 2500~2700rpm 정도에서 제어된다.(공기량의 계산은 AFS편 참조)

위의 데이터를 보면 회전수는 3100rpm을 넘고 부스트 압력은 최대 4800mV, 공기량은 1027mg/st을 넘고 있다. 언뜻 보면 출력이 상당히 양호하다고 오진할 수 있다. 하지만 스톨의 최대점에서 VGT 터보 액추에이터 제어를 보면 14%까지 낮아져 있다. 정상값보다 베인의 날개를 많이 열어주고 있다는 것이다. 터보 자체의 베인이 무거운지, 진공 거버너의 기밀이 누설이 되는 것인지, 터보 진공을 제어하는 진공 액추에이터가 고장인지를 부압 게이지를 이용하여 확진하여야 한다.

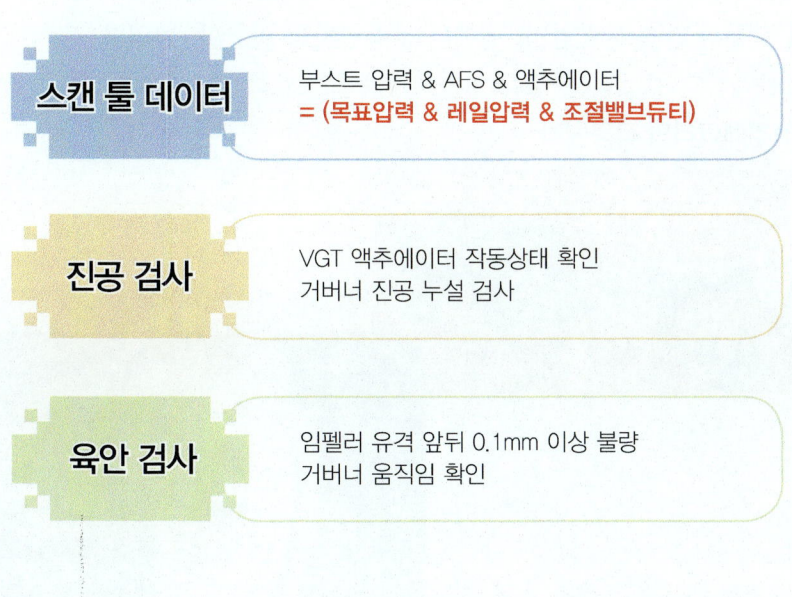

3) 부압 게이지 이용 진단
① 부압 게이지 장착 위치

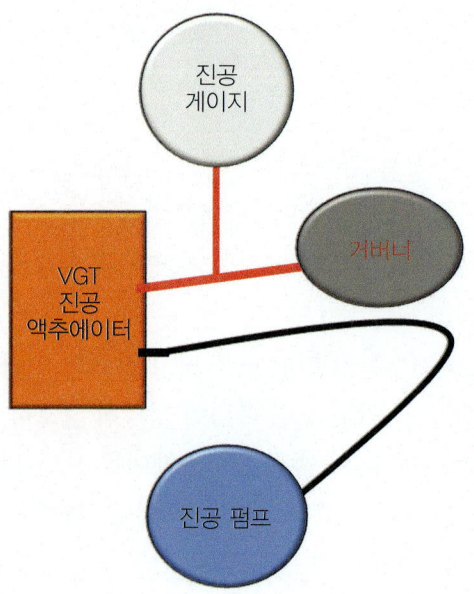

터보 진공 거버너의 진공 제어는 ECU의 명령을 받아 VGT 진공 액추에이터가 하게 된다. ECU가 출력을 제어한 만큼 진공의 단속이 잘 이루어지는지를 비교해서 확인함 으로서 진공의 단속 불량인지, 제어의 불량인지를 판단할 수 있다.

② 진공 액추에이터의 작동원리

4. 공기 시스템

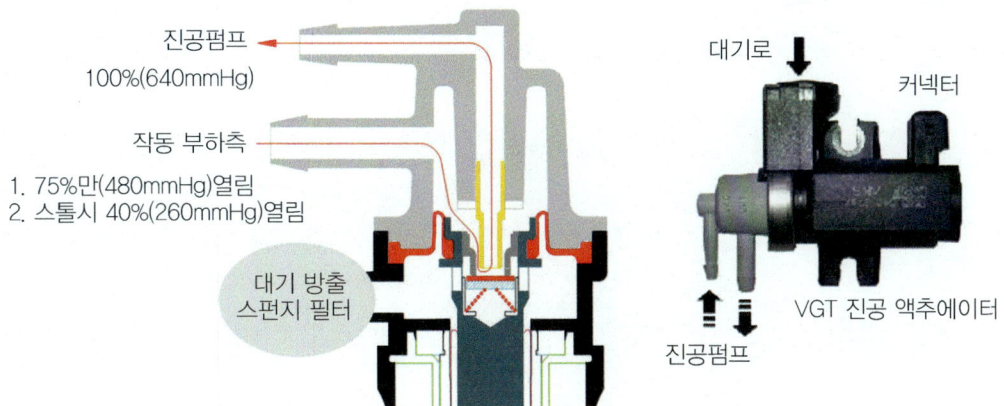

　진공 펌프에서 빨아 당기는 부압을 얼마만큼 작동 솔레노이드에 전달하는가가 듀티로 나타난다. 듀티가 75%라는 것은 쉽게 이해하자면 100%의 진공 펌프 부압을 75%만 전달한다는 것이다. 액추에이터에 전기를 인가하여 자화시킴으로서 내부의 플런저가 통로를 막는 방식이다. 45%라는 것은 45%만 진공을 전달하고, 55%는 플런저로 닫는다는 것이다. 스톨을 실시한 후 내부에 가득 찬 부압은 대기 필터를 통해 방출한다.
　이처럼 액추에이터를 제어하는 것은 전기적 신호인데 실제 하는 일은 진공을 플런저로 단속하는 일이다. 내부의 기밀이 불량하거나 누설 혹은 플런저가 무거워지게 되면 진공의 단속이 정밀제어 되기가 힘들게 된다. 이러한 부압의 변화는 부압 게이지를 통해 확인할 수 있다.

③ 부압 게이지 검사방법

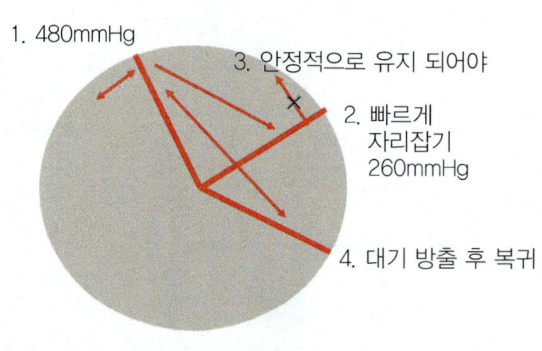

스캔 데이터와 함께 판단-ECU의 출력 제어를 잘 하는지 확인

공전시에 480mmHg 정도에 75% 듀티로 유지하다가 스톨을 실시하면 뒤로 살짝 움직인 다음 빠르게 260mmHg 정도까지 자리를 잡게 된다. 스톨을 유지하는 동안 안정적으로 유지한 후 액셀러레이터 페달을 놓게 되면 대기로 방출한 후 다시 제자리로 되돌아간다.

점검 포인트는 먼저 빠르게 260mmHg 근방에 자리를 잡는가? 이다. 자리를 잡는다는 것은 드롭이 되지 않고 곧바로 자리를 잡아야 한다. 심하게 드롭이 된다면 그 순간 오버 과급이 될 수 있다. 자리를 잡은 후에는 진공을 유지하여야 한다. 내부에서 기밀 불량이 발생하면 터보 베인의 열림 각을 유지하지 못해 과급의 불량이 발생되다.

마지막으로 스톨 해제시 대기로 방출을 하여야 한다. 대기로 방출되지 못하면 내부의 진공 부압이 잔존하여 터보 거버너의 움직임이 기민하지 못해 베인의 단속 시점이 늦어지고 이로 인해 터보에 과부하가 걸릴 수 있다.

한 가지 주의할 점은 차종별로 그 제어가 조금씩 다르다는 점이다. 기본적으로 2500CC 이상과 델파이 타입의 경우 터보의 용량이 커서 위에서 보는 것과는 조금 다르게 대기로 방출하는 과정이 이루어지지 않을 수도 있다. 또한 e-VGT의 경우 는 진공 제어가 아니므로 해당 사항이 없다.

4) 사례 해결

VGT 액추에이터의 불량으로 진공의 단속이 빠르게 이루어지지 않으므로 터보의 내부까지 손상을 입은 경우이다. 대부분 진공식 VGT 터보의 경우 진공 액추에이터의 성능 저하를 오랜 기간 방치하게 되면 터보까지 손상을 입는 경우가 많다. 따라서 진공 액추에이터는 60,000km마다 교환하는 마일리지 정비 대상으로 보아 주기적으로 점검한 후 교환하여야 한다.

아래 수리 후(진공 액추에이터 교환 후) 데이터를 보면..

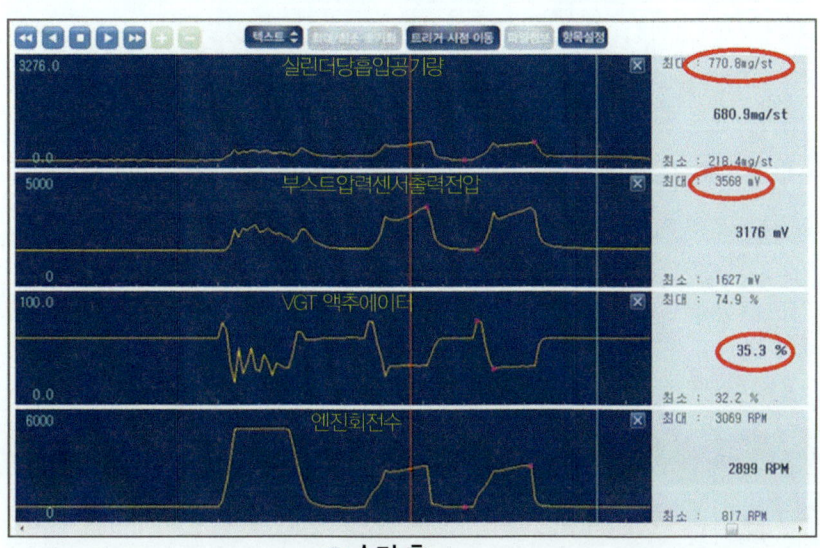

■ 수리 후

5) 기타 고장 데이터 사례

① 프라이드 VGT 가속불량 사례 (오버스피드로 인한 가속불량)

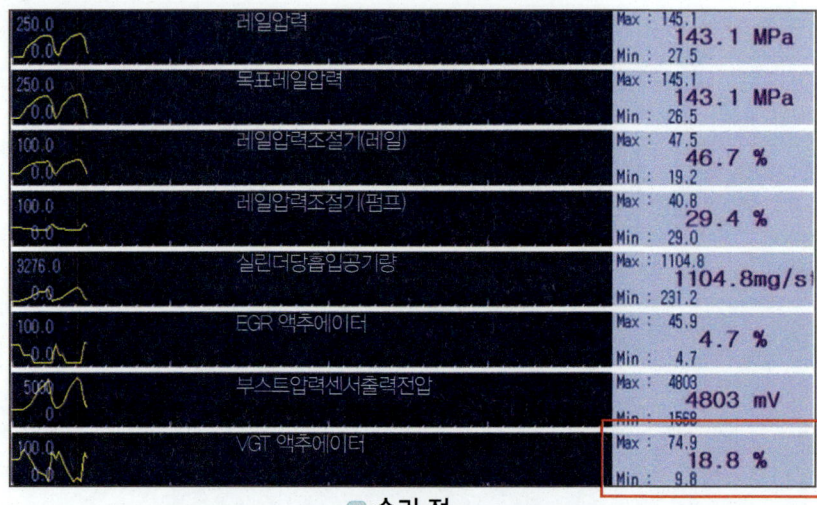
■ 수리 전

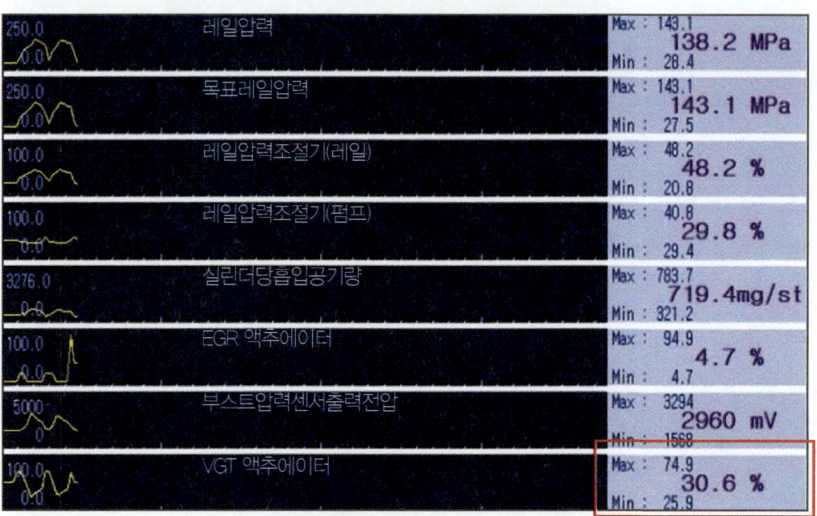
■ 수리 후(진공 액추에이터 교환)

② 투산 VGT 예방 정비 (진공엑츄레이터 노후)

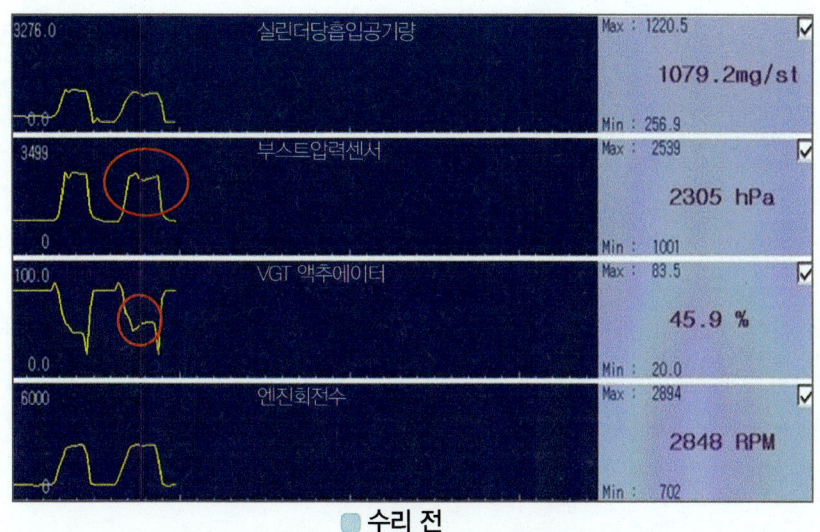
● 수리 전

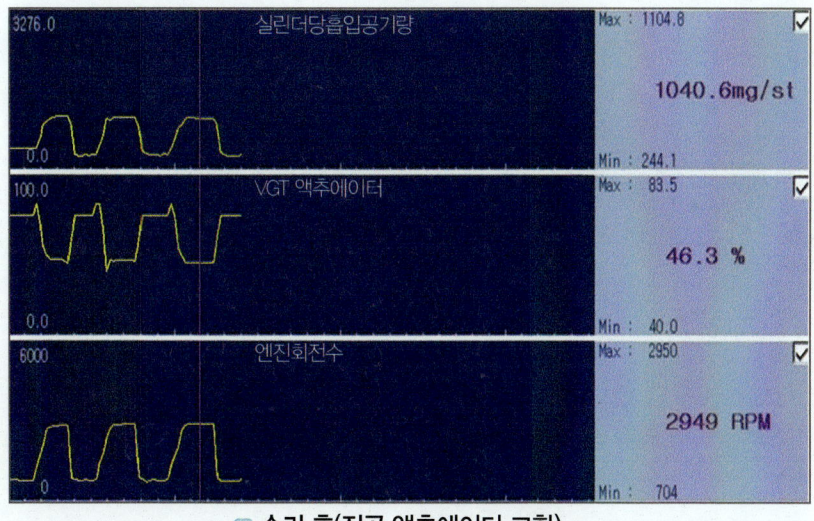
● 수리 후(진공 액츄에이터 교환)

3 쌍용 차량 부스트 관련 고장코드 해석

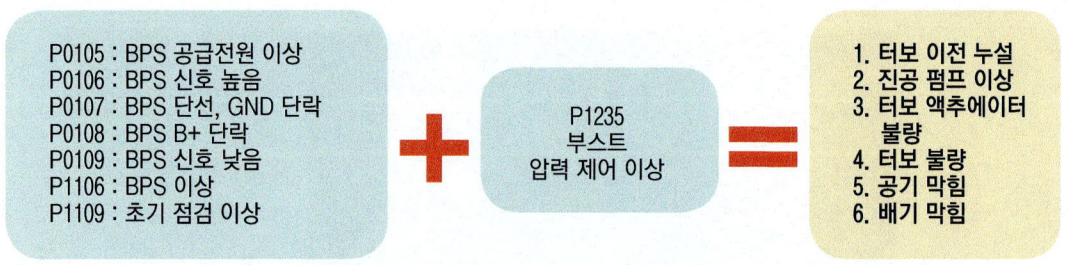

쌍용 차량의 경우 DTC 해석이 지침서에 잘나와 있다. 반드시 고장 코드가 발생되면 지침서의 해설을 참고하여야 한다. 쌍용 차량에서 위와 같이 부스트 관련 코드가 복합적으로 발생할 때 점검 부위를 순서대로 점검하여 오진을 줄여나가야 한다.

4 터보 임펠러(압축기) 육안검사

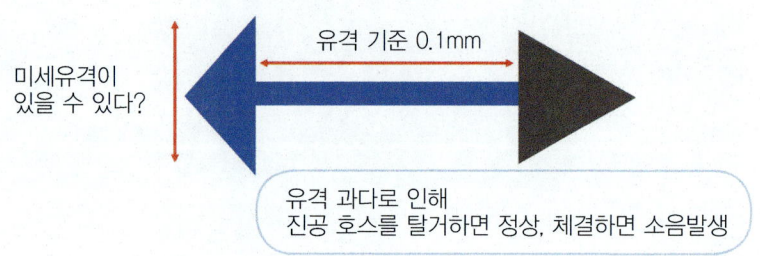

터보 컴프레서의 임펠러와 하우징 간의 유격이 작으면 작을수록 터보의 효율은 좋아질 것이다. 따라서 터보의 성능은 임펠러의 밸런스 기술에 따라 좌우된다. 240,000rpm의 속도로 회전하는 터보가 축의 유격이 있거나 날개의 밸런싱이 맞지 않는다면 하우징과 간섭이 일어날 것이고 터보는 망실되고 말 것이다.

이에 축 방향으로 규정된 유격이 있어야하는데 국내 차량의 지침서에는 그 규정이 없다. 수입 차량들의 지침서를 참고해 보면 최대 0.1mm 이상의 유격은 고장으로 판정하여야 한다. 점검 방법은 손으로 육안으로 임펠러의 축을 잡고 유격을 검사하면 된다.

3 e-VGT(electronic Variable Geometry Turbocharger)

1 부품 명칭

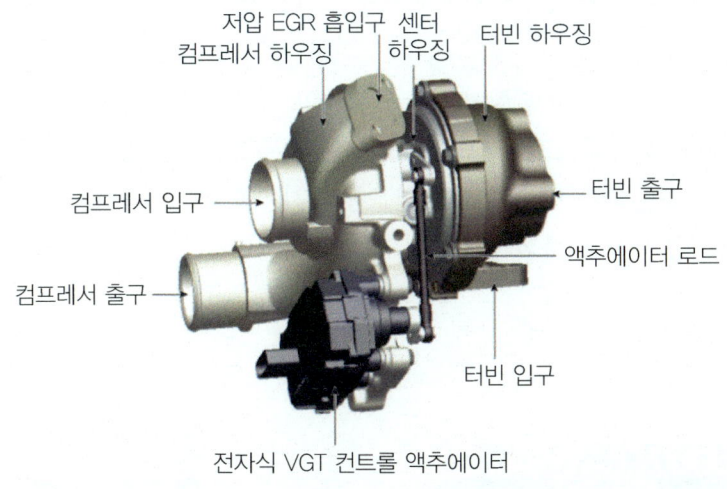

◯ 산타페 DM E-VGT 명칭

2 작동 개요

e-VGT는 ECU와 DC 모터를 내장한 전자 액추에이터에 의해 작동을 한다. ECU는 rpm, APS, AFS, BPS의 입력 신호를 받아 VGT 액추에이터를 PWM(Pulse Width Modulation) 제어 한다.

기존의 진공식 제어에서 많이 발생되었던 진공 액추에이터의 응답성 불량으로 인한 터보 래그 현상과 터보 손상을 최소화하여 과급의 성능을 극대화할 수 있다. 진공식과 가장 큰 차이점은 액추에이터의 피드백 작용에 있다.

e-VGT는 액추에이터에서 직접 기어를 작동시켜 로드를 움직이기 때문에 스캔 툴 데이터에 출력되는 듀티는 제어 듀티가 아니라 ECU의 출력 신호에 대한 듀티라는 것이다. ECU는 출력 신호만을 제어 액추에이터로 보내 주고 실제로 로드를 움직이는 것은 제어 액추에이터의 역할이므로 스캔 툴 데이터에 표출되지 않는다.

즉, 듀티값을 ECU가 인가하여도 실제 제어 액추에이터가 그만큼 작동 되었는지는 데이터 상에 표출되지 않는다는 것이다. 단지 피드백 회로를 통해 고장 코드를 표출함으로써 고장을 진단할 수 있다.

3 전자식 VGT 제어 액추에이터

두 가지 방식의 사양을 적용하는데 스퍼기어 방식(캄텍)과 웜기어 방식(하니웰)을 적용하고 있다. 현대 · 기아 차량의 경우 2000cc와 2200cc 차량의 피드백 방법이 다르게 적용되어 있다. 2000cc는 배선(4핀)을 통해 피드백 신호를 모니터링 하고 2200cc는 CAN 통신(5핀)을 한다.

e-VGT의 경우 가속 불량의 증상보다는 고객들이 경고등의 점등을 호소하여 입고되는 경우가 대부분이다. 전자식이므로 고장 진단의 출발은 관련되는 퓨즈의 확인부터 하여야 한다. 만약 퓨즈가 융단되어 있다면 그 원인을 반드시 찾아야 한다. 대부분은 모터의 부하로 인한 것이고 이는 터보 단품의 불량이 그 원인일 것이다.

1) 스퍼기어 방식(R 엔진 2.0)

2) 웜기어 방식(R 엔진 2.2)

웜 기어의 마모와 기판의 납땜 부식이 많이 발생한다. 웜 기어의 경우 가솔린 차량의 마일 센서 톱니가 마모 되듯이 가운데가 마모되거나 부러지는 경우가 많다. 이 경우 스캔 툴 데이터는 정상적으로 표출되지만 급가속 후 고장 코드가 발생되고 경고등이 점등된다.

e-VGT의 경우 액추에이터 고장의 경우는 반드시 고장 코드가 발생되므로 고장 진단이 어렵지 않지만 문제는 액추에이터 단품이 공급되지 않는다는 것이다. 만약 단품이 공급된다고 하여도 액추에이터의 부하가 지속적으로 발생되었기에 웜 기어가 마모되는 것이므로 고장의 원인 제공은 터보의 단품에 있다. 따라서 어셈블리로 교환하기를 권장한다.

4 고장 코드 (현대 · 기아 R 엔진)

DTC	코드명	조건
P0047	VGT 액추에이터 회로 - 제어값 낮음	액추에이터 제어회로 전류값이 "0"인 상태가 1초 이상
P0048	VGT 액추에이터 회로 - 제어값 높음	제어회로에 과전류 1초 이상 검출
P0069	부스트 압력/대기압 신호 비교 이상	100rpm 이하, key ON 조건에서 3초간 300hPa 이상 차이 발생
P0234	터보차저 부스트 압력 과대	2000rpm 이상, 연료량 15mg/st(중부하) 주행조건에서 목표 값보다 15초 이상 높은 경우
P0237	터보차저 부스트 압력 회로 - 신호값 낮음	부스트 압력 출력이 200mV이하 전압으로 2초 이상 검출
P0238	터보차저 부스트 압력 회로 - 신호값 높음	부스트 압력 출력이 4900mV이상의 전압으로 2초 이상 검출
P2563	VGT 액추에이터 피드백 신호 값이 목표 값과 차이가 나거나 ECU의 제어 명령값이 범위를 벗어남	VGT 액추에이터 PWM 제어 범위 이외이거나 제어 목표값에 0.6초 이상 도달하지 못하는 경우

5 VGT 제어 금지 조건

ECU는 아래와 같은 시스템이 고장이 발생되었을 때에는 터보를 제어하지 않는다. 터보를 제어하지 않는다는 것은 엔진의 출력을 제한할 필요가 있는 경우라는 것이다. 반대로 생각하면 엔진의 기본적인 출력이 발생하여야 터보를 제어한다는 말이다. 만약 엔진의 기본적인 출력이 없는 경우에 VGT 액추에이터 듀티가 작동되지 않는다고 하여 터보의 불량으로 오진하는 경우가 많다.

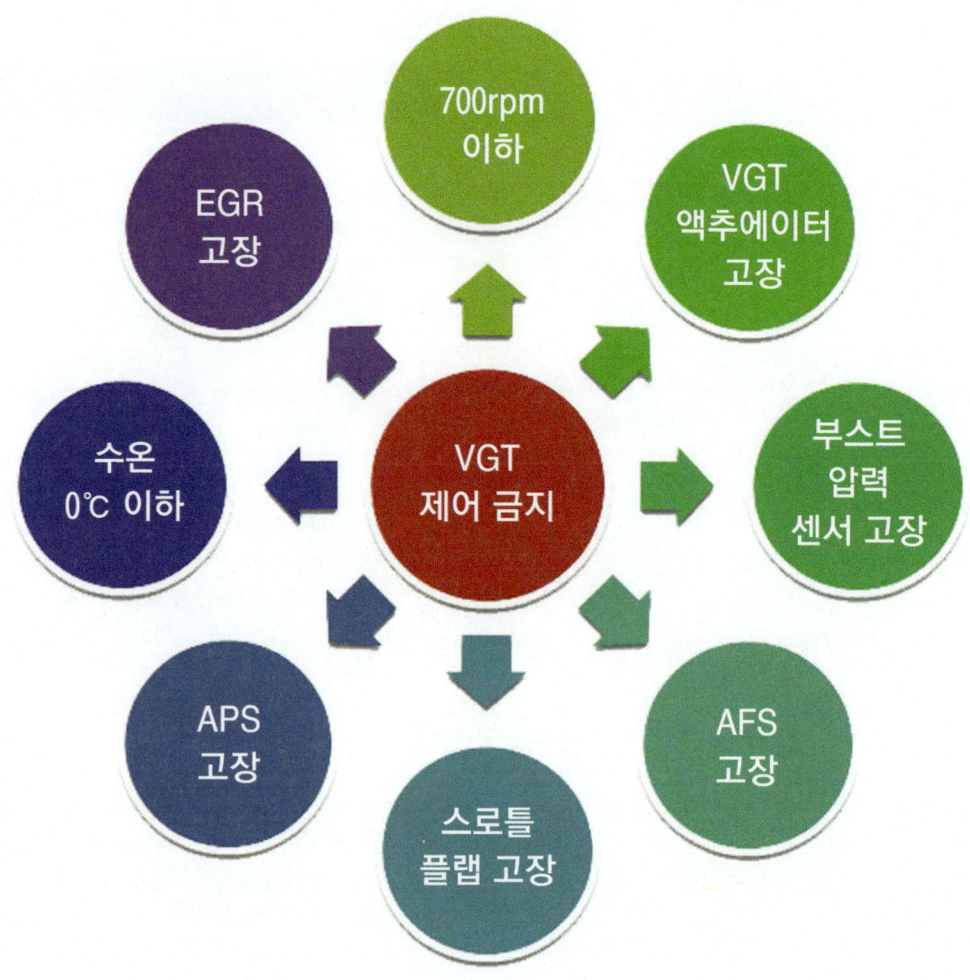

1 오진 사례1-산타페 촉매 막힘으로 가속 불량

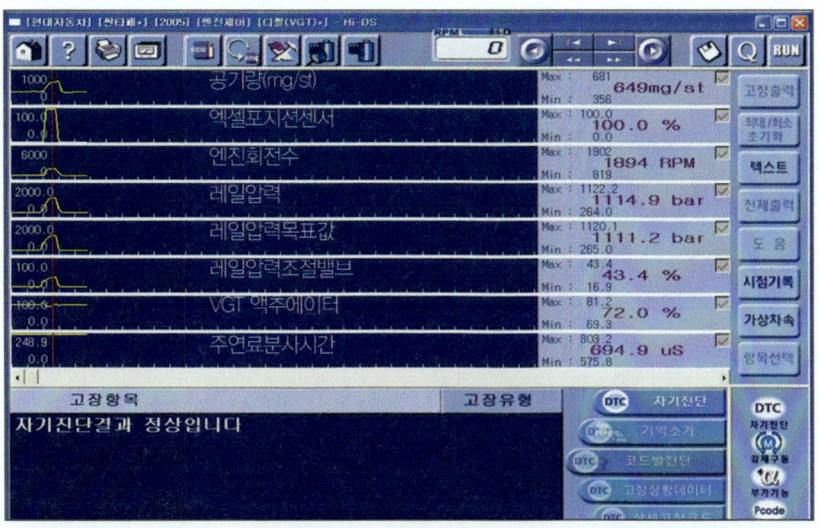

ECU는 촉매의 막힘으로 인해 공기량이 부족하게 되면서 엔진의 출력이 발생하지 않기 때문에 VGT 액추에이터를 제어하지 않는다. VGT를 제어하지 않아서 출력이 없는 것이 아니라 출력이 없으면 터보를 제어하지 않는다는 것이다.

기본적으로 커먼레일차량의 경우 공기량이 정상값이 나오지 않는 경우에는 출력이 발생하지 않는다. 위의 차량의 경우에도 공기량이 정상값(1000mg/st이상)의 60%수준밖에 표출되지 않아서 출력이 부족한 경우인데 그 원인이 연료시스템 때문인지, 공기시스템 때문인지를 구분하는것이 쉬운 진단이 아니다. 따라서 현장에서는 공기량이 낮은 경우의 수를 유형별로 정리해서 순차적으로 확인해 나가는 진단방법을 연습하는 것이 현장 진단에 효율적인 방법이다.

2 거버너 로드 조정 불량 사례
– 그랜드 스타렉스 진공 거버너 로드 조정 불량으로 가속 불량

1) 서비스 데이터 분석

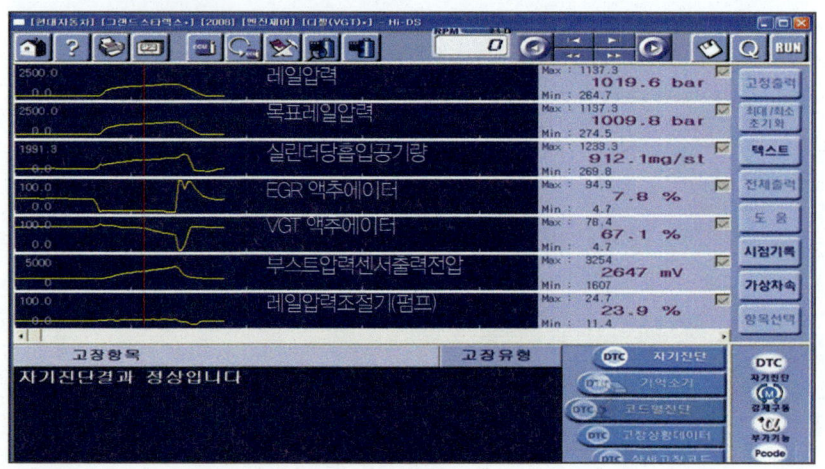

● 수리 전

속도가 50km/h 이전에서는 가속되지 않다가 중속 이상에서는 정상 가속이 이루어지는 차량이다. 스캔 툴 데이터에서 레일 압력이 1000bar에 도달하는 동안 VGT 액추에이터는 거의 제어되지 않는다. 이는 출력이 발생치 않으니 제어를 하지 않는것인데 초기출력부족의 원인을 찾아야 한다. 점검결과 이차량은 터보진공거버너의 기밀누설로 인해 진공거버너단품을 교환한 상태이다. 단품교환 후 증상 발생된 경우로서 거버너로드의 조정불량이다.

2) 로드 조정방법

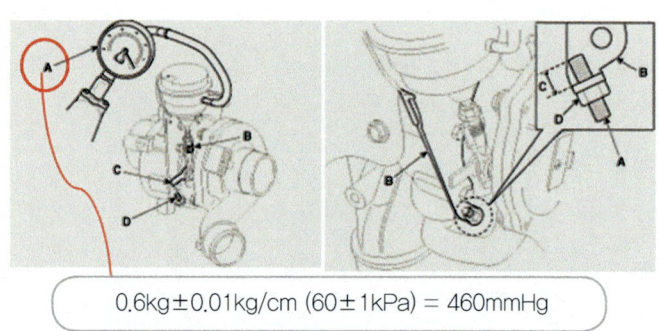

0.6kg±0.01kg/cm (60±1kPa) = 460mmHg

100m 출발선에서 출발 자세를 어떻게 잡아 주는가?

터보의 거버너 로드를 조정한다는 의미는 100m 달리기의 출발 자세를 잡아주는 것과 같다. 조정여하에 따라 출발 자세가 달라지면 초기의 출발이 늦어져서 뒤처지거나, 빨라져서 넘어지게 되는 것과 같은 의미이다.

원칙적으로는 로드를 조정하지 말아야 한다. 하지만 현장의 작업과정 내에서 고객과 견적의 갈등이라든지 부득이한 경우가 발생할 수 있다. 조정 방법만을 숙지해 보자

먼저 조정 대상은 두 가지이다. 하나는 거버너의 로드 길이이고, 다른 하나는 스톱퍼의 길이이다. 원칙적인 방법은 장착된 것과 동일하게 나사선 길이를 측정하여 동일하게 한 다음 마이티 백을 이용하여 진공 부압이 450mmHg 정도에서 거버너의 로드가 스톱퍼에 도착하여야 한다. 그렇지 못하다면 미세조정을 실시하여 정확하게 조정하여야 한다.

하지만 기계적으로 조정을 아무리 정확하게 하여도 터보 내부의 상태에 따라서 실제 구동될 때 그 성능을 잘 발휘할지는 알 수 없다. 따라서 단품의 교환을 지양하고 터보 어셈블리로 교환하는 것을 권장한다.

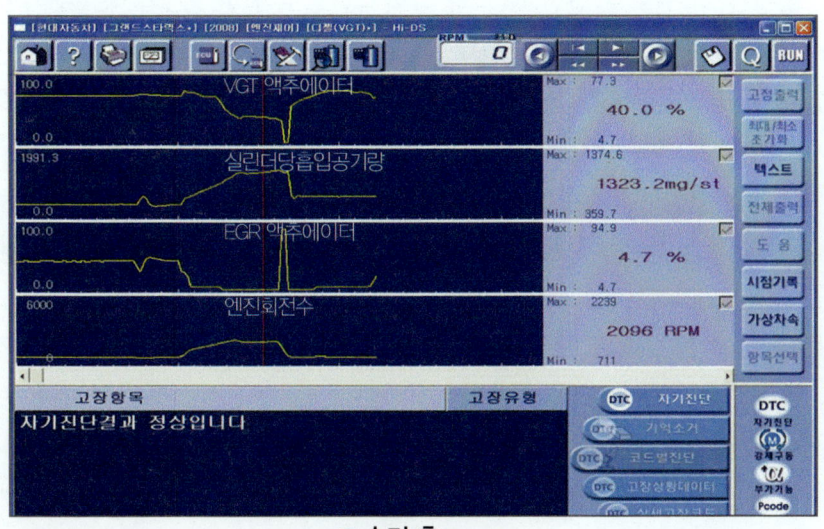

■ 수리 후

Ⅳ 배출가스 재순환 장치 고장 진단

1 개요

커먼레일 디젤 엔진에서 해결해야 되는 부분은 출력 상승과 연비의 문제보다 배출가스 저감의 문제가 더 당면 과제가 되고 있다. 배출가스 성분 중에 HC, CO의 경우는 가솔린의 1/10 수준이고 특히, 지구온난화 문제를 일으키는 CO_2의 문제는 가솔린 엔진 보다 유리한 측면이 있다. 하지만 디젤 엔진 특유의 PM과 NOx 문제(가솔린의 3~6배)는 해결되어야 할 과제이다.

엔진의 특성상 급격 연소로 인한 NOx와 착화지연으로 인한 PM의 배출량이 많이 배출될 수밖에 없는데 커먼레일 디젤 엔진의 연료 시스템과 후처리 기술로 인해 놀랄만한 성과를 만들고 있다. 유럽연합의 배출가스 기준인 유로 기준에 적합한 배출가스 규제를 위해 커먼레일 엔진은 많은 발전을 이루어 왔다.

그 과정에서 핵심 주제는 PM과 NOx 저감 기술이었다. PM 중 특히 문제가 되는 매연의 경우 DPF라는 배출가스 포집장치를 통해 거의 0g/km 수준으로 저감시킨 상태이다. 이러한 포집장치의 발전에만 국한하는 것이 아니라 포집된 것을 태워 재생시키기 위한 연료 시스템과 제반 장치들의 발전은 거의 완성단계에 와있다. 하지만 NOx(질소산화물)의 경우에는 아직까지 그 제어 기술들이 미완성되어 있는 실정이다. 그 이유 중 가장 큰 이유는 매연과 질소산화물의 생성 매커니즘이 서로 상반되기 때문이다.

질소산화물이라는 것은 연소실의 온도가 급격하게 높아져서 1500℃ 이상이 될 때 다량으로 발생하고 매연은 연소실의 온도가 낮을 때 즉, 불완전 연소 조건에서 다량으로 배출되기 때문이다.

연소실의 온도를 낮추는 방법은 혼합기에 공기 중 질소(N_2)에 비해 열용량이 큰 이산화탄소를 함유한 배기가스를 적절히 혼합하면 동일한 발열량의 연소를 하더라도 배기가스를 혼합하지 않은 경우에 비해 연소 온도가 내려가서 질소산화물의 생성을 억제할 수 있다. 하지만 연소실에 배출가스를 재순환시킴으로 해서 그 제어가 적절하지 못하는 경우에는 불완전 연소가 이루어지고 이로 인해 매연이 다량으로 발생한다는 것이다.

두 개의 배출가스 생성 원인이 다르다 보니 저감 시스템 또한 상반되게 구성되어 있다. 하지만 그 제어와 유지관리의 관점에서는 상호 연관성을 가질 수밖에 없다. 질소산화물을 저감하기 위한 장치들의 성능저하와 관리부실로 저감 장치들이 기능을 수행하지 못하게 되면 다량의 매연이 발생하게 됨으로 현장에서 관련 장치의 유지 관리 상품을 고민해 보아야 하겠다.

2 질소산화물의 저감 대책

1 선처리 장치

1) 파일럿 분사

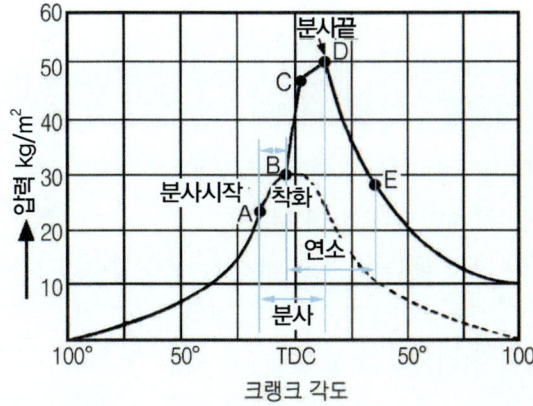

1. 분사 구간 : A~D
2. 연소 구간 : B~C
3. 노크 원인 구간 : A~B
4. A~B : 착화지연기간(연소준비)
5. B~C : 화염전파기간(정적연소기간, 폭발연소기간)
6. C~D : 직접연소기간(정압연소기간, 제어연소기간)
7. D~E : 후기연소기간(후연소기간)

B-C 구간의 급격연소 구간에서 질소산화물이 다량으로 발생하는데 A-B 구간의 착화지연 기간이 길면 길수록 그 정도가 더 심해진다. 따라서 착화지연 기간을 최소화하는 방법 중 하나로 초기 분사량을 줄이고 미리 점화분사(파일럿 분사)를 실시하여 급격연소를 줄이는 방법을 적용한다. 유로4 이상의 규제에서는 파일럿 분사를 2회 이상 실시하여 급격연소시의 소음, 진동과 질소산화물의 생성을 억제하고 있다.

2) EGR 시스템

연소되어 배출된 배기가스를 배기관과 흡기관의 압력 차이를 이용해서 연소실로 재순환시키는 장치이다. 유로 기준에 따라 제어방법과 정도가 다르다. EGR 밸브의 위치에 따라 고압 EGR과 저압 EGR로 구분되고, 제어방식에 따라 진공식 EGR과 전자식 EGR로 분류된다.

유로5 이상의 규제에서는 위치 센서를 이용한 피드백 기능을 수행하고, 전기 모터의 방식도 솔레노이드에서 DC 모터 방식으로 바뀌게 된다. 장치의 기계적 발전도 있겠지만 제어적인 측면에서 EGR의 순환률을 증대하고, 전영역에서 배출가스를 재순환시키고자 저압 EGR 시스템을 유로6 규제 이상에서 적용하고 있다.

2 후처리 장치

1) SCR 촉매

배출가스를 재순환시킬수록 질소산화물은 줄어들겠지만 엔진의 출력 측면에서는 15% 이상을 손해 보게 된다. 오염된 배기가스가 연소실로 재순환되면서 카본, 슬러지 등의 생성을 유발하게 되고 이로 인한 디젤 엔진의 손상은 생각보다 크다. 이에 후처리 장치로서 가솔린처럼 촉매를 이용하여 정화시키는 장치가 필요하게 된다.

기존의 디젤 산화촉매는 가솔린과 달리 잉여 산소 배출이 많고 배기 온도가 가솔린 보다 100℃ 이상 낮은 상태에서 환원작용을 효율적으로 수행할 수가 없었다. 이에 질소산화물만 포집하는 촉매가 개발되고 그중 하나가 선택적 산화촉매(SCR)이다.

문제는 SCR 촉매와 같이 NOx 전용의 촉매가 질소산화물을 포집하면 이를 환원시키기 위한 환원제가 필요하게 되는데 이때 "요소수"라는 암모니아를 환원제로 사용하는 경우와 "HC"를 환원제로 사용하는 경우가 있다. "요소수"를 사용하는 것이 SCR 촉매장치이고."HC"를 사용하는 것이 "LNT"촉매이다.

SCR 촉매장치의 경우 자동차에서는 "요소"가 배출되지 않으므로 외부에서 요소수를 촉매전단에 적절한 타이밍에 분사시켜 주어야 한다. 따라서 비용과 기술적인 문제가 발생한다.

2) LNT(Lean Nox Trap)촉매

포집된 질소산화물을 "HC" 즉 연료를 환원제로 사용하여 정화하는 촉매장치이다. 국내 차량의 경우 "2014년 그랜드 카니발"에서부터 적용이 되어 있다. 유로6 배출가스 기준을 만족시킬 수 있는 장치이다.

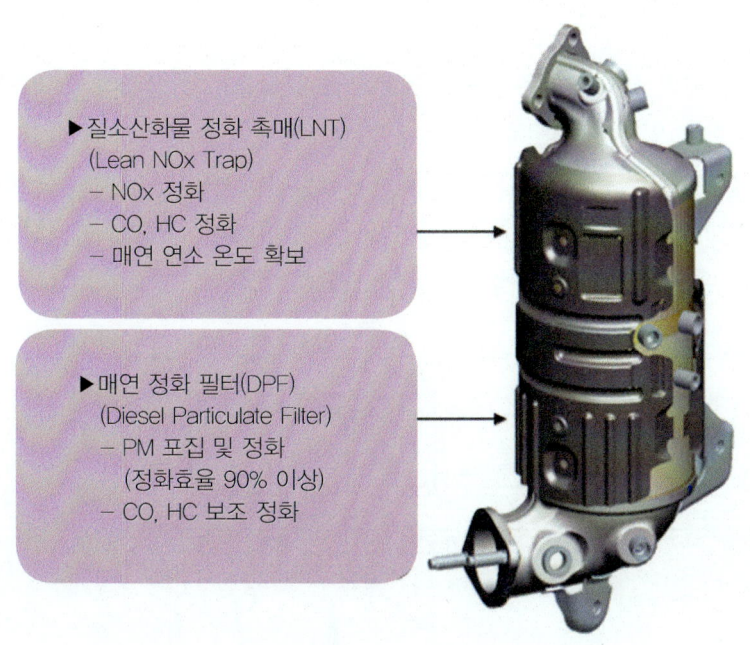

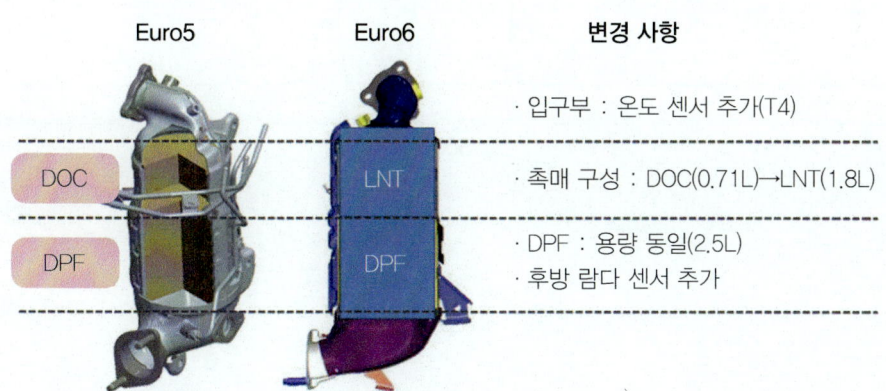

혼합기가 희박한 상태에서 질소산화물을 포집한 다음 농후한 조건을 만들어서 환원시키는 방법이므로 연료 시스템 제어로직에서 후분사의 패턴이 기존 방식보다 더 분사되어야 한다.

LNT 촉매가 기존의 가솔린 엔진 특히 GDI 엔진 방식에서 사용되어 왔지만 디젤 엔진에서는 적용이 쉽지 않았던 이유는 황 성분에 의한 피독 때문이다. 경유 성분 중에 황 성분으로 인한 피독으로 촉매의 포집 성능이 저하되는 것을 방지하기 위한 탈황과정이 필요하다.

피독된 촉매의 탈황과정은 온도를 600℃까지 상승시켜 탈황하게 되는데 DPF 재생 후 탈황 과정에 진입한다. DPF는 500km 주행마다 자동 재생모드에 진입하지만 LNT 촉매의 탈황을 위한 후분사는 1000km 주행마다 실시하게 된다. 문제는 LNT 촉매가 700℃ 이상에서 그 내구성이 현격히 문제를 일으킬 수 있다는 것이다. 인젝터의 후분사를 제어하기 위한 온도 센서의 추가적인 적용이 필요하게 된다.

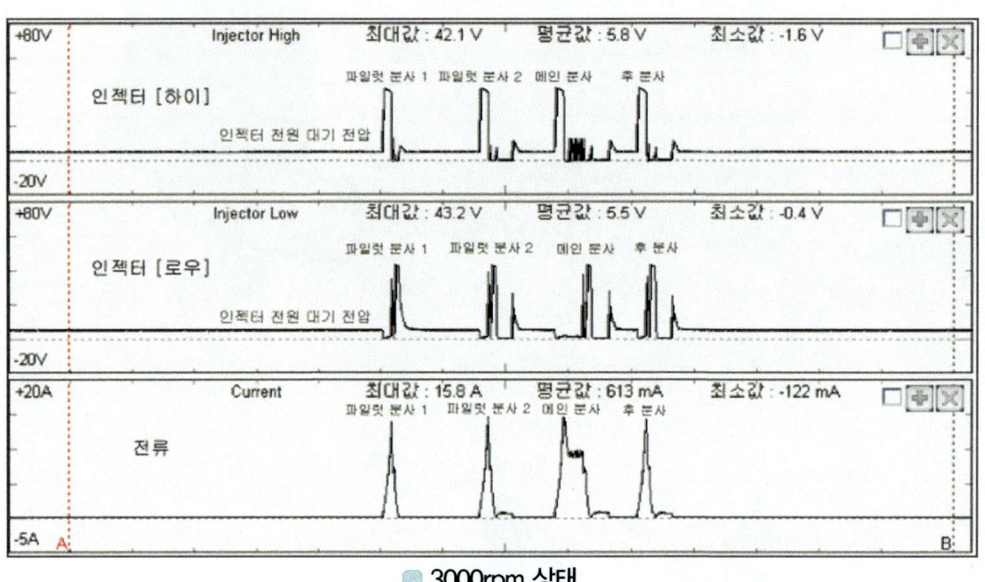

3000rpm 상태

3　EGR 제어 시스템 (배출가스 재순환 장치)

1　EGR 제어 기술의 발전 과정

EGR 제어기술의 발전은 배출가스 규제 정도에 따른 대응이다. 유로3 규제에서는 진공 다이어프램을 이용한 제어 정도로 가능한 일이었고, 유로4 규제로 넘어오면서 배출량을 1/2로 줄이기 위한 방법으로 보다 넓은 영역과 보다 정밀한 제어가 필요하게 된다.

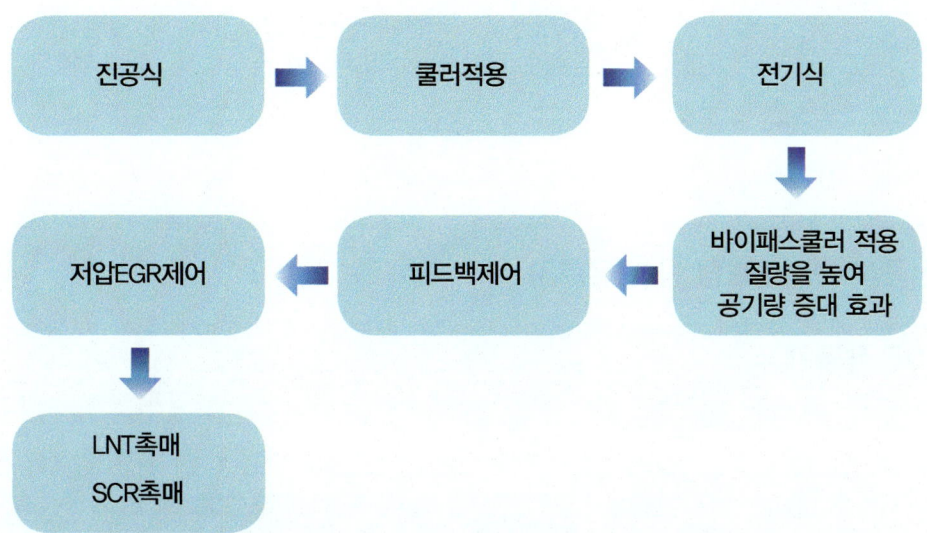

간접적으로 진공을 단속하지 않고 직접적으로 전기적 솔레노이드를 이용하여 밸브를 단속하는 전자 EGR 시스템을 통해 제어의 범위를 기존 진공식보다 2배 이상 늘릴 수 있게 되었다. 유로5 규제에 접어들면서 전자 EGR의 작동을 피드백 함으로써 제어의 응답성을 기존보다 2배 정도 빠르게 제어하면서 배출가스의 순환률을 증대하여 대응하고 있다.

유로6 규제에서는 유로5 규제보다 질소산화물을 1/2로 저감해야 되므로 기존의 고압 EGR에서 출력 손실 때문에 제어될 수 없었던 중고속 영역에서의 제어가 필요하게 되어 저압 EGR이란 시스템을 적용하게 된다. 더 나아가 질소산화물만을 흡장하여 환원시키기 위한 후처리 장치로서 SCR 촉매, LNT 촉매 등이 등장하게 된다.

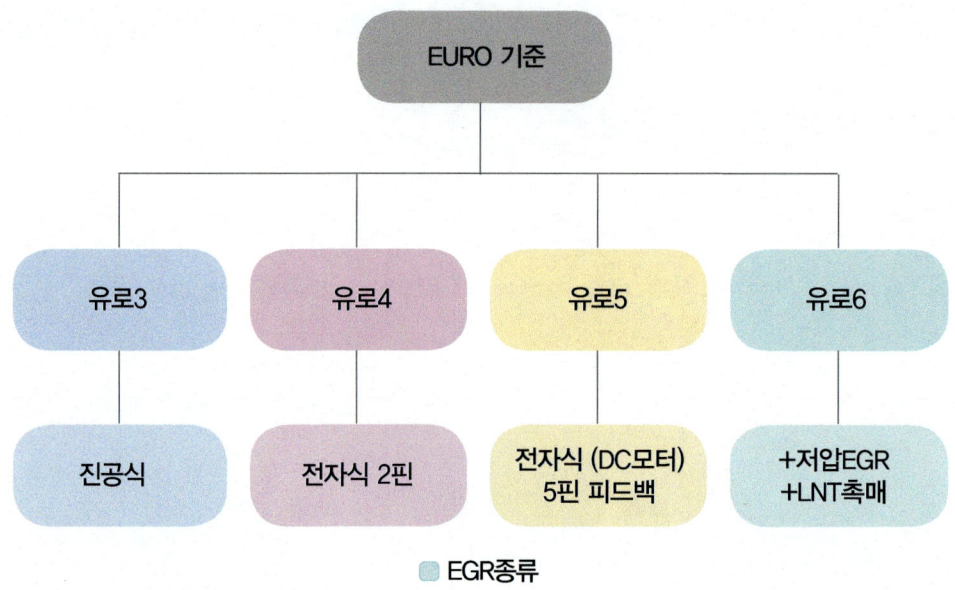

2 진공식 다이어프램 방식(유로3)

1) EGR 작동 개요

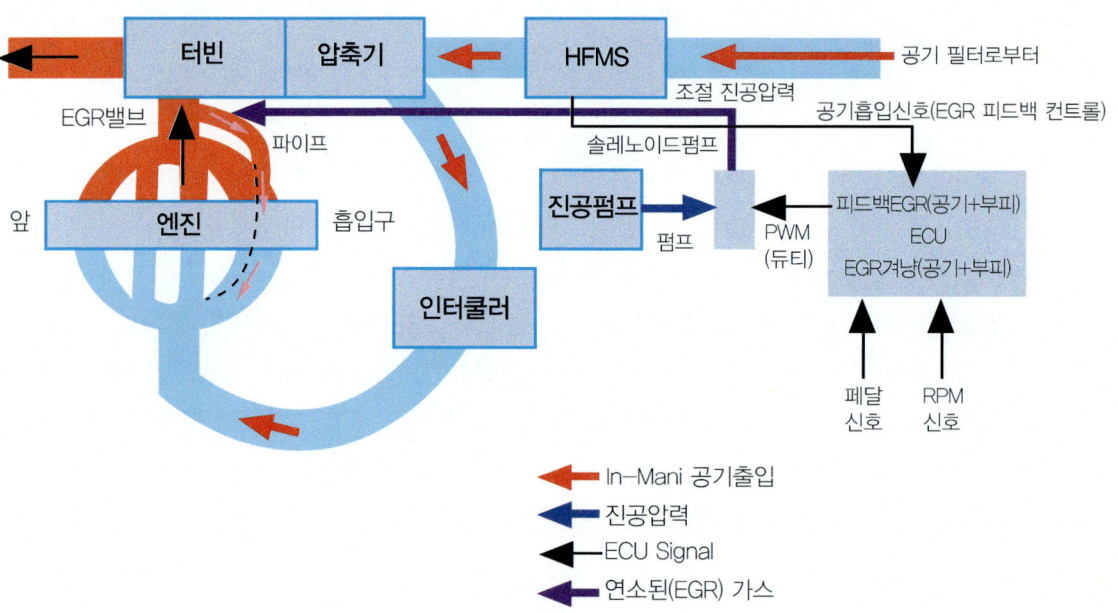

4. 공기 시스템

　배출가스를 흡기라인 입구까지 순환시키기 위해서 배기라인 중에 가장 압력이 높은 위치인 터빈 입구 전에 EGR 밸브를 위치시킨다. 유로3에서는 진공 펌프의 진공을 단속하여 EGR 밸브의 작동을 단속한다.

　ECU는 온도, 공기량, APS, rpm 등의 입력신호를 분석하여 진공 액추에이터에 듀티 제어를 실시하고 진공 액추에이터는 진공 펌프의 진공을 단속하여 EGR 솔레노이드의 다이어프램을 열고 닫음으로서 밸브 개폐를 실시한다.

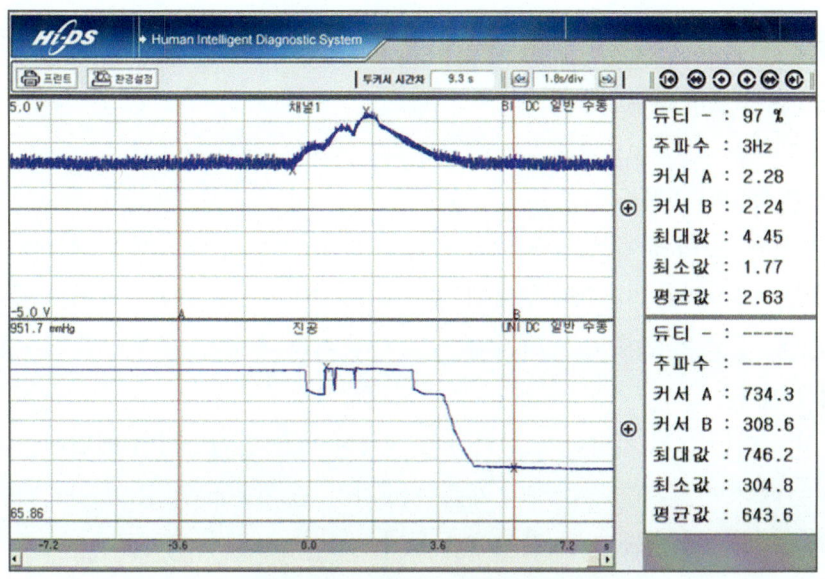

EGR 듀티 제어와 진공부압값의 변화

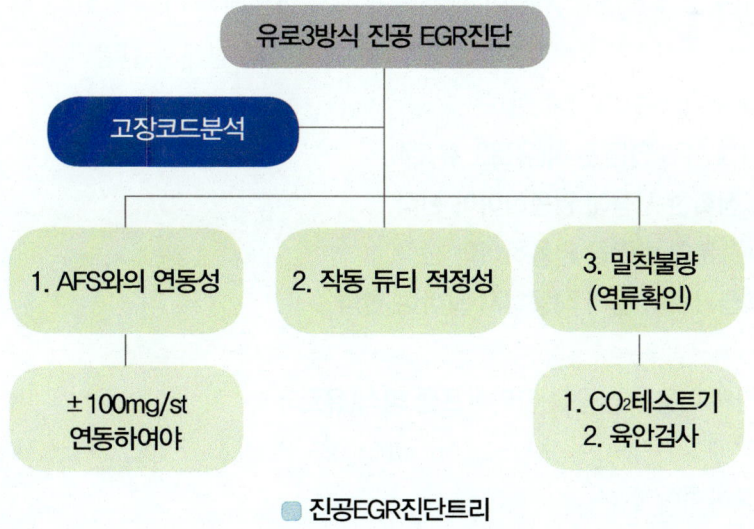

진공EGR진단트리

		작동시 기준값	고장 기준 (무거움, 진공누설)
현대 · 기아	구	30~40%	20% 이하
	신	50~60%	70% 이상
쌍용		50~60%	70% 이상

◯ 작동듀티 적정성

2) 고장진단 방법—EGR과 공기량의 연동성

① EGR 밸브 고착 여부

㉮ 스캔 데이터 이용

EGR 밸브의 위치로 인해 고압 EGR의 경우 밸브가 열리게 되면 배기가스의 압력이 낮아진다. 즉, 배기의 누설이 발생되는 것이다. 배기가스 압력이 줄어들게 되면 터빈을 돌리는 속도도 느려지게 되고 압축기의 속도가 줄면서 흡입 공기량이 적게 유입된다.

일반 디젤 엔진 차량에서 공기량은 계측할 필요가 없었지만 커먼레일 디젤 엔진에서는 공기량 센서를 장착하여 계측하는 가장 큰 이유가 EGR 피드백 제어 때문이며, EGR이 작동되면 공기량 값이 줄어든다.

ECU는 AFS 신호를 받아 PWM 제어를 하는데 밸브 듀티가 높다고 반드시 재순환량이 많은 것이 아니다. 엔진 내의 흡배기 압력차에 의해 실제 순환량이 달라진다. 이러한 실제 순환량을 AFS의 신호를 통해서 피드백을 하는 것이다. 즉, 스캔 데이터에서 "EGR 액추에이터" 듀티는 ECU의 의지이고 실제 순환량은 EGR과 AFS의 연동성을 보고 판단하여야 한다.

· EGR & AFS 연동 원칙(유로3. 유로4)
㉠ 정확한 시점에 연동하여야 한다.
㉡ 충분한 량만큼 연동하여야 한다.
㉢ 급가속시 절대 작동하지 말아야 한다.

㉯ 마이티백 이용 – 진공식 다이어프램 방식(유로3)

마이티백을 이용하여 200~250mmHg 정도의 진공 부압을 가했을 때 밸브가 열리기 시작하여야 한다.

4. 공기 시스템

② 제어 듀티의 적정성

액추에이터듀티의 의미는 100%의 펌프진공을 얼마만큼 EGR솔레노이드, 즉 진공 다이어프램을 작동시키는데 전달시킬것인가의 의미이다. 정상적인 차량의 경우 보통 50~60%정도의 진공만 통과시켜주어도 충분히 다이어프램을 들어올릴 수 있으나 펌프진공이 누설된다거나, 다이어프램이 경화된다거나, 진공액추에이터 단속이 불량일 경우에는 액추에이터 듀티가 70%를 넘어가게 된다. 따라서 적정듀티인 50~60%이내 작동듀티가 인가되고 이에 공기량이 연동되는지 살펴보아야 한다.

③ 밀착 불량 여부

유로3 진공식 EGR의 경우 진공 다이어프램의 스프링 상수가 강하여서 고착되는 경우보다는 열 변형으로 인한 밀착 불량이 많다.

밀착이 불량인 경우를 진단하는 방법은 CO_2 측정기를 이용하는 방법과 육안 검사 방법이다. 육안 검사 방법은 스로틀 입구의 호스를 탈거하여 가속시 백연이나 청연이 발생하는지 확인하면 될 것이고, CO_2 측정기를 이용하는 방법은 스로틀 입구쪽의 호스를 탈거한 후 EGR 순환 라인까지 깊숙이 검출 봉을 넣어서 EGR의 미작동 구간에서 CO_2값을 측정하면 된다. EGR이 스캔 데이터 상 닫혀있는데 CO_2값이 표출된다면 밀착이 불량한 것이다. 가장 정확히 진단하는 방법이다.

EGR	유로3	유로4
제어방식	진공 다이어프램	전기 솔레노이드
스프링 상수	17kg	3kg
배출 기준량	0.5g/km	0.25g/km

■ 유로3 & 유로4 차이점

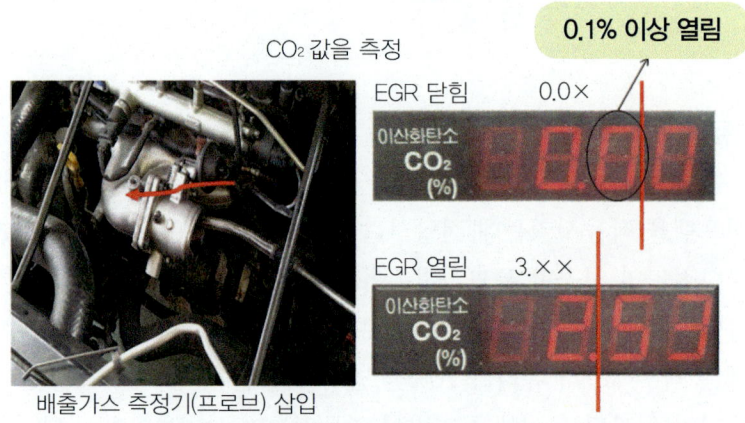

● EGR 열림 고착 진단(미세한 밀착 불량)

3 전자식 EGR (유로4 이상)

1) 전자 EGR 구성도

◼ 전자식 EGR 구성부품

 기존의 진공식 EGR이 간접적으로 솔레노이드 밸브를 단속하던 것을 전기 솔레노이드가 직접 밸브 스프링을 제어하여 통로를 개폐한다. 스프링의 상수가 약하여서 작은 전류로 넓은 범위에서 제어할 수 있다.

2) 쿨러의 적용

쿨러 종류	특징		적용
원통형	벌집 모양 (Honeycomb type)	부동액 누수 많이 발생	유로3, 4
사각형	라디에이터 모양	EGR 고착시 막힘 확인 '2014년식부터 개선됨' -쿨러 냉각핀 커짐	유로4, 5, 6

◼ 원통형 쿨러　　　　　　　　　◼ 사각형 쿨러

3) 전자 EGR의 종류

EGR 종류	특징	적용 기준	작동 듀티	제어 방식
2핀	솔레노이드	유로4	기본 맵 : 40~45%	솔레노이드
5핀	포텐쇼미터 방식 위치 센서	유로4	목표 EGR 값	솔레노이드
5핀	홀 센서 방식 위치 센서	유로5	EGR 제어 편차량	DC 모터

2판 전자 EGR

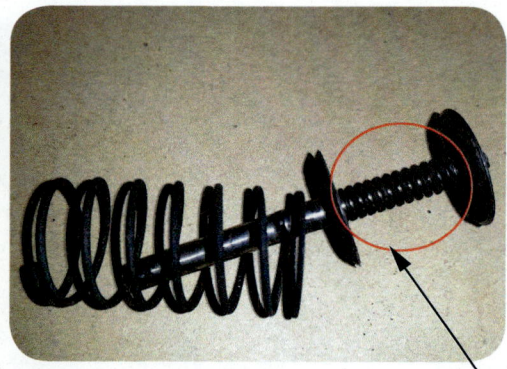

고착 부위

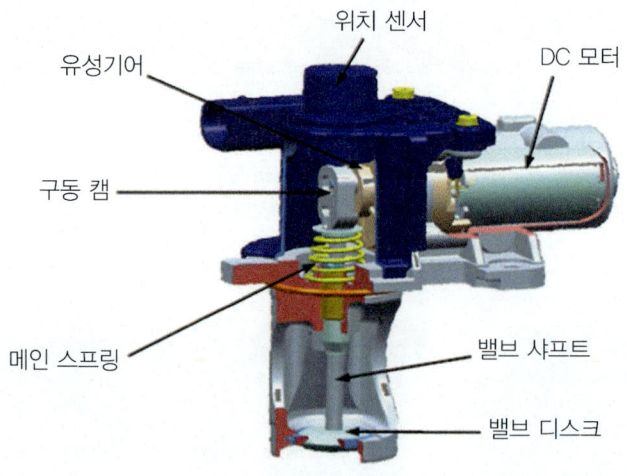

R엔진 EGR

4) 고장 진단 방법

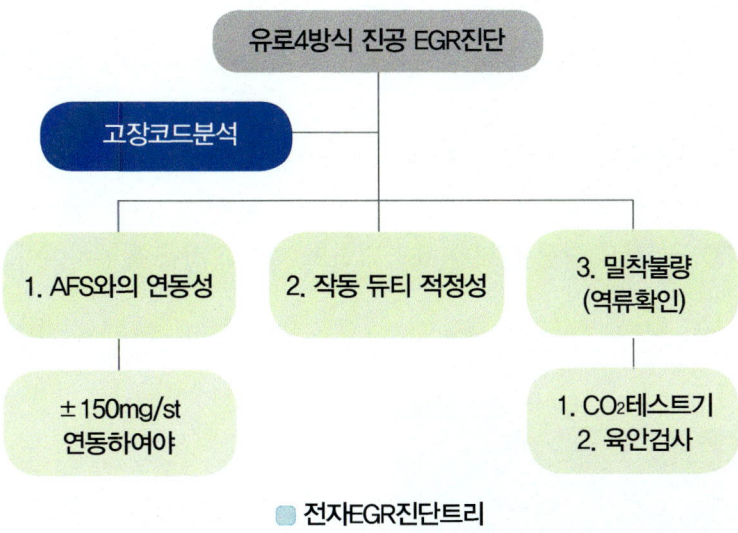

● 전자EGR진단트리

배출가스기준	작동시 기준값		고장 기준 (무거움)
유로4 전자식	40%~50%		50% 이상
유로4 피드백 (봉고, 그랜드카니발 VGT)	위치값	40%~50%	70% 이상
	밸브 듀티값	10%~20%	40% 이상
	목표EGR	450±30mg/st	500mg/st~

● 듀티적정성

① AFS & EGR 연동성

㉮ 정확한 시점에 연동

EGR 액추에이터는 46.3%로 제어되고 있지만 공기량이 줄어들지 않고 있으며, ECU가 다시 열림 제어를 하고서야 공기량이 줄어들고 있다. EGR 밸브 스프링의 고착이 의심된다.

유로4 규제에서 EGR은 5% 닫힘 45±5% 열림 맵으로 제어된다. EGR 밸브 스프링이 고착되어 무겁게 되면 더 많은 힘이 필요하고 작동 듀티도 50%를 넘어간다. 현장에서 50% 이상의 작동 듀티가 표출되면 밸브의 고착을 확인하여야 한다.

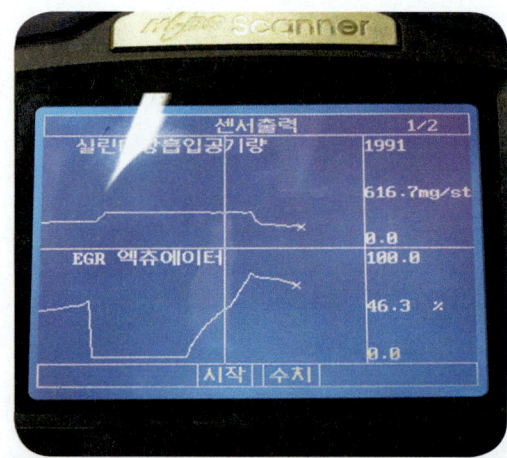

㉮ 충분한 양만큼 연동

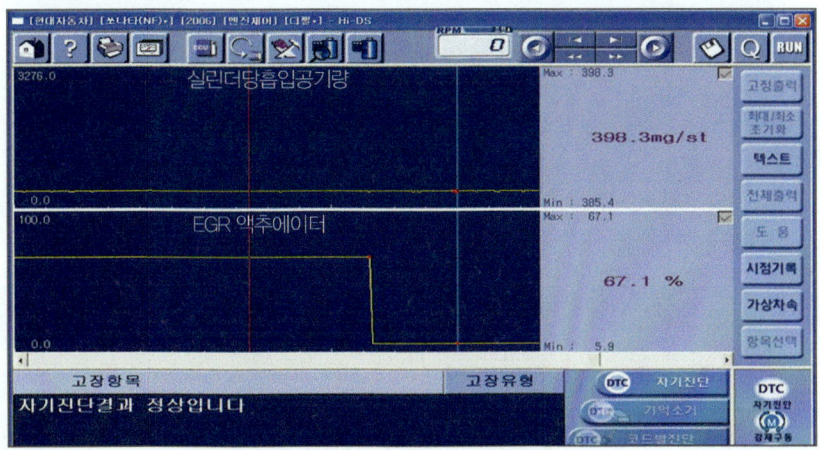

듀티 67.1%로 액추에이터를 작동시켜 밸브 스프링을 눌러도 공기량이 거의 변화하지 않는다. 유로3 규제의 경우 100mg/st 이상 공기량이 변화되어야 하고 유로4 규제의 경우는 120~150mg/st 이상 공기량이 변화되어야 한다.

㉯ 가속시 닫힘

가속 중 EGR의 제어에 의해 터빈의 속도가 떨어지면서 엔진의 출력이 정상 출력의 70% 수준으로 낮아진 상태이다. 제어 영역 이외에서 제어되는 것은 ECU 로직의 문제이다. D엔진 유로4 방식의 차량에 한해서 "EGR 제어 로직 개선"이라는 업그레이드 항목이 있다. 대상 여부는 시스템 사양의 정보에서 ROM ID가 "~~~~S"로 끝나는 차량들은 "~~~~T"로 업그레이드 하여야 한다.

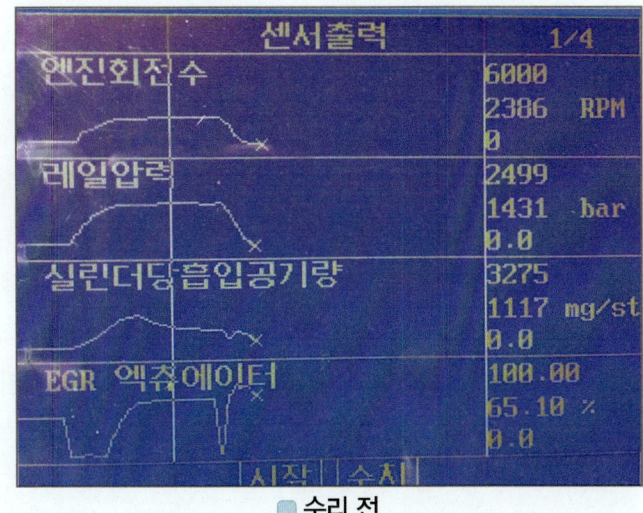

■ 수리 전

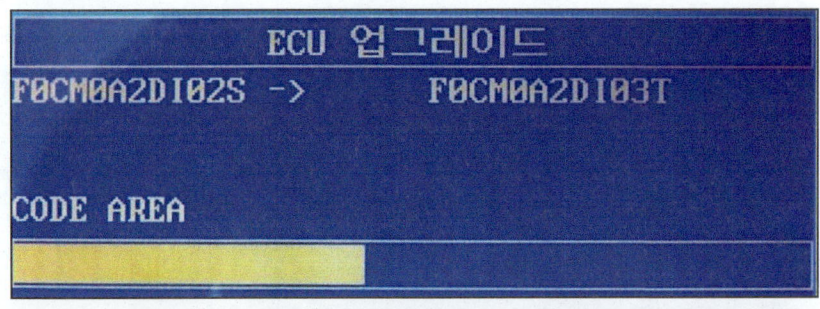

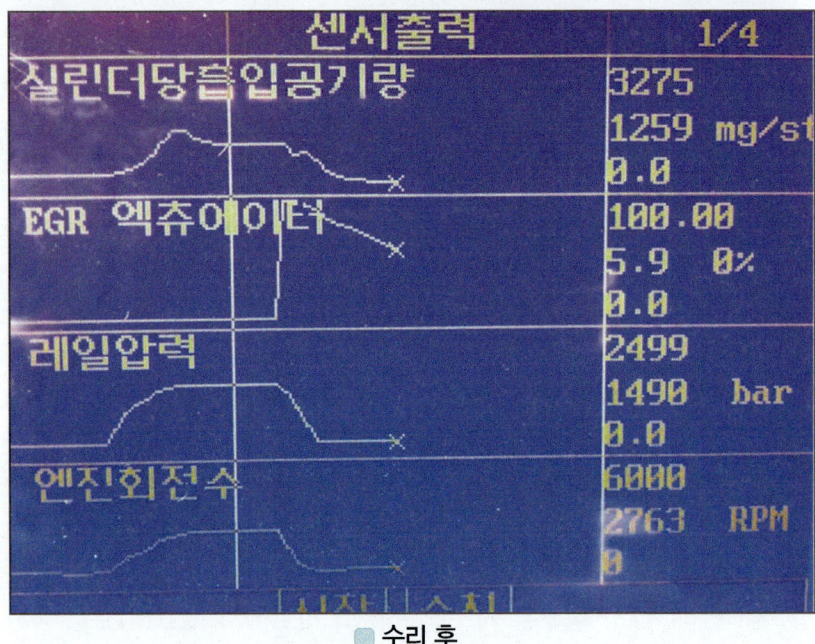

◼ 수리 후

수리 후 스톨 응답성 및 최고 스톨 rpm 또한 300rpm 이상 개선됨을 알 수 있다.

② 5핀 EGR 진단 방법
㉮ 피드백 시스템

커먼레일 차량에서 soot에 의해 오염될 수 있는 부품에는 피드백 회로를 구성하여 모터가 시동을 끌 때 항상 닫힘 값과 열림 값을 학습하는 기능을 적용하였다. 가변 스월 밸브, 전자 스로틀 밸브, 전자 EGR이 대표적인 것으로 학습을 한다는 것은 수리 후 반드시 학습값을 초기화 하여야 한다는 것이다.

피드백을 하기 위해서는 모터의 위치를 감지하는 위치 센서가 적용되어야 하며, 이를 통해 피드백을 실시하고 고장을 진단한다. soot의 오염으로 인해 카본이 형성되어 모터가 밸브를 열어주는데 더 많은 힘이 필요하다면 한계점까지는 계속해서 듀티를 상승시켜 학습을 한다.

　전자 EGR 듀티가 초기의 맵값인 40%대를 넘어서서 50% 이상이 되어 간헐적으로 고장의 증상이 나타나는데도 고장 코드가 표출되지 않는 이유이다. 하지만 전자VGT 액추에이터와 같은 경우는 오염 여부와 상관이 없으므로 위치 센서를 통한 학습으로 그 범위를 조금이라도 벗어나면 고장 코드를 표출한다.

　전자 EGR 피드백 회로가 적용된 EGR 시스템의 경우 위치 센서를 통한 피드백을 위해서 반드시 목표값이 주어진다.

㉯ 목표 EGR 대비 실린더당 흡입 공기량

　ECU는 rpm에 대비하여 현재의 엔진 조건에서 EGR을 제어하기 위해 공기량을 계측하고 EGR을 맵값 만큼 제어한다. 이때 EGR을 작동시켰을 때 목표 실린더당 흡입 공기량을 "목표 EGR" 혹은 "EGR 요구량"이라는 데이터로 표출한다.

　정상적인 차량이라면 공전시의 목표 EGR량과 실린더당 흡입 공기량의 값이 120~150mg/st 이상 차이가 날것이다. 하지만 EGR이 고착되어 밸브의 작동이 무거우면 밸브를 누르는 힘이 더 필요하기 때문에 ECU는 목표값을 조정하여 실제 공전시 공기량(그랜드카니발 기준 600~650mg/st)수준까지 올려놓게 된다.

　따라서 공전시에 EGR 밸브가 작동되지 않는 구간에서 실린더당 흡입 공기량과 목표 EGR량의 편차가 120~150mg/st이상 발생하지 않는다면 EGR 밸브의 무거움 및 고착을 의심하여야 한다.

㉰ 기준 데이터 정리-유로4 기준, 예)그랜드 카니발 VGT

스캔 툴 데이터	정상 차량 기준값 (공전, 온간시)	고장 기준(공전, 온간시)
목표 EGR	410~450mg/st	500mg/st~~ 공전시 공기량
EGR 밸브 듀티값	10~20%	40%이상
EGR 포지션	30~40%	70%이상
EGR 위치 학습값	50%이하	70%이상

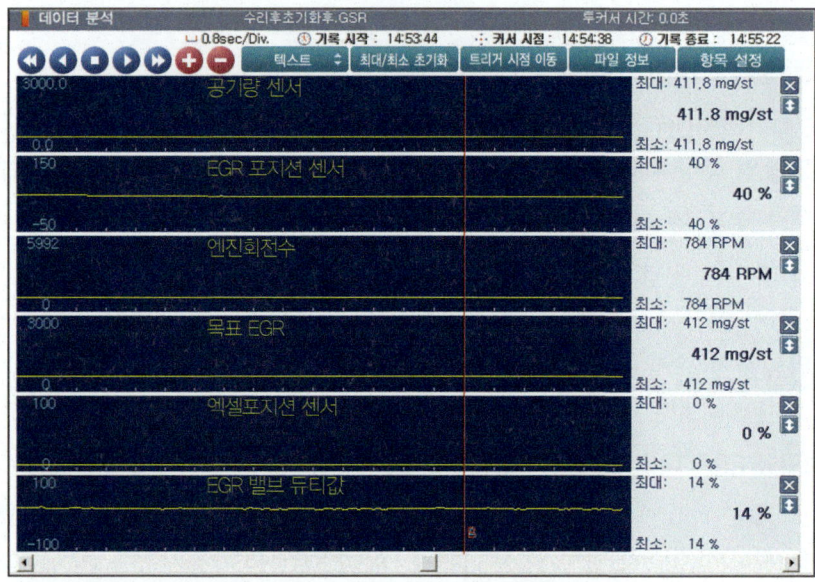

공전시에 EGR 밸브가 작동될 때 실린더당 흡입 공기량이 목표 EGR량과 같아야 한다. 목표 공기량을 412mg/st 정도로 줄이기 위해 ECU는 EGR 밸브 듀티를 14% 인가하였고 이때 실제 모터의 움직임은 40% 만큼 움직였다. 그 결과 현재 실린더당 흡입 공기량이 411mg/st 정도로 목표 EGR량과 같아지고 있다.

만약 아래의 스캔 툴 데이터에서처럼 EGR 밸브 듀티를 인가했는데도 목표 EGR량 만큼 공기량이 줄어들지 않으면(435mg/st) 밸브 듀티값은 더 인가(15%)하고 이에 따른 모터의 움직임(50%)도 더 많이 움직일 것이다.

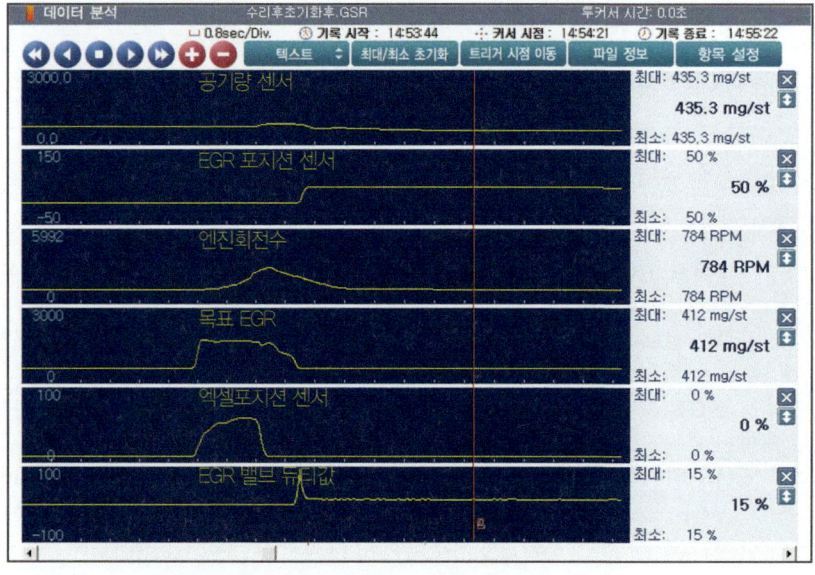

㉔ 고장 진단 방법

"밸브 포지션"의 데이터와 "밸브 위치의 학습값" "목표의 EGR" 데이터를 통해 고장을 진단할 수 있다. EGR의 피드백 효과로 인해 보정의 한계 값까지 가기 전에는 고장 코드의 발생이 잘 표출되지 않으므로 데이터를 확인하여 EGR 밸브의 무거움을 진단하고 수리하여야 한다.

피드백 시스템은 수리 후 학습값을 초기화 하여야 한다. 초기의 닫힘 열림값을 ECU에게 보고하여야 부품의 작동이 정상적일 수 있다. 부품을 교환한 후 초기의 학습 지연으로 인한 유해 배출가스를 저감하기 위함이다.

이러한 초기화의 로직을 이용한 고장 진단을 실시해 보자. 만약 고장의 데이터를 나타낼 때 학습값을 임의로 초기화시키게 되면 고착의 정도가 심하지 않은 차량이라면 목표의 EGR량에 비슷하게 실린더당 흡입 공기량이 줄어들고 나머지 데이터들도 정상값에 가깝게 동기 되면서 초기화시킨 데이터를 유지할 것이다.

하지만 카본의 고착이나 고장이 발생된 EGR 밸브의 경우 초기화를 실시하여도 초기화가 이루어지지 않거나 초기화의 값이 오래 유지되지 못할 것이다. 초기화 전에 나타난 "목표 EGR" "EGR 포지션" 센서의 데이터를 보고 고장을 판단할 수 있지만 초기화라는 스캐너의 기능을 이용해서 진단해 볼 수도 있다.

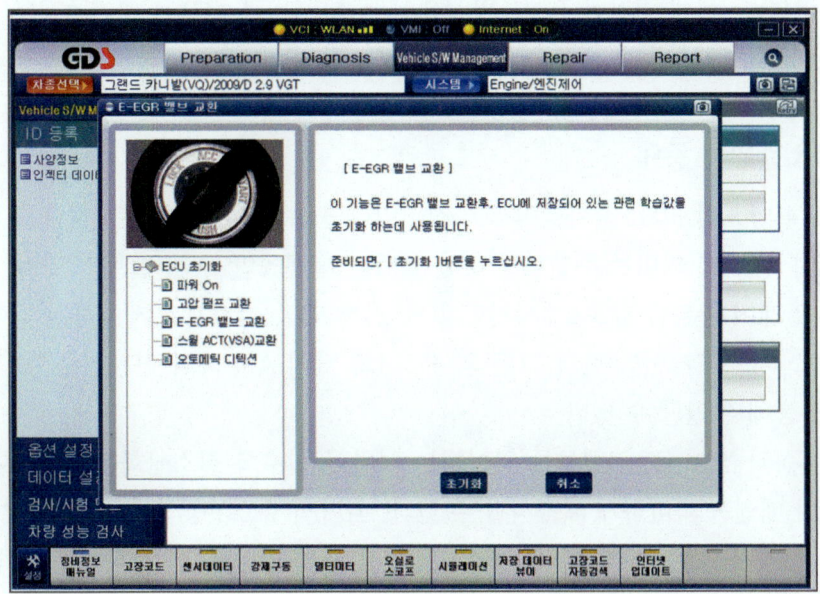

4 유로 5 규제 방식의 EGR 시스템 (현대·기아 R엔진 기준)

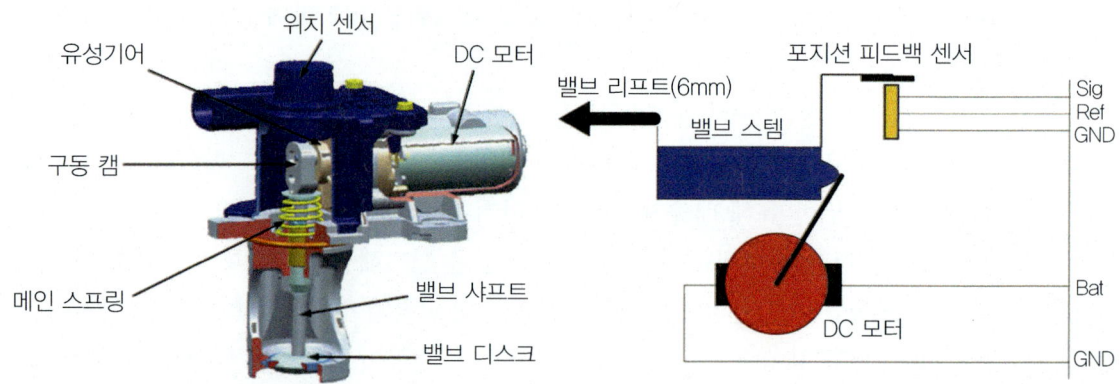

1) 위치 센서 개선 적용

유로4 방식에서 5핀 EGR의 경우 위치 센서 방식이 포텐쇼미터 방식을 적용하였다. 이 방식은 접촉식이기 때문에 오랫동안 사용으로 인해 저항이 발생하여 정밀한 피드백이 부족하였다. 이에 비하여 유로5 방식에서는 홀 센서를 이용한 비접촉식 위치 센서를 적용함으로써 내구성 및 정밀성을 개선하였다.

2) EGR 순환률 증대

유로4 방식이 EGR 순환률이 50%정도였다면 유로5 방식에서는 60%를 넘는다. 재순환률의 또 다른 의미는 주행하는 동안 얼마나 오랫동안 EGR 밸브가 열려있느냐이다.

EGR 제어 듀티를 유로4에서처럼 40% 기본 맵값을 가지고 제어하는 것이 아니라 1% 단위로 피드백 제어를 한다. 기존의 유로4와 달리 AFS와의 연동성을 "EGR 제어 편차량"을 통해 확인할 수 있다.

오른쪽과 같이 EGR 밸브를 열어두는 시간이 길수록 질소산화물의 배출은 저감할 수 있으나 매연을 과다하게 배출시킬 수 있다. 따라서 유로5 방식에서는 배출가스의 재순환률을 증대시키고 이로 인한 매연의 발생은 DPF의 위치를 배기 매니폴드와 일체화시켜 재생의 주기가 유로4 방식보다 1/2정도 짧게 하여 NOx와 PM을 모두 저감하고자 한다. 하지만 이로 인한 문제는 흡기 라인의 심각한 오염으로 이어진다.

4. 공기 시스템

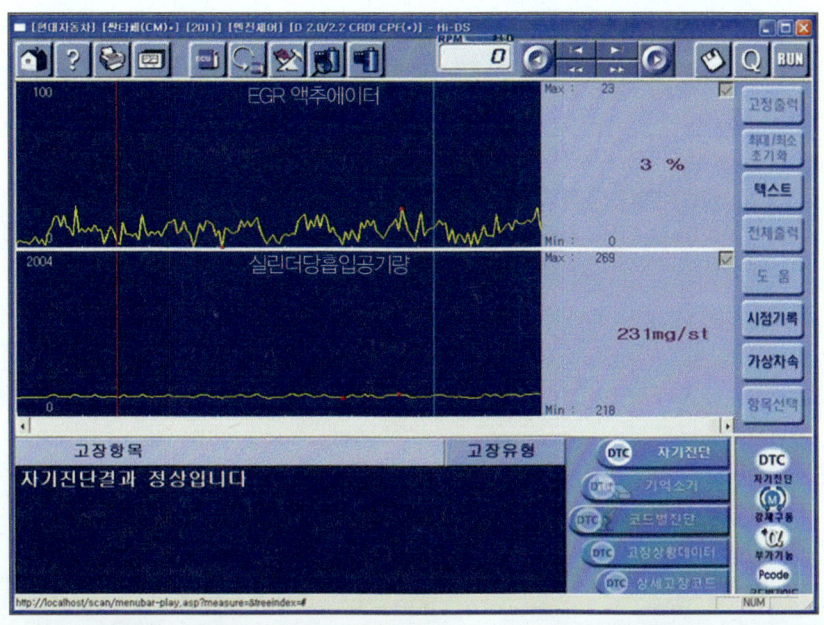

 이러한 흡기 라인의 오염과 퇴적은 ACV(에어 컨트롤 밸브)의 오작동을 일으켜 시동의 꺼짐, 가속 불량 등의 고장을 발생시킨다. 정기적인(2년 40,000km마다) 관리를 반드시 하여야 한다.

아래의 데이터에서 공전시 수시로 스로틀 플랩이 100% 작동되어 닫힘 제어를 한다. 카본의 퇴적으로 오작동을 일으키고 있다. 가속시에 간헐적인 시동 꺼짐이 발생할 수 있다. 따라서 스로틀바디의 카본퇴적에 대한 주기적인 크리닝작업이 반드시 필요하다.

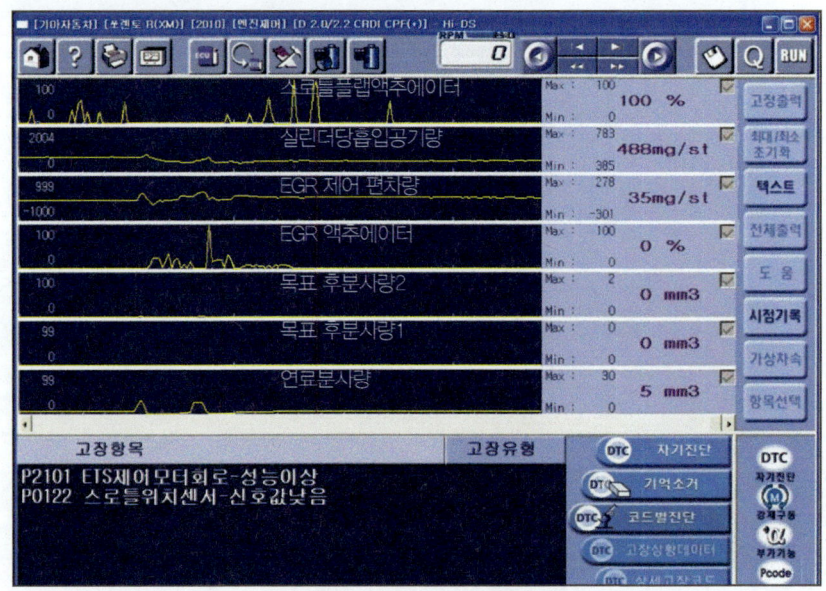

● 쏘렌토R 간헐적 시동꺼짐 사례

3) 람다 센서 적용

유로4에서도 적용이 되었으나 선택적으로 적용되었고 유로5 규제에 와서 필수적용이 되었다.

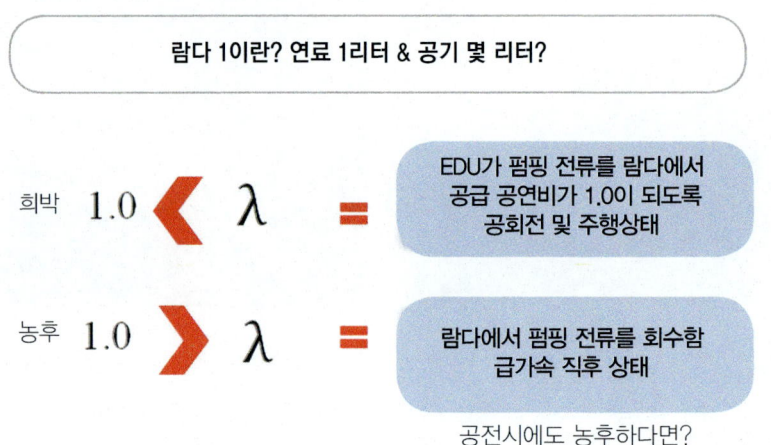

가솔린 엔진의 산소 센서 개념이 아니라 린번 엔진의 람다 센서 개념이다. 디젤 엔진의 배출가스는 기본적으로 초희박 엔진이므로 산소 센서가 활성화될 수는 없다. 단지 잉여 산소의 량을 계측하고 농후 정도만을 평가하여 EGR 제어에 피드백을 실시한다.

커먼레일 디젤 엔진의 경우 온간시에 EGR 작동 여부에 상관없이 항상 람다 값이 "3" 이상을 표출한다. EGR 작동 여부에 따라 공기 과잉률이 1~2정도 변화할 뿐이다.

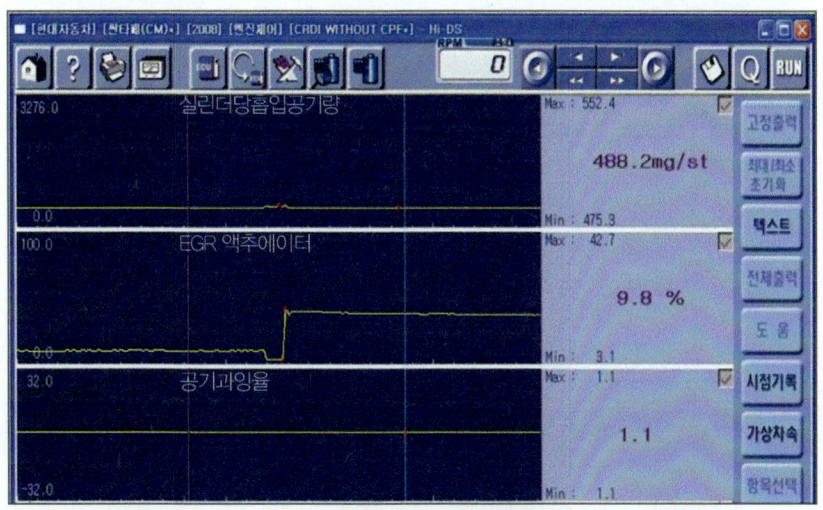

위에 보이는 데이터에서 공기 과잉률이 1.1을 표출하는데 이것은 배출가스가 농후하다는 뜻이다. EGR 밸브의 듀티가 9.8%에서 42.7%까지 변화하는데도 공기량은 변화되는 값이 없다. EGR이 닫힘 상태에서 고착된 것으로 공기 과잉률을 비교해 보면 완전 닫힘의 고착이 아니라 밀착이 불량한 상태로 고착되어 있다고 볼 수 있다.

4) EGR 쿨러 바이패스

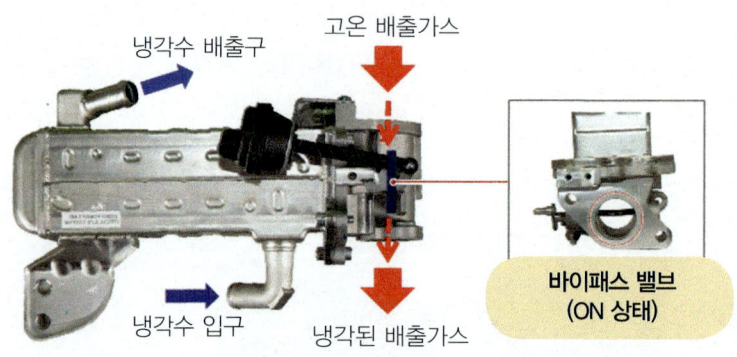

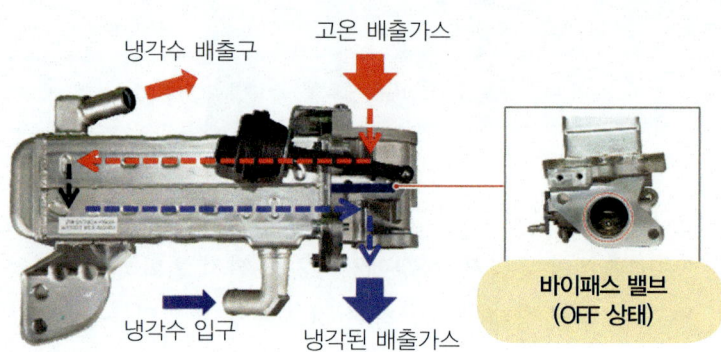

고온의 배출가스는 쿨러를 통해 냉각되어 밀도가 높아진 상태에서 연소실로 공급함으로써 공기의 효율을 높일 수 있다. 하지만 커먼레일 디젤 엔진의 배기가스 온도가 너무 낮을 경우 촉매가 활성화되지 못하여 HC, CO의 정화 능력이 떨어지게 된다.

따라서 초기 냉간시에 배기가스 온도가 너무 낮아지지 않도록 EGR 쿨러를 경유하지 않고 연소실로 순환하도록 하며, 냉각수온이 55℃를 초과하여 온간상태가 되었을 때 쿨러를 경유하여 순환되도록 만든 장치가 바이패스 쿨러이다. 진공 펌프의 진공을 진공 액추에이터를 통해 단속하여 제어한다. 고장시에는 바이패스 밸브를 상시 ON시킨다.

5) 고장진단방법

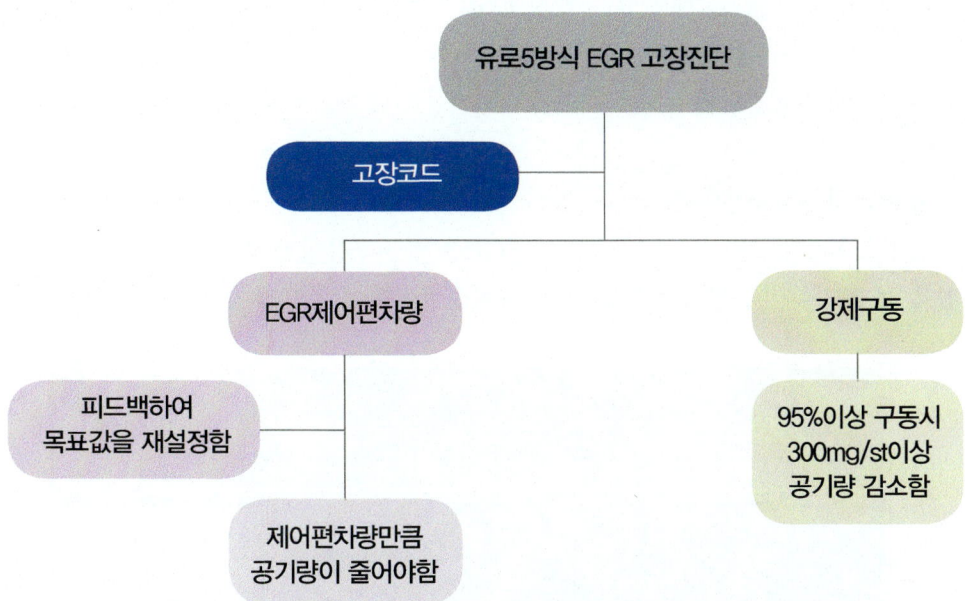

① EGR제어편차량의 의미

EGR이 작동될 때 줄이고자 하는 목표 공기량값이다. ECU는 피드백회로를 통해 학습을 하고 계속적으로 이 목표값을 설정한다. 정상적인 R엔진의 경우 기본 편차량이 공전시에 "-200~250mg/st"값을 나타내며 실제로 EGR이 작동되어 공기량이 설정된 EGR제어편차량만큼 줄어든다면 EGR은 정상적으로 작동한다고 볼 수 있다.

하지만 ECU는 학습을 통해 목표값을 재설정함으로 EGR밸브가 무거워지거나, 순환

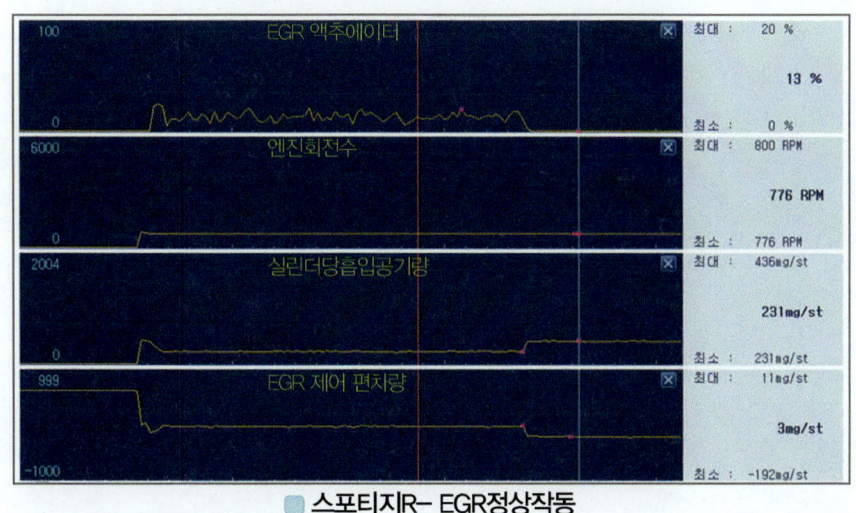

스포티지R- EGR정상작동

통로가 막히거나하면 제어편차량을 점점 줄여나가게 된다. 정상적인 차량의 제어편차량을 숙지하지 못한 상태에서는 단지 EGR제어편차량만큼 공기량이 줄어들었다하여 정상적이다 할 수 없게 된다. 즉 EGR의 무거움진단에서 오진을 할 우려가 있다. 따라서 좀 더 확실한 진단법이 필요하다.

② 액추에이터 강제구동이용

스캐너의 강제구동기능을 활용하여 EGR을 엔진구동상태에서 95%까지 강제구동시켰을 때 공기량이 R엔진기준 300mg/st이상줄어들어야 정상이라 할 수 있다.

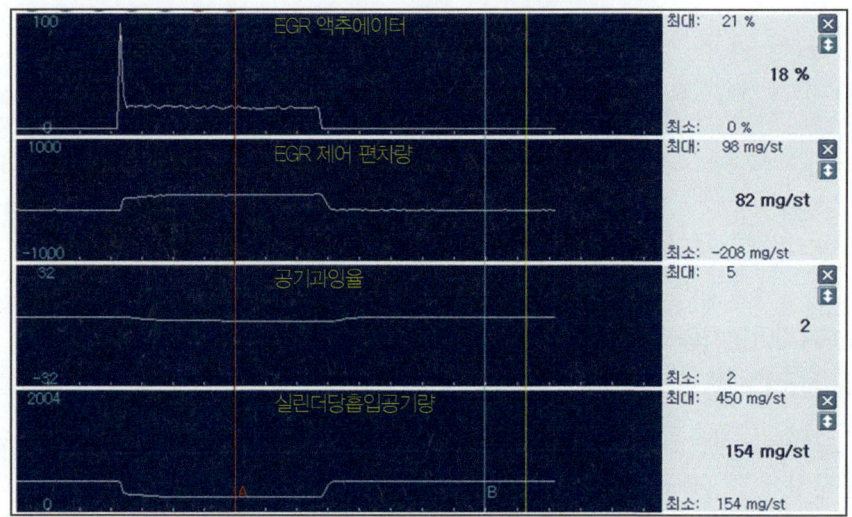
■ 스포티지R 액추레이터 강제구동실시

5 유로6 규제 – 저압 EGR

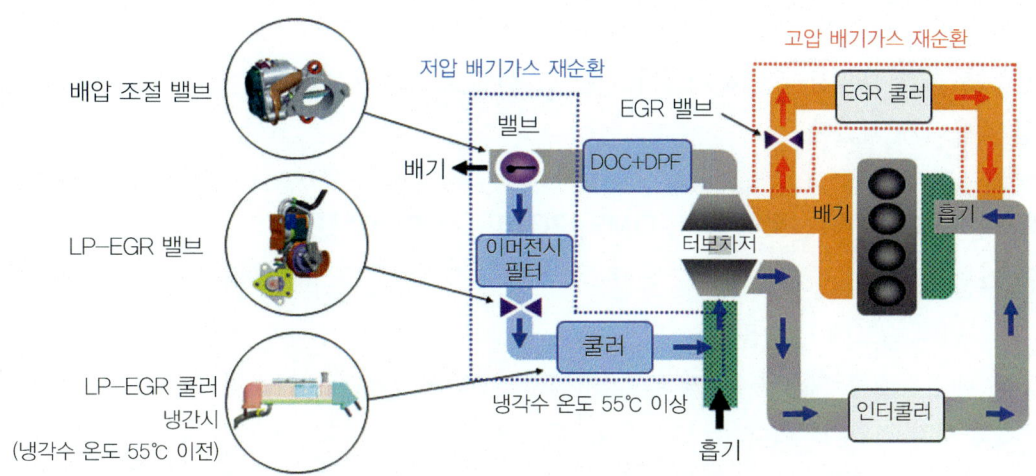

1) 고압 EGR의 한계

유로6 규제에 접어들면서 질소산화물의 배출을 유로5에 비하여 1/2 수준으로 저감시켜야 하며, 순환률을 증대시키는 것도 한계가 있다. EGR 순환률을 증대시킬수록 DPF의 재생주기가 짧아지고 이로 인한 연비의 문제와 기술적인 문제가 해결되어야 한다.

따라서 배출가스 순환률의 증대를 "량"의 측면에서가 아니라 "제어 영역"의 측면에서 전영역에서 배출가스 재순환장치를 제어할 수 있어야 한다. 고압 EGR은 흡배기의 압력

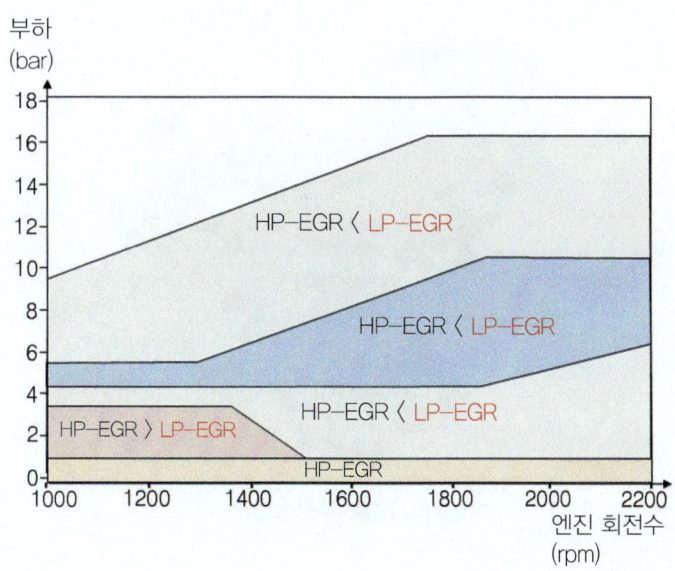

차이를 이용하기 위해 터빈의 전(前) 단계에 설치되기 때문에 가속시에는 터빈을 돌려주는 배기 압력의 저하를 방지하기 위해 제어할 수가 없었다.

유로6 규제에서는 유로5 이전에 제어할 수 없었던 가속시, 중·고속시 영역에서 터빈의 속도를 저하시키지 않고 배출가스를 재순환할 수 있는 방법으로 저압 EGR이란 장치를 적용하게 되었다.

2) 저압 EGR 적용(산타페 DM, QM3, 2014년 이후 R엔진)

① 구성부품

터빈의 속도에 영향을 주지 않는 위치에 장착되어야 하기 때문에 DPF 후단에 정화된 배기가스를 재순환시키게 된다. 문제는 압력이 낮은 배기가스를 흡기까지 어떻게 순환시킬 것인가? 이다.

배기관로 중에 압력이 가장 낮은 위치에 있는 배기가스를 흡기까지 순환하기 위해선 배기관로를 닫아 압력을 일시적으로 높이거나 또는 순환하는 위치를 흡기관 입구에 위치하지 않고 압축기의 입구로 위치시킴으로써 강제 순환방식을 적용하여야 한다.

따라서 배기관의 압력을 높이기 위한 밸브(배압 조절 밸브)와 밸브를 제어하기 위한 입력 신호로서 배기 차압 센서를 적용하고 압축기 입구까지 순환시켜 과급을 통해 순환함으로서 압축기를 보호하기 위한 필터(이머전시 필터)와 쿨러, 이를 제어하는 저압 EGR 솔레노이드가 필요하다.

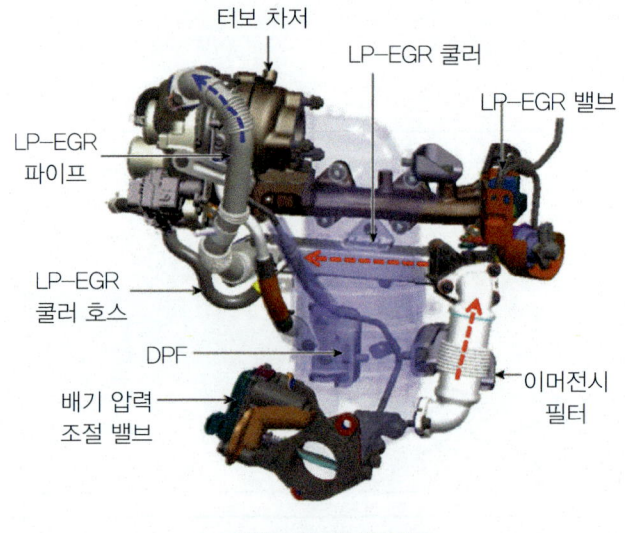

■ 저압 EGR 구성 부품

② 저압 EGR의 문제점

저압 EGR을 작동시키기 위해선 배기 밸브를 닫아 배압을 높여주어야 한다. 이는 배기가스의 배출에 저항이 발생되고 이로 인해 흡입 행정에서 효율의 저하를 초래할 수 있다. 또한 낮은 온도의 배기가스가 인터쿨러를 경유하여 연소실로 유입되면 착화지연을 유발할 수 있으며, 순환되는 량을 정확하게 제어하는데 어려움이 있다.

또한 터보입구로 순환시키게 되므로 DPF의 효율이 저하되면 오염된 배기가스가 터보 임펠러를 손상시킬 수도 있다. 저압 EGR이 문제가 되어 수리한 경우에는 반드시 학습값을 초기화하여야 한다. 이외에도 람다 센서, 차압 센서, DPF, EGR 등 배출가스 관련 장치의 경우 수리한 후 반드시 학습값을 초기화 해주어야 한다.

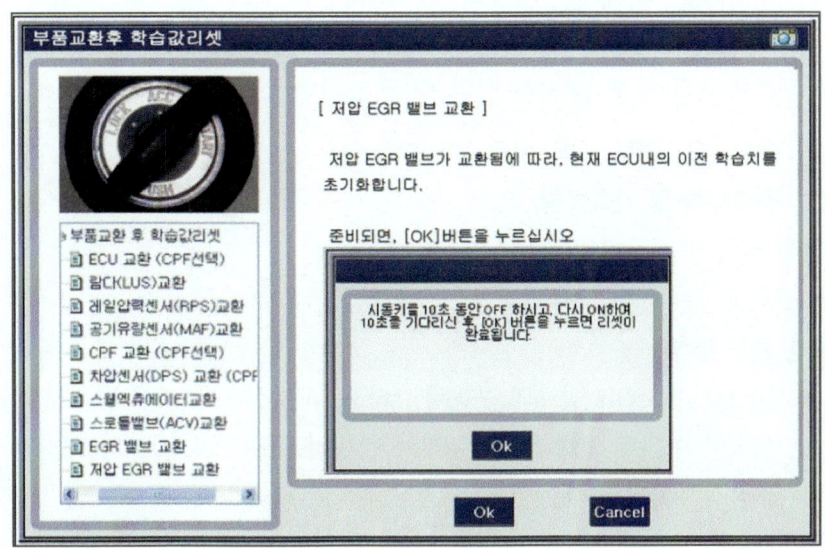

6 EGR 관련 고장시 견적기법

1) 고장의 원인과 결과

　　배기관련 장치에서 고장이 발생된 경우에는 고장의 결과에 대한 조치에 국한하지 말고 그 결과를 발생시킨 원인은 연소계통에 있음을 주의하여야 한다. 사람과 자동차의 경우가 다르지는 않다. 사람도 배설이 잘 안되어 병이 생기면 식생활을 개선시켜야 하듯이 자동차도 배기가 문제를 일으키게 되면 연소실의 환경을 개선시켜 주어야 한다. 특히 압축착화 엔진인 디젤 엔진에서는 당연한 것이다.

　　예를 들어 EGR 밸브의 밸브 스프링을 고착시키거나 DPF에 과다하게 포집되는 원인은 연소실의 불완전 연소에 있고 그 원인을 찾아서 점검해 주어야 한다. 고객과의 신뢰 구축과 승인률을 높이기 위해서는 매장의 환경에 맞는 견적과 상품이 만들어져 있어야 한다.

2) 사례-EGR 고장 코드 발생시 진단 및 견적기법

① 차종 : 투산 VGT 전자 EGR, 오토, 105,000km
② 증상 : 출력부족 및 가속불량
③ 점검 및 진단

　㉮ 고장 코드 분석

　　P0401 코드는 EGR 밸브의 구동량, rpm, AFS 신호에 의해 검출된 가스 순환량이 최소 설정값 이하로 25초 이상 유지시 발생하는 코드로 밸브의 고착과 흡기계통의 누설을 점검하여야 한다.

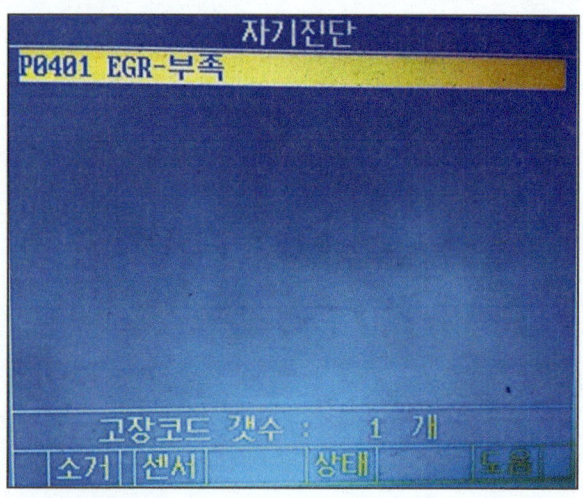

밸브가 열림 상태에서 고착이 되면 코드가 "P0402 EGR-과다"라고 표출될 것이다. 밸브의 고착이라는 것은 열림, 닫힘의 고착에 의미가 없다. 열림 상태의 고착이라면 지속적으로 고장 증상이 발생할 것이고, 닫힘 상태의 고착이 계속 닫힌 상태로 유지되는 것이 아니라 한번 열리면 닫히지 않을 수 있다는 것이다. 간헐적으로 고장의 증상이 발생될 수 있다. 열림이든 닫힘이든 고착은 고착인 것이다.

④ AFS & EGR 연동성 확인

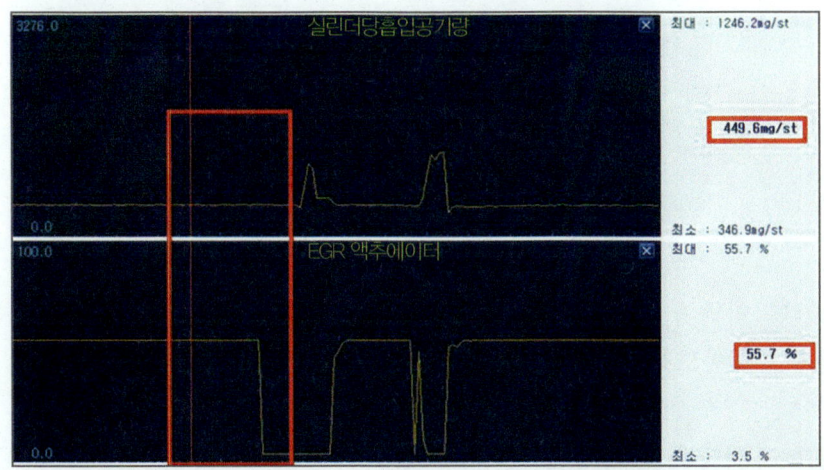

밸브 듀티가 정상값인 40%대를 넘어 55%를 제어하는데도 공기량의 변화가 없다. 공기량은 공전시 정상의 공기량을 표출하는 것으로 보아 EGR 밸브의 닫힘 상태 고착이 의심된다.

㉰ EGR 고착 육안 검사

솔레노이드 부분만 탈거한 후 눌러서 확인한바 복귀되지 않았다. 밸브를 고착시킨 원인을 찾아보자.

㉱ 인젝터 상태 확인-파워 밸런스 검사 실시

압축압력 검사, 아이들 속도 비교 검사, 분사 보정량 검사 등을 실시하여 비교 판단한다.

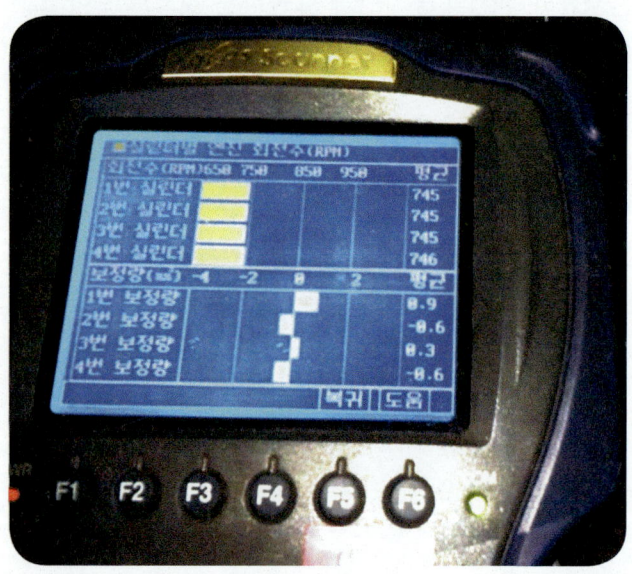

4. 공기 시스템

㉮ **전용 장비 검사**

각 인젝터 별로 성능을 정확하게 평가해 주어야 한다. 크랭킹 분사, 아이들 영역, 중속 영역, 고속 영역, 풀가속 영역, 파일럿 분사 시점 등 영역별 정밀 검사 후 클리닝 및 조정을 거쳐 동 와셔를 교환한 후 장착한다.

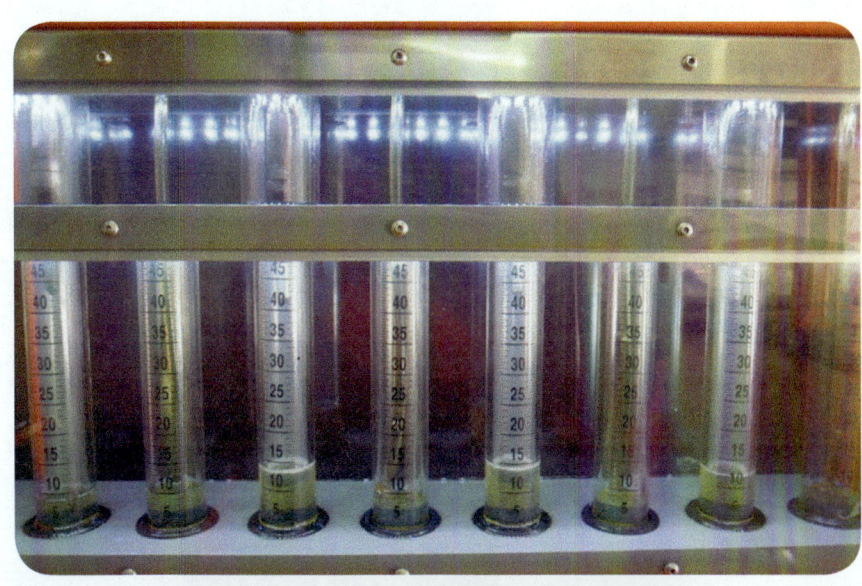

㉾ EGR 밸브의 고장으로 인한 흡기 관로 세척

㉿ EGR 밸브 고착으로 인한 DPF 과다 포집-강제 재생 및 클리닝

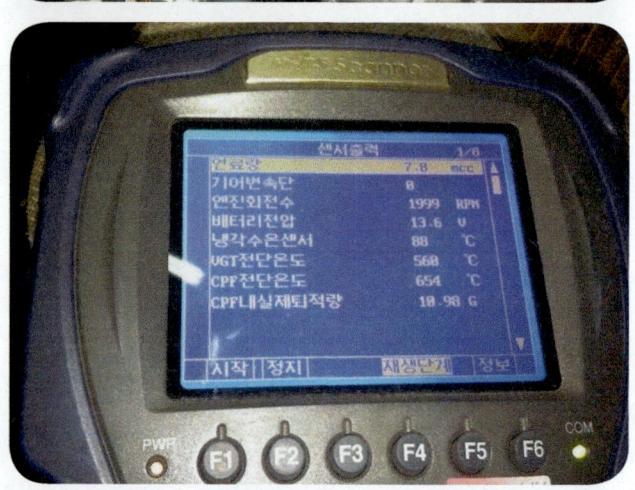

㋐ ECU 업그레이드-유로4 D 엔진 "EGR 제어 로직 개선" 항목

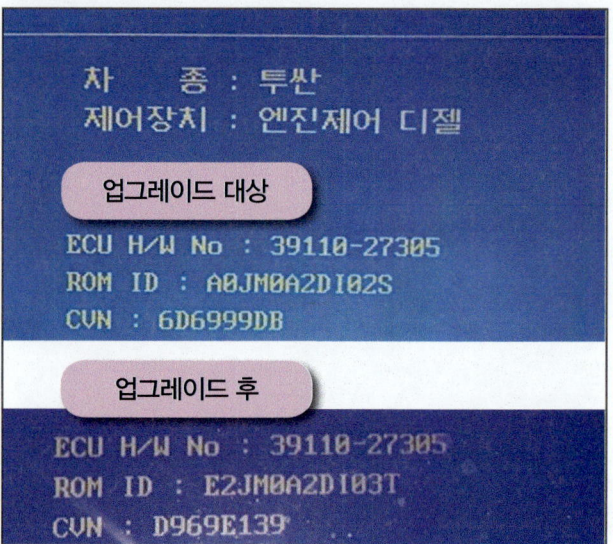

㉛ 수리 확인

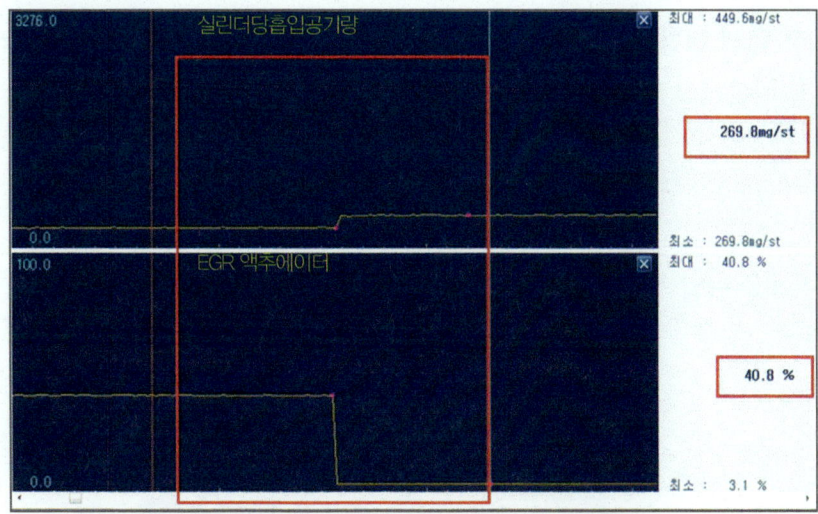

EGR 밸브 듀티도 40%대로 복귀 되었고 공기량도 그에 따라 연동되고 있다.

④ 조치 사항
  ㉮ 전자 EGR 밸브 교환 및 업그레이드
  ㉯ 인젝터 정밀 진단 및 동 와셔 교환
  ㉰ 흡기 클리닝
  ㉱ DPF 클리닝

　EGR 밸브가 저압 EGR처럼 정화된 배기가스가 순환된다면 카본으로 고착되는 일은 없을 것이다. 고압 EGR의 경우 어쩔 수 없이 고온과 카본에 의해 오염될 수밖에 없다. EGR 밸브의 고착으로 커먼레일 연소 시스템 전체에 심각한 손상을 방지하기 위해서 정기적으로 솔레노이드 부분을 탈거한 후 밸브 스프링을 눌러 주면서 클리닝을 해 주어야 한다. 하지만 고착되어 고장이 난 부품은 클리닝으로 개선의 효과가 없다.

7 쌍용 차량 EGR 관련 진공 흐름도

쌍용 디젤 엔진 차량의 유로3, 유로4의 가장 큰 차이는 전자 스로틀이냐, 전자 EGR이냐이다. 기본적인 밸브 제어 방식은 진공 펌프의 진공을 어떻게 제어 하는가 인데 쌍용만의 독특한 방식을 적용하고 있다. 스캔 툴 데이터에서도 EGR이 작동될 때 공기량 기준을 뜻하는 "EGR 요구량(맵)"이란 데이터를 두고 있다.

1) 유로3 타입 진공도

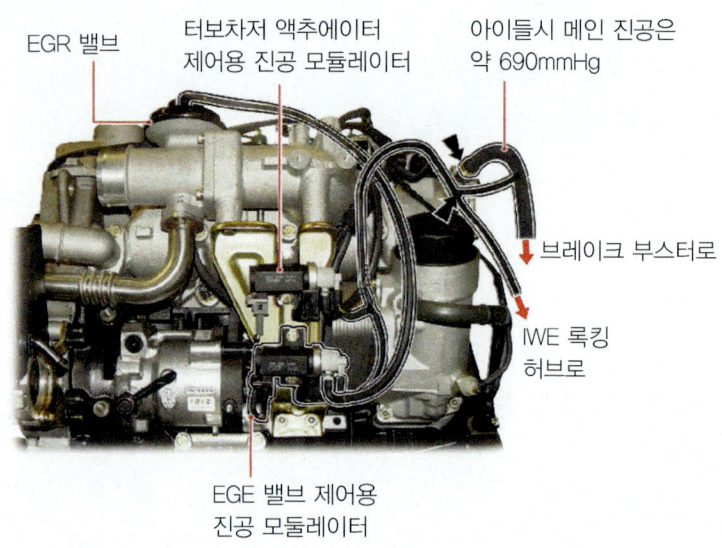

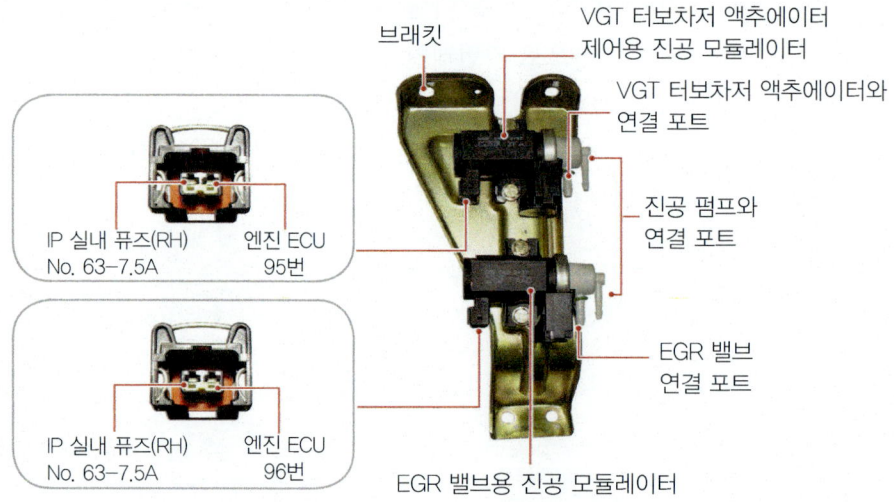

전체가 진공 펌프의 진공 회로에 하나로 연결되어서 진공을 나누어 사용한다. 따라서 관련 고장코드 발생시 전체 진공 라인의 누설을 먼저 확인하여야 한다.

2) 스캔 데이터 분석

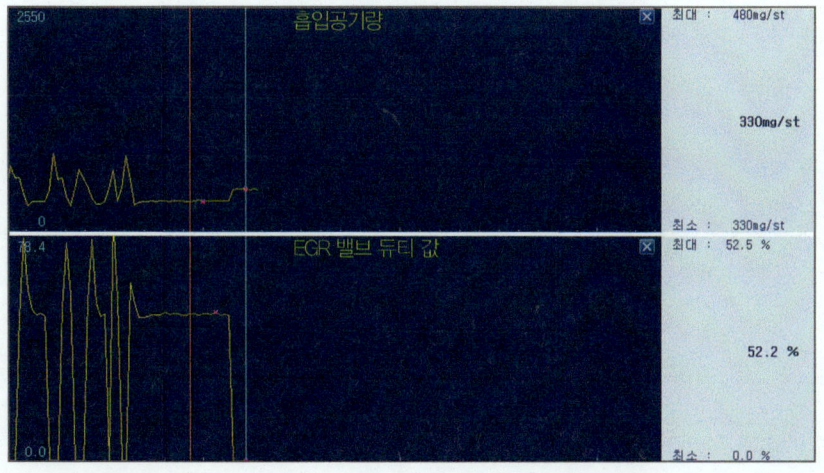

펌프의 진공이 한 개의 라인에 여러 개의 부품이 연결되어 있기 때문에 한쪽에서 미세하게 누설이 발생하게 되면 ECU는 모자라는 진공만큼 더 많은 듀티를 인가하여 관련 부품을 작동시키려 한다.

브레이크 진공, 터보 진공, EGR 진공, 4륜 진공 등 4개의 진공을 작동시킬 수 있는 진공 펌프의 용량을 정해 놓았는데 만약 어느 한 부분이라도 진공이 누설되게 되면 4개의 부품이 모두 정상적인 진공의 단속으로는 진공력이 부족하여 작동에 문제를 일으킨다. 따라서 ECU는 정상 범위 이상에서 진공을 단속하여야 하므로 듀티가 상승하게 된다.

위의 데이터에서 EGR 밸브 듀티가 89.76%나 작동되어야 공기량이 목표값 만큼 낮아지는 상태이다. 정상적인 차량은 듀티가 60%를 넘지 않아야 한다.

따라서 쌍용 유로3 차량의 경우

① EGR의 요구량(맵)값과 공기량을 비교하여 EGR 밸브가 작동될 때 두 개의 값이 동기가 되는지

② EGR 밸브의 듀티가 50~60%로 제어되는지

듀티가 규정보다 높다면 진공 라인의 누설. 밸브의 카본 고착을 확인하여야 한다.

3) 유로4 타입 진공도

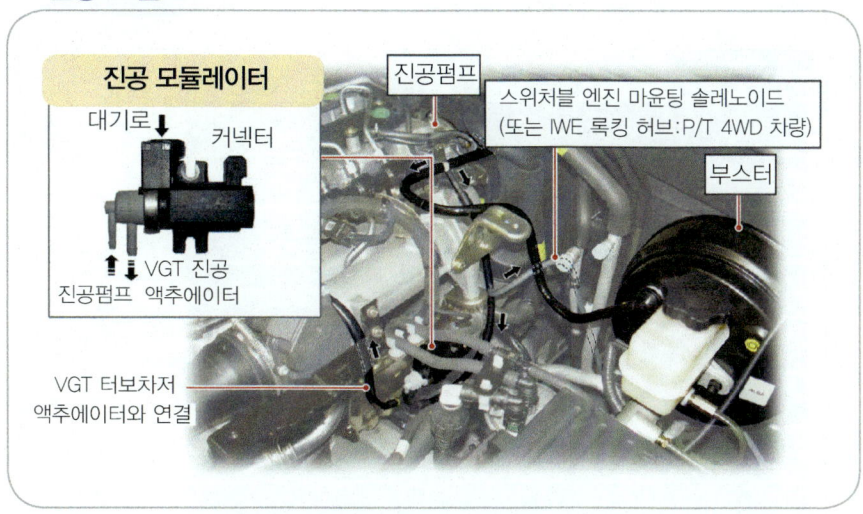

유로4 타입에서는 스로틀 제어, EGR 제어는 전기 모터를 이용하기 때문에 진공으로 제어되는 것은 터보 제어뿐이다.

4) 고장 진단 정리- 적정밸브듀티값

배출가스 기준	작동시 기준값			고장 기준 (무거움)
유로3 진공식	H.K	구	30~40%	20% 이하
		신	50~60%	70% 이상
	SS		50~60%	70% 이상
유로4 전자식	40~50%			50% 이상
유로4 피드백	위치값		40~50%	70% 이상
	밸브 듀티값		10~20%	40%
	목표 EGR		450±30mg/st	500mg/st~
유로5 R엔진	1.제어 편차량 150mg/st~250mg/st			
	2.액추에이터 강제구동기능이용			-300mg/st이상

263

4 A2 엔진 EGR & VGT 연동

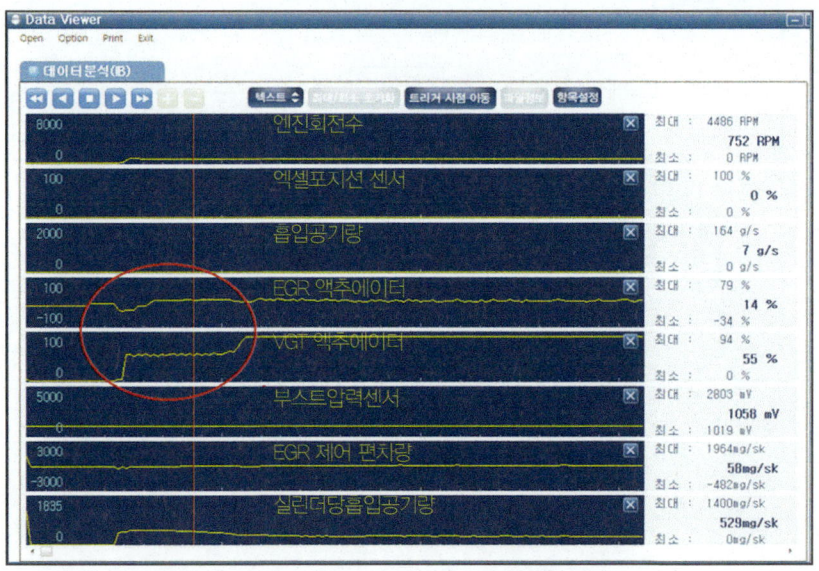

 유로5 규제인 A2엔진에서(그랜드 스타렉스) VGT 터보 제어를 연동시킴으로써 EGR률을 증대시키고자 한다. EGR 밸브가 열리면 터빈의 회전속도가 저하되어 출력에 영향을 미치므로 EGR량을 증가시키는데 한계가 있었다.
 이에 배기압력이 저하되더라도 터빈의 속도 저하를 최소화하고자 EGR 제어시 VGT의 베인을 최대한 좁혀서 작은 배기 압력으로도 터빈의 속도를 유지할 수 있도록 연동하여 제어한다. 따라서 다른차종보다 EGR밸브를 더 넓은영역에서 더 오랫동안 제어할수있다.

> **Tip**
>
> **A2엔진 "EGR제어편차량" 의미와 기준**
> A2엔진에서 EGR제어편차량의 의미는 ECU의 목표제어량과 실제제어량의 편차를 말한다.
> VGT차량인 그랜드스타렉스의 경우는 공전시공기량의 10%편차내에서 제어되어야한다. 즉,650~700mg/st정도인 그랜드스타렉스의 공전시공기량의 10%인 70mg/st정도가 EGR 작동시 제어편차량의 기준이다.
> WGT차량인 봉고3, 포터2의 경우는 EGR작동시 제어편차량값이 VGT의 2배 수준인 150mg/st정도를 나타내면 정상적인 EGR제어상태라고 할수있다.

5 EGR & 가변 스월 밸브의 연동

1 가변 스월 제어 개요

"swirl-소용돌이 치다."라는 뜻으로 화장실 변기의 물 내림 효과이다. 수직으로 작용하는 공기에 와류를 발생시켜 연소실의 흡기 충진 효율을 높이는 장치가 스월 밸브이다. 그 방법은 한 기통의 흡기 포트를 둘로 나누어서 저속시에는 한쪽을 닫아줌으로써 스월을 발생시키고 3000rpm이상에서는 스월 효과가 불필요하기 때문에 흡기 포트를 모두 개방한다.

이는 흡기 충진 효율을 개선하여 PM, NOx를 저감(15% 저감 효과)시키고자 함이다. EGR 밸브를 작동시킬 때 연동하여 스월을 형성하게 되면 부족한 연소 공기와 배기가스의 혼합을 효과적으로 극대화 할 수 있기 때문에 EGR 제어의 범위를 넓게 할 수 있다.

VGT와 EGR이 연동하듯이 스월 밸브도 EGR의 제어에 연동하여 작동된다. 스월 밸브는 D/C 모터와 위치 센서를 통해 최대 열림, 닫힘값과 최소 열림, 닫힘값을 피드백하고 카본을 제거하기 위해 엔진 시동의 OFF시 2회 반복하여 밸브를 작동시킨다. 이때의 목표값 대비 5%~7% 이상 편차가 발생하면 고장코드를 발생시킨다.

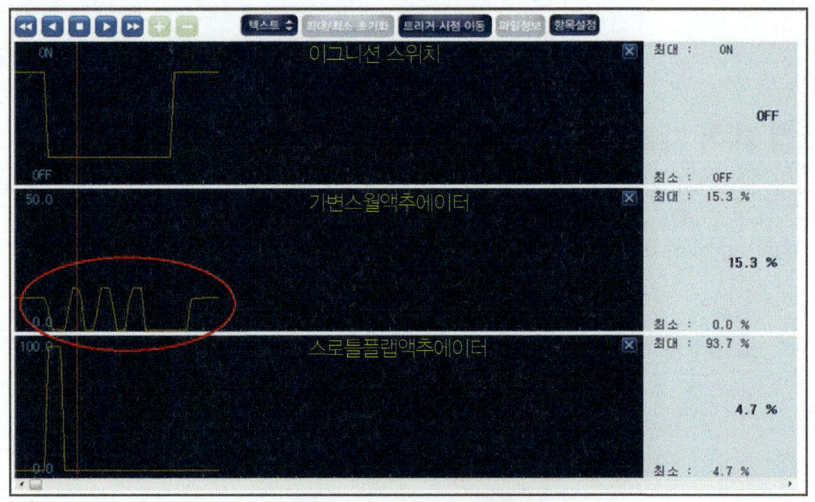

■ 시동 OFF시 전개폐 작동함

2 EGR & VSA(가변 스월 액추에이터) 연동

1) 3000rpm 이상시-가속시

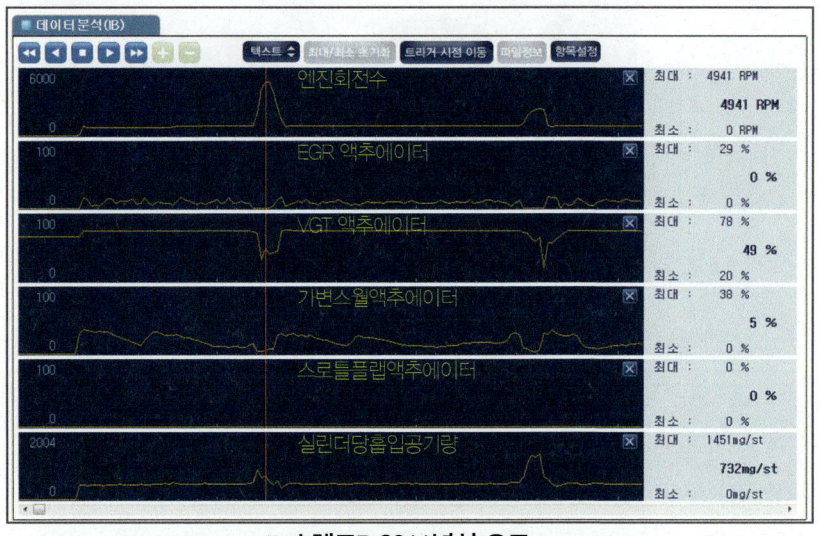

■ 소렌토R 2011년식 오토

가속시 EGR 밸브가 닫히고 3000rpm이 넘어가면서 스월 밸브가 모두 열림 쪽으로 제어되고 있다. 가속시 흡기 충진을 최대화시켜야 함으로 스월 밸브를 전개하고 있다.

2) 가속 후 공전시-EGR 작동시

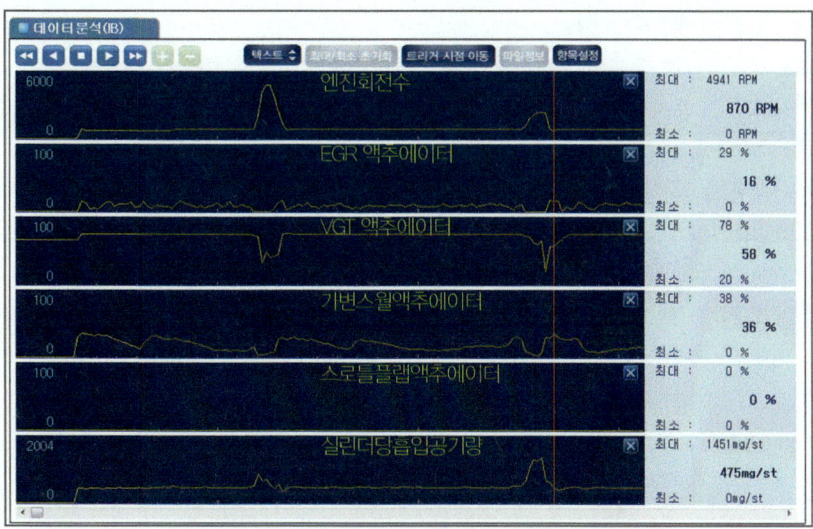

　가속직후 EGR 밸브가 열리면서 순환되는 배기가스와 새로운 연소 공기를 잘 혼합하여 매연과 질소산화물을 조금이라도 저감하기 위해 스월 밸브를 작동시켜 포트를 닫아주고 있다.

3 고장진단

1) 고장 코드-(예) R엔진

DTC	코드 해석	
P2015	가변 스월 액추에이터 모터 위치 이상	걸림, 카본, 링크 이탈, 휨
검출 조건	시동 ON, OFF시 스월 액추에이터가 1초 동안 스월 밸브를 전개, 전폐시 목표한 위치 값과 5%~7%이상 불일치하거나 단선·단락의 상태를 피드백 회로를 통해 고장을 판정한다.	
P2009	가변 스월 액추에이터 모터 회로 이상 -신호 낮음	모터의 단선 단락
P2010	가변 스월 액추에이터 모터 회로 이상 -신호 높음	
P2016	가변 스월 액추에이터 위치 센서 이상 -신호 낮음	위치 센서 단선, 단락
P2017	가변 스월 액추에이터 위치 센서 이상 -신호 높음	

2) 서비스 데이터 분석

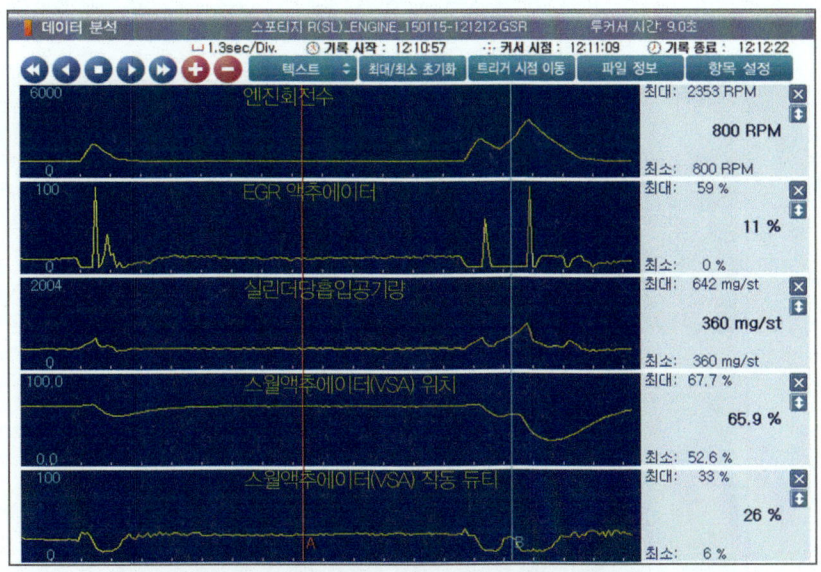

공전시(800rpm)에 EGR이 작동되는 구간에 VSA 위치값은 65% 값을 가지고 작동 듀티 26%를 수행하고 있다. 작동 듀티는 높을수록 밸브를 닫아서 흡기 포트를 닫아준다는 뜻이다. EGR이 비작동 구간에서 작동 듀티는 15%값으로 더 낮추어 흡기 포트를 조금만 닫아준다. 엔진의 회전수가 3000rpm이 넘어서면 작동 듀티는 10%이하로 떨어져서 밸브를 전개해주며, 이때의 VSA 위치값도 0%값으로 완전 개방위치에 있게 된다.

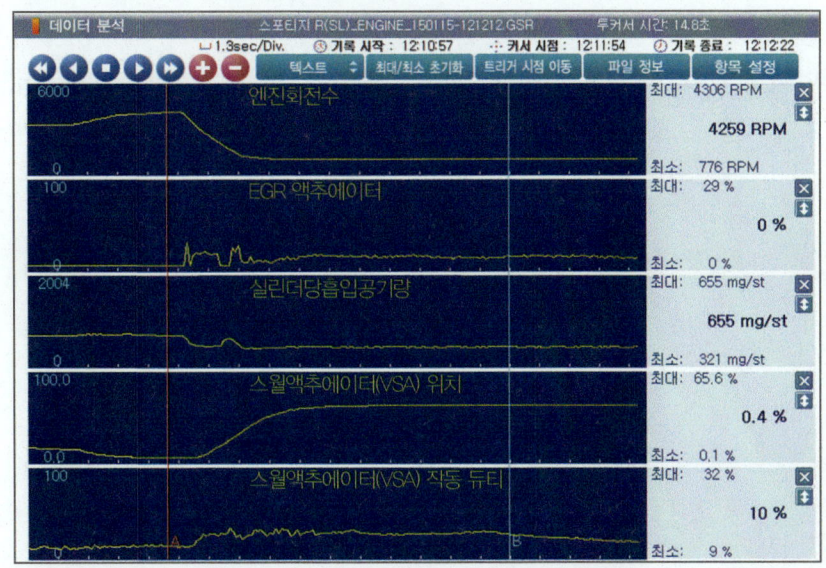

ECU는 VSA(가변 스월 액추에이터) 차량에 부하가 인가되어 부하에 대한 보상이 필요할 때 마다 증가되는 연료 분사량과 연동하여 가변으로 정밀한 제어를 수행하게 된다.

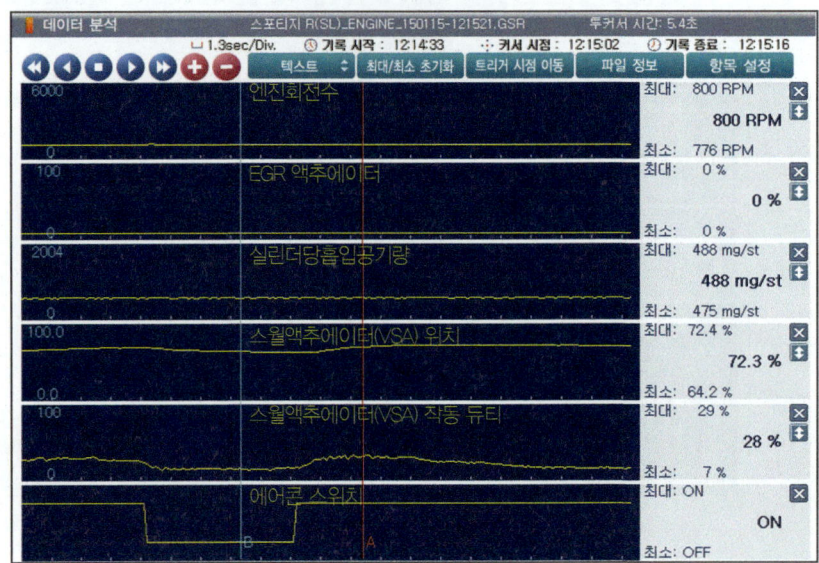

위에서 보는 것과 같이 에어컨을 ON, OFF할 때마다 증량하는 연료 분사량에 따라 제어를 실시한다. 따라서 위치 값과 작동 듀티의 상호 피드백 과정을 분석해 볼 때 개폐 링크의 카본 고착이나 이탈, 걸림, 휨 등 이상 증상이 발생하기 전에 가변 스월 밸브의 위치값이 정상값보다 더 움직일 것이다.

무부하 상태에서 위치 센서가 70% 범위를 넘어선다거나 부하 작동시 위치 센서가 80%를 넘어선다면 고장코드가 발생되지 않더라도 스월 밸브 개폐 링크의 이상 유무를 확인하고 클리닝 등으로 관리해 주어야 한다.

6 ACV (에어 컨트롤 밸브)

1 개요

커먼레일 디젤 엔진은 흡기 다기관 내의 압력이 대기압 혹은 터보 과급에 의해 정압을 나타낸다. 이로 인해 배기 다기관과 흡기 다기관의 압력 차이가 크지 않아 가솔린 엔진처럼 짧은 시간에 많은 량의 배기가스를 재순환시킬 수 없다.

에어 컨트롤 밸브는 가솔린 엔진 차량의 전자제어 스로틀 바디와 동일한 원리로 흡기 다기관 입구에 설치되어 EGR 작동 구간에서 스로틀 밸브를 닫아 흡기 다기관 내의 압력을 부압으로 낮추어 배기 다기관과 흡기 다기관의 압력 차이를 크게 발생시켜 보다 많은 EGR 가스가 재순환될 수 있도록 제어하는 EGR 보조 장치로 보다 능동적인 EGR 제어를 가능하게 한다.

2 기능

1) EGR 순환률 증대 기능

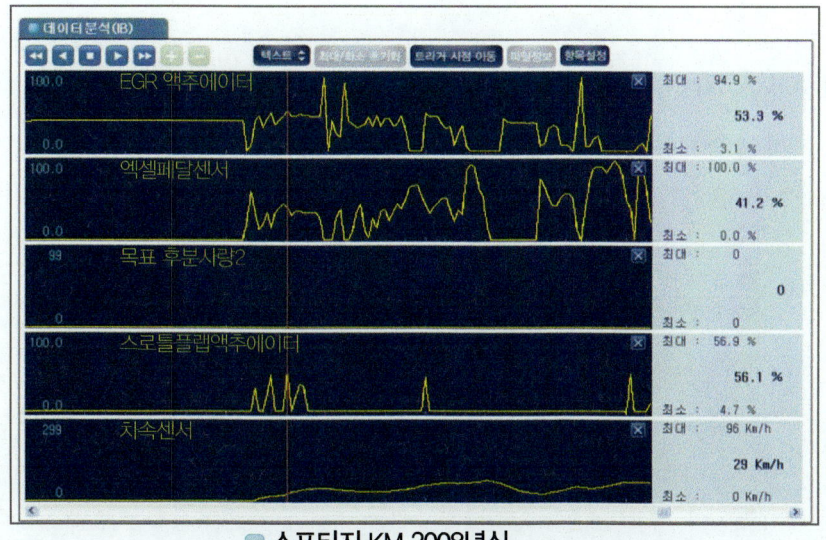

■ 스포티지 KM 2008년식

중속 이상에서 가속 후에 EGR 밸브가 열릴 때 터보 과급이 강하기 때문에 흡·배기의 압력차가 배기가스를 순환시킬 만큼 편차가 나질 않아서 스로틀 플랩을 닫아줌으로써 순간적으로 흡기 다기관의 압력을 떨어뜨려 주고 있다. 배기가스는 이틈을 타서 흡기관 속으로 넘어가게 된다.

2) DPF 재생시 보조 기능

EGR이 작동하지 않는데도 스로틀 플랩을 닫아주면서 공기량이 줄어 있는데 이는 후분사중이기 때문이다. 즉, DPF 자동 재생 중에 흡입 공기를 줄여서 혼합기를 농후하게 제어하고자 함이다. 만약 이때 인젝터의 후분사기능이 저하되면 이 상황에서 엔진은 부조하게 된다. ACV 타입의 유로4 이상의 차량을 진단하면서 AFS와 EGR의 연동만을 보지 말고 반드시 "스로틀 플랩 액추에이터" 데이터를 확인하여야 공기량의 낮음에 대한 진단을 오진하지 않을 수 있다.

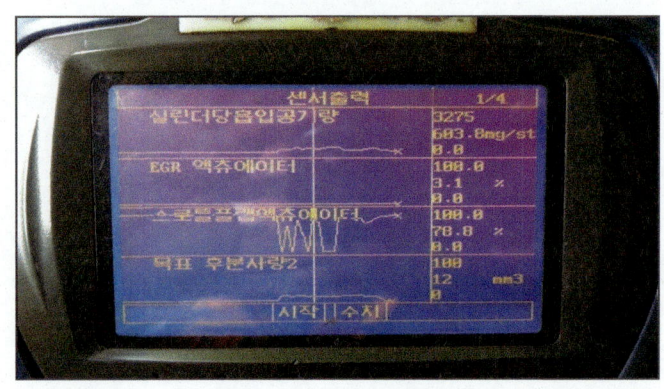

3) 디젤링 방지 기능

스로틀 제어 밸브는 스로틀 밸브를 구동하는 DC 모터와 모터의 위치를 감지하는 피드백 센서로 구성된다. ECM은 250Hz의 PWM 신호를 출력하여 스로틀 제어 밸브를 구동

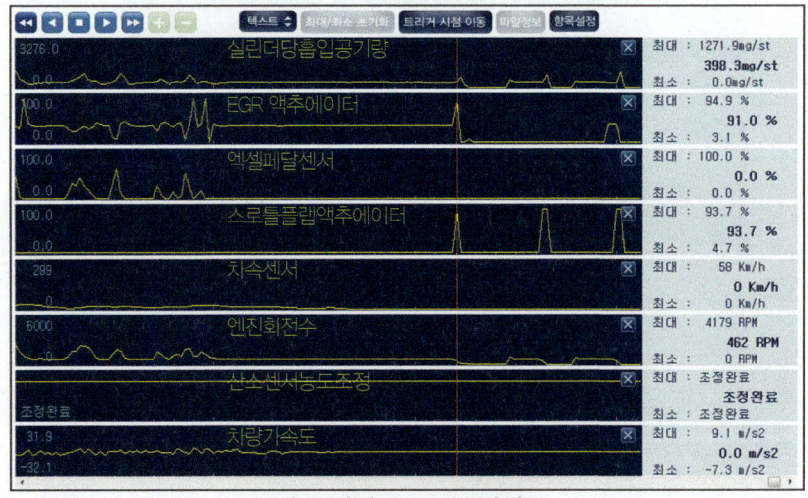

● 스포티지 KM 2008년식

하며, 그에 따른 모터의 위치를 피드백 받는다. 또한 스로틀 제어 밸브는 시동 "OFF"시 스로틀 밸브를 닫아 엔진의 펌핑 저항을 증가시켜 시동 "OFF"시 발생하는 엔진의 진동을 저감하며, 디젤링 현상을 방지하는 역할도 수행한다.

시동을 끌 때 EGR 밸브를 90% 이상 제어하면서 스프링을 눌러 주는 제어를 하는데 이는 카본을 제거하고자 함이다. 이때 스로틀 플랩 액추에이터도 93.7%제어하여 스로틀 플랩을 닫아주고 있다. 시동 OFF시에 발생하는 디젤링 현상을 방지하기 위함이다.

3 고장 진단

회로의 구성상 피드백 회로가 편성되어 있기 때문에 고장 코드가 표출된다. 현장에서 고장 코드가 표출되는데도 이를 무시하는 경우가 대부분이며, 고장 코드가 표출된다는 것은 고장이다. 고장 코드의 분석이 진단의 첫걸음이며, 고장의 유형별로 진단하는 방법을 알아보자

1) 회로 및 제어문제 – 고장 코드 분석

① 접지 문제—현대 · 기아 D엔진(접지 불량으로 오작동)

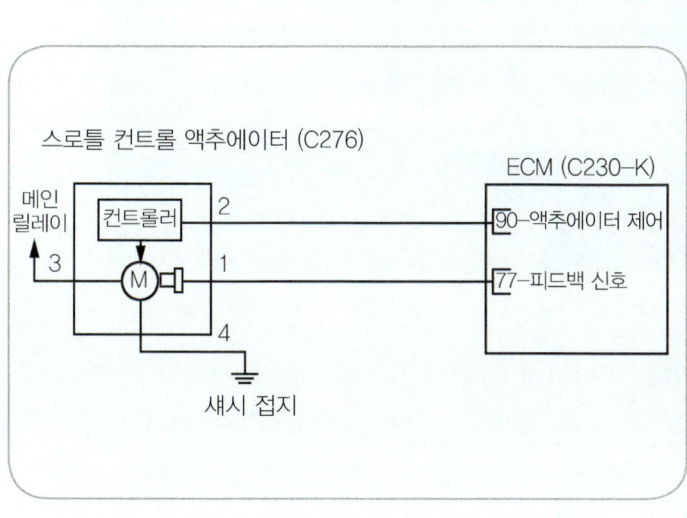
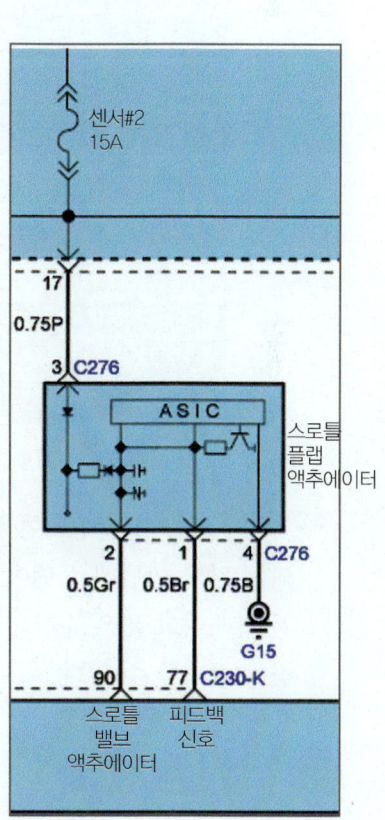

② R엔진(모터제어이상-오작동)

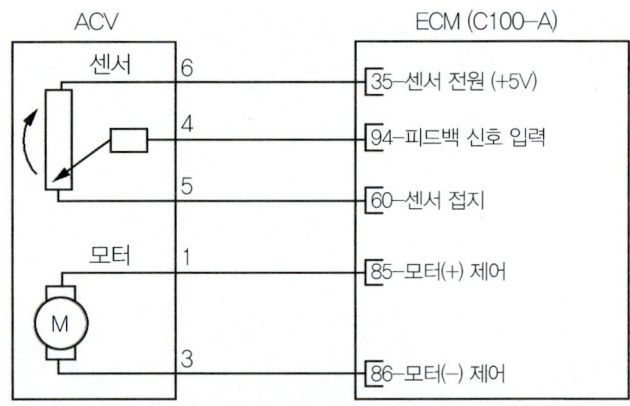

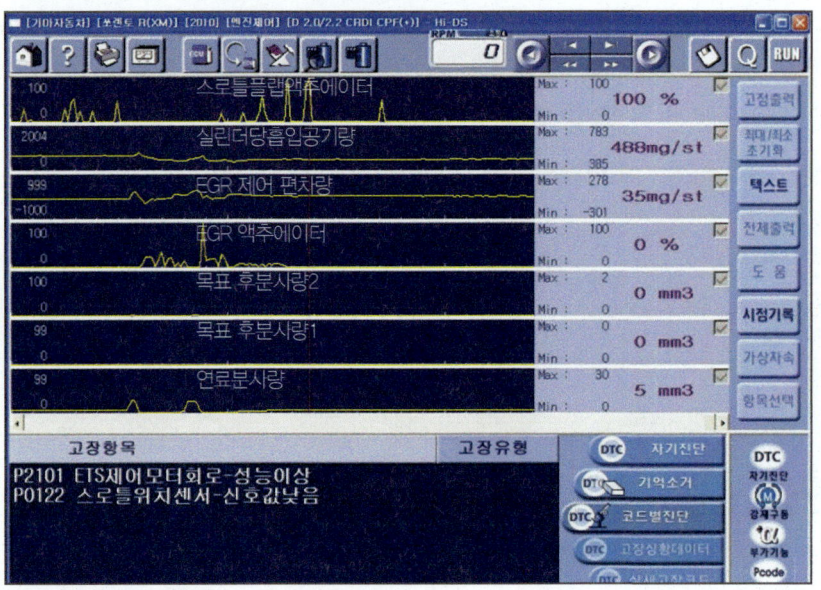

고장 코드가 발생되어 있다. 공전시에 EGR이 작동되는 것도 아니고, DPF가 재생되는 것도 아닌데 플랩이 100% 닫혀 버린다. 100% 닫히면 시동이 꺼져야 하는데 공전 상태이고 짧은 순간이어서 시동의 꺼짐은 없다. 하지만 주행 중이라면 시동의 꺼짐이 발생할 수 있다.

2) 육안 검사

시동 OFF시 플랩의 움직임을 육안으로 검사하여 카본의 오염과 완전 열림 및 닫힘을 확인한다. 플랩의 오염이 심하다면 약품으로 클리닝을 하여야 한다.

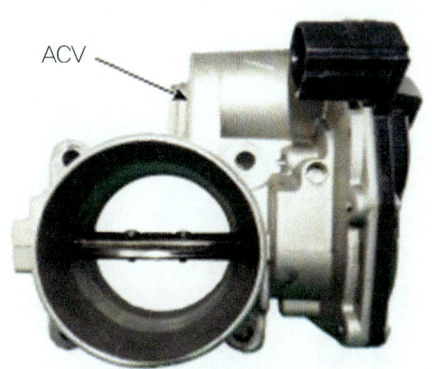 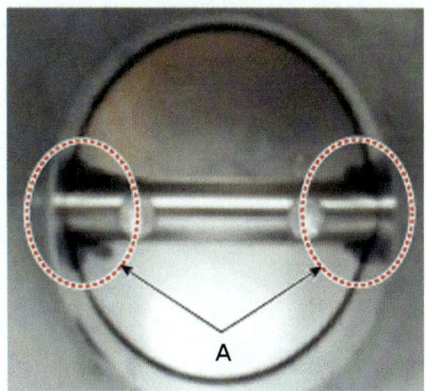

주의할 점은 클리닝시 "A"를 통해 약품이 유입되지 않아야 한다. 따라서 유입이 되더라도 안전한 약품(윤활 방청제)을 사용하여야 한다.

> **Tip**
>
> **R엔진 흡기 클리닝 작업 주의 사항**
>
> | 항목 | 내용 | 주의 사항 |
> |---|---|---|
> | 탈거 시간 | 30분내 | 1. 대품 준비
2. 조절 밸브 탈거 금지 |
> | 학습값 초기화 | 1. 가변 스월 밸브
2. 에어컨 컨트롤 밸브 | 매연 및 가속 불량 발생 |
> | 견적시 주의 사항 | 1. 흡기 가스켓(O-링)
2. 부동액 | DPF 포집량을
반드시 확인 |
> | 세척 | 완전 분해됨 | 스월 밸브 굽힘 주의 |

Chapter 4

V 공기량 센서 (AFS) 고장 진단

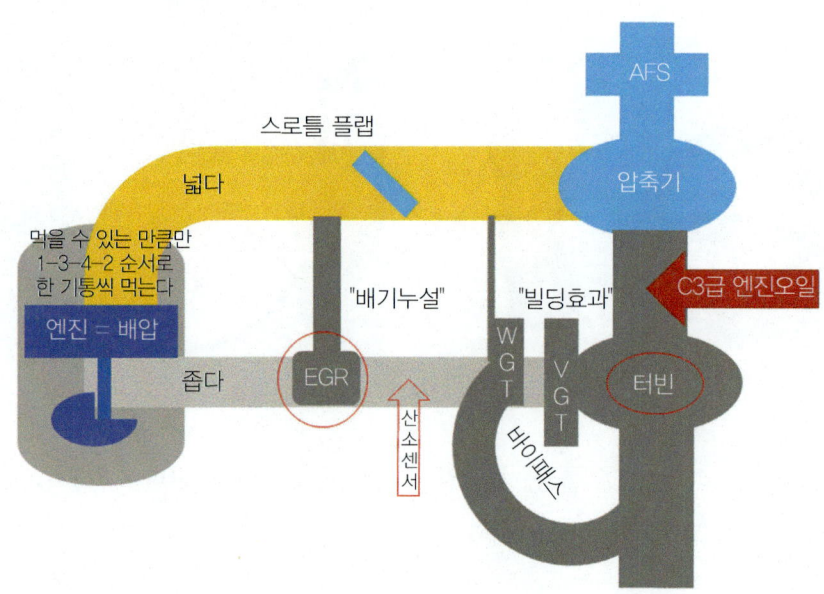

1 공기량 센서의 적용 목적

디젤 엔진에서는 엄격한 의미에서 공기량을 계측할 필요가 없다. 한 실린더 당 흡입될 수 있는 공기량은 정해져 있으며, 공기량을 기준으로 주분사량을 결정하지 않기 때문이다.

일반 jerk식 디젤 엔진에서 공기량 센서는 적용되지 않았다. 하지만 배출가스의 저감이 주 목적인 커먼레일 디젤 엔진에서 EGR 제어의 정밀성이 강조되면서 EGR 밸브의 작동 여부, 제어량, 제어시기 등을 판단하는 입력 및 피드백 신호로 공기량 센서가 필요하다.

EGR의 기준이 완화된 유로3 타입에서는 공기량 센서 신호의 전압을 모니터링 하였고 규제가 강화된 유로4에서는 주파수 모니터링을 하게 된다. 이는 진단 과정 중 센서 시뮬레이션을 실시할 때 구분되어야 한다.

2 공기량 센서 구조 및 원리

1987년 Bosch사는 열선식 공기량 센서를 대체할 목적으로 열막식 공기량 센서를 발표 하였다. 커먼레일 디젤 엔진에 적용된 공기 유량 계측 센서는 거의 대부분 핫 필름 방식의 공기 유량 센서이다.

이는 기존의 핫 와이어(열선식) 방식과 달리 공기의 유동 방향과 일치하여 설치되므로 열선식에 비해서 상대적으로 오염에 민감하지 않기 때문에 오염 물질을 제거하기 위해 열선식에서 처럼 엔진을 스위치 OFF시킨 후에 센서 엘리먼트를 순간적으로 가열시킬 필요가 없다. 또 생산비가 저렴하며, 응답성도 좋다.

1 구조 및 작동 원리

1) 구조

핫 필름 방식의 공기량 센서는 원통형 파이프 내에 작은 지름의 파이프를 설치하고 내부 파이프에 센서가 설치되며, 큰 파이프 입구의 스크린은 공기가 잘 통과되도록 이물질을 필터링 해 주는 기능을 담당한다.

또한 센서가 설치되는 작은 파이프 입구의 스크린 구조는 와류의 생성을 방지하고 공기의 흐름이 잘 유지될 수 있도록 함으로써 핫 필름이 정확한 공기량을 검출할 수 있도록 설계가 된다.

2) 계측 원리

열선식 공기량 센서는 공기의 질량이 유동하는 중앙에 가느다란 백금 선을 설치하고 전기적으로 가열한다. 열선이 일정한 온도를 유지하기 위해서는 공기 유량이 많으면 많을수록 전류도 많이 필요하기 때문에 ECU는 이 전류로 공기량을 계측한다.

열선식의 백금 열선, 온도 센서, 센서 저항 등을 박막 형태의 저항으로서 세라믹 기판에 브리지 회로(bridge circuit)를 구성해 놓은 것이 열막식(핫 필름) 공기량 센서이다.

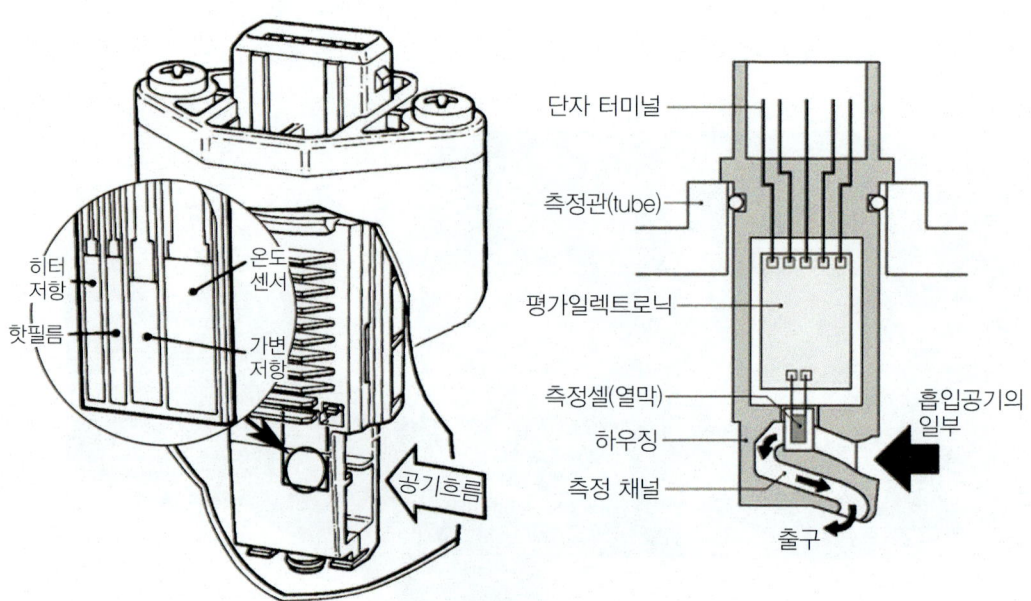

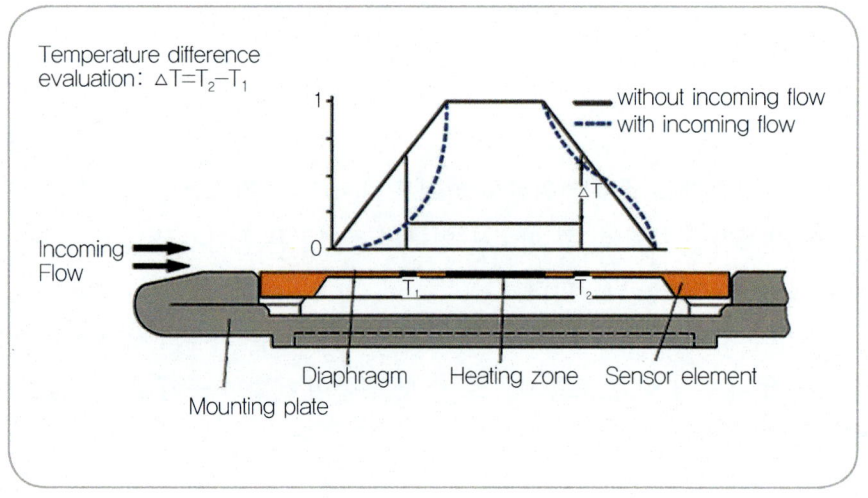

핫 필름 방식 공기량 센서에서 가장 중요한 구성 요소는 유입되는 공기 중에서 일부가 통과하는 측정 셀 그리고 측정 셀과 직결된 평가 - 일렉트로닉(하이브리드 회로)이다. 센서의 측정 셀에서 중앙부에 배치된 가열 저항이 박막을 가열하면 히팅존과 상대적으로 T_1, T_2의 온도는 낮아진다. 박막 위에 설치된 가변 저항이 박막 상의 온도 편차를 감지한다. 공기가 통과하지 않을 때는 온도 프로필은 양쪽 모두 동일하다.($T_1 = T_2$)

센서의 측정 셀을 거쳐 공기가 유입되면 유입되는 공기에 의해 냉각되어 T_1의 온도 곡선은 급경사를 이루게 되고 T_2의 온도 곡선은 가열 영역을 거치면서 온도 곡선이 물결 모양으로 변한다. 이러한 T_1과 T_2의 온도 편차로 인해 낮아진 온도를 가열하기 위해 필요한 히팅 전류 신호를 하이드로 회로에서 전압이나 주파수로 변환하여 ECU로 보고한다. 이때 흡기 온도 센서는 가열 저항 앞에 위치시킴으로서 흡기 온도에 따른 공기 질량을 정하지 않고 단지 보조적인 연산으로 활용할 뿐이다.

2 핫 필름 방식의 문제점

핫 와이어 방식처럼 셀프 클리닝의 기능이 없어 센서 구조나 내구성은 개량되었지만 센서 측정 셀의 오염에 대한 대책은 없다. 특히 PCV 밸브의 위치에 따른 블로바이 가스에 의한 센서의 오염이 문제가 되고 있다. 대표적으로 A엔진(소렌토)과 같이 센서와 블로바이 호스의 위치가 가깝게 설계된 엔진일수록 공기량 센서의 고장이 많이 발생한다. 주기적인 센서 오염물질 제거가 이루어져야 한다.

3 고장 진단 방법

1 서비스 데이터의 의미

1) "흡입 공기량" – kg/h 단위

AFS가 직접 계측한 흡입 공기량으로서 시간당 흡입 공기량을 의미한다. EGR 정밀제어, 부스트 제어, 연료량 보정제어를 위해 계측한다.

2) "실린더 당 흡입 공기량" – mg/st 단위

"흡입 공기량"을 기준으로 1행정마다 1기통에 흡입된 공기량을 rpm 대비 연산한 값이다.

3) mg/st, kg/h 단위 환산

실린더당 흡입 공기량(mg/st)×흡입 행정 수(크랭크 1회전당-4기통은 2회, V6기통은 3회)×현재 엔진 회전수×시간(m-h: ×60)/질량(mg-kg: ×1,000,000)=흡입 공기량-kg/h

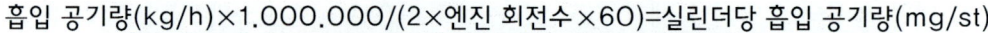

흡입 공기량(kg/h)×1,000,000/(2×엔진 회전수×60)=실린더당 흡입 공기량(mg/st)

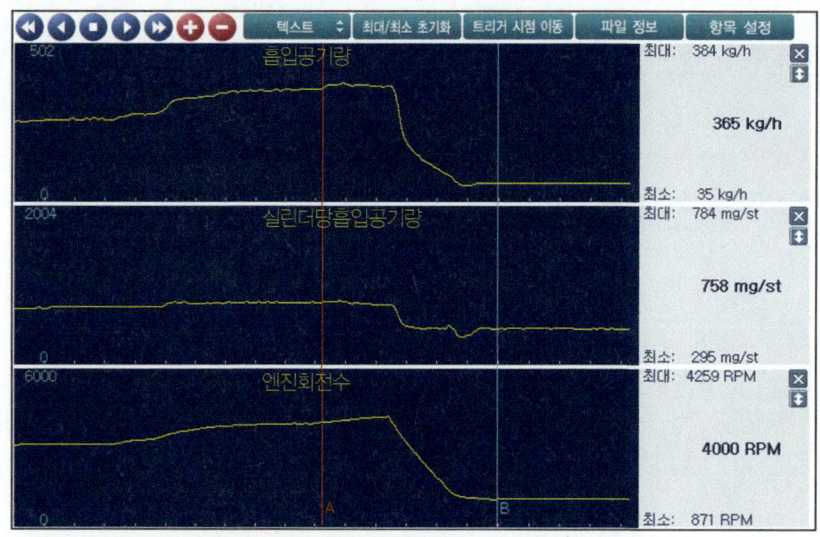

(예) 758×2(스포티지R)×4000×60/1,000,000=363.84≒365kg/h
(예) 363.84×1,000,000/(2×4000×60)=758mg/st

2 고장 판정 방법

1) 정상 공기량 계산

원칙적으로는 실린더 체적과 밀도를 계산하여야 하나 현장에서는 현실적이지 못하다. 그래서 간단하게 오차 범위를 두고 현장에서 원리에 입각하여서 계산하는 수식을 만들어 보자. 피스톤의 상하운동을 통해 엔진의 압력 차이로 인해 공기를 흡입하는 행정에서 한 기통당 받아들일 수 있는 공기량은 실린더 체적과 거의 같다. 2000cc의 경우 500cc의 공기가 한 개의 실린더에 들어올 것이고 이때 공기의 무게는 온도와 압력에 따라 차이가 있겠지만(공기의 무게 : 1기압 0℃에서 1000cc의 공기 무게는 1.3g) 대략 500mg정도이다.

하지만 커먼레일 디젤 엔진 차량의 경우 과급 차량이므로 부스트 압력이 변수가 된다. 예를 들어서 흡기라인 중에 인터쿨러에서 공기의 누설이 있다면 터빈의 속도는 오히려 증가하고 라인의 부스트 압력은 낮아질 것이다. 따라서 공기량을 계산함에 있어 부스트 압력을 감안하여 계산하게 되면 실차에서 정상 데이터를 판정할 수 있다.

공전시 실린더당 흡입 공기량

배기량/기통수=mg/st(실린더당 흡입 공기량) ± 50mg/st
VGT 차량의 경우 -50mg/st정도 공전시 값이 WGT보다 낮다.

스톨시 실린더당 흡입 공기량

배기량/기통수בpx"부스트 압력(bar)"=스톨시 실린더당 흡입 공기량±100mg/st
부스트 압력이 표출되지 않는 WGT 차량의 경우(×2.2:(평균 부스트 압력))

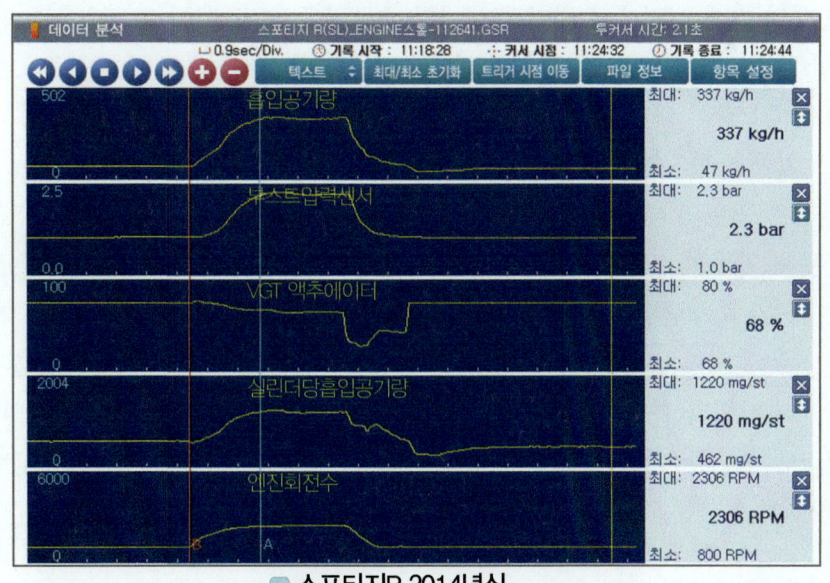

■ 스포티지R 2014년식

> **Tip**
>
> **스톨 시험**
> 2014년 이전식은 브레이크 신호와 액셀러레이터 포지션 신호가 동시에 입력되어도 차속 신호만 입력되지 않으면 스톨 시험이 가능하였다.(산타페cm 예외) 하지만 2014년 이후식은 트랜스미션의 보호와 안전을 이유로 차속이 입력되지 않더라도 스톨시 페일 기능을 추가하여 두었다. 현장에서 안전 장치를 설치하고 브레이크 스위치를 단선시키면 스톨 시험이 가능하다.

위의 데이터에서 정상 공기량을 계산해 보자

2000cc 차량이므로 공전시 공기량은 2000/4=500mg/st±50 정도 범위이면 양호하다(EGR 비작동 구간). 스톨시에는 공전시 공기량×부스트 압력을 해보면 500×2.3=1150mg/st±100 범위 내에 있으면 정상이라고 판정할 수 있다.

이때 VGT 액추에이터의 작동 범위까지 확인한다면 과급과 공기량의 판정도 가능하겠다. 터보의 진단에서 언급한대로 VGT 제어 범위가 진공식의 경우 45±10% 범위 내이어야 하고 E-VGT의 경우 50±20% 범위 내이면 정상적인 과급 제어라고 할 수 있다.

2) 공기량 데이터 분석 방법

커먼레일 디젤 엔진에서 공기량 센서의 주목적은 EGR 제어 피드백 신호의 역할이다. 하지만 실질적인 연료 보정 신호의 역할을 수행한다. 배출가스 제어가 중요한 만큼 공기량 센서가 고장이 나면 EGR 제어 피드백을 할 수 없으므로 ECU는 연료를 제한하여 배출가스 자체가 발생되지 못하도록 출력을 제한하는 것이다.

따라서 공기량의 데이터가 정상적으로 입력되지 않으면 차량의 정상적인 출력이 발생하지 못해 가속의 불량이 발생된다. 현장에서 가속 불량의 차량을 진단함에 있어 먼저 원인이 공기 시스템인지, 엔진 출력의 부족인지를 구분하여야한다.

즉, 연료 분사량의 부족, 타이밍 불일치 등으로 인한 연소 부족으로 배출가스의 압력이 낮아져 터빈의 속도 저하로 공기량이 낮게 표출된 것인지, 공기량 센서의 고장 등 공기 시스템의 고장으로 인해 ECU가 연료의 분사를 제한하여 출력이 미발생한 것인지를 구분하여야 한다는 것이다.

4. 공기 시스템

Tip
데이터 경향 분석 정리

실린더당 흡입 공기량 (mg/st)	흡입 공기량 (kg/h)	부스트 압력	매연	rpm	고장 의심 부위
정상 계산값 보다 +200mg/st이상	동반상승	1.5bar이하 압력상승 못함	발생	2000 이하	터보이후 과급 누설 인터쿨러,터보호스)
정상 계산값 보다 -200mg/st이하	동반상승 불가	1.5bar이상 압력 상승	없음	1500~1800	공기량 센서 불량, 터보이전 호스터짐
정상 계산값 보다 -200mg/st이하	동반상승 불가	1.5bar이하 압력상승 못함	없음	1500~1800	페일 모드, 흡.배기 막힘, 공기량 센서 불량
정상 계산값 보다 -200mg/st이하	동반상승 불가	1.5bar이하 압력상승 못함	발생	1500 이하	EGR 밸브 고착

경향 분석 후 정비 방향을 결정하고 반드시 단품의 정밀 점검을 요함

① 공기량 센서 성능 저하-스포티지R. 2014년식

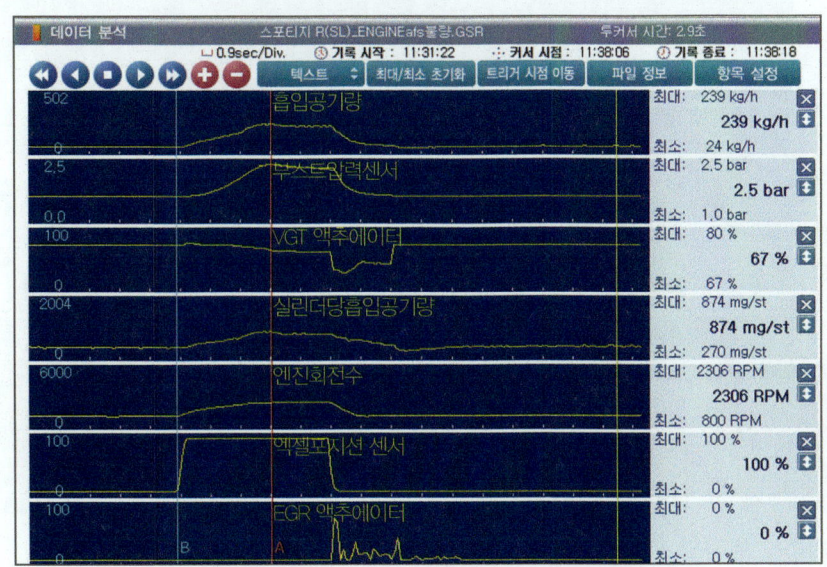

정상적인 R엔진 차량의 경우 스톨 검사를 실시하였을 때 스톨 정점까지 도달하는 시간은 2~2.5초 이내이다.(각 차종별 스톨 시간 정리 요함)

> **Tip**
>
> 2보쉬 타입 : 2.5~3초
> 델파이 타입 : 3~3.5초
> R엔진 피에조 타입 : 2~2.5초

위의 차량은 스톨시 정점 rpm까지는 상승이 되나 스톨 시간이 2.9초 정도로 가속의 응답력이 떨어져 있다. 이때 과급 또한 액추에이터를 67%로 정상 제어하고 압력도 충분하게 2.5bar까지 나오는 것으로 보아 터보의 이상이나 흡·배기의 막힘이 의심되지는 않는다.

정상 공기량은 500mg/st×2.5bar=1250mg/st 정도가 나와야 하지만 2.5bar 상태에서 공기량 계측이 200mg/st 이상 낮은 것으로 보아 센서의 불량을 의심할 수 있다.

② 공기량 센서 고장-투싼IX 2013년식

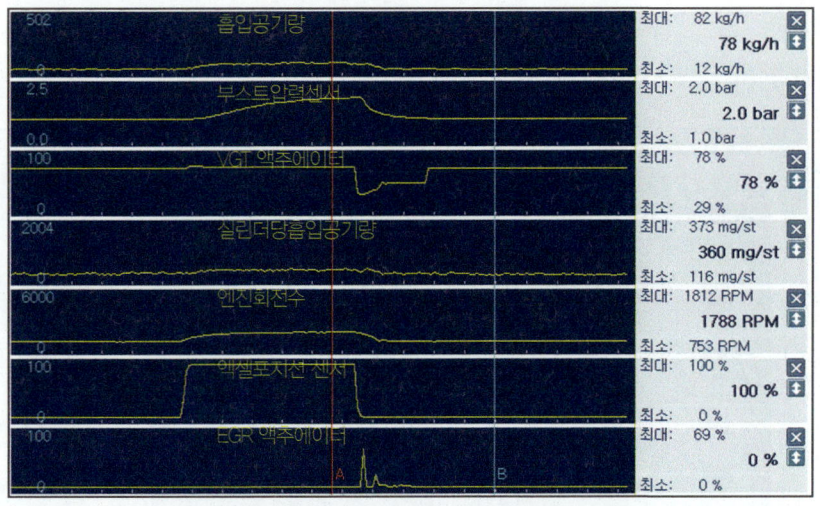

센서의 성능 저하를 넘어 완전히 고장이 발생한 경우에 위의 분석과 같이 과급은 2bar까지 과급이 되지만 공기량이 상승하지 못하는 경우이고 스톨 rpm도 1800rpm을 넘지 못하고 있다.

흡·배기 막힘의 경우이거나 연료의 부족으로 인한 엔진 출력의 문제라면 과급이 되지 않을 것이고 EGR 고착의 경우에도 과급이 되지 않을 것이다. VGT 액추에이터의 경우에는 엔진의 기본 출력이 발생하지 않으면 제어가 되지 않는다는 것은 터보 제어

편에서 학습하였다. 공기량 센서의 계측 고장으로 ECU가 정상 출력을 제한하고 있는 경우이다.

③ 흡기라인 누설-스포티지R. 2012년식

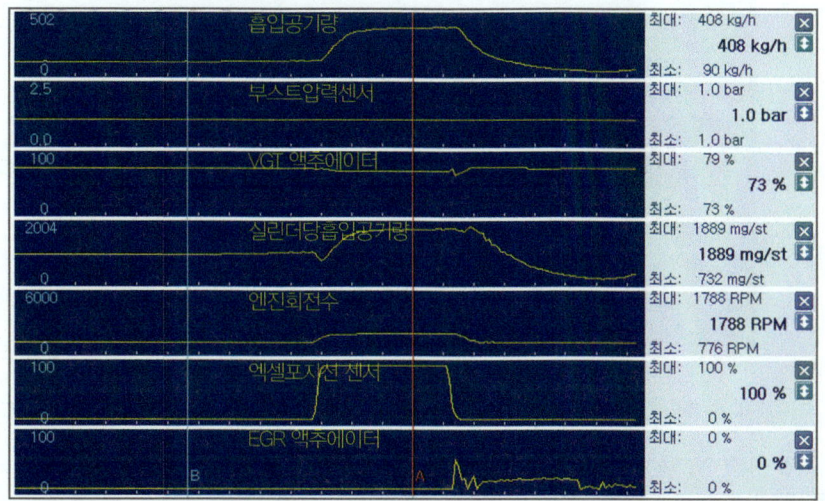

정상 공기량(2000cc 기준 위의 계산 참조)보다 200mg/st 이상 공기량이 과다하게 검출되지만 부스트 압력은 상승하지 못하고 있다. 기본 출력 부족으로 VGT 제어는 정상적으로 제어되지 않고 있는 상태이다. 스톨 rpm이 1800rpm을 넘지 못하지만 ECU의 입장에서는 공기량이 과다하여 연료 분사량을 증가시킬 것이고 이로 인해 혼합기는 농후해져 매연이 과다발생 하였을 것이다.

상기 차량은 DPF 장착 차량이기 때문에 육안으로 매연의 배출을 확인할 수는 없으나 DPF 포집량이 과다하여 경고등이 발생하게 되었다. 대부분의 차주들은 위와 같이 완전한 가속불능의 상태가 아니면 가속불량을 호소하는 것이 아니라 경고등을 확인하고 입고시키게 된다. 정비사의 입장에서 고객 요청 사항인 DPF 경고등에 국한하지 말고 고장의 원인인 흡기 누설을 진단하고 조치해 주어야 한다.

반대로 터보 이전에서 호스가 터지게 되면 어떤 데이터를 보일 것인가? 에어플로센서이후 터보의 압축기 이전에서 호스가 터져서 흡기 누설이 생긴다면 공기량 측정값이 위 사례와 달리 낮아진다. 흡입할 수 없으니 공기량 값이 낮아지는 것은 당연하다.

반면 과급은 공기량 센서 불량일 때의 데이터와 같이 부스트 압력은 상승하게 된다. 하지만 공기량 센서 값이 낮아서 출력이 발생하지 않으므로 ECU는 연료를 제한하여 매연의 발생은 없다.

④ 페일(림폼) 모드-트랜스미션 보호와 안전상 이유-투싼IX. 2014년식

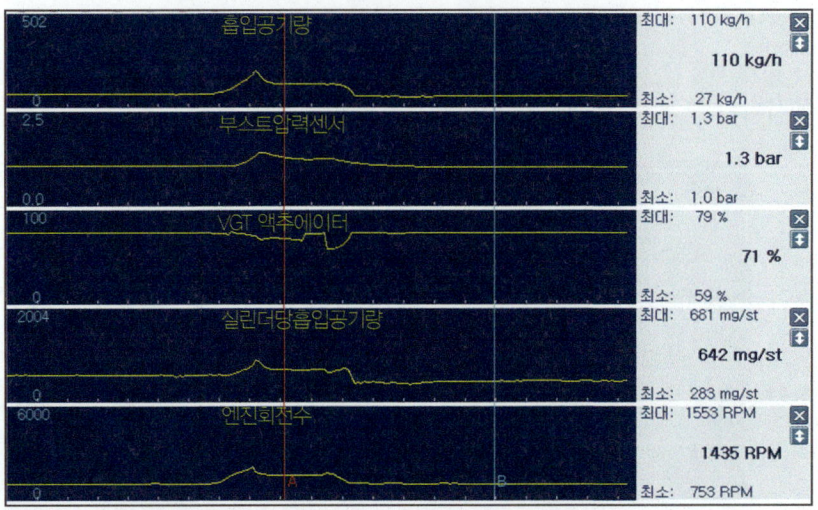

커먼레일 디젤 엔진 차량의 경우 주행 중 브레이크 신호와 액셀러레이터 포지션 신호가 동시에 입력되면 고장 코드를 발생시키면서 rpm을 1500rpm 범위 내에서 페일 모드로 진입한다. 하지만 정차시에 차속의 신호가 입력되지 않으면 스톨 모드로 고장진단이 가능하였다.

2014년 이전식의 경우 산타페 CM 혹은 쌍용 차량들의 일부에서 1500~1800rpm사이에 페일 모드를 만들어 놓았지만 2014년 이후식의 경우 대부분의 차량들이 페일 모드가 되어있다. 트랜스미션과 안전상의 이유일 것이다. 이러한 경우 정밀 진단을 위해 스톨 검사를 실시하게 되는데 브레이크 스위치를 단선시켜 페일 모드를 해제한 다음 스톨 검사를 실시하면 된다.

부스트 압력, 공기량, rpm, VGT 제어 등 모든 출력 제어를 제한하고 있다. 이러한 데이터와 흡·배기의 막힘 데이터가 혼동될 수 있는데 차이점은 페일 모드는 급상승후 고정된다는 것이고, 막힘의 경우 상승 자체가 급상승이 되지 않는다. 또한 EGR 고착의 경우 rpm이 상승되지도 않고 매연은 과다하게 배출된다는 차이점이 있다.

⑤ 촉매 막힘

터보 이후 배기라인 막힘은 배압을 상승시켜 흡기 라인의 부스트 압력이 낮아진 것이 된다. 데이터 상으로 부스트 압력도 상승하지 못하고 터빈의 배압으로 인해 공기량도 증가하지 못하기 때문에 차량은 가속이 되지 않는다. 문제는 완전 막힘의 경우가 잘 없다는 것이다. 가속력이 30~40%정도 저하되는 고장이 대부분인데 이러한 경우 데이

터를 통해 빠르게 정비 방향을 결정할 수 있어야 한다.

공전시 보다는 크랭킹시와 스톨시 데이터를 가지고 진단해 보자. 스톨시는 스톨시간 및 회전수가 정상 값보다 낮을 것이고 그 데이터 값은 막힘 정도에 따라 다를 것이다. 스톨 검사 후 크랭킹 검사를 통해 고장 여부를 확인해 보자.

정상적인 차량의 경우 시동 불능 상태를 만들어 놓고 크랭킹 검사를 실시하면 피스톤의 왕복운동에 따른 흡기 맥동이 발생한다. 이 맥동이 규칙적이라는 것은 배기도 규칙적으로 된다는 반증일 것이다.

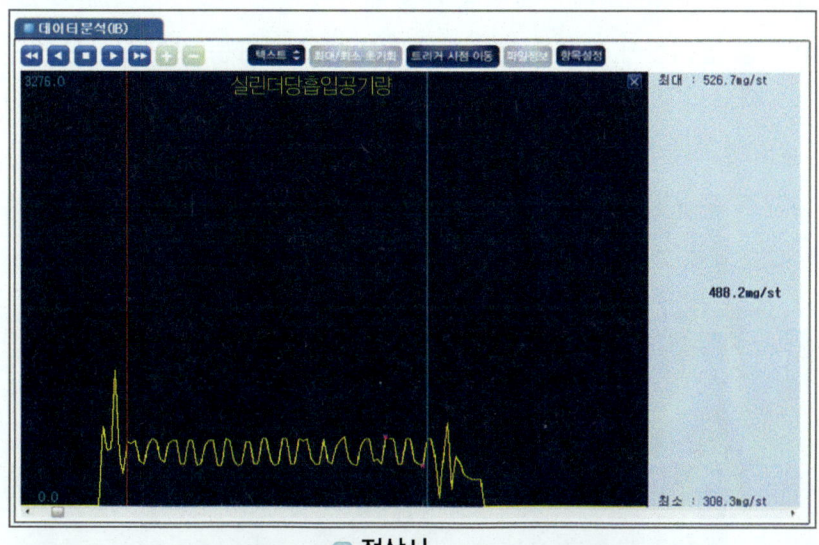

● 정상시

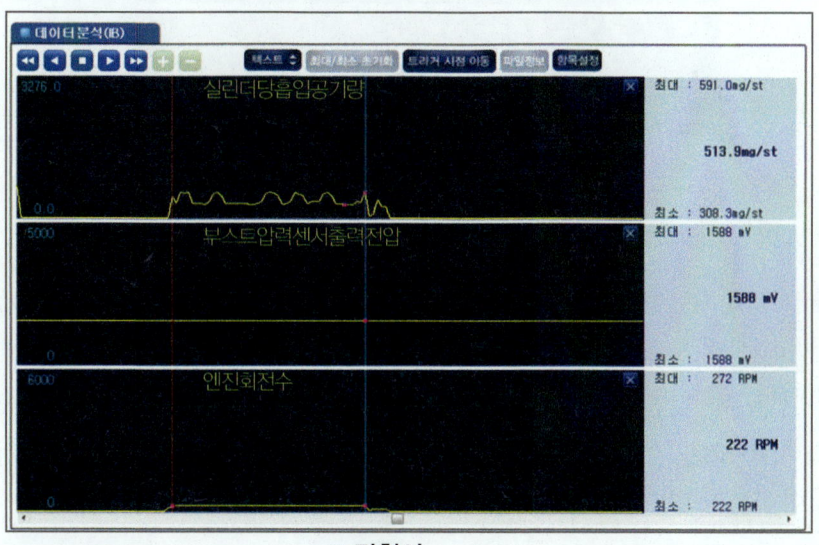

● 막힘시

만약 배기 통로가 막혀서 배압이 불규칙적이라면 맥동 또한 불규칙적일 것이다. 크랭킹시 공기량 센서 데이터의 맥동 파형으로서 방향을 잡을 수 있겠다.

물론 가장 정확한 것은 배기 머플러를 탈거시키고 스톨 검사를 실시해 보면 정확하게 진단이 가능하다. 촉매 막힘의 경우 반드시 원인 분석이 이루어져야 한다. 앞쪽에 과다한 매연의 발생 원인이 있음을 인지하고 수리하여야 한다.

⑥ 델파이 시스템 공기량 기준

델파이 엔진(유로3)에 장착된 공기량 센서의 경우 보쉬 시스템과의 차이점은 스캔 툴 데이터상 공회전시 공기의 맥동이 감지되어야 한다는 것이다. 국내의 차량에 적용된 유로3 타입의 델파이 시스템에서는 스톨시 100g/s를 넘어서야 정상이다. 그 이하에서는 출력의 부족이 발생한다.

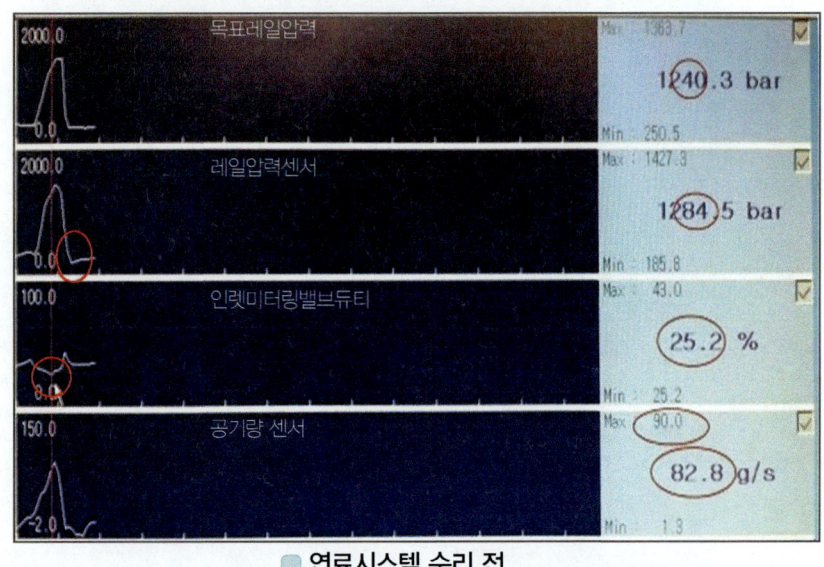

■ 연료시스템 수리 전

위의 데이터에서 스톨시 조절밸브가 정비 한계값인 25% 이하로 제어하면서 연료통로를 개방시키고 있는 상황에서 목표 레일 압력 대비 실제 레일 압력을 피드백하고 있다. 이때 공기량은 100g/s이하를 나타내는데 연료 시스템 수리 후(펌프 및 조절 밸브) 공기량 데이터를 다시 보면 스톨시 연료 압력은 100bar 정도 상승하지만 공기량이 여전히 100g/s를 넘지 못하고 있다. 공기량 센서의 성능 저하로 인해 출력이 20%정도 낮아진 상태이다.

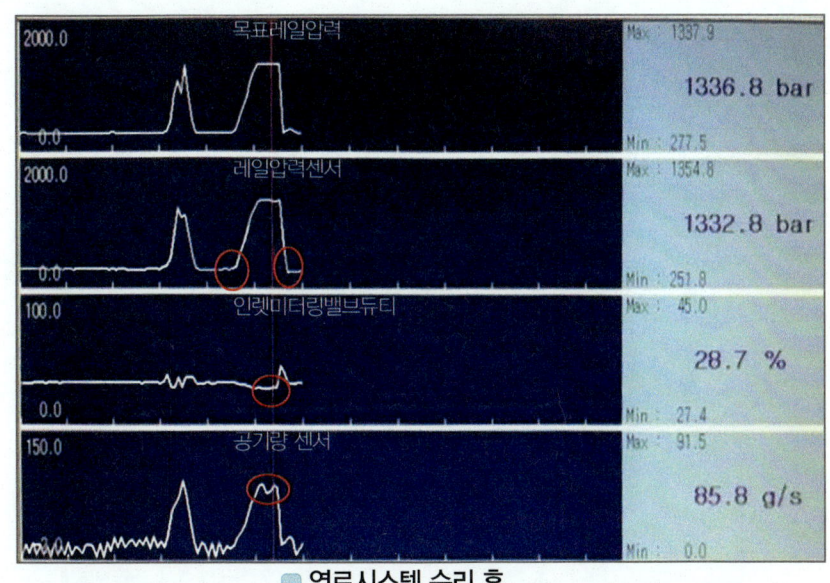
■ 연료시스템 수리 후

3) 부스트 압력과 공기량 센서의 관계

ECU의 기본적인 로직은 먼저 목표 부스트 압력을 다른 입력 신호를 기반으로 정하고 이 값에 맞도록 1차적으로 터보 액추에이터를 제어한다. 제어된 터보의 압력을 부스트 압력 센서와 공기량 센서를 통해 다시 피드백하여 2차적으로 터보를 제어하게 된다.

가솔린 엔진 차량에서 산소 센서가 촉매를 보호하는 소위 "연료 피드백 센서"라면 커먼레일 디젤 엔진에서는 터보를 제어하는 "공기 산소 센서"의 역할을 한다. 과급 엔진에서 부스트 압력의 값은 공기량 센서의 값과는 별개의 문제이다.

흡입해서 토출하는 방식의 과급 시스템에서는 외부의 공기를 실제로 잘 흡입하면 과급도 토출이 잘 되는 것은 당연하다. 하지만 외부의 공기가 잘 흡입되는지 감지하지 못한다고 토출되는 것이 약해지는 것은 아니다. 즉, 공기량 센서가 불량이라고 부스트 압력이 발생하지 않는 것은 아니라는 것을 데이터 분석을 통해 보았다.

반대로 부스트 압력 센서가 불량이어도 공기량 센서는 계측값을 잘 표출할 수 있다는 것이다. 부스트 압력은 밀폐된 관로상의 압력이고 공기량의 계측은 지나가는 유량의 계측이다.

쉽게 말하면 수도꼭지를 완전 개방하면 유량은 많지만 호스의 압력은 낮다. 압력을 높이려면 호스 끝을 잡아서 좁게 만들면 호스의 압력은 상승하여 호스가 부풀게 된다. 따라서 부스트 압력 센서의 위치에 따른 압력 변화는 없다. 압력 센서의 전단이 터지나 후단이 터지나 마찬가지라는 것이다. 위의 데이터 처럼 부스트 압력과 공기량 데이터를 주의 깊게 분석하면 진단이 수월해 진다. 경우의 수를 정해서 숙지해 보자.

① 부스트 압력이 낮게 표출되는 경우의 수

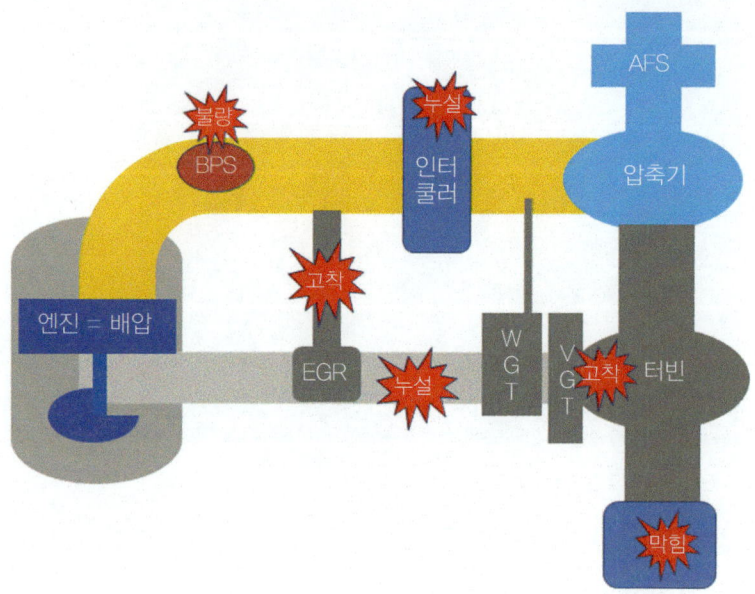

② 공기량 센서 값이 낮은 경우의 수

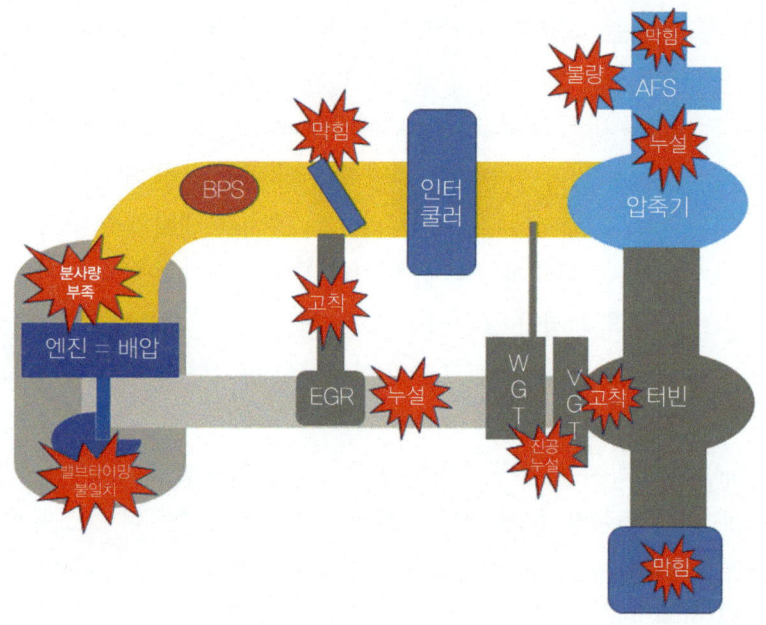

4. 공기 시스템

공기량이 낮은 경우에 가속력이 저하된다. 커먼레일 디젤 엔진 차량에서 가속불량의 경우 가장 먼저 보아야 하는 데이터는 공기량 데이터이다. 부스트 압력과의 연관성을 무시하더라도 빠르게 퀵 테스트하기 위해서 정리해 둘 필요가 있다. 흡·배기의 막힘, 누설. 센서의 불량. 엔진의 출력 미발생 등으로 크게 나누어 정리를 해두자

	공기량이 낮은 원인	고장 부위	진단 방법
1	흡기 라인 막힘, 누설	1. 센서 이물질 2. 외부 공기 덕트 막힘 3. 스로틀 플랩 닫힘 4. 센서이후 압축기 이전 호스 터짐	육안 검사
2	배기 라인 막힘, 누설	1. 촉매, DPF 막힘 2. EGR 고착 3. VGT 거버너 진공누설 4. WGT 바이패스 밀착불량	육안 검사
3	센서 불량	AFS 고장	1. 데이터 분석 2. 에어건 이용 3. 대체품 교환
4	밸브 타이밍 불일치	1. 타이밍 벨트 불량 2. 밸브 브릿지 불량 3. 엔진의 기계적 고장	1. 육안 검사 2. 동기 파형 3. 데이터 분석
5	인젝터 분사량 부족	노즐 불량	1. 전용 장비검사 2. 데이터 분석 3. 센서 시뮬레이션

기본적인 센서 시뮬레이션의 목적은 ECU에 인위적인 입력 신호를 인가해줌으로써 입력 신호의 문제인지 출력 신호의 문제인지를 검사하기 위한 것이다. 따라서 AFS(흡입 공기량 센서)에 거짓 신호를 인가하여 ECU가 거짓 신호를 바탕으로 나머지 출력 제어를 실시한다면 배선과 ECU의 상태는 정상이라 할 수 있고 센서의 불량으로 진단할 수 있다.

하지만 커먼레일 디젤 엔진 차량은 기본적인 엔진의 출력이 가솔린 엔진보다 월등히 좋고 점화제어를 실시하지 않으므로 흡·배기 라인의 막힘이 발생하고 심지어 타이밍이 불일치하는 경우에도 차량에 따라 스톨 검사가 성공할 수 있다. 물론 매연의 발생 등 경우의 수를 생각해서 진단할 수 있으나 현장에서 퀵 테스트에는 부적합하고 오진할 여지가 많다.

촉매가 막혀있는 정도에 따라 완전 막힘이 아니라면 "센서 시뮬레이션"을 실시하여 거짓 공기량의 신호를 증가시켜주면 ECU는 연료의 분사량을 증가시키고 이로 인해 스톨 회전수가 상승하게 된다. 따라서 "AFS 시뮬레이션" 결과 스톨 회전수가 상승하면 배선, ECU 정상--AFS 불량이라는 판단은 주의하여야 한다.

예를 들면, 센서시뮬레이션 결과 스톨데이터가 정상적으로 개선되어야 입력신호의 불량이라고 진단할 수 있다. 만약 산타페의 경우 정상스톨시간은 2.5초 정상스톨rpm은 2400rpm이상인데 센서시뮬레이션 결과 3초정도에 2100rpm까지 상승한다면 이는 AFS의 불량이라 할 수 없다는 것이다. 즉, 센서 시뮬레이션기능을 이용하여 진단하기 위해서는 정상차량의 스톨데이터를 인지하고 있어야 정확한 진단이 가능하다. 따라서 현장에서 단순히 AFS센서시뮬레이션결과를 분석함에 있어 스톨가부 판단만으로 고장판단하는 것은 오진의 여지가 많다.

따라서 조금 번거롭더라도 순서대로 1번부터 4번까지 육안 검사를 실시한 후 마지막 남은 인젝터 분사량의 양부 판정에서 "센서 시뮬레이션"을 실시하여 진단하는 방법을 권장한다. 물론, 전용 테스트 장비가 있는 경우에는 가장 먼저 인젝터 분사량을 확인하면 되는 것이다.

■ 4. 공기 시스템

4 AFS 센서 시뮬레이션

1 검사 방법

먼저 스캐너를 이용하여 "센서 출력+멀티미터" 듀얼모드에서 스캐너의 채널을 이용하여 '⊕ 테스트 프로브'는 "센서의 신호"선에 탐침을 하고 '⊖ 테스트 프로브'는 접지에 탐침을 한다.

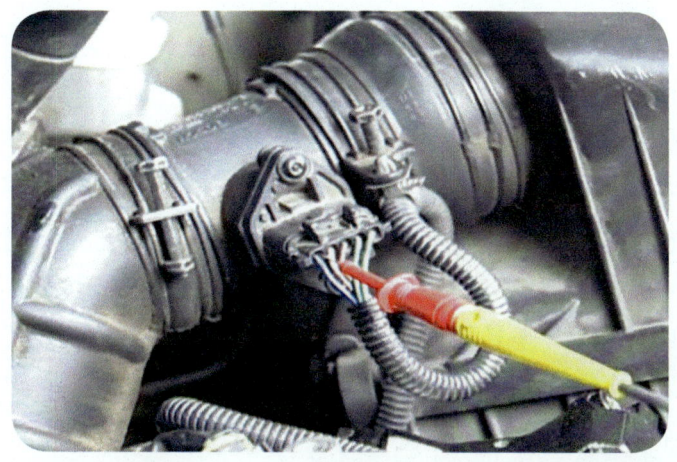

이때 유로3 타입은 전압을 인가하고 유로4 이상은 주파수를 인가하여야 한다.

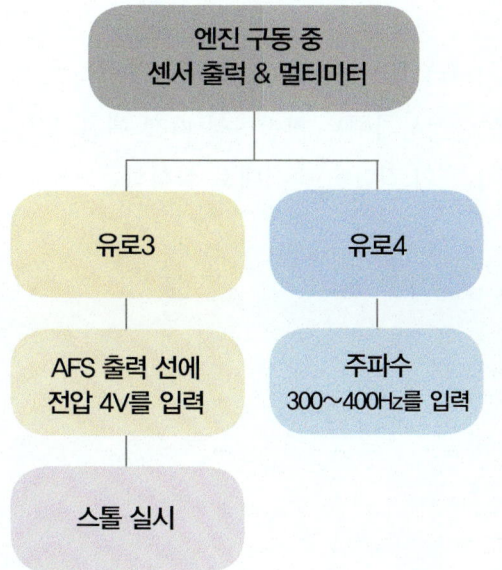

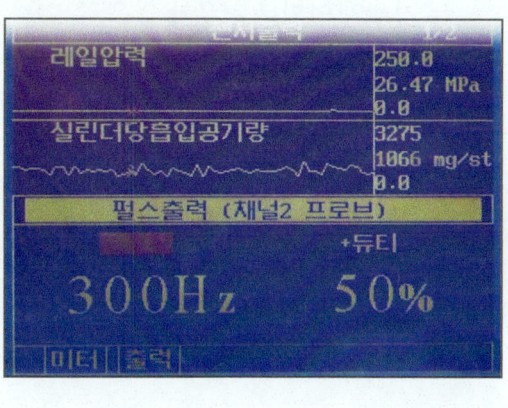

2 판정 방법

1) 배선 및 ECU 양부 판정

시동을 걸지 않고 키 ON 상태에서 kg/h 단위의 공기량 데이터와 mg/st 단위의 실린더 당 흡입 공기량 데이터를 센서 출력으로 표출해 두고 시뮬레이션을 했을 때 kg/h 단위가 상승한다면 ECU 및 배선은 정상이다.

2) 인젝터 분사량 부족

"공기량이 적은 원인"을 순서대로 진단을 한 후 마지막으로 인젝터에서 분사량이 부족한 경우를 확인하기 위해서 "센서 시뮬레이션"을 실시하여 정상 스톨이 가능하다면 인젝터에서 분사량이 부족함을 의심할 수 있다. 반드시 공기량이 적은 원인 5가지 중 4가지의 진단이 완료된 후 실시하여 판단하는 것이 오진을 막을 수 있다.

앞에서 언급한대로 디젤 엔진 차량의 특성상 부족한 공기량의 신호를 거짓으로 인가하였을 때 부족하였던 연료의 보정값 20~30%를 보정하게 되고 노즐의 불량으로 분사량이 정상적이지 않던 인젝터에 분사시간을 더 늘려 인가하게 되면서 부족하였던 출력이 살아나는 것이다.

다시한번 말하지만 "센서 시뮬레이션"의 원래 목적은 센서 불량과 배선, ECU의 양부를 판정하기 위한 진단과정이다. 하지만 실제 현장에서 고장이 발생되는 경우의 대부분은 완전 고장인 경우 보다는 기능이 저하된 경우가 많다. 촉매의 막힘과 흡기 누설의 경우에 그 막힘과 누설 정도에 따라 거짓 신호로 인한 분사량 증가로 인해 정상 스톨이 되는 경우와 안되는 경우가 있을 수 있다는 것이다.

따라서 시뮬레이션만으로 센서의 불량을 단정하기에는 커먼레일 디젤 엔진에서는 오진의 우려가 있다. "공기량이 적은 원인 5가지"의 진단을 순서대로 실시하는 것이 퀵 테스트라 할 수 있겠다.

5 사례1 - 포터2 가속불량

1 스캔툴 데이터

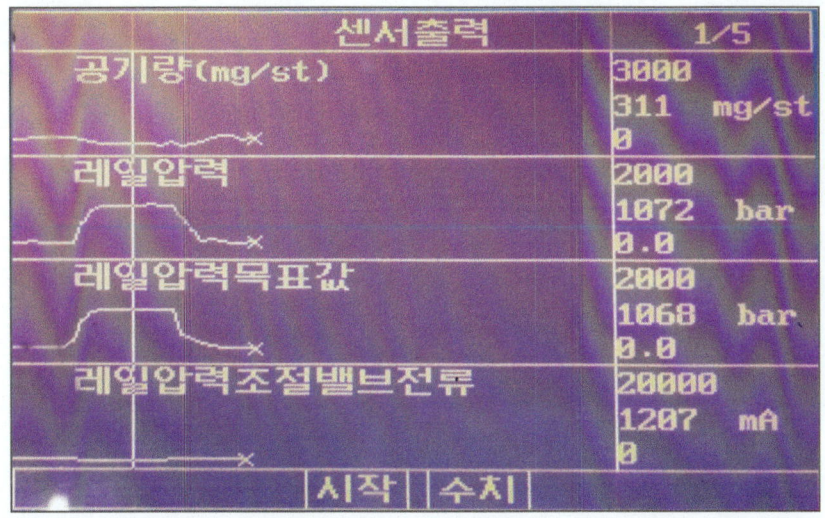

가속시 공기량이 줄어드는 경향을 보인다. 고민하지 않고 공기량이 낮은원인 5가지를 순서대로 점검해보아야 한다. 첫 번째 흡기막힘과 터짐단계부터 본다. 먼저 에어크리너, 센서불량과 스로틀풀립달힘을 확인해 본다.

진공호스를 탈거 후 가속해보니 정상가속이 되었다.

2 수리후 데이터

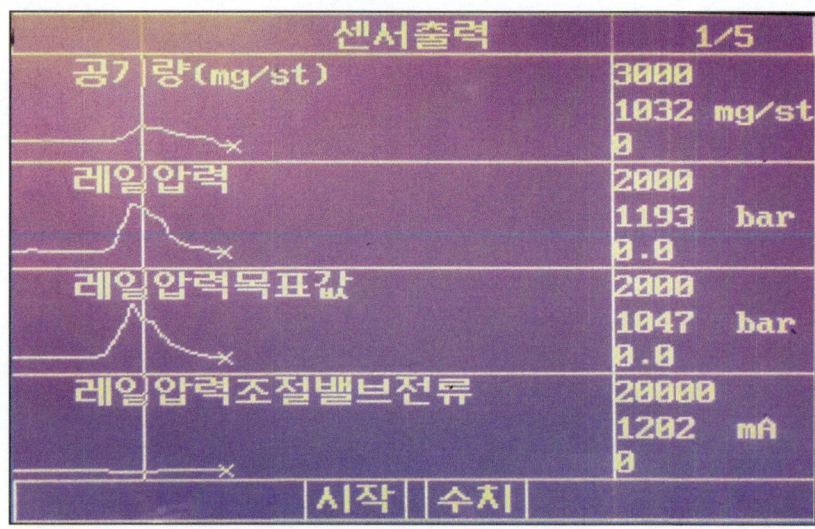

6 사례2 - 산타페 가속불량

1 스캔툴 데이터 - 카렌스2 이종진단으로 확인

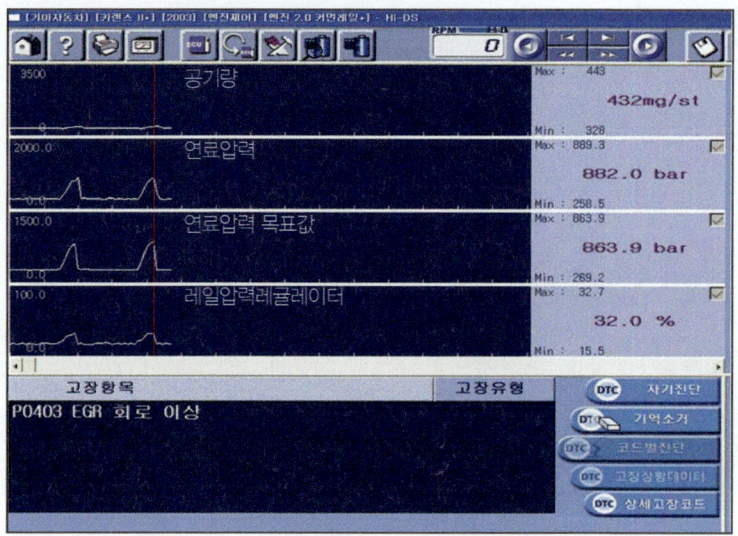

목표값과 기타데이터를 더 지원하여 보기위해 카렌스2로 이종진단하여 확인하였다. 가속시 공기량이 전혀 반응이 없다. 공기량낮음 경우의 수에 따라 하나씩 본다.
① 앞 막힘, 터짐 - 에어크리너, 센서부, 스로틀풀립
② 뒤 막힘, 터짐 - 촉매, EGR, VGT거버너 터짐
③ 센서불량
④ **타이밍불일치**
⑤ 인젝터 분사량부족

2 CKP & CMP 동기파형

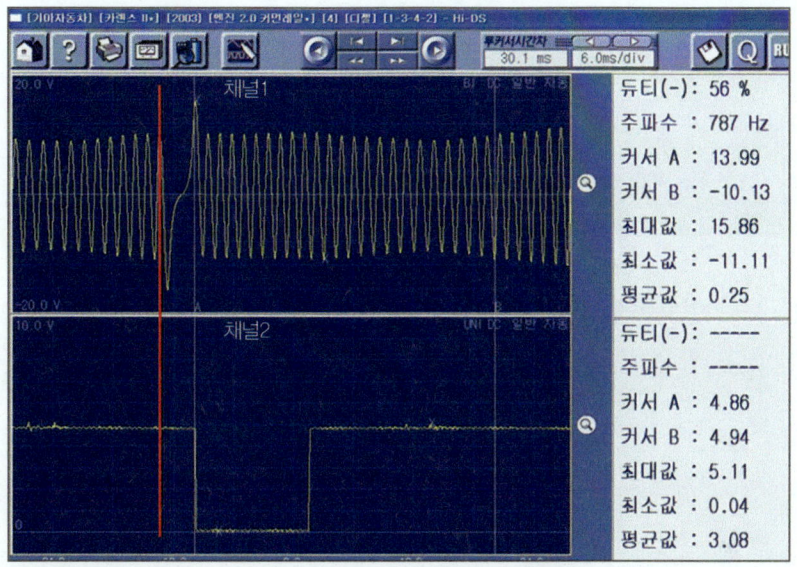

타이밍이 참조점 방향으로 1칸 넘어있는 불일치 상태임을 알 수 있다.

7　사례3 – 카이런 가속불능-중복고장

1 스캔툴 데이터

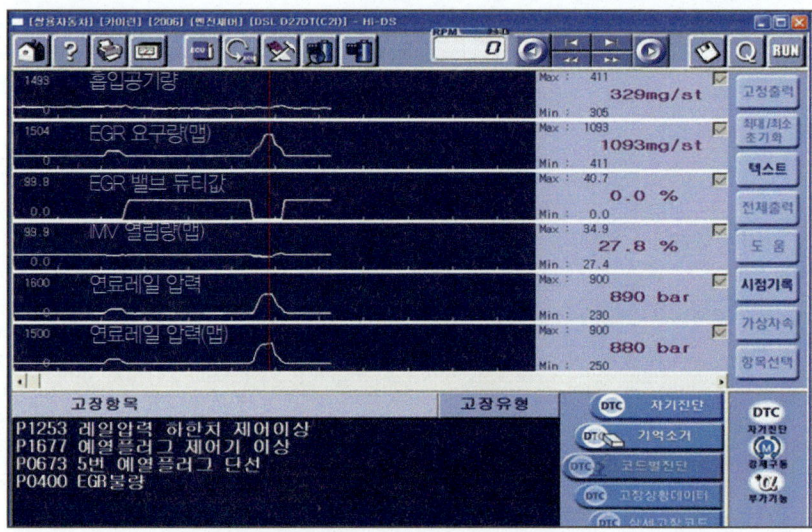

고장코드를 보니 연료이상과 공기쪽 진공제어이상을 의심해 볼 수 있다. 가속시 공기량이 전혀 변화가 없다. 쌍용차량은 공기관련 고장코드가 발생하게 되면 반드시 진공라인의 누설과 단속불량을 의심해 보아야한다.

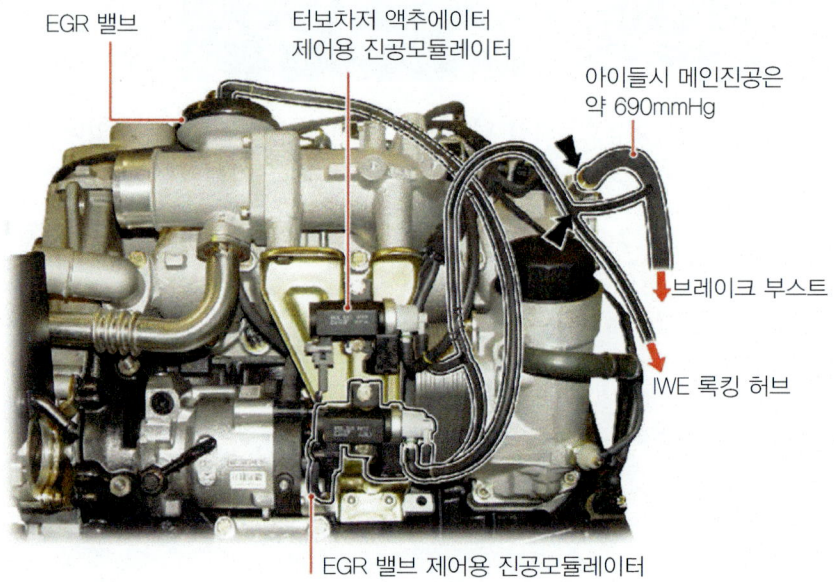

■ 4. 공기 시스템

상기차량은 진공부분과 부하부분의 진공이 뒤바뀌어 장착되어 계속해서 진공이 작용하여 EGR이 개방되면서 공기량이 낮게 표출된 것이다.

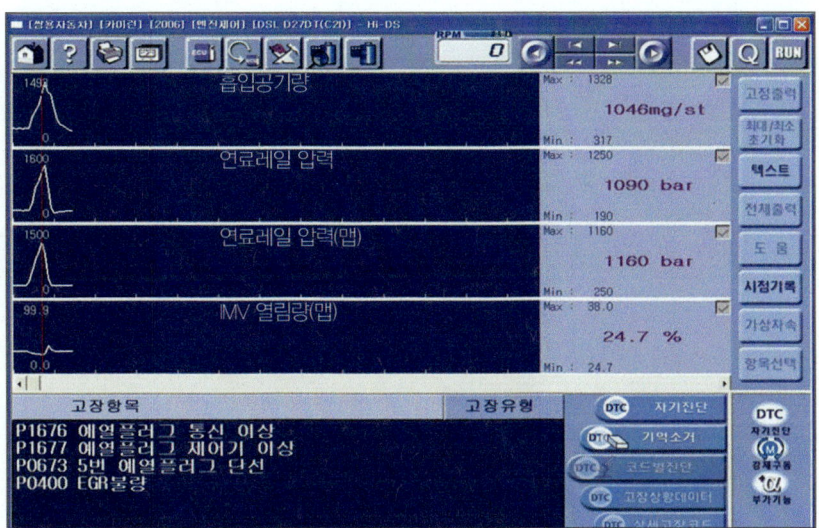

● 진공라인 수리후

2 연료시스템 최고압 검사

고장코드에 "레일압력 하한치이상"이란 코드가 발생한 것으로 보아 연료고압누설을 의심해 본다.

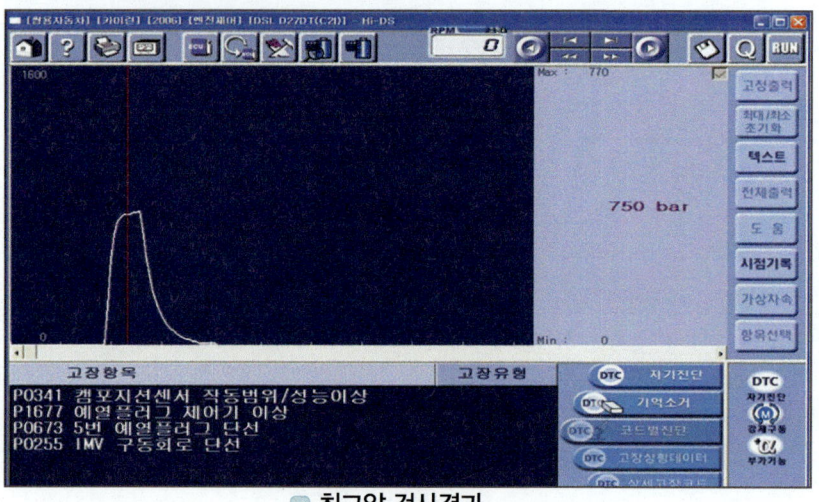

■ 최고압 검사결과

① 조수석 64번 퓨즈탈거 ② 캠센서단선 ③ 크랭킹시 1200bar이상 표출되어야한다.

750bar밖에 고압라인에 저장이 되지않는다는 말은 어딘가 누설되든가 펌프가 레일에 저장시키지 못한다는 말이다. 레일이전이지 레일이후인지를 구분하여야한다. 현장에서는 최고압력상황에서 인젝터리턴을 측정해 보면 알 수 있다. 인젝터리턴이 과다한다면 인젝터가 원인이고, 리턴이 적당하다면 펌프의 문제일 것이다. 상기의 차량은 인젝터리턴이 과다하게 발생한경우이어서 인젝터교환으로 마무리 하였다.

Chapter 4

VI 매연 저감의 대책

1 매연 발생에 대한 이해

1 4행정 엔진의 밸브 개폐 이해

커먼레일 연료 시스템을 이해하기 위해서 먼저 엔진의 이해가 우선되어야 한다. 아무런 전기적인 제어가 없어도 공기, 연료, 압축만 있으면 착화가 이루어지는 엔진이 디젤 엔진이다. 여기에 배출가스 저감을 위해 여러 가지 전자제어 장치가 적용되어 있을 뿐이다.

DPF 재생을 위한 후분사와 흡기 클리닝의 필요성, 매연 발생의 원리, 노킹, 예비분사 등을 이해하기위해서 4행정 디젤 엔진의 밸브 개폐 원리를 알아보자

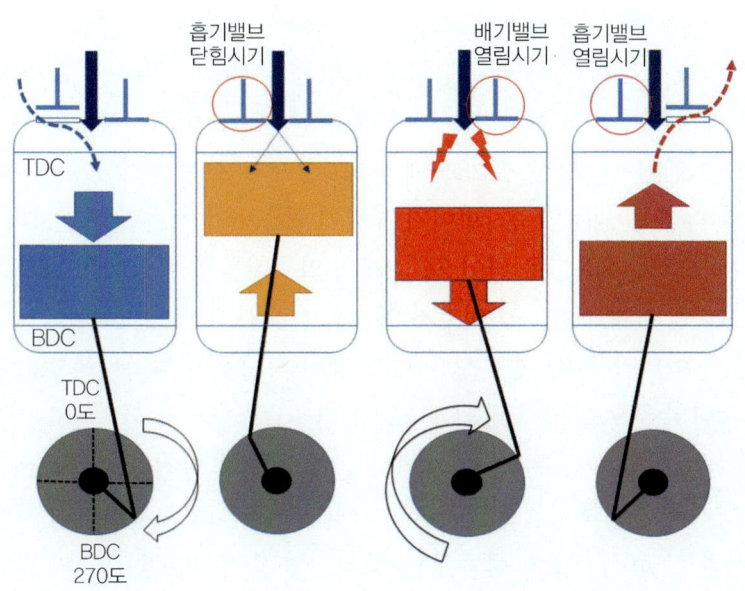

1) 흡입 행정

피스톤이 하강하면 연소실과 흡기관의 압력차에 의해 외부의 공기가 유입된다. 커먼레일 디젤 엔진은 연소시 공기가 충분해야 함으로 흡기 밸브를 오래 열어두어야 하고 자연 흡기가 아닌 과급을 적용하여야 한다. 흡기 밸브 또한 수직으로 위치하여 스월 효과를 극대화시킨다.

흡입 행정에서 EGR이 작동되어 배기가스가 유입되면 그 체적만큼 새로운 공기가 유입될 자리가 부족하게 되어 흡입 공기량의 데이터가 낮게 표출된다. 하지만 그 상황에서도 배출가스와 최대한 새로운 공기가 혼합될 수 있도록 인터쿨러, EGR 쿨러, 스월 밸브 등의 시스템을 적용하고 있다.

보쉬 시스템의 경우 인젝터의 밀착이 불량하게 되면 엔진오일이 이 행정에서 연소실로 유입되어 그로인한 불완전 연소는 압축력을 저하시키고 폭발 행정시 연소가스가 오일과 혼합되어 엔진오일의 흐름을 방해함으로써 엔진 소착이라는 치명적인 결과를 발생시킨다.

2) 압축 행정

피스톤이 하사점까지 내려오더라도 공기의 흐름은 관성에 의해 아직 흡기 밸브를 통해 실린더의 체적을 다 채우지 못하고 유입되고 있는 상태이다. 따라서 흡기 충진효율을 극대화하기 위해서 피스톤이 하사점을 지나 상승하여 압축행정을 시작한 후 일정시점까지 (산타페CM- R엔진 : 하사점 후 28도에 닫음) 흡기 밸브는 열려있게 된다.

일반적으로 디젤 엔진은 압축착화이기 때문에 압축비가 가솔린 엔진보다 높아야 한다. 그래서 기본적으로는 20 : 1을 넘어 24 : 1까지 압축비를 높여 설계하는데 최근 연비절감을 통해 이산화탄소 배출량을 줄이고자 엔진의 다운사이징이 대세이다. 현대·기아 차종의 경우뿐만 아니라 국내 거의 모든 디젤 엔진 차량들이 압축비를 16 : 1 정도의 가솔린 엔진 압축비 수준으로 낮추어 설계되고 있다.

이것이 가능하게 된 이유는 엔진 자체의 설계 기술이 발전한 것은 당연한 것이고 디젤 엔진 차량에서 저압축비일 때 발생하는 냉시동성과 토크 저하의 문제를 연료시스템의 성능개선과 가열 시스템의 성능개선, 효과적인 트랜스미션 기술의 발전으로 가능하게 된 것이다.

현장 사례에서 R엔진 경우 가열 시스템의 이상과 인젝터의 성능 저하, EGR 제어시스템에서 고장이 발생할 때에는 냉간시 매연의 발생, 초기 시동시 부조 현상, 간헐적 시동 지연 등의 현상이 발생하게 된다.

압축 행정 중 상사점 전 50도에서 10도 사이에 예비분사를 실시하게 된다. 압축 온도가 800℃까지 이르기 전에 적은 량의 연료를 분사하게 되면 조금 낮은 온도에서도 연료가 착화될 수 있기 때문이다. 미리 착화된 연료의 화염에 주분사를 실시하게 되면 주분사의 량도 줄일 수 있고 급격한 폭발로 인해 발생하는 진동, 소음, 질소산화물의 생성도 줄일 수 있기 때문이다.

이러한 예비분사를 유로3은 1회, 유로4 이상은 2회 이상을 실시한다. 만약 예비분사의 밸런스가 불규칙적이면 오히려 엔진의 밸런스가 흐트러져서 매연의 발생 및 진동을 유발하게 된다. 매연을 발생하는 차량의 경우 압축 행정 중의 예비분사 개시시점과 분사량이 중요하다.

3) 폭발 행정

800℃까지 데워진 공기 속에 연료가 분사되면 증발되어 공기와 혼합된 연료유증기부터 불이 착화되기 시작하여 점점 확산 되어간다. 연료의 분사는 상사점이후 2~10도 정도까지 이어진다. 연료는 계속 분사 중인데 피스톤은 하강을 하고 있다는 것이다. 이때 연료 시스템의 성능이 저하되어 분사량, 분사시점, 분사상태가 나빠지면 연소되지 못하고 불완전 연소상태에서 배기 밸브를 통해 배출된다. DPF가 장착된 차량의 경우 주분사 직후(상사점 후 30도 정도)에 1회의 후분사를 실시하여 화염을 이어가게 된다.

디젤 엔진의 특성상 아무리 엔진의 제어상태가 좋다고 하여도 연료가 분사되면서 기화되는 국소적인 부분에서만 공기와 연료가 혼합되어 연소되기 때문에 전체적인 배기가스는 잉여의 공기가 많은 희박 상태이며, 인젝터 노즐의 중심부분에 국부적으로 농후한 상태가 된다. 배출가스 검사에서는 희박, 농후를 검사하는 것이 아니라 매연을 측정하는 것이다.

연료가 연소되지 못하여 백연이 발생하거나 국부적인 무화 불량으로 흑연이 발생하거나 모두 매연의 검사에서 부적합 판정을 받게 된다. 따라서 인젝터의 성능과 흡입 공기 효율을 최상의 상태로 유지하여야 매연의 발생을 최소화할 수 있다.

폭발시 온도는 약 2000℃에 육박한다. 폭발직후 피스톤이 하강을 시작하여 하사점에 도달하기 전에(산타페CM-R엔진 : 하사점전 54도에 열림) 닫혀있던 배기 밸브가 열리게 된다. 폭발 행정시 연소실의 배기가스 압력은 80~190bar에 해당한다. 만약 배기 밸브를 하사점까지 닫아두게 되면 커넥팅 로드에 엄청난 부하가 걸리게 된다.

따라서 동력을 발생시킨 이후에는 배기 밸브를 미리 열어 엔진의 부하도 줄이고 배기 가스의 배출도 효과적으로 하기 위해 하사점 전에 배기 밸브를 개방하는 것(블로다운)

이다. 피스톤은 하사점가까이 위치하지만 연소실의 배기가스 압력은 6bar정도의 압력을 유지하고 있다. 이때 열린 배기 밸브를 통해 전체 배기가스 중 거의 50% 정도의 배기가스가 배출된다.

상사점 후 70도~130도 이후 정도에서 화염을 유지하기 위해 두 번째로 실시한 후분사를 통해 형성된 높은 배기가스가 이 과정에서 집중적으로 배출된다. 하지만 두 번째 실시하는 후분사의 경우 연소되지 않은 일정부분의 연료가 피스톤 링을 통해 소량이지만 엔진오일과 희석되기도 한다. DPF 차량의 엔진오일 관리가 중요한 이유이다.

4) 배기 행정

피스톤이 하사점을 지나 상사점으로 이동하면서 잔존의 배기가스를 짜내기 한다. 피스톤이 상사점에 다다르기 전에 흡기 밸브를 개방(산타페CM-R엔진 : 상사점 전10도)하게 되는데 이는 마치 20리터 오토 오일 캔의 숨구멍을 따주는 것과 같은 효과이다. 흡기 밸브를 미리 열어줌으로써 배기가스가 더 잘빠져나가게 하기 위함이다.

상사점을 지나 상사점 후 4도(산타페CM-R엔진)정도에서 배기 밸브가 닫히게 되는데 상사점을 기준으로 14도 정도(산타페CM-R엔진 기준)의 밸브 오버랩이 존재하게 된다. 밸브 오버랩이 배출가스의 배출 효율 증대와 흡기 충진 효율 증대의 효과가 있으나 디젤 엔진에서는 또 다른 문제점이 발생하게 된다.

엔진의 회전수가 높을 때에는 문제가 되지 않으나 엔진의 회전수가 낮을 때에는 밸브 오버랩 기간 동안 흡기 밸브로 역류하는 경우가 발생된다. 역류한 배출 가스는 이어지는 흡입 행정에서 다시 흡입되는데 이를 엔진 EGR 효과라 한다. 물론 디젤 엔진에서 질소산화물의 생성을 억제하기 위해 필요한 것이지만 이로 인해 흡기 포트의 오염은 당연하게 된다.

디젤 엔진의 흡기 클리닝이 필요한 이유이다. 가솔린 엔진에서는 이러한 문제점을 최소화하고자 밸브 오버랩을 조건에 따라 조절하는 장치를 적용하고 있다(가변 밸브 타이밍). 하지만 커먼레일 디젤 엔진에서는 흡기 충진을 방해할 수 있고 과급을 적용하고 있으므로 이를 적용하지 않고 있다.

5) 저압축비 엔진의 밸브 개폐시기에 대한 고찰

밸브 개폐시기		산타페 SM 2004년식	산타페 CM 2009년식	산타페 DM 2013년식
압축비		17.7 : 1	17.3 : 1	16 : 1
흡기	열림 BTDC	7도	7	12
	닫힘 ABDC	43도	35	7
배기	열림 BBDC	52도	52	32
	닫힘 ATDC	6도	6	17

    압축비를 낮추어서 엔진의 사이즈도 줄이고 열손실을 최소화하여 배출가스의 저감에는 효과적일 수 있지만 압축착화 엔진인 디젤에서는 냉시동성의 문제와 토크 저감의 문제가 해결되어야 한다.

    기계적인 시스템 이외에 예열 시스템을 급속 승온 예열 플러그를 채택하여 2초에 1000℃까지 급상승시키고 연료 시스템의 압력을 2000bar까지 상승하여 무화분사 및 다단분사를 향상시키고 터보의 제어 및 용량을 증대하여 낮은 압축비로 인한 문제를 해결하고자 한다.

    이외에 엔진의 밸브 개폐시기를 조정하여 저압축비로 인한 문제를 해결하고자 하는 것 같다. 압축비가 낮은 경우 짧은 피스톤의 왕복운동으로 공기를 압축하여야 하기 때문에 압축 행정에서 흡기 밸브의 닫힘 시기를 빨리 닫아줌으로서 압축의 효과를 높여야 한다.

    산타페SM의 경우 압축 행정이 시작되고도 흡기 밸브를 계속 열어두는 시점이 하사점 후 43도 정도까지 열어둔다. 반면 산타페DM의 경우 피스톤이 상승하자말자 즉, 흡입 행정 종료 후 압축 행정 시작과 동시에 하사점 후 7도에 흡기 밸브를 닫는다. 저압축비 상태에서 압축효율을 좋게 하기 위한 것이라 생각된다. 부족한 흡기 충진은 용량이 증대된 터보로 만회하면 된다.

    배기 밸브의 폭발 행정 후 열림시기(블로다운)에 대해서 그 시기가 너무 빠르면 토크가 약해질 것이고 너무 늦어지면 배기가스의 배출효율이 떨어질 것이다. 산타페SM의 경우 하사점 전 52도에서 열리는데 이는 동력 발생 후 엔진의 부하를 줄이기 위한 것인데 산타페DM에서는 낮은 압축비로 인해 너무 빨리 배기 밸브를 열어버리면 엔진의 토크가 약해지게 될 우려가 있다.

따라서 산타페DM에서는 하사점 전 32도까지 늦추고 있다. 폭발 행정시 배기 밸브의 열림시기를 늦추게 되면 배기가스의 배출 효율이 저하되는데 산타페DM의 경우 이러한 점을 배기 밸브를 좀 더 열어둠으로서 해결하고자 한다. 산타페SM이 배기 밸브를 배기 행정 과정에서 상사점 후 6도 정도까지 열어두는 반면 DM은 17도까지 열어두고 있다.

또한 배기 행정 말단에서 흡기 밸브가 열리게 되는데 SM의 경우 상사점 전 7도 정도에서 열리기 시작하나 DM의 경우 상사점 전 12도에 열리기 시작한다. 따라서 SM은 밸브 오버랩이 13도 정도이나 DM은 29도나 된다. 밸브 오버랩이 길면 엔진의 EGR 효과도 많아지게 되는데 유로6 기준인 DM의 경우 이러한 효과도 고려한듯하다.

따라서 저압축비 엔진의 경우 엔진이외의 시스템이 관리가 되지 않을 경우에 엔진의 트러블을 일으킬 수 있다. 현장에서 정비사들이 정기적인 관리와 유지가 반드시 필요하다.

2 매연의 종류별 대처방법

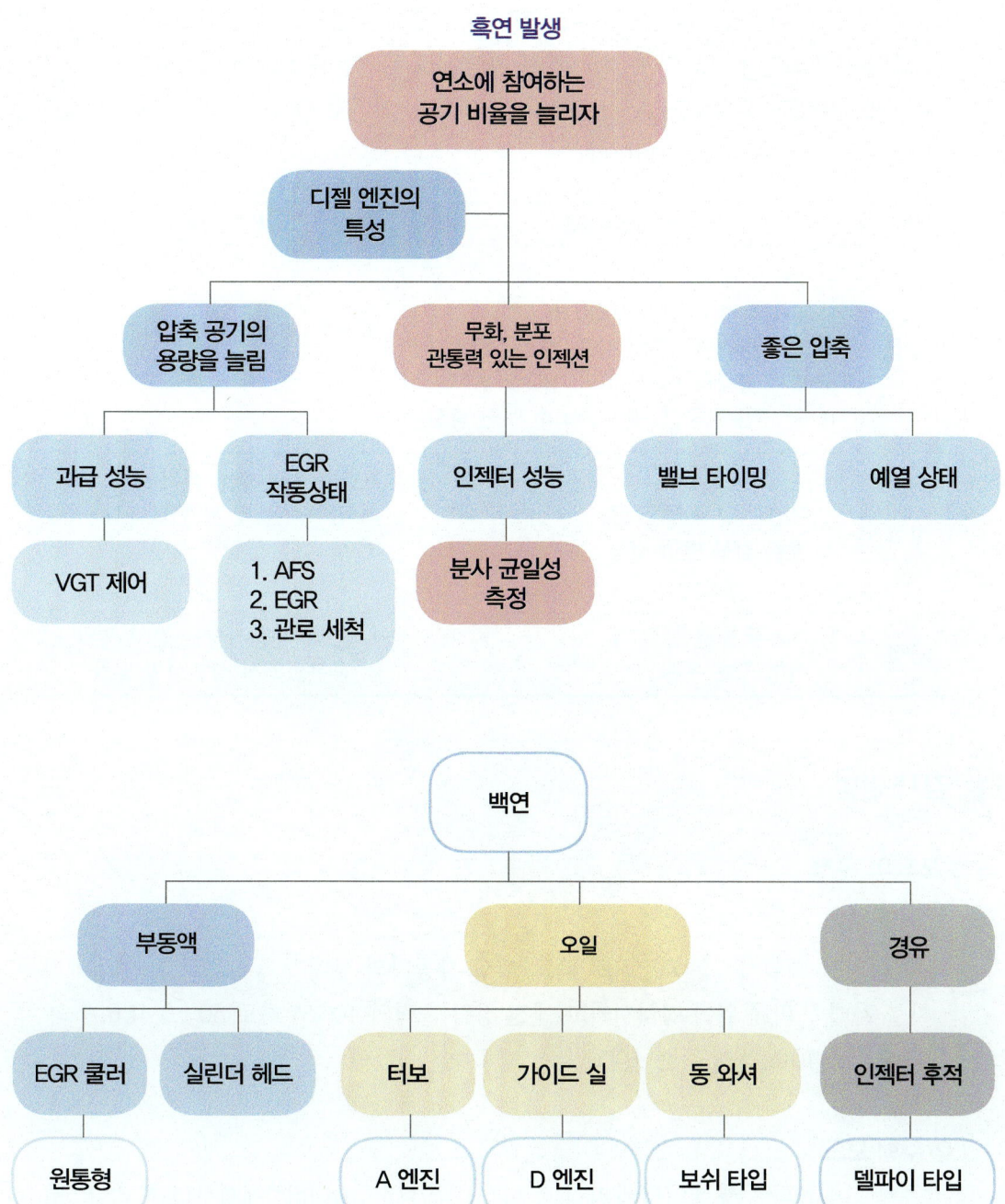

2 KD-147 검사

2010년부터 승용 디젤 엔진의 경우 매연 측정 검사 방법이 변경되었다. 기존의 검사방법이 실제 도로의 운행조건과 부합되지 않고 검사 차량에도 무리를 줌으로써 캐나다에서 사용하는 검사방법을 바탕으로 "KOREA DIESEL 147초"라는 의미로 한국형 검사 모델로서 147초 동안 광투과식으로 진행되는 방법이다.

	Lug down3	KD-147
방법	FULL 부하 1모드 : 정격 rpm, 70km/h 2모드 : 정격의 90% 제어, 10% 부하 3모드 : 정격의 80% 제어, 20% 부하 10초 동안 평균값, 출력, rpm 매연 측정	0~83.5km/h까지 구간 측정 147초간 측정
장점	1. 매연 정밀 측정 유리 2. 출력 검사 병행 가능	1. 일반적 선별성 유리 2. 검사소음 및 환경에 유리 3. 실 주행 상황에 적합함 　(가속, 감속, 정속)
단점	1. 소음과 환경 불리 2. 차량 파손 우려	1. 출력 부족 차량은 검사 제외 2. 고부하에서 선별성이 낮음

1 검사 방법

1) 모드의 구성

① 예열 모드

　자동차를 예열시키는 과정으로 측정 대상 자동차의 상태가 정상으로 확인되면 자동차를 차대 동력계 위에 정치시키고 엔진 정격 출력의 40% 부하로 50±6.4km/h의 차량 속도로 40초 동안 주행한다.

② 주행 모드

　주행 그래프와 주행 데이터에 따라 총 147초 동안 0km/h(Idle)에서부터 최고83.5km/h까지 적정한 변속기어를 선택 주행하면서 급가속, 가속, 정속, 감속, 급감속하며, 검사한다. 운전의 허용오차는 상한 및 하한 속도가 규정된 시간 1초 이내의 속도 곡선 상에서 가장 높거나 낮은 속도보다 3.2km/h 이내의 속도로 한다.

기어를 변속할 때와 감속구간(128~147초)과 같이 허용오차 보다 더 큰 속도변화는 2초 이내에 일어나면 허용한다. 허용 횟수는 0초에서부터 147초까지 전체 구간에서 3회 이하로 한다.

2) 변속 조건

① 수동변속기 차량의 경우 운전자 모드 화면에 주행주기와 함께 기어 변속시점이 표시되어야 하며, 주행 주기에 따라 적정한 기어를 선택하여 주행한다.
② 가속은 지시된 변속 절차에 따라 부드럽게 하여야 하며, 수동 변속일 때 운전자는 각 변속에 따라 액셀러레이터 페달에서 발을 떼고 빠른 시간 내에 변속하여야 한다.
③ 감속 모드는 요구하는 속도를 유지하기 위하여 필요하면 브레이크나 액셀러레이터 페달을 사용하고 기어를 넣은 상태에서 운전하고, 수동변속기인 자동차는 클러치를 연결하고 먼저의 모드로부터 기어변속을 해서는 아니 된다.

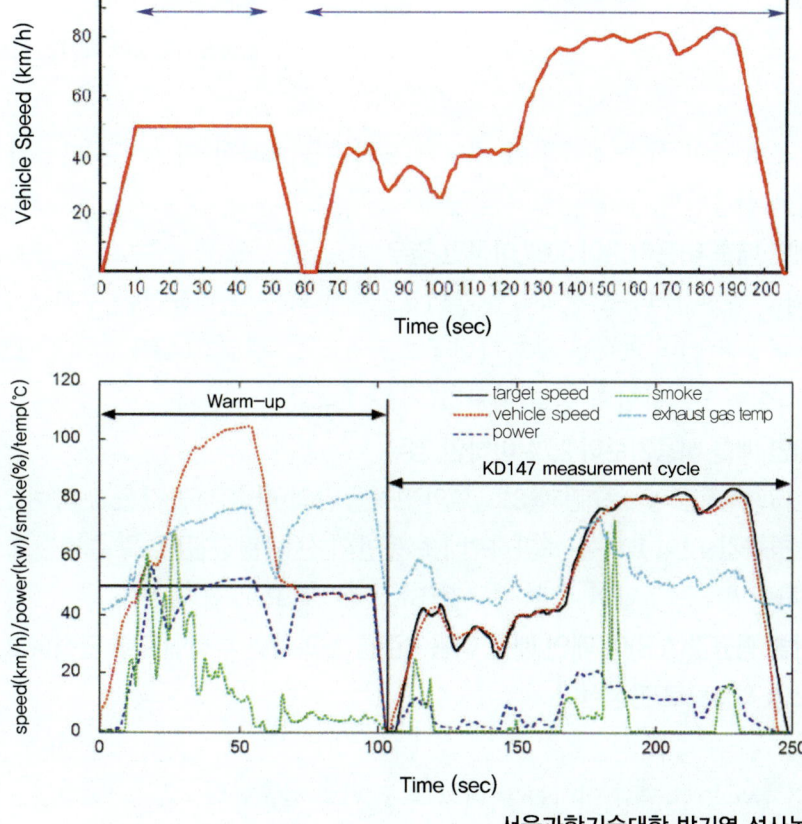

서울과학기술대학 박기열 석사논문 중 인용

3) 검사 결과 판정

① 매연 측정값은 최고 측정값을 중심으로 매 1초 동안 전후 0.25초마다 측정된 5개의 1초 동안 산술 평균값(A)을 측정값으로 한다.

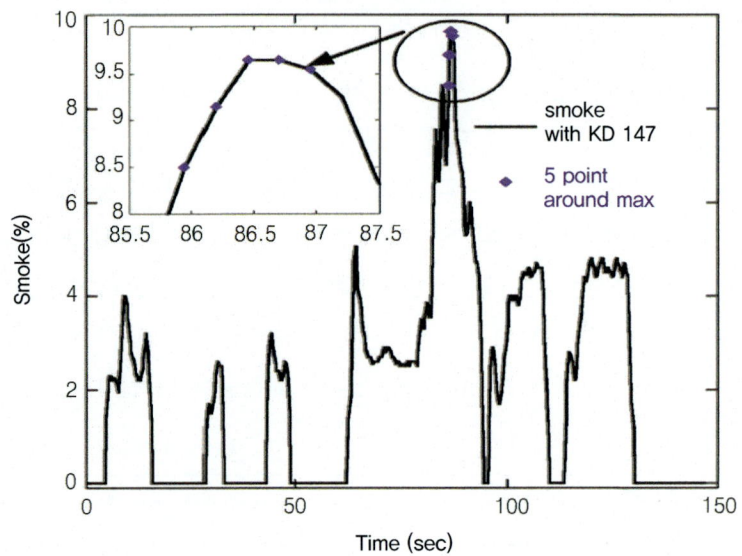

서울과학기술대학 박기열 석사논문 중 인용

다만, 1초 동안 산술 평균값이 매연 허용기준을 초과할 경우에는 다음과 같이 매연의 측정값을 산출한다.

㉮ **매연 배출 허용기준이 30% 이상인 경우**

최고 측정값의 3초 전과 3초 후의 7초 동안의 산술 평균값을 구하여 7초 동안의 산술 평균값(B)이 20%를 초과하면 1초 동안 산술 평균값(A)을 측정값으로 하고, 20% 이하이면 7초 동안의 산술 평균값(B)을 측정값으로 한다.

㉯ **매연 배출 허용기준이 25% 이하인 경우**

최고 측정값의 3초 전과 3초 후의 7초 동안의 산술 평균값을 구하여 7초 동안의 산술 평균값(B)이 10%를 초과하면 1초 동안의 산술 평균값(A)을 측정값으로 하고, 10% 이하이면 7초 동안의 산술 평균값(B)을 측정값으로 한다.

㉰ **산술 평균값(A,B)이 매연 배출 허용기준을 초과하면 부적합으로 판정하고, 초과하지 않으면 적합으로 판정한다.**

② 매연 농도는 소수점 이하는 버리고 1% 단위로 산출한다.

4) 검사 적용 대상차량

검사 적용 대상차량은 자동차관리법에서 정한 승용자동차, 중형이하 승합, 화물, 특수 자동차이며, 그 외에 대형자동차와 일반형에서 특수 용도형으로 구조를 변경한 고소 작업, 이삿짐 사다리차, 내장탑 등 차량 중량이 많이 나가는 중형 특수 용도형 자동차들은 검사모드의 운전 허용 오차를 벗어나 매연 배출 농도를 측정할 수 없으므로 적용대상에서 제외 된다.

5) KD-147모드 검사 기준

제작연도 \ 적용일자	2011년 12월 31일	2012년 1월 1일
1992년 12월 31일 이전	50% 이하	45% 이하
1993년 1월 1일부터 1995년 12월 31일까지	45%	40% 이하
1996년 1월 1일부터 2000년 12월 31일까지	40%	35% 이하
2001년 1월 1일부터 2007년 12월 31일까지	30%	25% 이하
2008년 1월 1일 이후	20% 이하	15% 이하

2 KD-147 검사모드의 특성

정밀검사에서 불합격하여 입고된 차량의 경우 기존 저크식 일반 디젤 엔진의 경우처럼 육안으로는 매연이 발생되지 않는데 검사수치는 50%를 넘는 경우가 많다. 이는 KD-147 측정조건 중에 소위 "피크"가 발생되기 때문이다. 7초 동안의 평균값이 규정 산술 평균값을 초과하게 되면 최고 높은 점의 피크값이 해당 차량의 검사수치가 되는 것이기 때문이다.

변속시점 혹은 EGR 제어 타이밍, 연료분사 타이밍 등의 미세한 차이로 발생하는 매연을 감지한다. 이러한 특성으로 인해 커먼레일 디젤 엔진에서는 기존의 매연에 대한 대책과는 다르게 접근하여야 한다.

기본적인 공기 시스템의 문제 보다 연료 시스템의 성능이 더 중시된다. 커먼레일 디젤 엔진에서 매연의 수치에 따라 다르겠지만 나머지 시스템을 정상적으로 작동된다는 전제하에 흡기라인의 카본 슬러지 제거 등 연소실 클리닝으로 개선되는 저감수치는 15%~20% 정도이지만 연료 인젝터의 성능 개선으로 30% 이상의 개선효과를 볼 수 있다.

매연검사 불합격에 대한 진단 및 정비방향을 정하기 위해서는 육안검사로 실제 매연이 배출되는지에 따라 과다하게 배출이 된다면 공기 시스템으로 육안으로 확인이 가능하지 않다면 연료 시스템으로 방향을 잡아야 하겠다. 피크가 발생된 것인지, 지속적으로 과다하게 매연이 발생하는지 확인하여야 한다.

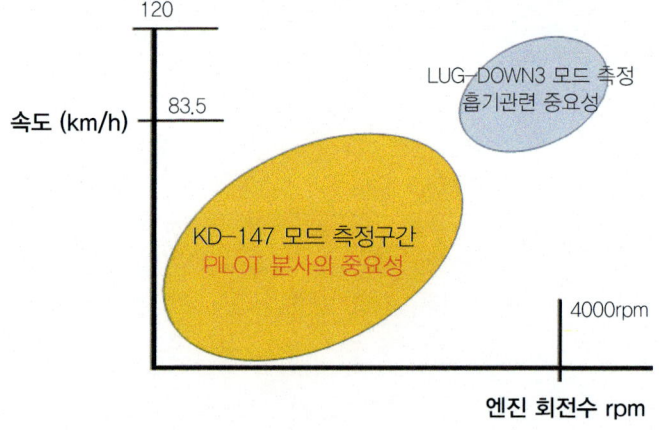

1) 차압 센서

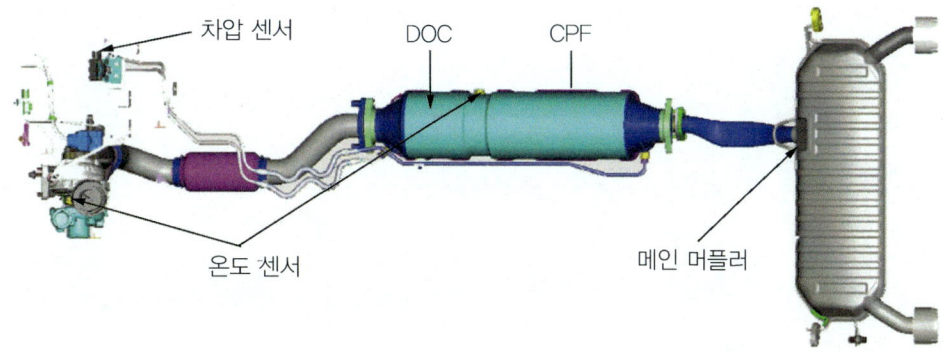

피에조 방식의 압전소자를 이용하여 압력 변동에 따른 전압을 환산하여 "G" 그램(g)으로 나타낸다. CPF 전후단에 파이프를 통해 센서로 연결하여 CPF 전단 압력을 기준으로 후단과의 차이를 감지한다. 배출가스 기준별로 차압량에 따른 자동 재생 진입시기가 다르게 설정되어 있다.

전후단 의 압력차이를 이용하여 간접적으로 환산한 값이므로 "G"값이 절대적이라고 볼수는 없다. 즉, 배기유량이라는 변수값에 따라 포집량이 다르게 계측될수있다는 것이다. 배기유량이 많을때와 적을때에 따라서 포집되었다고 감지하는 량이 다르므로 현장에서는 공전시의 포집량과 가속시의 포집량을 구분해서 확인해보아야 한다.

만약 공전시에 포집량이 정상적이었다가 가속시에 포집량이 공정시계측량보다 3G이상 증량된다면 이는 DPF내에 포집이 과다하여 배기가스 유동에 저항이 많다는 것이다.

> **Tip**
>
> **PM 센서**
> 2014년 그랜드 카니발(유로6) 기준부터 적용된 장치로서 기존의 차압 센서의 단점인 계측오류 및 정밀도를 보완하기 위해 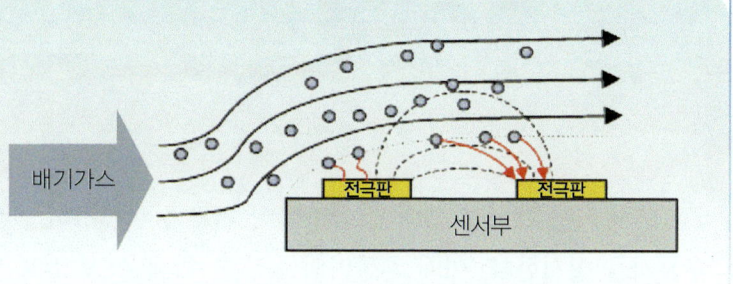 적용된 센서이다. 계측이 정확하여야 제어도 정확한 것이다. 세라믹 기판위에 디지털 전극을 삽입하여 만든 센서로 CPF 이후 머플러에 장착되며, 센서로 유입된 PM량에 따라 통전량이 달라지는 것을 이용하여 CPF상태를 ECU와 CAN통신을 하면서 피드백 한다.

2 시스템 구성 및 작동원리

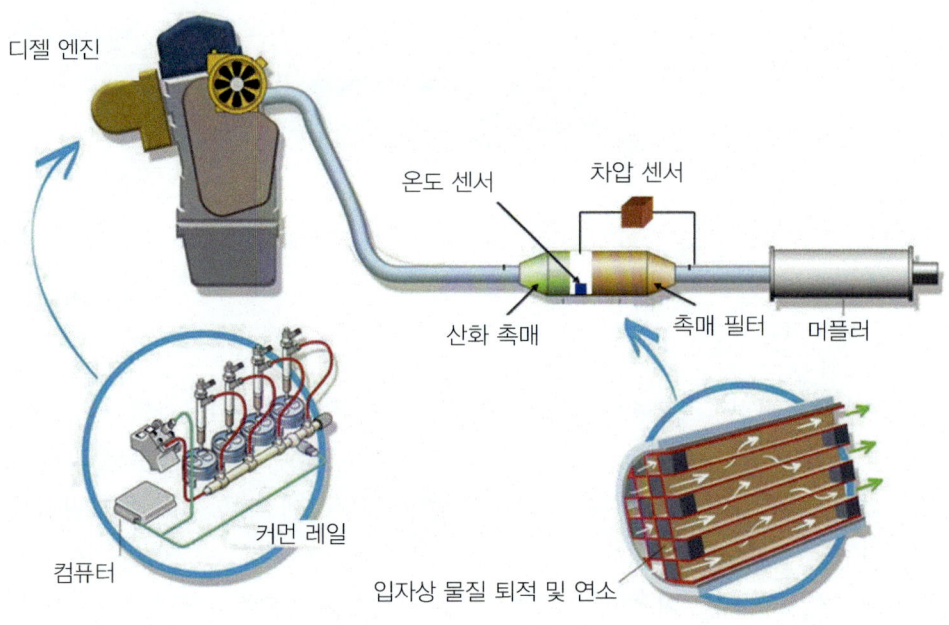

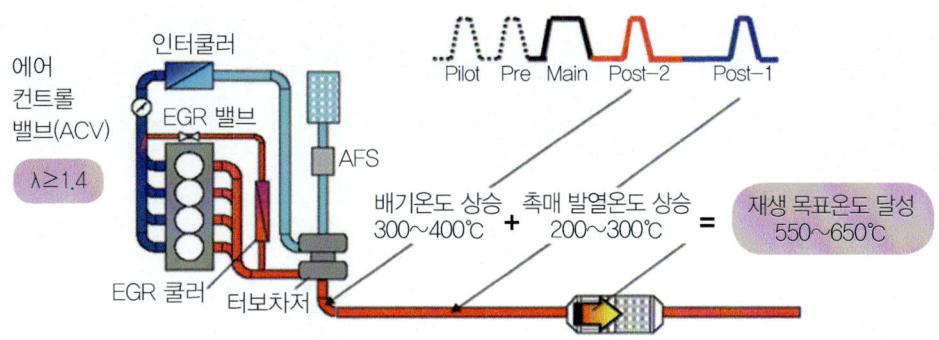

ECU는 차압 센서를 통해 감지된 압력 편차를 연산하여 얻은 차압량을 이용하여 인젝터 후분사를 실시한다. 이때 혼합비의 농후를 위해 ACV 밸브를 연동시켜 후분사 2부터 실시하여 배기 관로의 온도를 400℃까지 상승시키고 후분사 1을 통해 600℃ 이상까지 상승시켜 CPF를 태우기 시작하는데 인젝터의 후분사를 제어하기 위한 가장 중요한 입력 신호가 온도 센서이다. VGT 전단의 온도와 CPF 전단의 온도를 감지하여 후분사의 량과 시기를 정하게 된다.

Tip

기본 적용사양-유로4 기준

NO	항목	목표	비고
1	CPF 내구	240,000km	
2	최대 SOOT 퇴적량	32g(8g/)	정상 재생 제어 기준
3	재생 주기	26시간 주행시, 25g이상 포집시	
4	재생 연료 소비율	≤2.5%-실제 5% 저하	재생 직후~재생 완료 기준
5	OIL DILUTION	≤10%	15,000km 오일 교환주기 기준
6	재생 주기	최소 500km 이상	
7	재생 온도	650±50℃	
8	재생 방법	차압 모델>주행거리	차압량이 우선적인 기준
9	재생 효율	90% 이상	

2 포집량 계측과 재생원리

1 개요

CPF 전단과 후단의 압력 차이가 일정 이상을 초과하면 CPF 내부에 포집된 분진량이 많은 것으로 판단하여 운전자의 운행 조건(중부하 이상의 정속주행 상태 유지)이 만족될 때 인젝터의 포스트 1과 포스트 2 분사(사후 분사)를 통해 배출가스의 온도를 상승시켜 CPF의 온도를 550℃~650℃까지 상승시킨다. 이 열에 의해 CPF 내부에 포집된 분진이 자연 발화하여 제거되는 과정을 CPF의 재생이라 한다.

CPF의 재생 과정에서 대부분의 분진은 발화하여 제거 되지만 소량의 재는 CPF 내부에 지속적으로 퇴적되어 CPF의 성능을 서서히 저하시킨다. 차압 센서는 CPF 내부에 서서히 퇴적되는 재에 의해 발생하는 CPF의 전단과 후단의 압력 차이를 주행 누적 거리와 비교 연산하여 CPF의 재생 주기 및 재생 지속 시간을 보정하는 역할도 수행한다.

Chapter 4

Ⅶ CPF (매연저감장치)

> 본 교재에서는 DPF와 CPF를 같은 의미로 사용하기로 한다.

1 개요

CPF(Catalyzed Particulate Filter)는 디젤 엔진에서 배출되는 배기가스 중에 포함된 입자상물질(분진 : 탄소 알갱이, 황화합물, 겔 상태의 연소 잔여 물질)을 포집하여 배기가스 중의 흑연을 제거한다. CPF에 걸러진 분진들은 CPF 내부에 퇴적되어 CPF 전단과 후단의 압력 차이를 발생시킨다.

CPF 전단과 후단의 압력 차이가 일정 이상 발생하고 차량의 운행조건이 만족될 때(배기가스의 온도가 분진을 연소시킬 수 있는 온도에 도달) 연소되어 제거(CPF 재생 과정) 된다. 유로4 이상의 배출가스 규제에서 선택적으로 적용되던 것이 유로5 규제에 있어서는 필수적으로 적용되었다. 선조치적인 매연 저감 대책으로 인젝터의 성능개선과 터보의 개량 등을 통한 PM의 저감이 한계에 다다르면서 후처리 장치를 적용하게 되었다.

배출가스 규제가 유로4에서 유로5 규제로 강화되면서 질소산화물을 저감하기 위한장치인 EGR장치의 순환률이 증대되면서 오히려 연소실의 상태는 더 악화되어 매연의 배출량이 증가하게 된다. 이것은 질소산화물과 매연의 발생 메커니즘이 서로 상반되기 때문이다.

이에 매연 부분에 한해서 후처리 장치를 이용하여 포집한 다음 태우는 방식을 적용하는데 배출가스 규제가 강화되면서 유로5 규제에서는 매연 저감장치의 자동 재생주기와 위치를 변경하여 배기가스 재순환률은 증대시킬 수 있게 되고 매연 저감도 할 수 있게 되었다.

유로6 기준으로 규제가 강화되면서부터는 질소산화물 전용 촉매인 LNT, SCR 촉매와 CPF를 동시에 적용하여 두 가지 배출가스에 대해 모두 후처리 장치를 적용하게 되었다. 기존 매연 저감장치의 효율을 극대화하고 정밀하게 피드백하기 위해 CPF 내의 포집량을 계측하는 센서인 차압 센서를 보완하기 위한 PM 센서를 추가하고 피드백 과정도 PM 센서와 ECU간 CAN 통신방식으로 변경하여 정밀한 제어를 실시하게 된다.

3 배출가스 관련 현장 대책

> **3. 머플러(소음기)의 청소**
> 머플러 내의 누적된 탄매를 수시로 청소하여 제거 하십시오.
> 소음기는 엔진으로부터 배출되는 배기가스의 온도와 압력을 낮추고 배기소음을 줄여주기 위한 장치입니다. 만약 정상적인 배기음이 아닌 소음이 날 경우에는 소음장치 고정볼트의 느슨함 여부, 소음장치에 구멍이 생기지 않았나 확인하신 후 이상 발생시 자사 직영 서비스센터 또는 서비스협력사에서 점검 및 교체하십시오.
>
> ⚠ **경 고**
> 소음 과대발생 및 소음기 탈거행위는 소음 허용 기준을 초과할 뿐만 아니라 정비명령 및 고발의 대상이 되고 배기관의 고열, 고압으로 인한 화재 사고의 위험이 있습니다. 반드시 정상적인 배기음이 나도록 하십시오.
>
> **4. 정기 점검**
> 배출가스를 위하여 매 10,000km 마다 배출가스 점검을 받으십시오.
>
> ⚠ **주 의**
> - 배출가스 관련 점검 및 조정은 자사 직영 서비스센터 또는 서비스협력사에 의뢰하십시오. 그 외는 고객 여러분의 준수사항이므로 취급설명서를 참조하여 정기 점검을 꼭 받으십시오.
> - 부품과 오일 교체시는 자사 순정부품을 사용하십시오.
> - 출력을 높이기 위해 분사량을 기준치 이상으로 증가시키면 매연이 증가되고 엔진 고장을 일으킵니다. 또한 연료펌프의 봉인을 뜯는 것은 금지되어 있으니 임의로 조정하지 말고 자사 직영 서비스센터 또는 서비스협력사에서 점검 정비하십시오.
>
> ※ 상기 사항을 불이행 함으로서 발생되는 제재조치 또는 기타 불이익에 대해서 제작사는 책임이 없음을 알려드립니다.
>
> ■ **디젤 매연 필터 장치**
> 디젤 매연 필터는 배기 가스 중 매연을 제거하는 장치입니다. 매연 필터 장치는 소모품인 공기필터와는 다르게, 차량의 주행 중에 자동으로 재생 과정이 발생되어 퇴적된 매연이 제거됩니다.
>
> 그러나, 단거리 반복 주행 또는 장기간 저속 운행시 배기가스 온도가 낮아 매연이 자동으로 제거되지 않을 수 있으며, 일정량 이상 매연이 퇴적되면 매연필터 장치 경고등(🔲3)이 점등됩니다. 이 경우 재생 과정을 시작하기 위해서는, 안전이 허락되는 운행조건에서 60km/h 이상 또는 변속기를 2단 이상으로 하여 1500~2500rpm으로 약 25분 이상 주행하면 매연 필터 장치 재생이 완료되어 점등이 해제됩니다.
>
> 상기와 같은 주행 이후에도 점등이 해제되지 않거나 매연 필터 장치 경고등(🔲3)이 점멸되고 메시지창에 "배출가스 장치를 점검하십시오" 라고 나타날 경우 가능한 빨리 가까운 직영 서비스센터 또는 서비스 협력사를 방문하여 매연 필터 장치 점검을 받으십시오. 경고등의 점등 또는 점멸 상태에서 지속 운행시 매연 필터의 손상 및 연료소비에 악영향을 미칠 수 있습니다.

    신차를 구매하는 고객은 차량의 사용설명서를 참조하여 자기차량을 관리하고자 한다. 요즘 커먼레일 디젤 엔진 차량은 배기가스 규제가 가장 큰 이슈이다. 이에 제작사마다 10,000km에서 15,000km사이에서 배출가스 점검을 받도록 권장한다. 고객이 매장에 방문하여 배출가스 점검을 의뢰 하였을 때 광투과식 매연 측정기를 이용하여 매연수치를 점검한 후 차량의 연소상태를 정확하게 고지하여 차량의 성능을 평가해 줄 수 있어야 한다. 하지만 이러한 배출가스 테스터가 없을 경우 어떻게 해야 하는가?

    직접 측정할 수 없다면 배출가스 관련 장치들을 점검해 주면 되는 것이다.

① EGR 작동상태
② 인젝터 파워 밸런스
③ 흡기라인 오염 육안검사
④ DPF 포집량

    을 점검하여 차량의 성능을 평가해 주면 된다.

4. 공기 시스템

3 광투과식 배출가스 테스터

매연의 진단은 서비스 데이터로도 확인이 가능 하겠지만 가장 좋은 방법은 배출가스를 직접 측정해 보는 것이다.

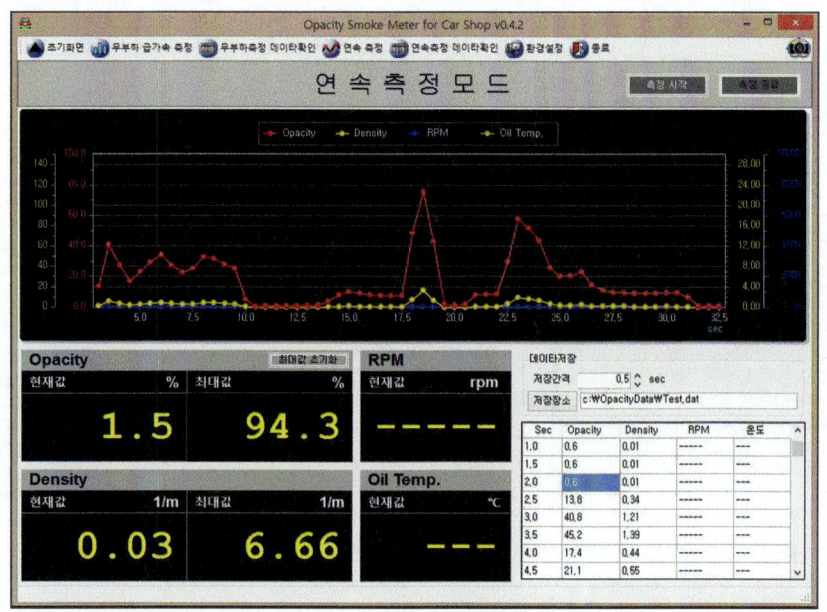

법적 배출가스 검사대상 차량만을 대상으로 할 것이 아니라 커먼레일 디젤 엔진 차량의 경우 엔진의 상태를 진단할 수 있는 가장 효과적인 장비이다. 흡기 클리닝 전후, 인젝터 동 와셔 교환 전후, DPF 클리닝 전후 등등의 데이터를 구축하여 고객과의 접점을 만들어 나가야 한다.

2) 인젝터 후분사 2, 후분사 1

재생을 실시할 때 기본적으로 밸브개폐작동에 대한 이해도 필요하고, 인젝터 후분사 시점에 대한 이해도 반드시 필요하다. 앞에서 살펴본 바와 같이 밸브개폐 작동 중에 "블로다운"이 이루어지는 ATDC 130도 이전까지, 상사점에서부터 폭발 후 식어가는 배기가스온도를 계속 유지하기 위해 후분사를 지속적으로 실시하여 블로다운을 시켜 배기관로로 보내지면, DPF전단의 DOC촉매를 활성화시키고 온도를 높여서 그 열기로 DPF내의 탄매를 태워버리는 일련의 작용을 DPF재생이라 한다.

이때 후분사의 분사시기를 머릿 속에 이미지 트레이닝해 본다면 진단에 많은 도움이 될 듯 하다. 따라서 스캐너를 이용한 서비스재생(강제재생)시 인젝터 분사패턴을 이해해 보자. R엔진 중 스포티지R 2014년식을 기준으로 살펴본다.

① 조건

오실로스코프를 이용하여 채널 1번은 CKP, 채널 2번은 CMP, 채널 3번은 인젝터전압파형을 탐침하고 스캐너를 이용하여 DPF강제재생을 실시하였다. 이때 재생전 공전시 파형과 가열단계파형, 재생모드진입시 파형을 보면서 인젝터분사시기와 분사패턴을 살펴보고자 한다.

② 공전시 파형

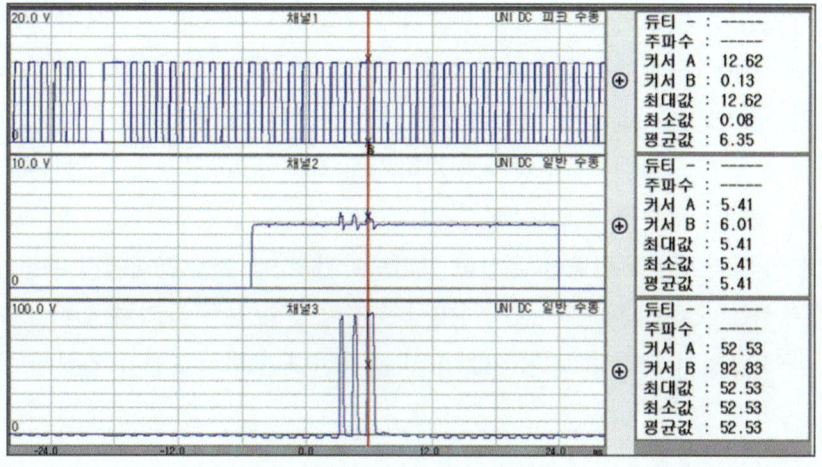

CKP파형에서 108도지점 즉, 1돌기당 6도씩 계산하여서 18번째 돌기가 TDC에 해당한다. 위의 파형에서 약 BTDC 15도 근방에서부터 파일럿분사 2회와 주분사가 이루어지고있음을 볼 수 있다.

③ 가열단계

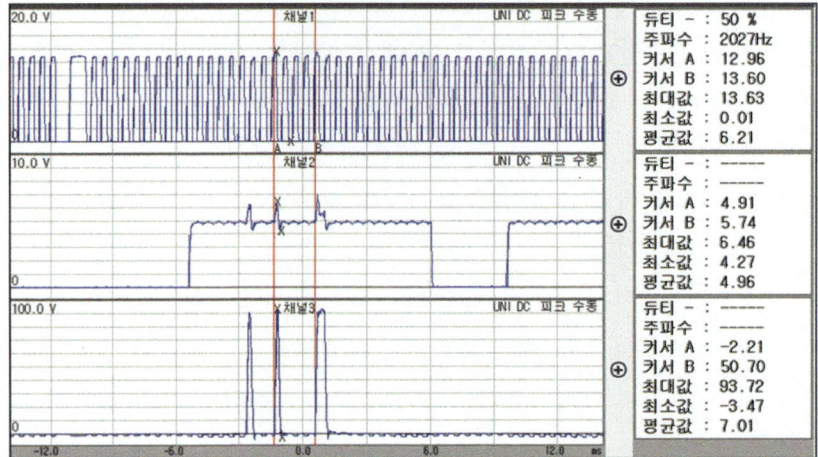

스캐너를 이용하여 강제재생을 실시하자마자 파일럿분사가 1회로 줄어들고, 주분사의 분사시간도 줄어든다. 그리고 TDC에서 4돌기 반뒤(ATDC27도)에 후분사2가 주분사 만큼의 분사시간을 가지고 나타남을 볼 수 있다.

가열단계에서는 배기온도를 400도 정도까지 상승시키는 작용을 하게 된다. 배기온도는 주분사실시영역에서 가장 온도가 높다. 만약 배기온도가 300~400도 이상 상승치 않는 경우에 가열단계에서 인젝터의 성능을 의심해 보아야 한다.

그 이유는 위에서 보는바와 같이 가열단계에 진입하면 주분사를 줄이고 후분사를 주분사량만큼 늘리게 된다. 늘어난 후분사가 오히려 냉각효과를 일으킬 수도 있다. 따라서 강제재생모드의 조건중 하나가 차량의 전기부하를 모두 인가하고 실시하라고 하는 이유가, 줄어드는 주분사량을 최대한 늘리고자 함에 있음을 알 수 있다. 전기부하를 인가하면 온도가 상승하고, 부하를 인가하지 않으면 온도가 상승치 않는다면 인젝터의 성능이 상당히 노후된 것으로 볼 수 있다.

또한 이 영역에서 포집량을 유심히 살펴보아야 한다. 가열단계에서 완전 연소되지 않는 후분사는 오히려 매연을 발생시켜서 포집량을 늘리는 효과가 있다. 가열단계에서 포집량이 공전시 포집량 보다 "3G 이상" 증량한다면 과다포집을 의심해보아야 한다.

④ 재생단계

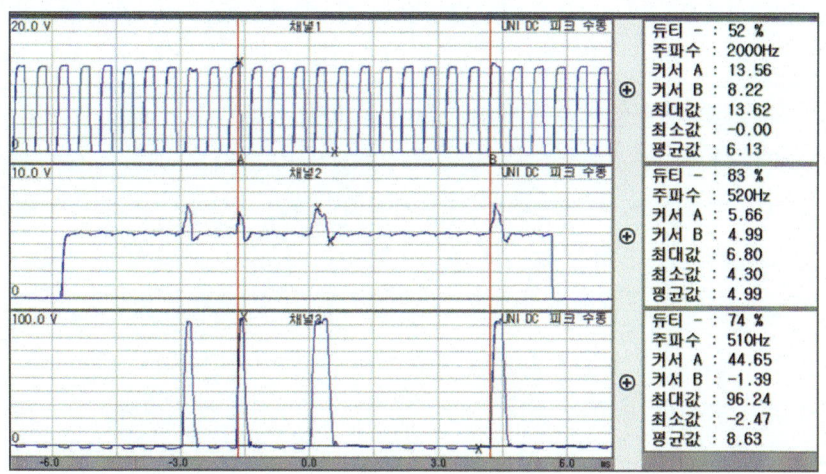

배기가스온도가 400도를 넘어가면 재생단계에 들어가게 된다. 이때 TDC에서 11칸 반 돌기뒤(ATDC69~70도)에 후분사1이 분사된다. 후분사가 ATDC70도 이후 에 분사되면 배기밸브를 BBDC 60도 정도에 개방하여 블로다운이 될 때 배기가스가 폭발적으로 배기관로로 빠져나가게 된다.

후분사1이 분사되는 시기가 ATDC 70도 이후라는 것은 실제로 피스톤의 높이가 실린더의 1/2이상 하강하였을 때이다. 즉,60~70%의 분사연료는 연소할 것이나 20~30% 연료는 미연소상태로 남아서 배기로 빠지게 되고, 그중 10%정도는 실린더벽에 침착하게 된다. 이렇게 침착된 연료는 피스톤링의 작용에 의해 크랭크케이스로 유입되고 엔진오일과 희석되게 된다. 1500km 주행시 정상적인 과정에서는 엔진오일량이 10%미만의 증가량을 나타낸다. 하지만 잦은 DPF재생시도는 규정이상의 엔진오일증량을 초래하게 된다, 현장에서 DPF경고등이 발생하여 관련작업을 실시하게 되면 반드시 엔진오일량점검과 교환을 병행하여야 한다.

3) 온도 센서

VGT 전단 온도와 CPF 전단 온도 센서 두 개가 장착되어 있다. 배기가스 온도 센서(EGTS)는 광영역 부특성 서미스터로 터보차저 전단(VGT)과 CPF의 산화 촉매와 촉매 필터 사이(CPF)에 설치되어 배기가스의 온도를 검출한다.

① VGT전단온도센서의 역할 : 포스트 2분사는 배출되는 배기가스에 화염을 발생시켜 배기가스 온도를 직접적으로 상승시킨다. VGT전단온도센서는 이때 상승되는 온도를 검출하여 성공적인 포스트 2분사를 모니터 하며, 지나치게 온도가 상승되는 것을 방지 한다.

② CPF전단온도센서의 역할 : 포스트 1분사는 연소되지 않은 연료(HC)를 배기가스에 유입시켜 산화 촉매에 HC를 공급한다. 산화 촉매에 유입된 HC는 화학 반응에 의해 산화 촉매의 온도를 상승시켜 촉매 필터에 포집된 분진을 연소시키기 위한 온도(550℃~650℃)로 상승시키며, 과도한 온도 상승으로 인한 CPF 장치(촉매 필터)의 손상을 방지한다.

현장에서 온도 센서를 탈착할 때에 온도 센서가 고착되어 부러지는 경우가 많이 발생하니 주의하여야 한다. 교환은 온도 센서 두 개를 모두 교환함을 원칙으로 한다. 고장시 페일값은 127℃로 고정되며, 800℃ 이상시 재생을 정지시킨다.

4) ACV 밸브 연동

EGR 편에서 언급한바와 같이 스로틀 밸브가 3가지 역할을 수행하는데 ① 디젤링 방지 ② EGR 순환률 증대 ③ CPF 재생 보조의 기능을 수행한다. CPF 재생시 혼합비를 농후하게 하여 인젝터 후분사 및 기본 분사량의 부족을 만화하고자 함이다. 항상 제어되는 것이 아니라 조건에 맞아야 제어된다.

3 재생주기 및 방법

유로4와 유로5 기준이 다르다. 유로5 방식에서는 CPF의 위치를 배기 머플러와 일체형으로 적용하고 그 위치를 변경하였으며, 재생주기 또한 절반으로 당겨서 자동재생 모드로 진입한다.

배출가스 기준	주행거리	주행시간	포집량	rpm
유로4	1000km	26시간	25G이상	1000~4000 5km/h이상
유로5	500km	15시간	18G이상	1000~4000 5km/h이상

1) 재생 시기 판단방법

① 차압 센서 신호에 의한 판단
② 주행거리에 따른 판단
③ 주행시간에 따른 판단
④ 시뮬레이션에 의한 판단

기본적으로는 차압 센서의 신호에 의한 재생 시기를 판단한다. 하지만 고속주행을 하는 차량이라면 차압의 발생량이 많지는 않을 것이다. 이러한 경우 차압 센서의 신호가 과다포집을 알리지 않아도 주행거리와 시간에 따른 재생을 실시하게 된다. 차압 센서의 오류로 인한 문제를 보완하기 위함이다.

시뮬레이션에 의한 방법은 차압과 주행거리 등을 감안하여 재생할 때 포집량 대비 재생시간을 모니터링하여 운전자의 습관에 맞는 재생 시기를 ECU가 연산하여 적용하는 것이다.

2) 강제재생 (서비스 재생)

스캐너를 이용하여 CPF 내의 매연을 태워주는 기능이다. 강제 재생을 하기 위해서는 조건이 맞아야 한다. CPF 고장여부를 판단하는 진단 과정에서도 중요한 작용을 한다.

스캐너 강제 재생

1. 고장 코드 발생시 먼저 실시 후 진단
2. VGT, DPF 온도 센서 고장 주의

강제 재생이 되기 위해선 온도센서, 차압센서, 인젝터 후분사가 정상이어야 한다

가열
- POST2 분사실시
- 연료량 증가

재생
- DPF 전단온도가 400℃이상이 될 때까지 POST2 분사를 실시
- DPF 전단온도가 600℃이상이 될 때까지 POST1 분사를 실시
- 재생되는 동안 차압은 일시적으로 상승한다.

냉각
- POST 분사 중지하여 배기가스 온도를 낮춤

재생 성공
- 재생성공 메시지 표출

> **Tip**
>
> **강제 재생시 주의사항**
> ① 엔진 냉각수 온도 70℃ 이상
> ② 엔진 전기부하 모두 인가
> ③ 차량 주위 가연성 물질 제거
> ④ 엔진 오일량, 냉각수량 확인한 후 실시하여야 한다.

4. 공기 시스템

D엔진 2000cc 차량(스포티지 2008년식) 재생과정을 확인해 보자

① 가열

현재 포집량이 5.49그램 상태에서 강제 재생을 실시하는데 온도를 600℃ 이상까지 올리기 위해 가열단계에 있다. 이때 연료 분사량은 최대 13mcc를 넘지 말아야 한다. 만약 분사량이 20mcc를 넘어가면 엔진에 기계적인 문제를 확인하여야 한다. 냉각수온이 100℃를 넘거나 반대로 섬머스타트가 개방되어 가속시 온도가 80도를 넘지 못할 경우에도 재생은 되지 못한다. 또한 배터리가 15V를 넘으면 당연히 정지시킬 것이고 기타 흡기온도, 연료온도, 냉각수온도 등등 온도센서의 변화량을 잘 확인하여야 한다. 그중에서 가장 중요한 배기온도에서 VGT 전단온도가 변화하는지 CPF 전단온도가 변화하는지 아니면 127℃에 정지되어 있는지를 반드시 확인하여야 한다. 먼저 VGT 전단온도가 상승하고 CPF 전단온도가 상승한다.

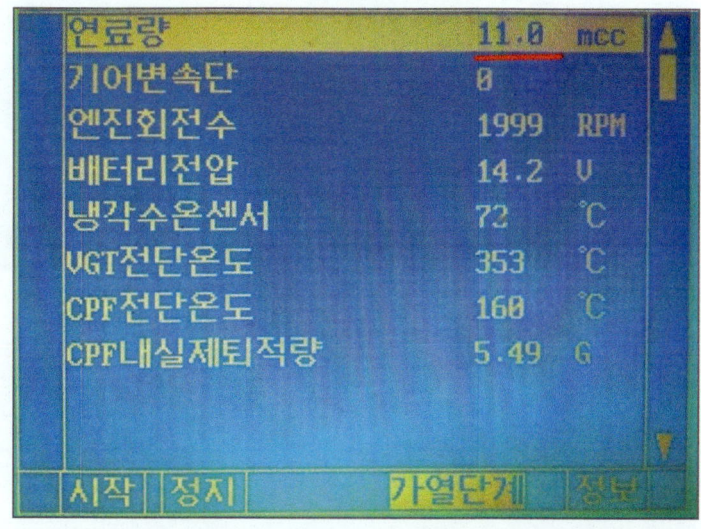

② 재생

온도가 600℃에 도달하기까지 재생단계에서 일시적으로 포집량이 증가하게 된다. 이는 후분사를 통한 매연 발생과 배기 유량이 증대됨으로 인한 유동저항이 많아짐으로 인한 것이다.

만약 이러한 증가량이 3그램 이상 증가할 때에는 CPF 내의 재가 많이 쌓여있음을 의심할 수 있다.

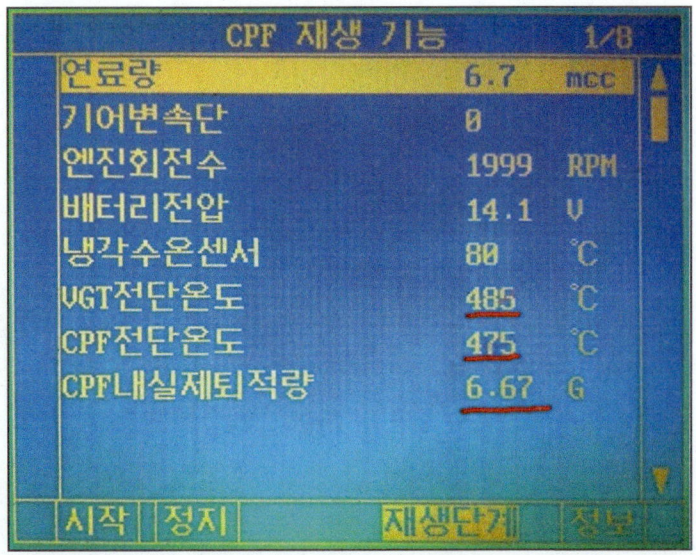

■ 4. 공기 시스템

CPF내 유동저항이 많은 경우

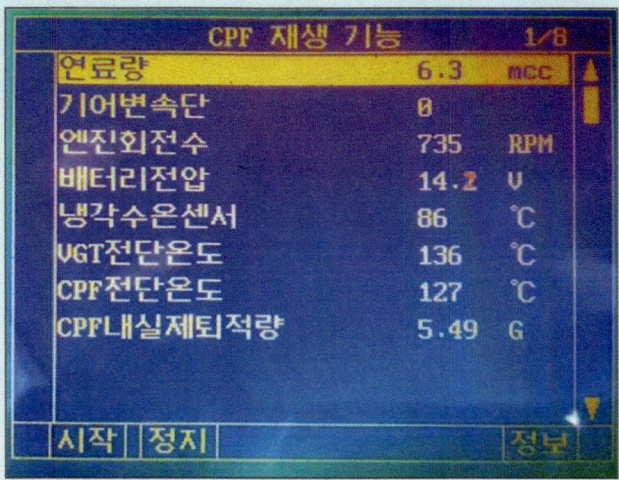

가열단계에서 포집량이 급격히 상승하면서 14.51그램까지 상승하고 있다. 이는 공전시 포집량은 적으나 재생 모드시 즉 회전수가 2000rpm으로 배기유량이 많아지고, 여기에 후분사가 더해져서 CPF 내부 쌓여있는 재의 량이 많다는 의미이다. 이러한 경우 강제재생 후 CPF 내부필터를 약품이나 고압 세척기를 이용하여 클리닝작업을 실시해 주어야 한다.

327

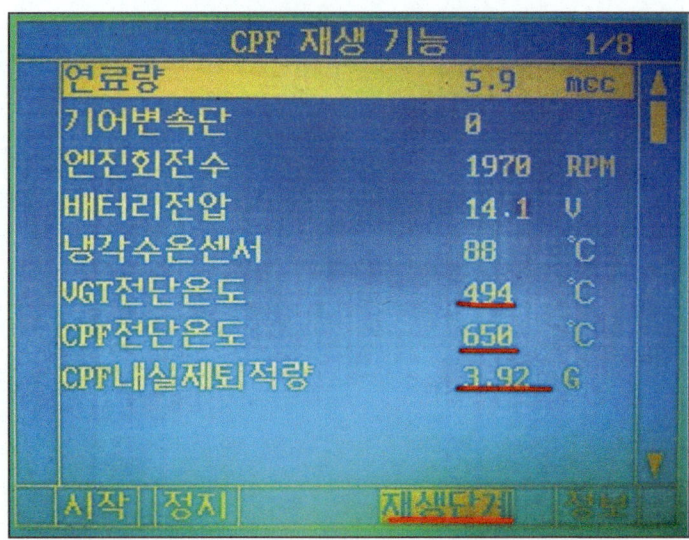

    온도가 600℃까지 상승한 후 재생이 시작되면서 포집량이 줄어들기 시작한다. 유로 4 방식의 경우 3.92그램 정도에서 재생을 종료하고 유로5 방식의 경우 1.57그램 정도에서 재생을 종료한다.

    만약 온도 센서가 750℃를 넘어서면서 실패하게 되면 이는 그만큼 태울 것이 많다는 것이므로 과다 포집 상태임을 확인해야 한다. 반대로 온도가 400℃를 넘지 못하는 경우에는 기본 분사량이 적거나 즉, 엔진 전기부하가 인가되지 않았거나 인가하였는데 부하가 작동되지 못하거나 배기 관로에 누설이 있거나 온도센서가 불량이거나하는 경우를 확인해야 한다.

③ 냉각

급격한 온도 변화는 CPF 내부의 필터에 고장이 발생될 수 있다. 따라서 강제 재생이 아니라 자동 재생 과정에서도 재생 중 시동을 OFF시키면 라디에이터 팬이 일정시간 돌아가기도 한다. 강제 재생 중 시동을 OFF하는 것은 엔진에 상당한 부하를 줄 수 있으므로 주의하여야 한다.

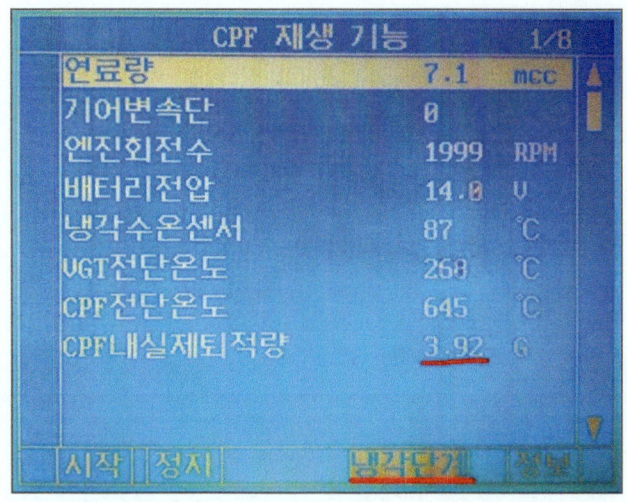

④ 재생 성공

차압 센서가 감지하는 포집량은 환산된 것이다. 직접 질량을 계측한 것이 아니라는 것이다. 따라서 재생후 나타나는 퇴적량은 정확하지 않을 수 있다. 이에 압력 센서의 옵셋값을 초기화시켜줌으로서 퇴적량, 포집량을 "0"그램으로 만들어주어야 한다.

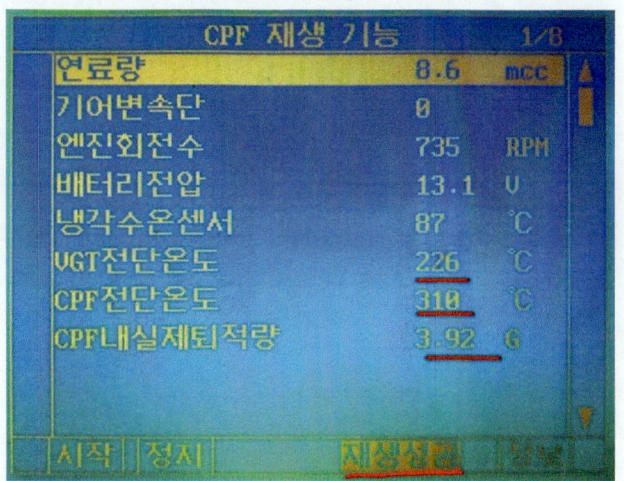

Tip

재생후 퇴적량 "0"그램 만들기

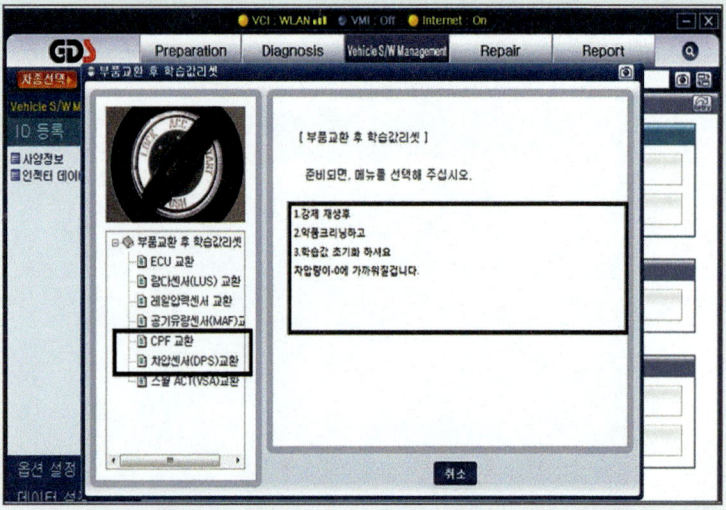

스캐너의 부품교환 후 학습값 초기화라는 기능을 이용하여 세팅을 수행한다. 이는 반드시 실제로 내부 필터를 재생한 후 클리닝을 완료한 다음 센서의 영점을 새로이 잡기 위함이지 고객 기만행위를 하라는 것은 아님을 명심하자.

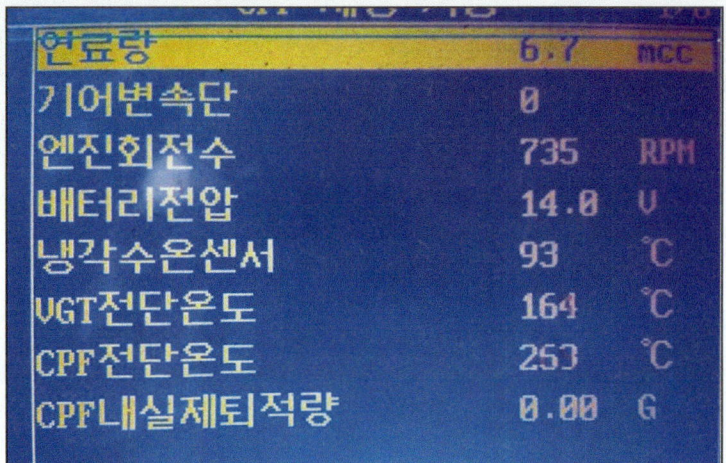

3 고장 진단 방법

1 고장 코드의 해석

1) 현대·기아 유로4 보쉬 시스템

고장 코드	코드 해석	조건	고장 원인
P0472, 0473	차압 센서 신호 낮음, 높음	키온시	누설, 막힘
P0545 P0546	온도 센서 VGT 신호 낮음, 높음 B1/S1	키온시	단품, 회로 과부하 의심
P1403	차압 센서 신호 이상 (결빙)	엔진 구동 중 외기 흡기 온도 영하 차압 신호 이상	결빙 및 단품 회로
P1405	재생 이상	1. 600초 이내 재생 성공 못함 2. 냉간시 온도 센서 편차 40℃	막힘, 시스템 3요소
P1406	온도 센서 CPF 회로 이상	10초 이상 300℃ 이상 편차	산화 촉매, 단품 인젝터
P1407	온도 회로 이상 VGT	200℃ 이상 편차	
P2002	효율저하, 유동성 저항 이상		
P2030	온도 센서 1, 2 상호 연관성 이상	키온시 초기 검출값 40℃ 이상 편차	
P2032 P2033	온도 센서 CPF 신호값 낮음, 높음 B1/S2	키온시	오버런, 막힘, 후적 실화 의심하라!
P242F	재생 한계 초과	연료 제한	

반드시 정비지침서를 확인하여야 한다.

2) 현대 · 기아 유로4 델파이 시스템

고장 코드	코드 해석	조건	고장 원인
P0472, 0473	차압 센서 입력값 낮음, 높음	키온시	센서 회로, 단품
P0545 P0546	온도 센서 VGT 신호 낮음, 높음 B1/S1	키온시	단품, 회로 과부하 의심
P1405	CPF 재생 이상	1. 20~40초 동안 재생 완료 못함 2. 냉간시 배기온도 센서 편차 40℃	과다 막힘, 차압 센서, 배기 온도 센서
P1406	배기가스 온도 (CPF) 성능 이상	600초 동안 설정값에 250℃ 이상 편차	온도 센서 불량 촉매 불량 인젝터 불량
P1407	배기가스 온도 (VGT) 성능 이상	600초 동안 설정값에 150℃ 이상 편차	
P2002	유동 저항 이상		
P2032 P2033	온도 센서 CPF 신호값 낮음, 높음 B1/S2	키온시	오버런, 막힘, 후적 실화 의심하라!
P242F	재생 한계 초과 (연료 제한)	누적값이 35G 이상	막힘, 센서, 단품

3) 현대 · 기아 유로5, 6 보쉬 시스템

항목	DTC	검출 조건	단계
DPF	P2002	배기 유량 대비 차압이 낮을 경우	2단계
	P242F	영역별 최대 차압이 높을 경우	2단계
	P0471	차압 센서 이상 또는 정상값보다 0.5bar 이상 높을 경우	2단계
	P0473		
	P2455	차압 센서 회로 이상	MIL
	P2454		
	P1405	영구 재생, 재생 불량	1단계
T5 배기 온도센서	P2032	배기온도 센서 회로 이상	MIL
	P2033		
PM 센서	P24AF	PM 센서 인터페이스 이상	MIL
	P24D0		
	U02A3		
	P24B4		
	P24AE		
	P24DA		
	U04A4		
	P24C6		
	P24C7		
	P2003	DPF 효율 저하	2단계

고장 코드는 기본적으로 포괄적인 코드와 상세 코드로 나누어 볼 수 있는데 P2002 번 코드의 경우 포괄적인 현재의 결과에 대해 말하고 있는 것이고 그 원인된 세부코드를 대부분 함께 표출해 준다. 예를 들면

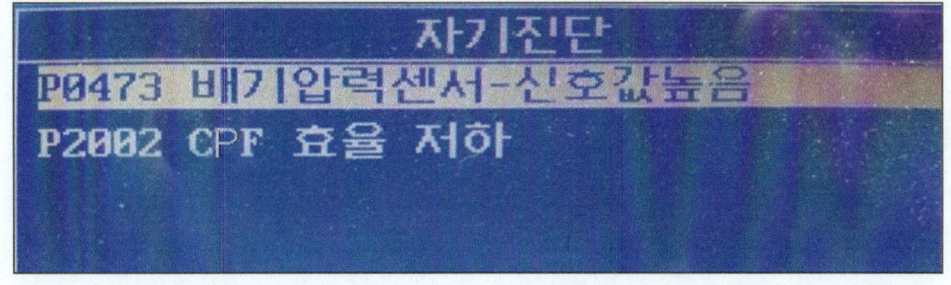

이러한 코드 발생시 배기 압력 센서가 어딘가의 막힘을 감지하였고 이로 인해 현재 CPF에 과다하게 포집된 상태임을 알려주는 것이다. 이러한 경우 차압 센서 전후단의 막힘 및 누설을 확인하여야하는데 먼저 육안으로 외부 파이프의 터짐이나 막힘을 확인하고 CPF의 내부 막힘은 탈거한 후 육안검사를 실시하거나 스캐너를 이용하여 CPF의 전단 압력과 차압 발생량을 확인하여야 한다.

> **Tip**
>
> **P2002(유동 저항 이상, 효율 저하)**
>
> | | 판정 상황 |
> |---|---|
> | 1 | 배기가스 유량이 일정값 이상에서(가속시) 차압 센서의 차압량이 최소 설정값 이하 즉, 전후단 차압 발생이 없는 경우 – 15초 |
> | 2 | 차압 변화량이 설정값에 미달된 경우 – 2초 |
> | 3 | DPF 내부 분진 과다 퇴적, 막힘, 내부 필터 파손, 배기 파이프 누설, 차압 센서 출력 전압 고착 – 즉시 |
>
> | | 점검 사항 및 원인 |
> |---|---|
> | 1 | 내부 필터 파손 |
> | 2 | 과다 막힘 |
> | 3 | 전단 배기 파이프 누설 |
> | 4 | 차압 센서 회로, 단품 불량, 누설, 막힘 |

2 CPF 막힘 및 누설 진단

1) 육안 검사

육안 검사로 먼저 외부 파이프 혹은 차압 호스 터짐과 막힘을 확인한다. 특정 차종들에 한해 배기 머플러의 열기에 의해 호스가 파열되는 경우가 많이 발생한다. 호스뿐만 아니라 머플러의 벨로우즈와 배기 가스켓이 누설되는지도 확인하여야 한다.

2) 스캐너를 이용한 검사

① 강제 재생 모드에서 퇴적량 확인

㉮ 강제 재생 모드에서 "실제 퇴적량"을 공전시 모드와 가속시 모드에서 퇴적량의 증가를 확인하여야 한다. 경고등이 발생 되었는데도 실제의 퇴적량이 공전시에 5g이하인 경우가 많다. 이때 반드시 가속을 2000rpm 정도에서 지속시켜 보면서 퇴적량이 증가 하는지를 확인하여야 한다.

㉯ 강제 재생을 실시하여 가열 단계에서 퇴적량이 공전시의 값보다 3g 이상 증가하는지 확인하여야 한다. 재생의 의미는 포집된 매연을 태우는 의미이지 내부의 퇴적된 재를 태우지는 못한다. 따라서 CPF의 사용량이 증가할수록 내부의 필터에 퇴적된 재로인해 배압이 상승하게 되고 CPF의 효율도 저하되게 된다. 정기적인 클리닝이 필요한 이유이다.

② 스캔 툴 데이터를 이용한 막힘 확인

CPF 전단의 압력을 기준으로 후단과의 차압 발생량을 감지하여 내부의 막힘을 진단한다. 배기량에 따라 즉, 배기 유량에 따라 전단의 압력값이 다르고 차압의 발생량도 다르다. 따라서 배기량 별로 정상적인 차압의 발생량과 전단의 압력을 숙지하여 정리해 두어야 한다.

기본적으로 차압의 발생량은 스톨시 150±30 hPa 정도(유로4 기준)를 발생하여야 정상이며, 전단의 압력은 배기 유량에 따라 달라지므로 차종별로 정리가 필요하다.

데이터	기준 및 내용 (현대, 기아 2.0D 엔진 기준)
배기 유량	SOOT량 검출 과정 중에 공기량과 연료량을 연산한 배기 가스 흐름량이며, SOOT량을 검출하기 위해 필요하다.
	공전시 무부하 : 35~48m³/h 스톨시 2500rpm 기준 : 350~450m³/h
CPF 차압 발생량	SOOT량을 검출하여 재생 여부를 결정하며, 주행 누적거리와 비교 연산하여 재생주기, 지속시간을 보정한다.
	32g 최대 - 총 용량은 3.76리터, 1리터에 8g
CPF 전단 압력	차압량 산출의 기준점을 정하기 위해
	공전시 : 900~1000hPa 스톨시 : 1100~1300hPa 참조값보다 100~200hPa 이상 높으면 CPF 이전의 막힘, 낮으면 터짐을 확인

㉮ 고장 진단 정리-스톨 검사

전단 압력	차압 발생량	고장
정상보다 100~200hPa 낮음	없음	전단 막힘, 누설
정상보다 100~200hPa 높음	있음	후단 막힘, 누설

차압 센서 전단의 호스 막힘 누설 감지의 경우와 후단의 호스 막힘 누설 감지의 경우가 다르다.

④ 정상적인 차량의 경우-스포티지KM 2008년식

스톨상황에서 전단의 압력은 1285hPa로서 공전시 보다 300hPa 정도 상승하고 차압의 발생량은 128hPa 정도 발생되었다. 주의하여야 할 것은 스캐너의 종류에 따라서 차압 발생량의 단위가 kPa, bar로 되어있거나 범위가 자동으로 설정되지 않는 경우에는 차압의 발생량을 확인할 수가 없다는 것이다.

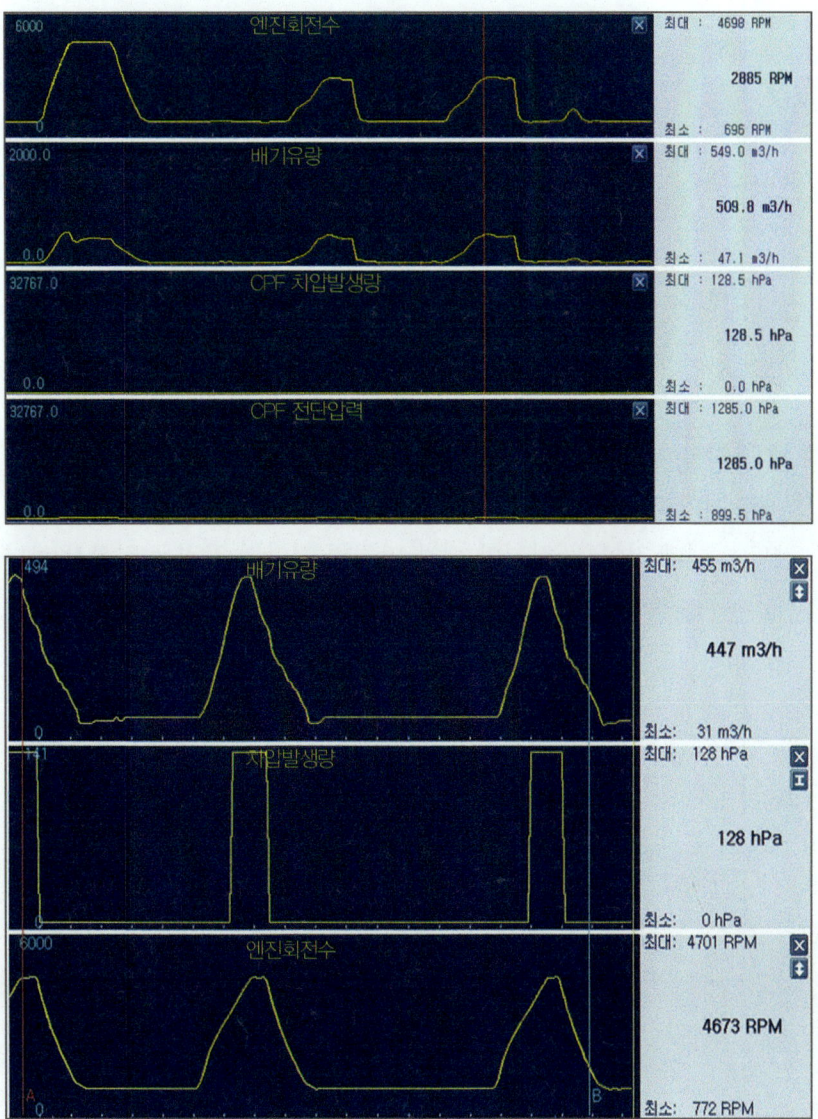

위의 스캐너처럼 센서 데이터의 범위가 자동 설정될 수 있다면 좀 더 명확하게 진단할 수 있다.

㉓ **전단 막힘, 누설 데이터-스포티지KM**

전단 압력 센서의 압력을 기준으로 측정하기에 전단에 막힘이나 누설이 발생하면 전단의 압력은 낮을 것이고 차압은 발생되지 않을 것이다.

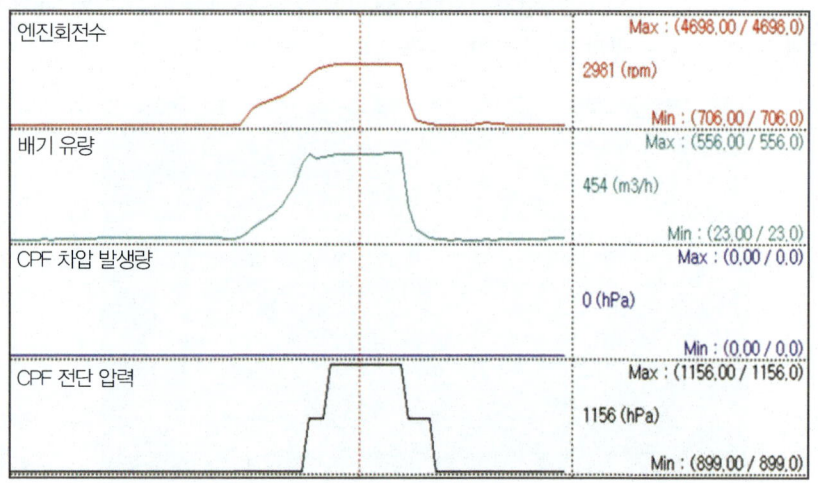

㉔ **후단 막힘, 누설 데이터-스포티지KM**

후단이 막히거나 누설이 된다면 전단의 압력은 감지될 것이고 이를 기준으로 차압량도 발생할 것이다. 하지만 뒤가 막히면 전단의 압력은 정상값 보다 높은 것이다.

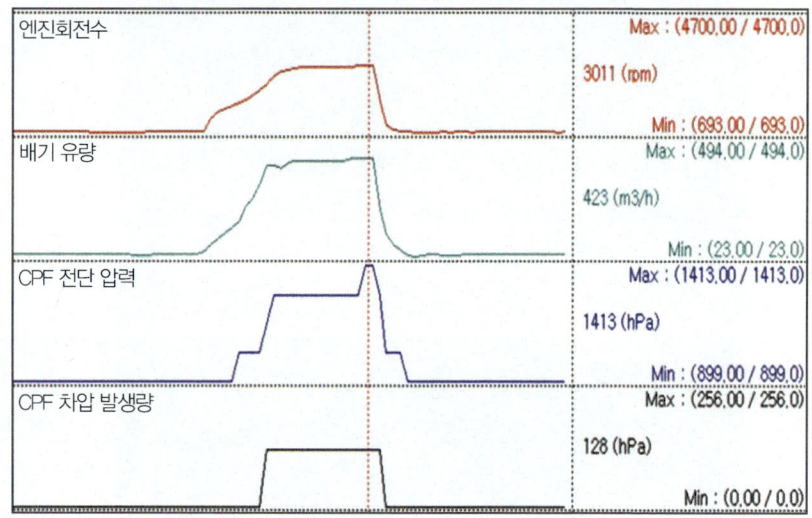

4. 공기 시스템

㉮ CPF 완전 막힘

내부가 완전히 막혀서 재생불능 상태일 때 전단 압력 또한 낮고 차압은 전후단이 막혀있으니 차압은 발생하지 않게 된다.

이러한 경우에는 반드시 머플러 상태를 확인하여야 한다. 내부 필터의 손상여부를 짐작할 수 있다. CPF 장착 차량은 머플러가 오염되지 않는다. 머플러가 오염되었다는 것은 내부 효율이 저하되고 손상 되었을 수 있다는 반증이다.

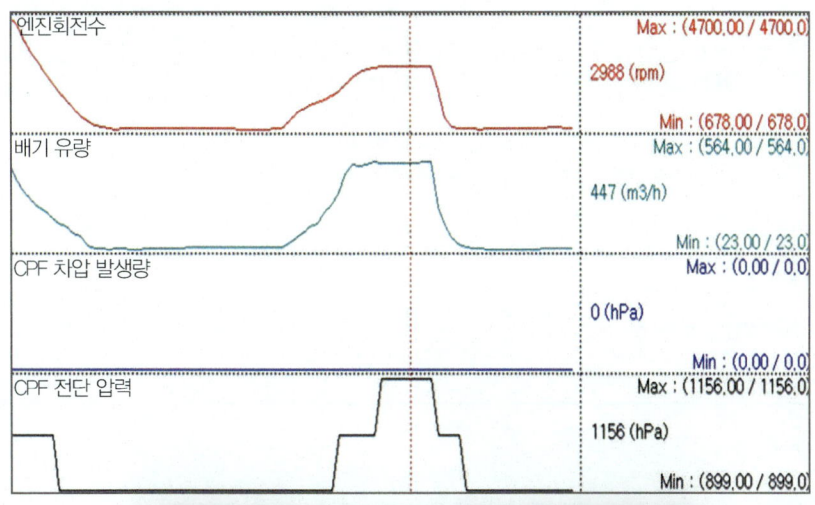

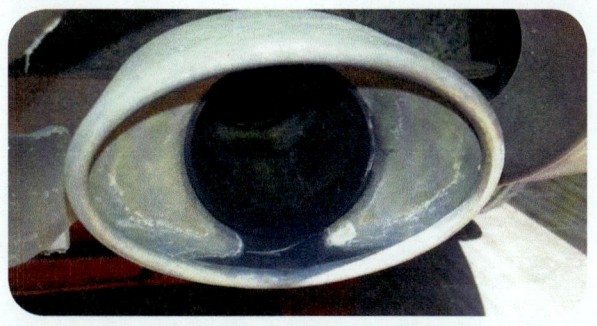

Tip

"차압발생량" 데이터 활용 진단방법

배출가스기준	"차압 발생량" 기준		고장코드 발생
유로4 D엔진	공전시	0 hpa	100hpa이상-50%이상 막힘
	4000RPM	150±30hpa	0 hpa-100%막힘, 호스 터짐
			200hpa이상-50%이상 막힘
유로5 R엔진	공전시	0 hpa	10hpa-센서 단선,단락
	4000RPM	30±10hpa	0 hpa-100% 막힘, 호스 터짐
			60hpa이상-50%이상 막힘

③ 강제재생 실패시 온도값를 이용한 고장진단

온도값	고장 원인	고장수리 및 주의
변화 없음	센서의 단선 단락	센서 교환
CPF 전단 400℃ 이하	1. 전기 부하 미인가 2. 부하 작동 불량 3. 인젝터 성능 저하 4. 배기 관로 누설 5. 밸브 타이밍이상 6. 온도센서불량 7. 냉각수온확인 8. DPF완전막힘	원칙적으로 인젝터의 성능이 저하되어있으면 무부하 재생이 잘되지 않는다. 따라서 성능의 저하를 평가하여야 한다.
CPF전단 780℃ 이상	1. 과다 퇴적 2. 오일 연소 3. 인젝터 후적	먼저 클리닝한 후 강제 재생을 실시하여야 한다.

4. 공기 시스템

3 진단 트리

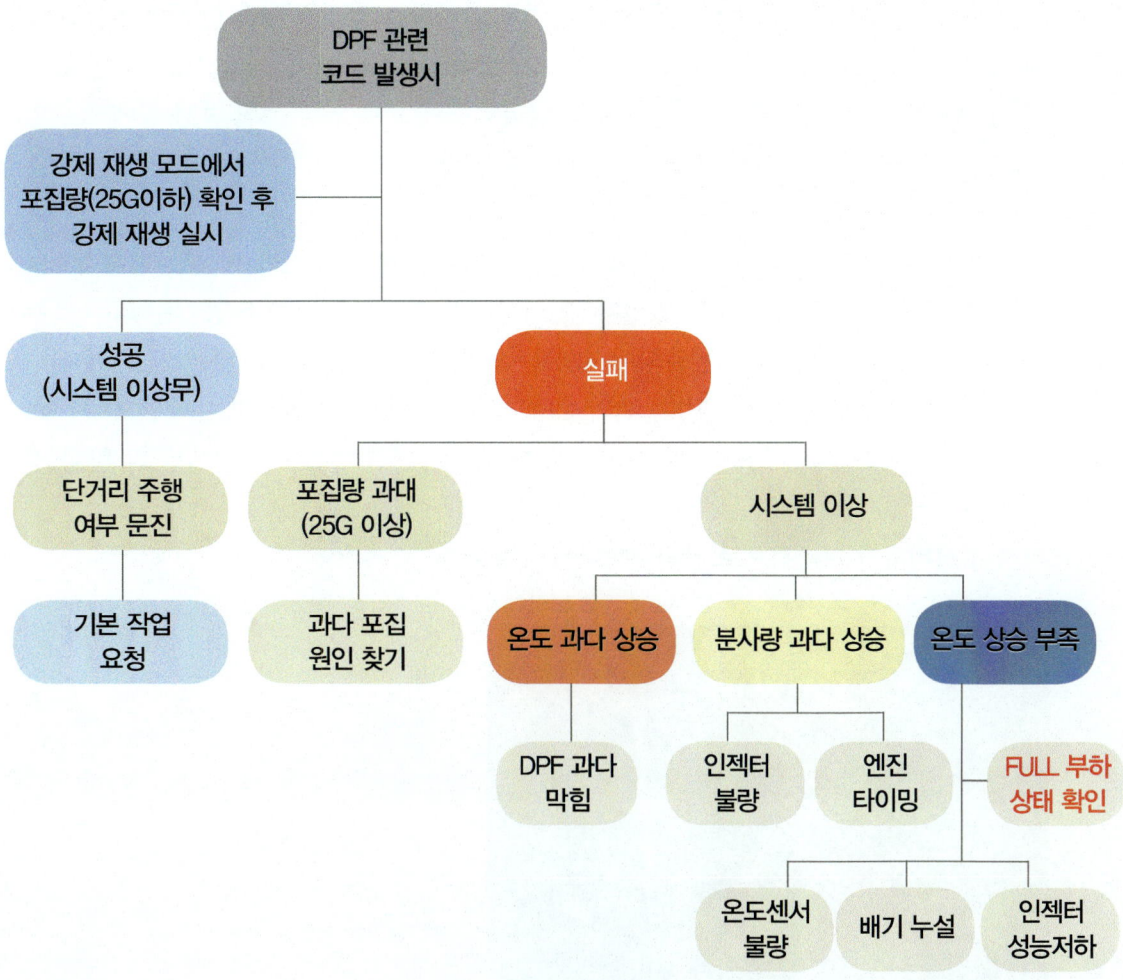

CPF 고장시 재생 시스템의 문제인지, 과다한 퇴적이 문제인지를 구분하기 위해 강제 재생을 실시한다. 강제 재생이 성공한다면 시스템은 이상이 없는 것이므로 과다한 매연 발생의 원인만 찾아서 기본적인 작업인 인젝터 클리닝, EGR, 흡기 클리닝, CPF 클리닝으로 마무리하면 된다.

강제 재생을 실시하기 전에 가장 먼저 퇴적량을 확인하여야 한다. 퇴적량이 25g이상 퇴적되어 있으면 재생을 실시하지 않는다. 이러한 경우에는 직접 클리닝 하거나 약품으로 세척한 후 재실시 하여야 한다.

만약 강제 재생이 실패하면 그 원인이 어디에 있는지 위에서 설명한바와 같이 온도와 분사량, 포집량 등을 잘 살펴보아야 원인을 진단할 수 있다.

4 견적 기법

　CPF 내부의 막힘으로 입고 되어온 차량의 경우 과다한 포집의 원인은 앞쪽에 있음을 명심해야 한다. 현장에서 배출가스 검사를 할 때 점검하는 항목인 EGR 장치, 인젝터 분사 균일성, 동 와셔 밀착성, 흡기 오염, 터보 과급라인 터짐으로 인한 매연 발생 등에서 원인이 있으므로 고장이 난 결과에 대한 수리에 그치지 말고 그 원인과 예방정비 영역까지 견적이 나와야 한다.

　위 차량은 NF 소나타인데 이러한 CPF 막힘의 원인이 어디인지를 찾아보았더니 터보라인의 인터쿨러 터짐에 그 원인이 있었다. 인터쿨러가 터짐으로서 연소 공기는 외부로 누설되고 따라서 공기량은 많이 계측되어 ECU는 인젝터의 분사량을 증가시키게 되어 연소실은 농후한 상태가 지속되게 된다. 만약 CPF가 없다면 가속시 발생하는 매연으로 바로 수리를 의뢰할 것이지만 CPF가 막고 있는 상태에서는 완전히 막히기 전에는 그 막힘 정도를 알 수가 없다.

　따라서 정비사가 지속적으로 관리해야하는 이유이다.

4. 공기 시스템

5 고객접점 만들기와 크리닝의 의미

1) 고객접점 만들기

최종재생후 99km주행의 의미는 "0G"후 99km를 주행했다는 의미가 아니다. 여러 가지 조건에 만족하여 주행시 자동재생모드로 넘어가면, 기본 15분정도동안만 재생을 실시한다. 그 이유는 연료소모량을 줄이기 위함과 DPF에 지속적으로 600도 이상의 고온을 유지할 수 없기 때문이다. 99km주행후에 포집량이 14.90G이 포집되어있다는 것은, 운전패턴이 장거리고속주행이 아니라 단거리시내주행모드임을 짐작할 수 있다. 즉, 포집량에서 15분간 재생을 실시하여도 줄일 수 있는 량이 많지 않다는 것이고, 따라서 항상 DPF내에 일정포집량이 잔존한다는 것이다. DPF내에 잔존하는 포집상태를 주기적으로 고속주행하여 태우거나, 아니면 정비소에서 비워주어야 한다는 것이다. 매장에 방문하는 고객차량을 스캔툴데이터를 이용하여 항상 포집량을 확인하여 접점을 만들어 보자. 상기차량의 경우 DPF마일리지가 최종재생시주행거리보다 현격히 적은것으로 보아 최근에 DPF크리닝후 학습값을 초기화하였거나, 최근 100km이전에는 안정적인 주행을 했음을 짐작해 볼수있다. 하지만, 최종주행후 99km주행후 14.90G 포집된것으로 볼 때 최근주행모드가 단거리 가혹조건이었던가, 시스템적으로 매연이 과다포집되는 원인이 있는지를 반드시 확인해볼필요가 있다.

R엔진—스포티지R

2) 크리닝이란?

DPF에 포집된 어떤 물질도 자연적인 배기상태에서는 머플러 밖으로 빠져나가지 못한다. 정상적으로 포집과 재생이 반복될 때 탄매가 재를 만들고 그 재가 쌓여 DPF의 전체 용량이 줄어들어 더 이상 포집할 수 없는 마일리지가 24만km이다. 하지만 통상운행차에서 시스템 밸런스가 무너지면 과다포집되는 일이 다반사일것이고, 이에 DPF수명은 급격히 줄어들게된다. 현장에서 DPF를 청소하고 크리닝한다는 의미는 그 속에 포집된 탄매를 청소하는 것이 아니라 타고남은 재를 비운다는 의미이다. 재를 비우는 방법은 물 세척을 하여도 되고, 화학적으로 용액을 넣어 재를 녹여 배출하기도 한다. 중요한 것은 탄매가 아니라 재를 비운다는 것이다. 만약 과다포집된 탄매를 비우고자 한다면 물이 아닌 불을 이용하여 태워야한다. 현장에서 강제재생을 몇 번시도하여도 재생이 되지않는 경우에는, 실제 도로에서 주행을 하여 배기온도를 상승시켜 재생을 실시하거나 DPF단품을 고열로 태워 재생시켜야 한다.

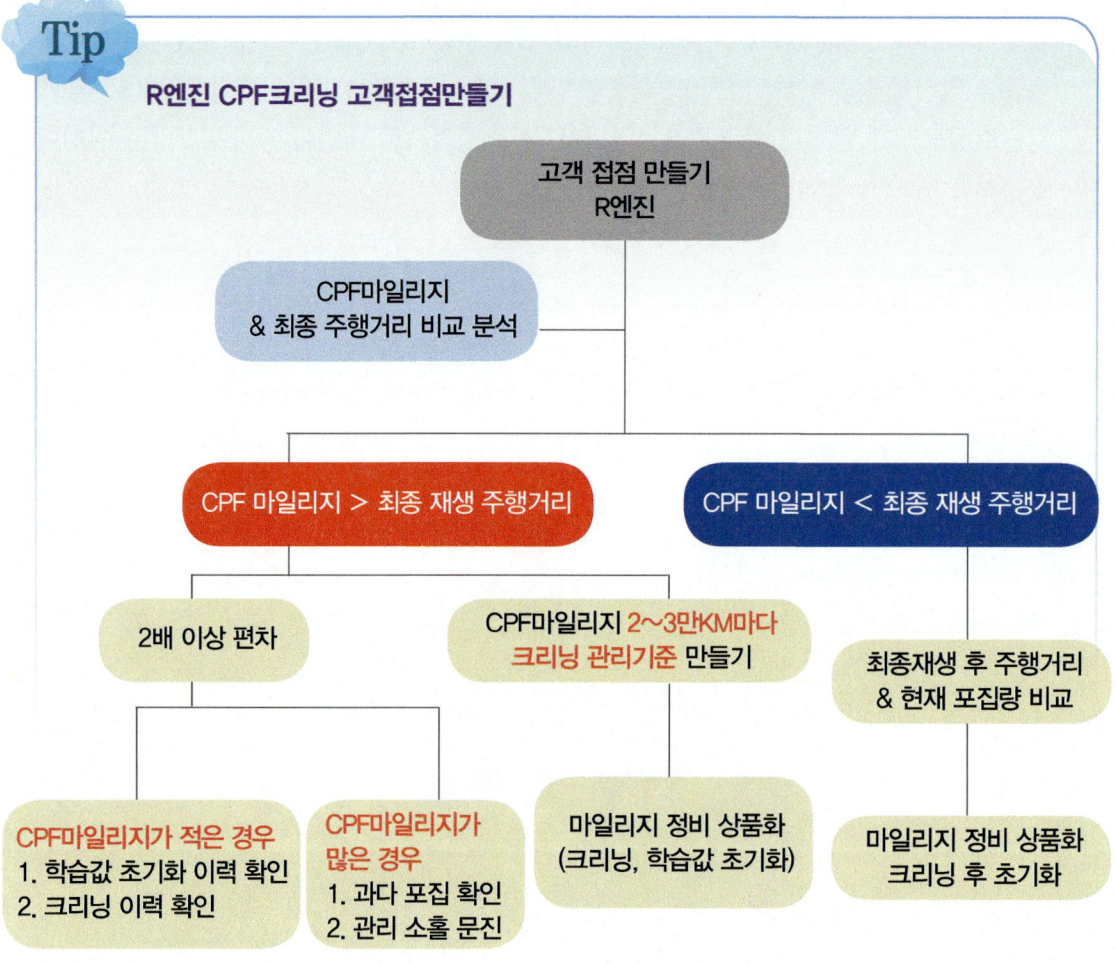

4 전용 오일 사용에 대한 고찰

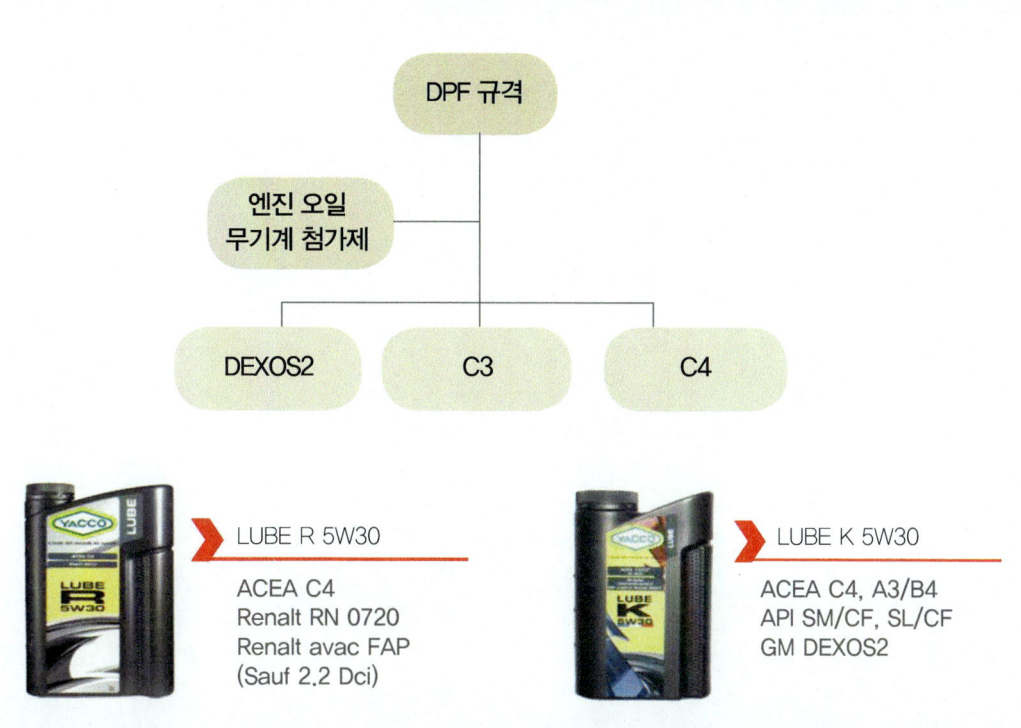

 전용오일에 대한 분쟁들이 많이 발생하고 있다. 완성차 업계에서는 CPF, DPF의 고장 발생시 오일의 사용여부에 따라 책임을 고객에게 전가시키는 경우가 비일비재하다. 기술적인 측면에서는 당연히 전용의 오일을 사용하여야 하지만 과연 사용하지 않았을 경우에 CPF 손상 정도는 어느 정도인지 정비현장에서 검증할 방법은 없다.

 오히려 전용의 오일보다는 오일량이 더 중요하다. CPF 장착 차량은 재생 과정에서 오일과 경유가 혼합될 수 있기 때문에 항상 오일량을 "F"선 이하에 맞추어야 하고 그 교환 주기도 10,000km를 넘지 않아야 한다. 하지만 정비사가 현장에서 원칙을 지켜야 올바른 정비가 되고 고객의 안전을 책임질 수 있기 때문에 엔진오일을 구분하여 사용하여야 하겠다.

 특정 상품을 홍보하고자 함이 아니니 오해 하지말기 바라며, 오일 스펙을 볼 때 점도지수도 중요하지만 CPF 전용 오일의 경우 적용 사양이 맞는지를 우선시 하여야 한다. 쉐보레 차량의 경우 DEXOS2 등급의 오일을 사용하여야 하고 현대·기아 차량은 C3 오일, 르노 삼성 QM 시리즈의 경우 C4 등급의 오일을 사용하여야 한다.

Chapter 5
압축 시스템 진단

Chapter 5

압축 시스템 진단

1 진단 트리

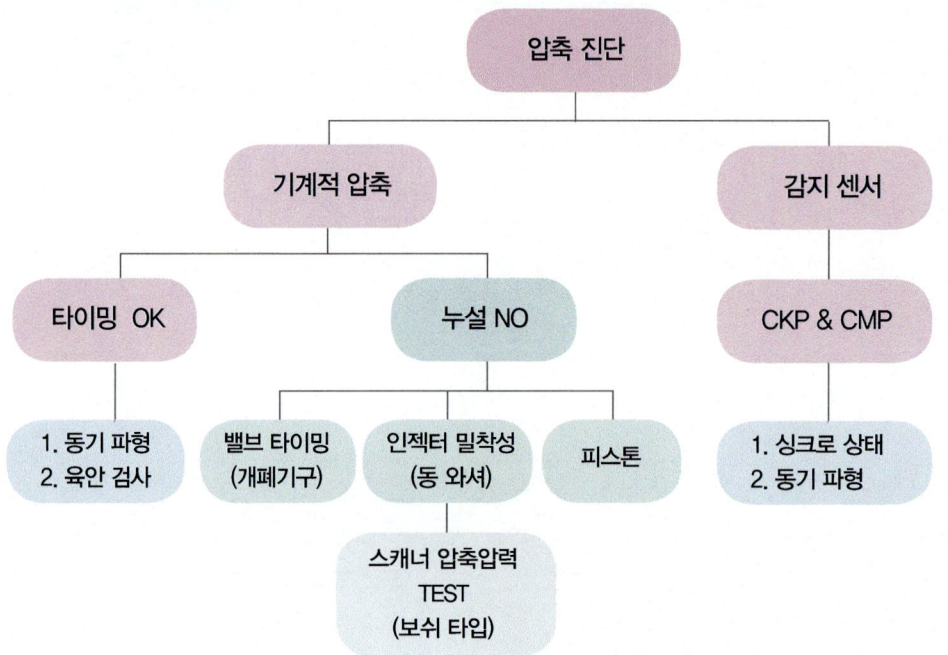

1 개요

디젤 엔진은 압축착화 엔진이다. 연료, 공기도 중요하지만 착화의 시작점은 압축에 있다. 가솔린 엔진과 달리 공기만을 압축한 후 연료 분사를 통해 착화시키는 엔진인 만큼 압축 시스템의 성능이 중요하다.

가솔린 엔진과 달리 강제 점화방식이 아니기 때문에 압축비가 가솔린 엔진보다는 훨씬 커야 한다. 하지만 압축비를 크게 하기 위해선 엔진이 커질 수밖에 없다. 이는 요즘 대세인 연비개선을 통한 CO_2 배출량을 줄이고 지구온난화를 막는 것과는 거리가 멀어진다. 이에 요즘 차량들은 디젤 엔진임에도 불구하고 압축비가 기존의 20~24 : 1에서 16 : 1 수준으로 낮아졌다.

압축비가 낮아지면서 발생할 수 있는 문제인 토크의 저감과 냉시동의 문제점을 과급 시스템과 연료 시스템, 가열 시스템의 성능개선으로 해결하고 있다.

2 압축 시스템의 고장진단

압축 시스템을 간단하게 생각하면 밸브 타이밍이 정확하고 압축의 누설이 없으며, 감지하는 센서가 이상 없으면 되는 것이다. ECU가 이러한 압축 시스템을 감지하는 센서가 크랭크각 센서(CKP)와 캠 포지션 센서(CMP)이다.

즉, 4기통 엔진에서 1번 피스톤과 4번 피스톤이 상사점에 올라오는지를 CKP 센서를 통해 감지하고 그 중 1번 피스톤이 어떤 행정을 하고 있는지를 CMP 센서를 통해 감지한 다음 점화순서를 정한다.

ECU는 1번 기통만 감지하게 되면 그 다음부터 시동이 유지되는 동안은 맵핑된 점화순서에 따라 1-3-4-2 순서대로 연료 분사를 실시하면 되므로 캠 포지션 센서가 단선되더라도 운행 중에는 시동을 정지시키지 않는다. 하지만 크랭크각 센서에서 신호가 없다면 엔진의 시동을 OFF시키게 된다. 따라서 ECU의 입장에서는 무엇보다도 중요한 것이 엔진의 압축 시스템에 대한 모니터링이기 때문에 고장 코드를 반드시 표출하게 된다. 이를 분석하는 것이 중요한 진단의 출발점이다.

이외에 CKP와 CMP의 동기성을 판단할 수 있는 방법은
① 동기 파형 찍기
② 스캔 툴 데이터상 "싱크로 상태"의 신호값
③ 육안상 타이밍 일치 확인
④ 보쉬 타입 "압축압력 및 연료 계통 검사"중 압축압력 검사
⑤ "실린더 당 흡입 공기량" 데이터 값
등을 이용하여 밸브 타이밍 및 엔진의 압축상태를 진단할 수 있다.

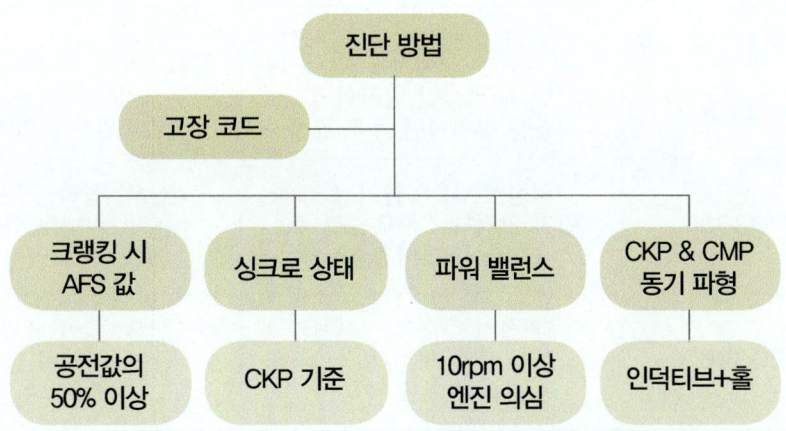

1) 고장 코드 분석-2004년 이후 차량 경우 P코드가 상세화 됨

P코드	고장 코드	분석
P0335	CKP 회로 이상	CMP 신호 있음 CMP 기준으로 rpm 표출
P0336	CKP 성능 범위 이상	타이밍 불일치 여부 반드시 확인
P0340	CMP 회로 이상	CKP 신호 있음
P0341 P0343	CMP 성능 범위 이상	타이밍 불일치 여부 반드시 확인

CMP 관련 고장 코드시
1. 크랭킹 중일 때 : 시동 불량
2. 시동 중일 때 : 시동 유지

각 엔진의 형식별로 정비지침서를 활용하여 고장 코드의 발생 상황을 알아볼 수 있다.

고장 코드	검출 조건	고장 예상 부위
CKP 마그네틱 방식 (CM, 그랜드 스타렉스)		
P0335	CMP는 출력되나 CKP 출력이 없는 경우	CKP 회로, 단품 돈휠 이상, 변형
P0336	CKP 검출 회전수가 6000rpm 이상 비정상적 신호 출력	CKP 회로, 단품 돈휠 이상, 변형
CKP 홀 타입 (NF, 뉴카렌스) - 가솔린 엔진 차량		
P0315	ECU 학습값 감지하여 기준을 벗어나면 코드 발생	커넥터 접속 불량 CKP 센서 타이밍 불일치
P0335	1회전시 CKP 돌기 수가 맞지 않거나 CMP 출력 중 CKP 신호 미검출시	신호, 접지, 전원 단선, 단락, 커넥터 접속 불량 CKP 및 타이밍 불일치
P0336	1회전시 크랭크 샤프트 미싱 투스 개수가 정상 값을 벗어날 경우	신호, 접지, 전원 단선, 단락, 커넥터 접속 불량 CKP 불량

고장 코드	검출 조건	고장 예상 부위
CMP 홀 타입 (CM, 그랜드 스타렉스)		
P0340	CKP 신호는 검출되나 CMP 신호 검출되지 않음	신호, 접지, 전원 단선, 단락, 커넥터 접속 불량 CMP, 타이밍 불일치
P0341	CMP와 CKP 신호 동기성이 비정상적	신호, 접지, 전원 단선, 단락, 커넥터 접속 불량 CMP

2) 이종 진단
- D엔진 WGT 구형 차종들 기아 차종으로 진입시 "싱크로 상태" 데이터 이용

① 진단 정리

	센서 1개만 불량시	센서 모두 양호시
CMP 센서 불량	키 ON시 no signal, 크랭킹시 signal	키 ON시 no signal 시동시 Success
CKP 센서 불량	키 ON시, 크랭킹시 no signal	
타이밍 불일치	1. Success와 no signal을 반복 2. signal과 no signal을 반복	

D엔진에서 기아 차종의 "카렌스2"에 표출되는 센서 데이터이다. D엔진 유로3 방식의 경우 현대·기아 차종들은 서로 호환되어 스캔 툴 데이터를 확인할 수 있다. 산타페 WGT의 경우 센서 데이터에서 목표 레일 압력값, 주 분사시간, 보조 분사시간, 싱크로 상태 데이터 등이 지원되지 않는다. 이러한 경우 기아 차종 중 카렌스2 차종으로 선택하여 진입하면 지원되지 않던 스캔 툴 데이터들이 지원된다. 이중 "싱크로 상태"라는 데이터 항목을 선택하여 진단에 활용할 수 있다. "싱크로 상태" 데이터의 기준은 CKP(크랭크각) 센서이다. 크랭킹시 크랭크각 센서를 기준으로 신호가 있으면 "signal" 신호가 표출되고 크랭크각 신호가 없으면 "no signal"의 신호가 표출된다. 시동시 크랭크각 센서 신호와 캠 포지션 센서 신호의 동기성이 일치한다면 "succes"가 표출 되면서 시동이 걸리게 된다.

만약 시동이 불능인 차량이 고장 코드를 발생시키면서 입고하게 되면 각 센서인지, 캠 센서인지, 타이밍 불일치인지를 센서 데이터를 통해 확인해 볼 수 있다.

② 데이터 분석 연습-산타페 VGT 시동 불능

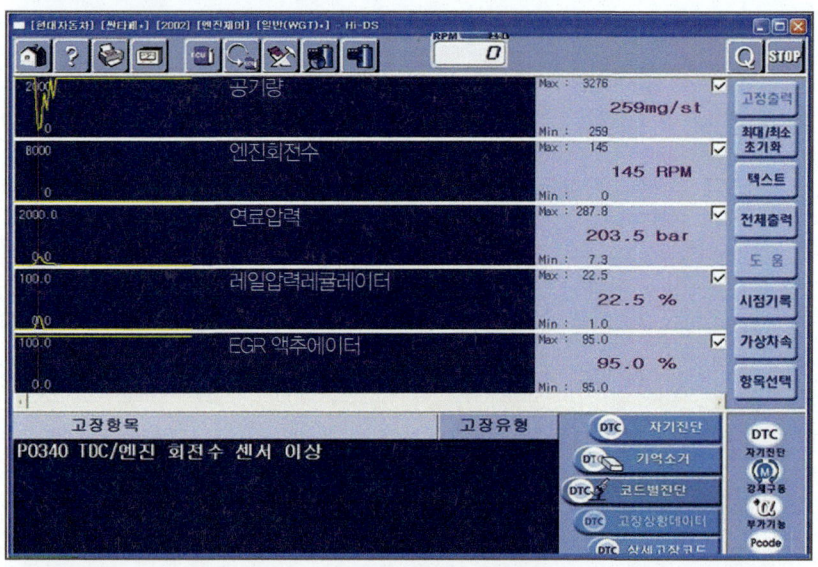

산타페로 진입시 고장 코드 이외에는 확진하기가 부족한 데이터이다. P0340이 발생시 타이밍 불일치, 크랭크각 센서, 캠 포지션 센서의 불량을 의심해 볼 수 있는데 공기량 센서값을 보아하니 밸브 개폐기구의 문제는 없어 보이고 압력도 200bar이상이 나오니 연료의 문제도 없어 보인다. 레일압력 레귤레이터가 22%로 제어하는 것을 보니 크랭크각 센서의 신호는 발생하는 것으로 보인다. 확진을 위해 이종 진단을 해보자.

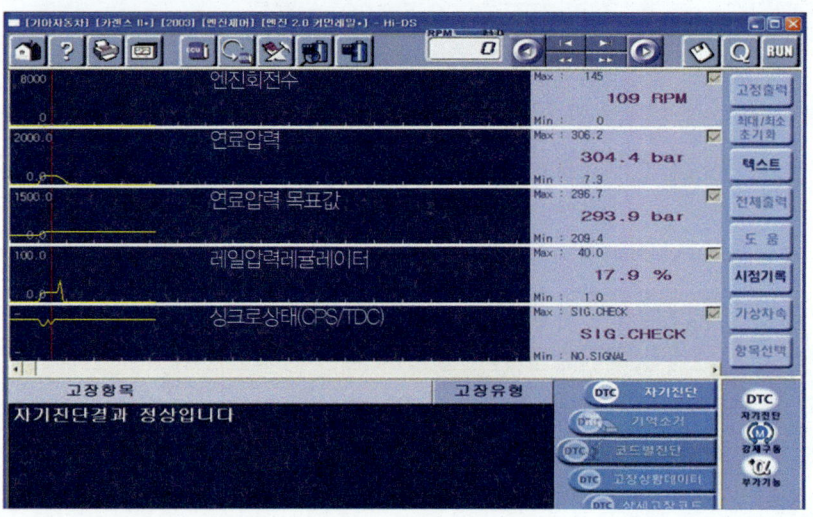

카렌스2 차종으로 이종 진단을 하기 위해 진입해 보니 목표 압력도 지원되고 싱크로 상태 데이터가 지원된다. 고장 코드 소거 후 다시 크랭킹 검사를 실시하였으나 여

전혀 시동이 불능상태이다. 이때 "signal"신호는 나오는 것으로 보아 크랭크각 센서는 이상 없고, 캠 포지션 센서의 불량과 타이밍 동기성만 확인하면 되겠다. 하지만 타이밍이 불일치하는 경우 공기량이 정상적으로 표출될 수 없다. 따라서 캠 포지션 센서의 불량으로 확진할 수 있다.

3) 공기량 센서 활용

기본적으로 770~850rpm에서 즉, 공전시에 실린더당 흡입 공기량은 정해져있다. 커먼레일 디젤 엔진의 경우 스로틀 풀랩이 막고 있지 않아서 밸브 타이밍이 정확하다면 피스톤이 하강할 때 압력의 편차에 의해 기통당 표출되는 공기량은 엔진의 배기량에 따라 정해져 있다.

2000cc 엔진의 경우 공전시에는 500mg/st 정도이다. 그렇다면 크랭킹시에는 회전수가 250rpm 정도이므로 공전값의 50% 수준(250mg/st 이상)에서 공기량이 표출된다면 밸브 개폐기구와 밸브 타이밍은 문제가 없다고 보아도 될 듯하다. 쉽게 말해 엔진은 살아있다는 뜻이다.

① 사례 연습-엑스트렉. 시동 꺼진 후 재시동 불가, 고장 코드 발생(NO1 TDC이상)

② 데이터 분석

고장 코드 분석결과(P0340)의 경우 타이밍 불일치, 캠 포지션 센서, 크랭크각 센서 이상을 확인하여야 한다. 싱크로 상태에서 signal 신호가 입력되고 있는 상태에서 인젝터 구동 전압이 표출되고 압력도 충분한 것으로 보아 크랭크각 센서의 문제는 없어 보인다.

문제는 캠 포지션 센서의 문제와 타이밍 불일치 문제를 확인해보아야 하는데 공기량 센서값을 보니 크랭킹시 최소한 250mg/st 이상은 되어야 하는데 공기량 값이 176mg/st를 나타내고 있다. 이는 밸브 개폐기구가 망실되던지, 타이밍 불일치를 의심해볼 수 있다. 이처럼 공기량 센서 값이 정상값을 벗어나는 경우 확진을 위해 보쉬타입의 경우 파워 밸런스 검사에서 압축압력 모드를 활용해 볼 수 있다.

③ 파워 밸런스 활용

피스톤이 1, 4-2, 3번이 같이 움직이기에 타이밍 벨트가 불일치되면서 밸브 개폐기구가 망실되었음을 알 수 있다. 보쉬타입의 경우 인젝터의 동 와셔가 밀착 불량으로 블로바이 가스가 과다하게 발생되면 엔진오일과 희석되면서 오일의 순환을 방해하고 결국 캠 샤프트 등을 고착시키면서 타이밍 벨트를 파손시킨다.

4) CKP & CMP 동기파형 찍기

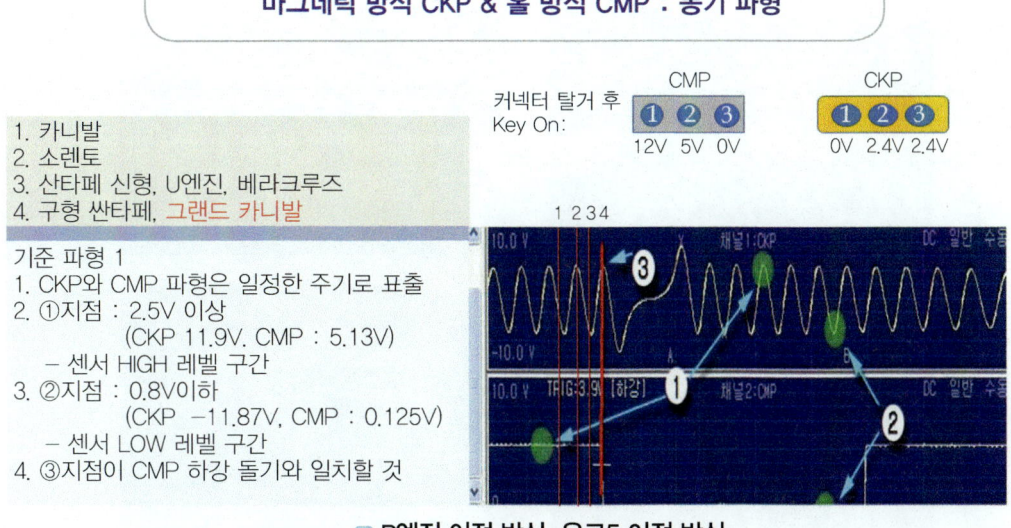

■ R엔진 이전 방식-유로5 이전 방식

① 개요

크랭크샤프트 포지션 센서는 마그네틱 인덕티브 센서 방식으로 실린더 블록에 설치되어 플라이 휠의 톤 휠 위치를 검출 한다. 톤 휠은 58개의 돌기와 2개의 참조점으로 크랭크샤프트 1회전을 60등분하여 돌기 하나당 6°씩 크랭크샤프트 위치를 검출 한다.

크랭크샤프트 포지션 센서는 엔진의 회전수와 크랭크 각도를 연산하여 액셀러레이터 페달 위치 센서와 함께 기본 연료 분사량과 분사시기를 결정하는 중요한 센서로 엔진의 시동에 절대적인 상관관계를 갖는다.

캠 샤프트 포지션 센서는 홀 센서 방식으로 배기 캠 샤프트 끝단에 설치된 돌기를 검출하여 캠 샤프트의 회전을 감지한다.(캠 샤프트 1회전당 1회의 신호가 발생) 캠 샤프트는 크랭크샤프트 2회전에 1회전하므로 크랭크샤프트 포지션 센서의 참조점이 2회 발생할 때 캠 샤프트 포지션 센서 출력은 1회 발생된다. ECM은 이 신호를 입력받아 엔진의 기통 판별 및 크랭크 각을 연산하여 인젝터의 분사순서와 분사시기를 결정한다.

② 파형 찍는 방법

오실로스코프 전용 튠업기를 이용하지 않더라도 현장에서 보유하고 있는 스캐너의 채널을 이용하여 쉽게 파형을 찍어볼 수 있다.

> **Tip**

스캐너로 동기 파형 찍기 (GIT)

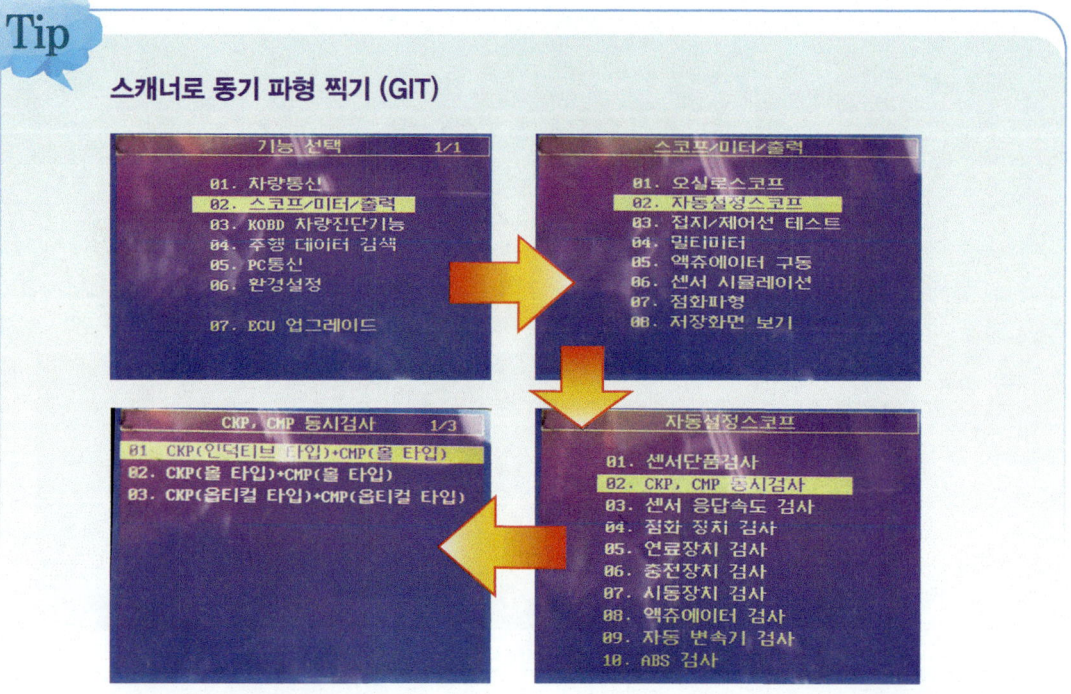

　스캐너의 채널 1번은 CKP 센서 신호의 하이 선에 채널, 로우 선에 채널 두개를 탐침하고, 채널 2번은 CMP 센서 신호 선에 채널, 엔진 접지에 채널을 탐침한다.
- 크랭크각 센서 3핀 : 하이, 로우, 쉴드 접지
- 캠 포지션 센서 3핀 : 전원, 신호, 접지

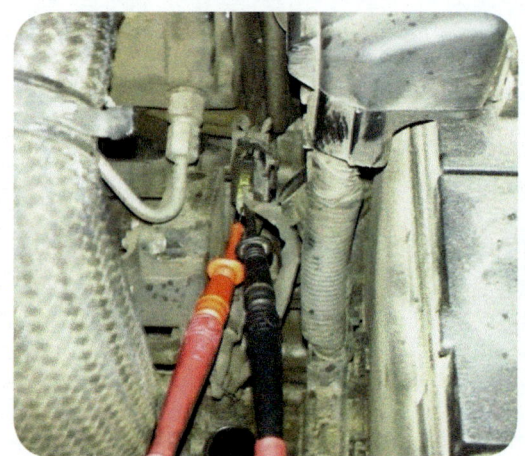
■ 크랭크각 센서 커넥터 탐침

■ 캠 포지션 센서 커넥터 탐침

③ 파형 분석 방법

타이밍 불일치, 센서 감도, 톤 휠 불량, 타이밍 체인 이완 여부 등을 진단할 수 있으며, 주의할 점은 DOHC 엔진의 경우 캠 샤프트 포지션 센서가 두 개 캠축 중 하나에만 장착되어 있어서 반대쪽 캠축의 타이밍이 불일치할 경우 오진할 수 있다는 것이다.

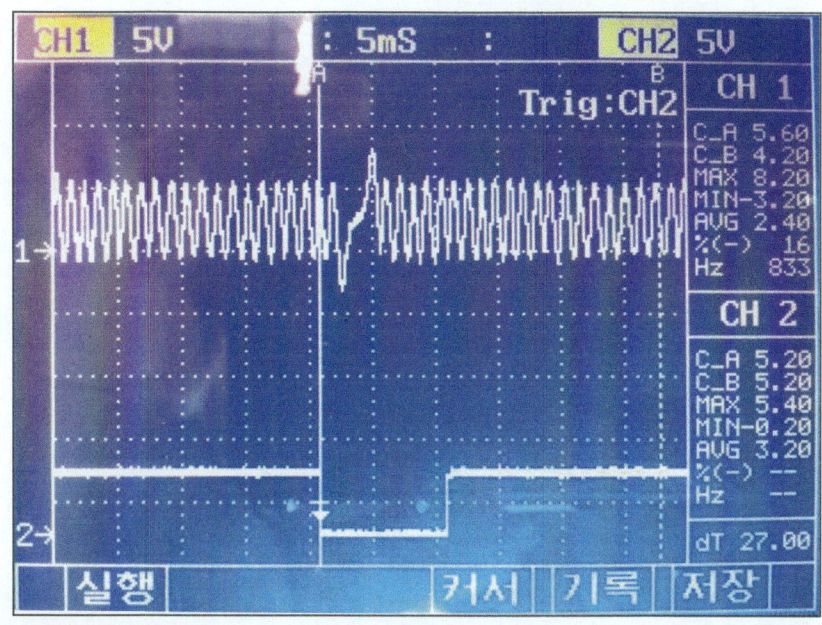

㉮ 타이밍 위상 일치여부

엔진별로 크랭크샤프트 포지션 센서의 참조점을 기준으로 캠 샤프트 포지션 센서 참조점의 일치점이 각각 다르다.

엔진	일치점
D,J 유로4 엔진	크랭크각 참조점에서 왼쪽으로 1칸 과 캠 참조점 일치
A,J 엔진	크랭크각 참조점에서 왼쪽으로 2칸 과 캠 참조점 일치
U,D 유로4,S엔진	크랭크각 참조점에서 왼쪽으로 1.5칸 과 캠 참조점 일치
분석 방법	왼쪽으로 돌기 3칸은 타이밍 1칸, 오른쪽으로 CKP참조점과 CMP참조점이 일치시 타이밍1칸넘음

커먼레일 고장진단

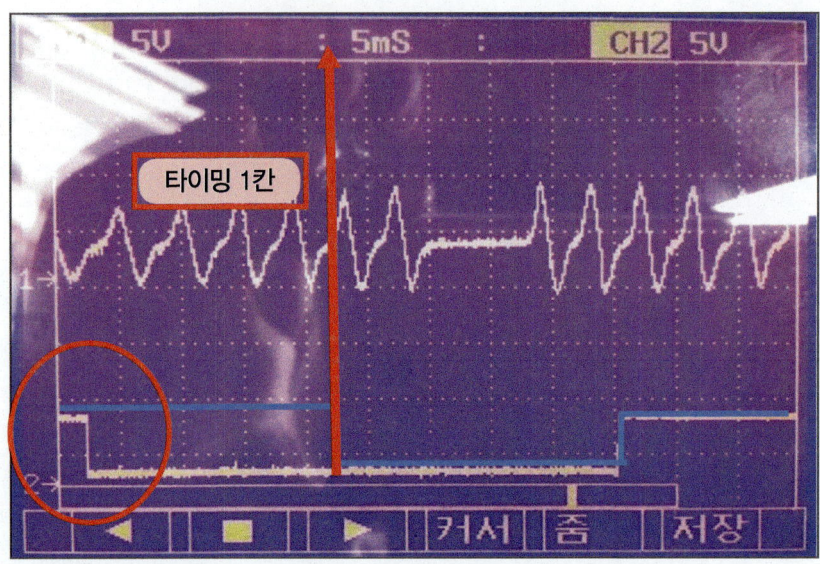

위 차량은 그랜드 스타렉스(A엔진) 차량으로 시동 불능 사례에서 타이밍 불일치를 확인할 수 있다. 타이밍 체인 방식 엔진의 경우 타이밍 체인이 넘는 경우는 대부분 체인 텐셔너의 불량에 있다.

1. 오토 텐셔너의 문제로 타이밍 체인 넘음
2. 150,000km 넘은 차량들 예방 정비 요함
3. 오일 없는 상태로 주행

㉴ 센서 감도의 문제

센서의 에어 갭 불량인 경우와 센서 자체의 불량을 진단할 수 있다. 현장에서 흔히 실수하게 되는 오링 2개의 장착과 간헐적인 신호 불량의 경우를 찾을 수 있다.

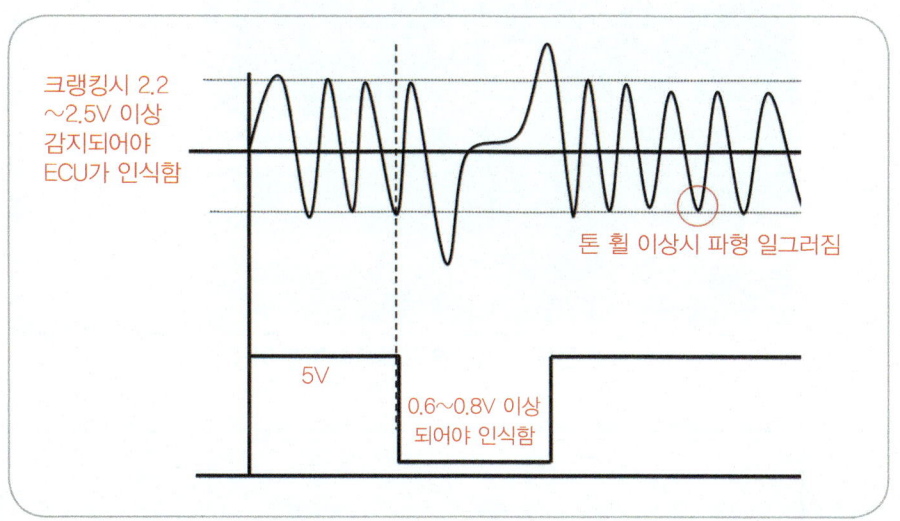

만약 에어갭에 문제가되면(ㅇ링 두개장착 등등) 참조점과 다른 돌기의 기전력 차이가 많이 발생하게된다.

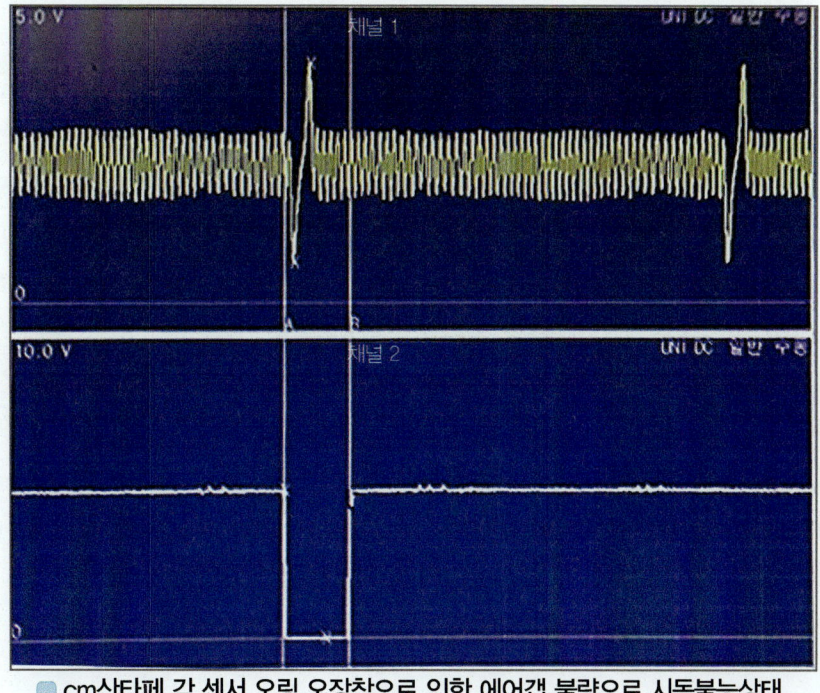

■ cm산타페 각 센서 오링 오장착으로 인한 에어갭 불량으로 시동불능상태

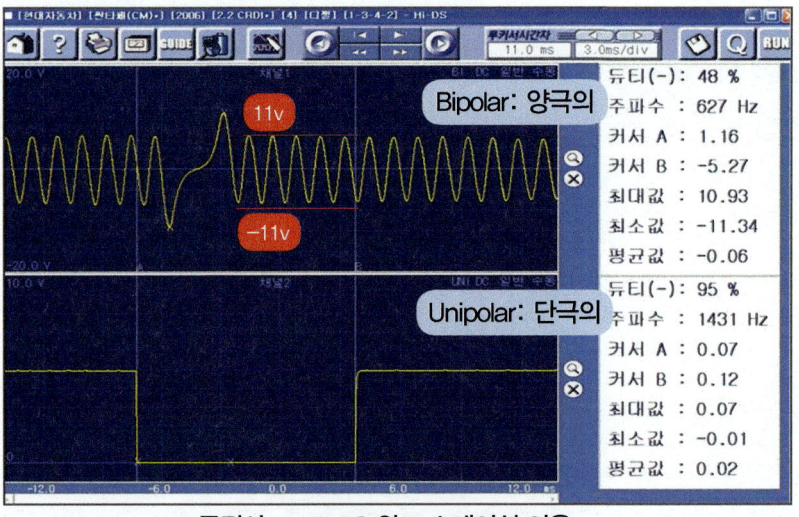

○ 공전시 - Hi-DS 워크 스테이션 이용

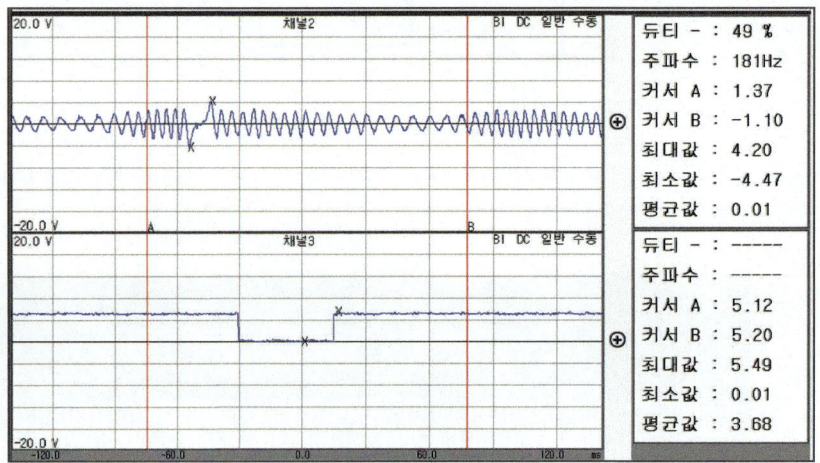

　위의 파형은 카렌스2 커먼레일 디젤 엔진 차량의 동기파형이다 시동불능 상태에서 동기파형을 측정한 것인데 현재 rpm은 181rpm임을 주파수를 통해 알 수 있다. 주의 깊게 보지 않으면 크랭크샤프트 포지션 센서의 파형 진폭이 작아지는 것으로 센서의 불량을 의심할 수 있다. 하지만 동기파형을 찍어보는 목적이 타이밍 일치 여부를 확인하고자 함이 가장 우선적인 것을 잊지 말아야 한다.

　위의 차량은 D엔진으로서 크랭크샤프트 포지션 센서 참조점 왼쪽 한 칸과 캠 샤프트 포지션 센서 참조점이 일치하여야 한다. 따라서 타이밍이 불일치함을 알 수 있다. 수정 후 정상파형은 다음과 같다.

5. 압축 시스템 진단

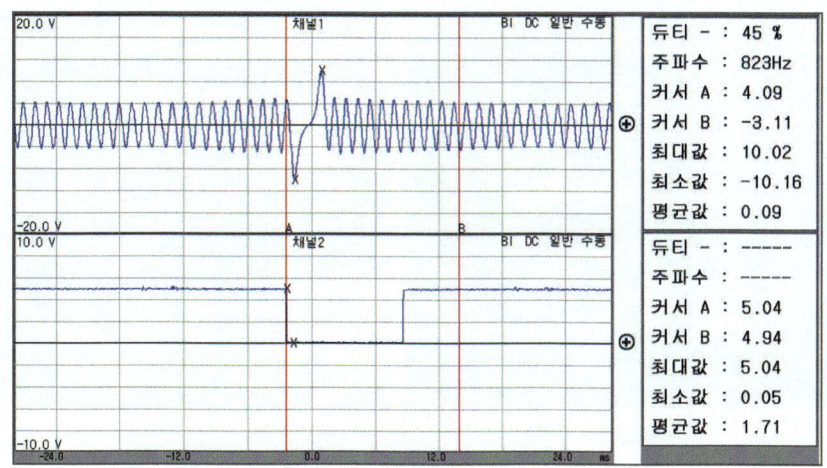

㉰ 타이밍 체인 이완 상태의 확인

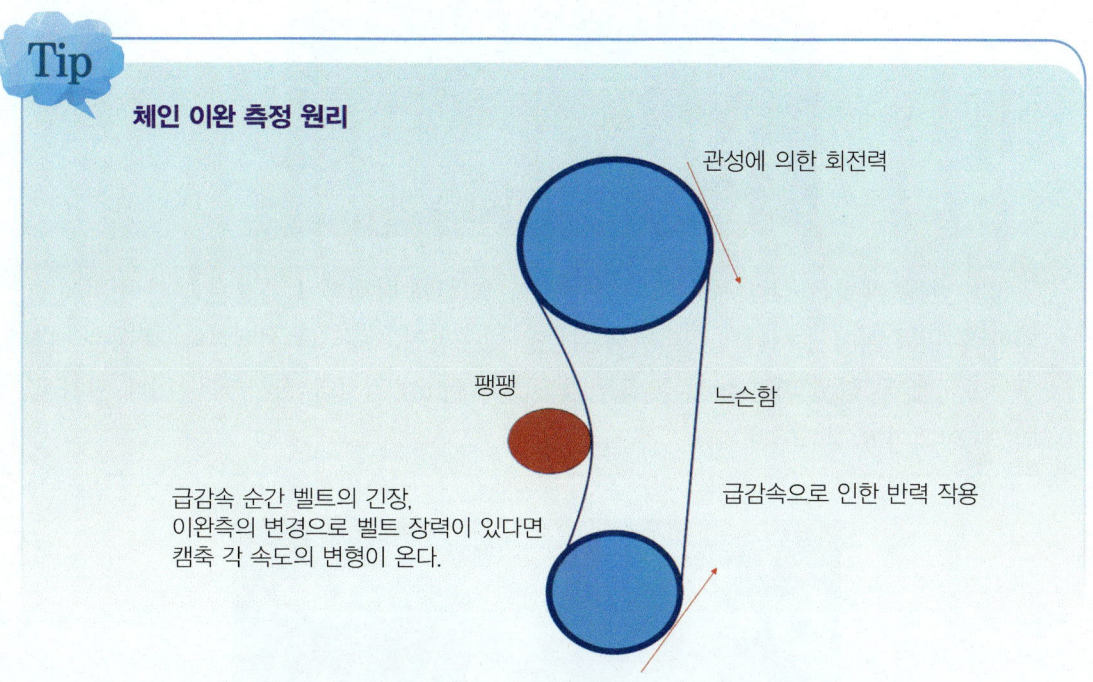

크랭크축의 회전이 멈추면 캠축은 바로 멈추는 것이 아니라 돌아가던 방향으로 돌아가려고 하는 관성에 의한 회전력이 작용되어 타이밍 체인이 순간적으로 이완이 되었다가 멈추게 된다. 따라서 캠축의 각속도에 변화가 오게 되는데 이때 캠 포지션 센서 신호선의 파형을 듀티로 변환하여 확인할 수 있다.

커먼레일 고장진단

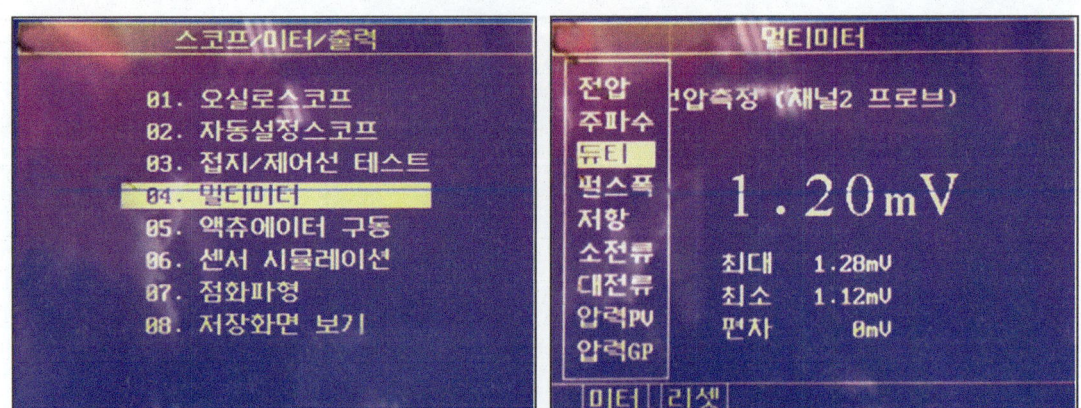

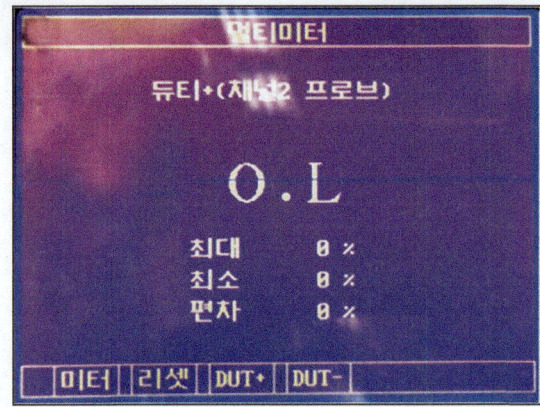

채널2번 중 채널은 캠 샤프트 포지션 센서 신호 선에 탐침하고 채널은 엔진 접지에 탐침한 후 위와 같이 스캐너의 멀티미터 기능을 이용하여 +듀티를 선택한다. 측정은 엔진 구동상태에서 "리셋"버튼을 누른 후 급가속(3000rpm) 검사를 실시한다. 이때 편차 값이 1% 이내이면 정상이다.

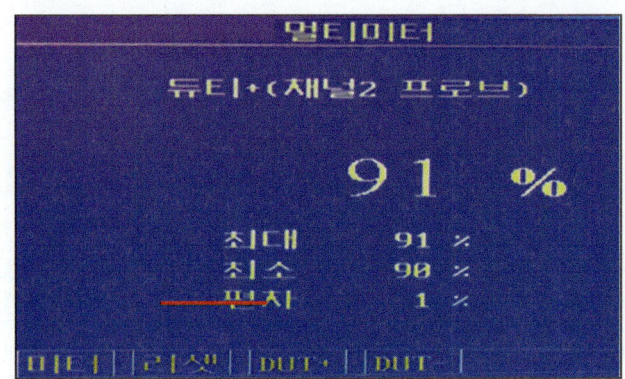

샘플링 속도가 빠른 오실로스코프의 경우 A엔진 1.7%, U엔진 1.3% 등등 소수점으로 기준을 정할 수 있으나 스캐너의 경우 1% 정도로 기준을 잡으면 된다. 이 검사는 엔진의 소음이 과다하게 발생할 때 체인의 이완된 소음인지 확인하는 정도로 사용되어야겠다.

④ R엔진

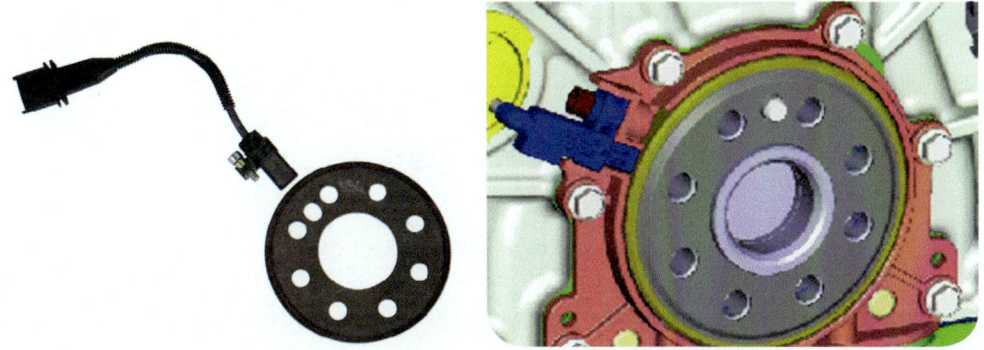

㉮ 개요

크랭크샤프트 포지션 센서(CKPS ; Crankshaft Position Sensor)는 리어 오일 실 어셈블리에 장착되어 있으며, 홀 소자가 마그네틱 엔코더에 의한 신호를 검출하여 크랭크샤프트의 위치를 파악한다. ECM은 이 센서의 신호를 이용하여, 연료 분사시기를 결정하는 기본 요소인 크랭크샤프트 위치와 엔진의 회전속도를 계산할 수 있다.

캠 샤프트 포지션 센서(CMPS ; Camshaft Position Sensor)는 실린더 헤드 커버에 장착되어 있으며, 홀 센서(Hall Sensor)라고도 한다. 이 센서에는 홀 이펙트(Hall Effect) IC가 내장되어 있으며, 이 IC에 전류가 흐르는 상태에서 자계를 인가하면 전압이 변화하는 구조로 되어 있다.

이 센서는 홀 소자를 이용하여 캠 샤프트의 위치를 검출하는 센서로서 크랭크샤프트 포지션 센서(CKPS)와 동일 기준점으로 하여, 캠 샤프트 또는 캠 기어를 기준으로 크랭크샤프트 포지션 센서로 확인이 불가능한 개별 피스톤의 위치를 알 수 있다. ECM은 이 센서를 이용하여, 각 실린더의 정확한 위치(행정)를 알 수 있으며, 연료 분사를 순차적으로 제어할 수 있다.

마그네틱 인덕티브 방식이 홀 방식으로 바뀌고 대신 마그네틱 엔코더를 장착한 것으로 변경되었으며, 캠 샤프트 포지션 센서는 그전 방식을 그대로 적용하였다. 따라서 크랭크샤프트 포지션 센서는 파형이 이전 방식과는 다르게 나타난다.

④ **파형 찍는 방법**

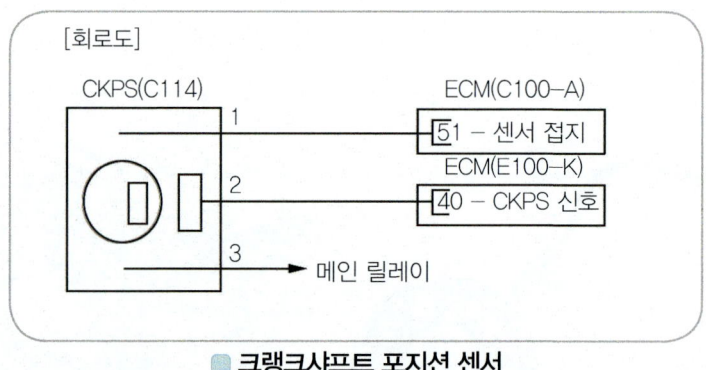

■ 크랭크샤프트 포지션 센서

채널 1의 ⊕는 신호선에 탐침하고, 채널 1의 ⊖는 엔진 접지에 탐침 한다.

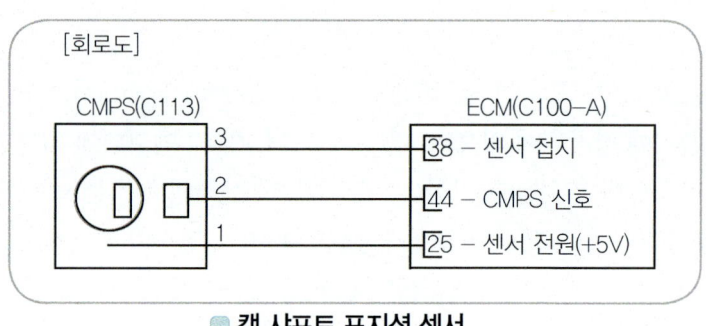

■ 캠 샤프트 포지션 센서

채널 2번의 ⊕는 신호선에 탐침하고, 채널 2번의 ⊖는 엔진 접지에 탐침 한다.

㉰ 분석 방법

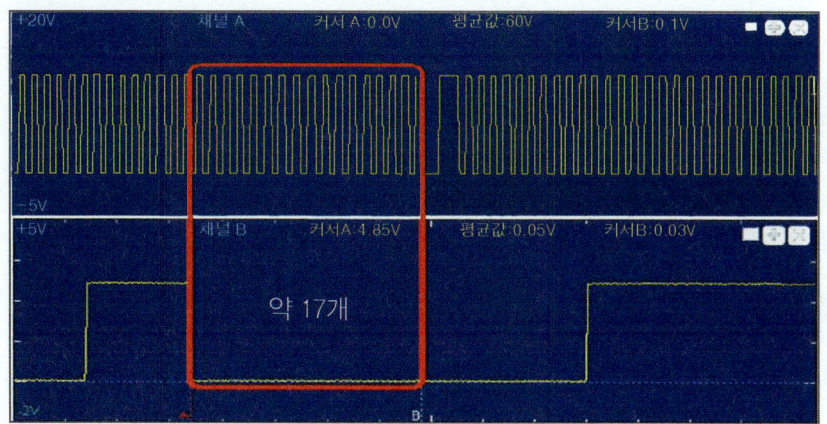

R엔진의 타이밍 일치점은 크랭크샤프트 포지션 센서의 참조점에서 17번째 돌기와 캠 샤프트 포지션 센서의 참조점이 일치하여야 한다. 이전 방식과 특별히 다른 로직은 이전 방식의 경우 크랭크 포지션 센서의 신호가 나오지 않으면 주행 중 시동이 꺼졌는데 R엔진의 타입부터 주행 중 크랭크샤프트 포지션 센서나 캠 샤프트 포지션 센서 중 어느 하나만 고장일 경우에는 시동이 꺼지지 않는다는 것이다. 두 개 모두 신호가 없어야 시동을 꺼지도록 로직이 되어 있다. 또한 특이한 것은 캠포지션센서, 크랭크 각센서 둘 중 하나만 고장난 경우에는 시동지연이 생기지만 모두 시동이 가능하다는 것이다. 기존의 정비상식으로는 이해할 수 없지만 서로의 신호를 연산하여 피드백하기 때문에 가능한 것이다. 현장정비 시에 주의하여야 한다.

2 압축 시스템 견적 기법

커먼레일 디젤 엔진 차량에서 압축은 가장 우선시되어야 하는 시스템이다. 현장에서 많이 발생하는 고장은 타이밍 불일치가 가장 많다. 멀쩡하던 타이밍이 넘어버리는 경우가 왜 발생하는 것인가?

1 엔진 오일관리의 중요성

1) 타이밍 체인

커먼레일 디젤 엔진 차량의 경우 2008년 이후 차량의 경우 거의 대부분이 체인 방식을 적용하고 있다. 문제는 체인의 장력을 좌우하는 체인 텐셔너가 엔진 오일의 유압으로 작동하는 오일 텐셔너라는 것이다. 텐셔너의 노후는 체인의 이완을 초래하고 늘어진 체인은 체인 가이드를 마모시키게 되며, 결국은 타이밍이 넘어버리는 것이다.

2) 보쉬 시스템

보쉬 시스템의 경우 인젝터 동 와셔의 밀착성이 떨어져서 압축의 누기가 발생되면 블로바이 가스가 오일과 혼합되어 오일의 온도가 변화하고 점성의 변화가 생기면서 슬러지를 만들게 된다.

이는 오일 스트레이너를 막히게 하여 가장 먼 곳인 캠 샤프트가 소착되면서 타이밍을 넘겨버리게 된다. 이러한 경우 인젝터가 고착되어 빠지지 않는 경우가 대부분이다. 인젝터 노즐의 열화도 확인하여야 한다.

2 견적상 주의사항

오일의 순환 불량 혹은 오일의 문제로 인한 엔진 소착시 반드시 **터보 베어링의 마모를 확인하여야 한다.** 터빈의 회전속도가 240,000rpm 이상이고 온도도 250℃를 넘어가는 상태에서 엔진 오일은 터보의 저널 베어링의 윤활뿐만 아니라 냉각 기능까지 담당하는 중요한 역할을 한다.

만약 오일의 순환이 불량이어서 엔진이 소착될 정도이면 터보 베어링의 손상은 당연한 것이다. 반드시 터보의 견적이 동반되어야 한다.

Chapter 6
기타 센서

Chapter 6

기타 센서

1 액셀러레이터 페달 포지션 센서(APS)

1 개요

엑셀러레이터 페달 포지션 센서는 TPS(스로틀 포지션 센서)와 동일한 원리로 운전자의 가속 의지를 ECM에 전달하여 현재의 가속상태에 따른 연료량을 결정하는데 가장 중요한 센서이다. 이렇듯 센서의 신뢰도가 중요 하므로 주 신호인 액셀러레이터 페달 포지션 센서1 과 액셀러레이터 페달 포지션 센서1을 감시하는 액셀러레이터 페달 포지션 센서2로 나뉘어 있다.

액셀러레이터 페달 포지션 센서 1과 2는 서로 독립된 전원과 접지로 구성되어 있으며, 액셀러레이터 페달 포지션 센서2는 액셀러레이터 페달 포지션 센서1 출력의 1/2을 발생하여 액셀러레이터 페달 포지션 센서1과 2의 전압 비율이 일정 이상을 벗어날 경우 에러로 판정하여, 림프 홈 모드로 진입된다.

림프 홈 모드로 진입시 액셀러레이터 페달 포지션 센서 오신호에 의한 엔진 과다 출력 발생을 방지하기 위해 엔진의 회전수를 1200rpm으로 고정시켜 최소한의 주행만 가능하도록 한다.

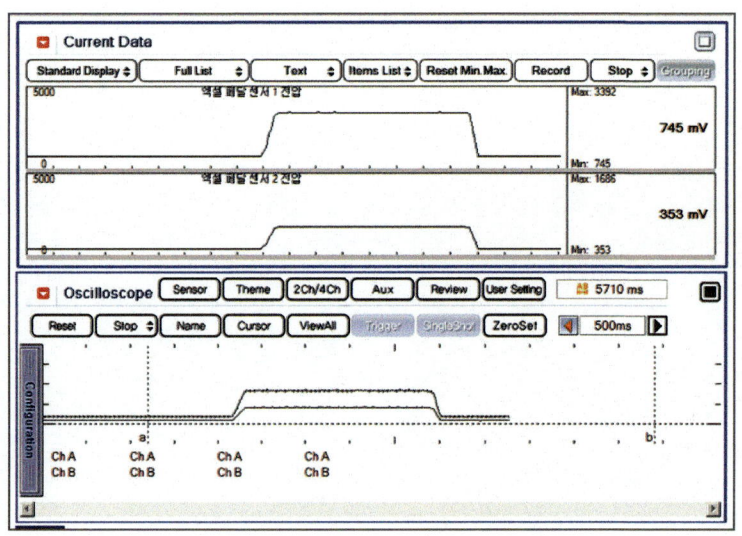

액셀러레이터 페달 포지션 센서2 신호의 그라운드 체크 시그널은 ECM이 액셀러레이터 페달 포지션 센서2를 점검하는 신호로 200msec 주기로 액셀러레이터 페달 포지션 센서2의 출력값을 200.39mV이하로 떨어뜨린다. 만일 200.39mV 이하로 액셀러레이터 페달 포지션 센서 2의 출력 전압이 떨어지지 않는다면 ECM은 액셀러레이터 페달 포지션 센서 2의 접지 회로 이상으로 판단하여 관련 고장 코드를 발생시킨다.

2 고장 진단

1) 고장 코드 해석

APS는 유일한 운전자의 의지이다. 케이블로 연결된 것이 아니라 전기적 신호로 작동되며, 이 값을 근거로 연료 분사량을 결정하기에 센서를 1과 2로 나누어 둔 것이다. 즉, 센서를 상호 감시하므로 반드시 고장 코드를 표출하여 준다. 먼저 코드가 표출되어 있다면 센서, 연결 커넥터, ECU순으로 확인해야 한다.

코드	해석(-산타페CM 기준)
P2123	APS1 입력 신호값 높음
P2128	APS2 입력 신호값 높음
P2138	APS2 -1/2 비동기화
P2299	액셀러레이터 페달 포지션 센서1(APS1)과 브레이크 스위치 이중 입력

반드시 정비지침서의 고장 코드 해석을 참고하여야 한다.

> **Tip**
>
> **DTC 설명의 예시-지침서 참조**
> P2299 액셀러레이터 페달 포지션 센서1(APS1)과 브레이크 스위치 이중 입력

　브레이크 스위치는 액셀러레이터 페달 포지션 센서의 이상을 모니터링 하는 기능을 수행한다. 차량의 주행 중 액셀러레이터 페달 포지션 센서 이상으로 운전자의 가속 의지보다 높은 출력이 발생 될 경우(APS의 높은 출력으로의 고착) 혹은 오신호로 인해 엔진의 출력이 과도하게 발생 할 경우 운전자는 브레이크 페달을 밟게 된다.

　이처럼, APS의 출력 전압이 높은 조건에서 운전자의 감속 의지가 ECM에 전달되면(브레이크를 밟았을 경우) ECM은 APS가 고장이 발생된 것으로 판단하여 엔진을 림프 홈 모드로 진입시킨다. 엔진이 림프 홈 모드로 진입하게 되면 엔진의 회전수는 1200rpm으로 고정되어 엔진의 출력을 제한하며, 이후 정상적인 액셀러레이터 페달 포지션 센서 신호가 감지되면 림프 홈 모드를 즉시 해제한다.

2) 많이 발생하는 사례 – 연결 커넥터의 수분 유입으로 인한 단락

대표적인 차종이 D엔진과 A엔진 중 소렌토 차량이다. D엔진의 경우 구형 차종들에 한해서 에어컨 에바퍼레이터를 클리닝한 후 많이 발생하며, 소렌토 차종의 경우 선루프 물 배출호스가 막힘으로써 A필러를 통해 빗물이 실내로 유입되면서 배선의 단락을 일으키거나 외부 공기 유입통로의 접합부 불량으로 빗물이 유입되면서 단락되는 경우 등이 많이 발생하는 사례이다.

① 산타페 WGT 차량 가속 불능

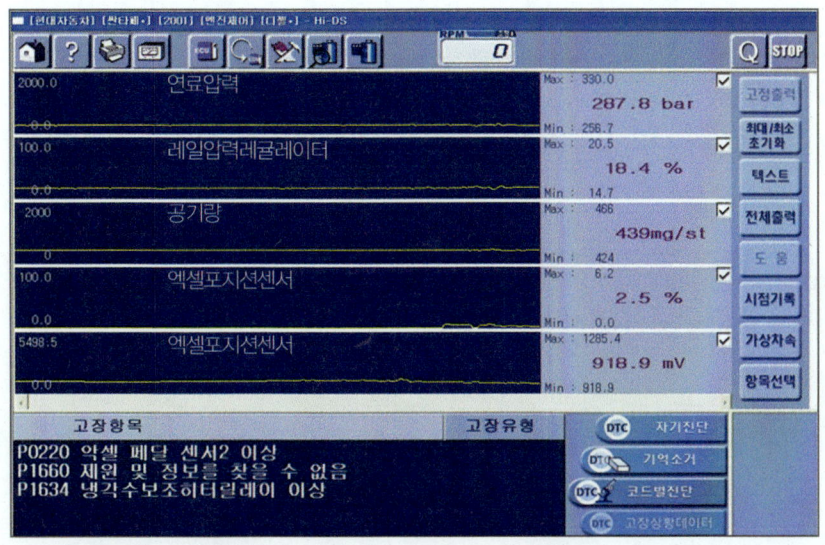

고장 코드부터 해석해 보자.

P0220 액셀러레이터 페달 포지션 센서2(APS2) 회로 일반 항목 고장

P0220 코드는 액셀러레이터 페달 포지션 센서2 전원 전압이 0.1초간 4.7V 이하 혹은 5.1V 이상 검출될 경우 발생되는 고장 코드로 4.7V 이하인 경우는 액셀러레이터 페달 포지션 센서2 전원 회로의 접지측 단락, 5V 이상의 경우는 전원측 단락 또는 ECM 내부 전원 전압 계통의 문제가 발생된 경우이다.

이 코드가 발생하면 림프 홈 모드가 작동된다.
- 림프 홈 아이들(1200rpm) 고정
- 차속/엔진 회전수에 의한 에어컨 작동 중지
- 정속 주행 불가(크루즈 컨트롤 옵션 사항)

정비지침서의 고장 코드 설명이 위와 같다면 단품 이상보단 연결 커넥터의 배선 불량을 먼저 확인해 보아야 한다.

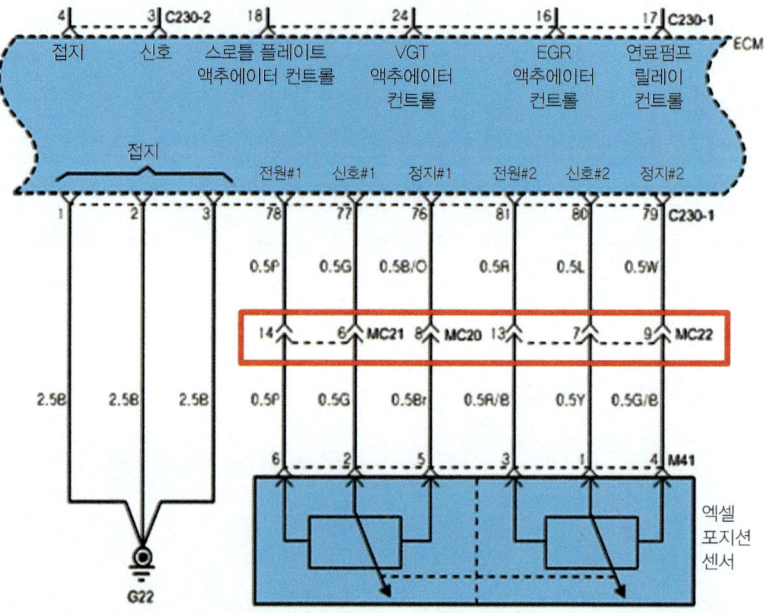

이 차량은 에바퍼레이터를 클리닝하는 여름철에 많이 발생하는 것으로 에어 덕트의 통로 연결부위에 클리닝 액이 유입되어 연결 커넥터를 단락시키게 된 것이다. 이러한 경우 수분을 완전히 제거하고 방수처리를 하면 된다.

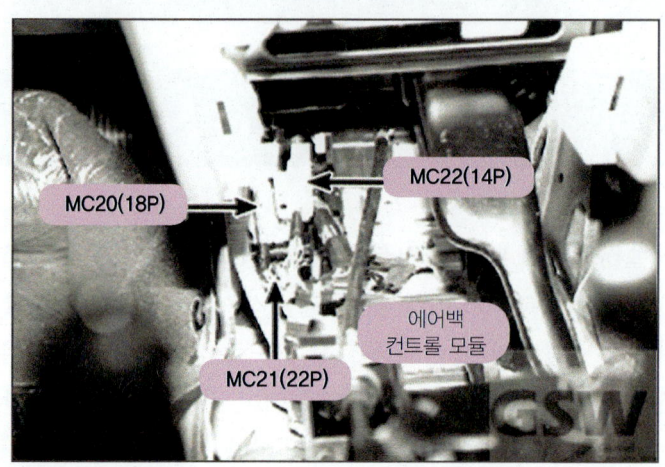

② 소렌토 가속 불량

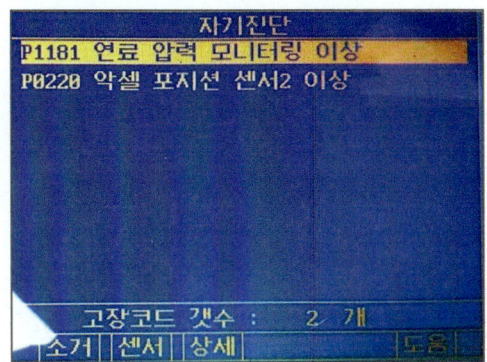

산타페와 같이 동일 고장 코드가 발생됨을 알 수 있다. 선루프 배출관 막힘, 외부 공기 유입관의 기밀 불량이 원인이다. 차량의 특성상 소렌토의 경우 동승석에 ECU와 관련 배선들이 모여 있어서 빗물이 유입될 경우에 배선의 단락 상황이 발생하게 된다.

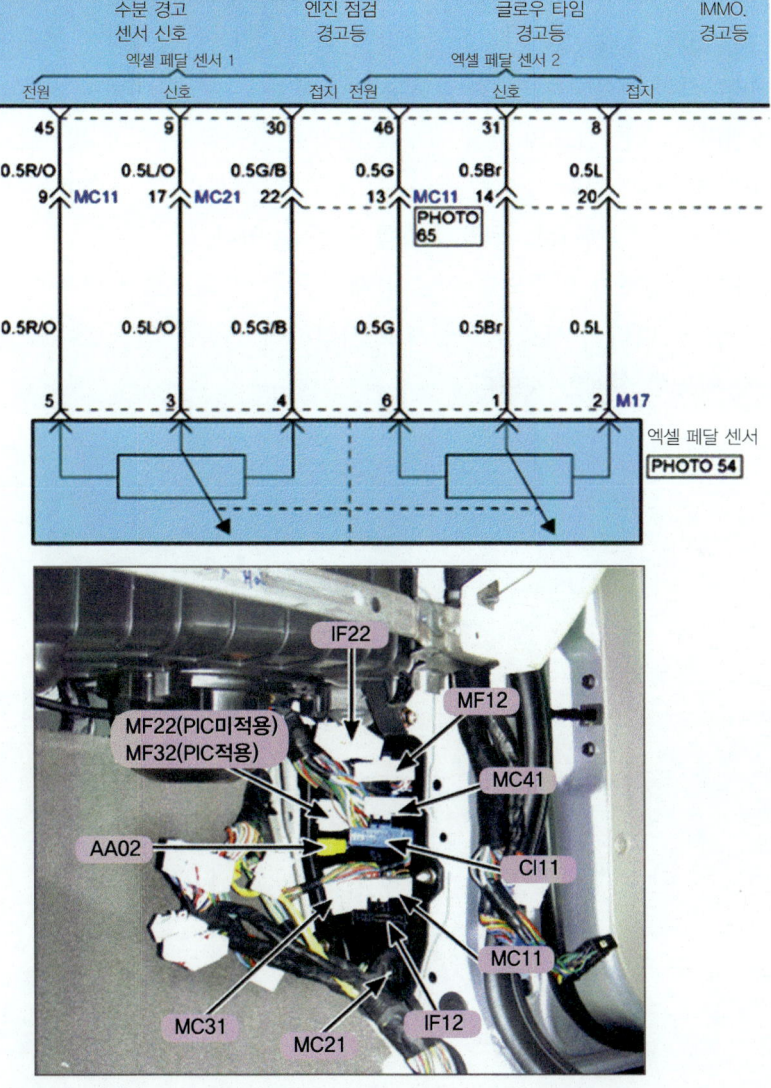

2 이중 브레이크 스위치

1 개요

종래의 브레이크 신호의 구조는 브레이크 스위치가 고장일 경우 스위치에서 고장이 발생되었는지 스위치 외의 다른 부분에서 고장이 발생되었는지 등을 알 수 없기 때문에 이에 대응한 적절한 고장의 처리를 할 수 없게 되는 문제가 있었다.

이에 따라 브레이크 스위치를 노멀 크로즈(NC)와 노멀 오픈(NO)으로 2중화하되 IG 전원이 인가되는 노멀 크로즈(NC) 스위치를 디바이드 저항(divide resistance)을 통해 CPU에 접속하고, 상시 전원이 인가되는 노멀 오픈(NO) 스위치를 스톱 램프와 연결하는 동시에 역방향 다이오드와 풀업(Pull-Up) 저항을 통해 CPU에 접속하여 브레이크 신호의 오류시 고장의 인식을 정확하게 할 수 있도록 하였다.

따라서 운전자가 스톱 램프의 고장 여부를 손쉽게 인식할 수 있게 됨으로써 스톱 램프의 교환을 신속하게 할 수 있어 고장 수리의 편의성을 향상시킬 수 있으며, 차량의 안전 운행에도 크게 기여할 수 있게 되는 등의 효과를 얻을 수 있다.

잘못된 브레이크 신호가 입력되면 연료의 제한 기준이 되므로 상당히 중요한 입력 요소로 사용되고 있다. 따라서 신호를 이중으로 처리하여 신속한 진단으로 ECU가 고장을 바로 표출할 수 있도록 설계한 것이다.

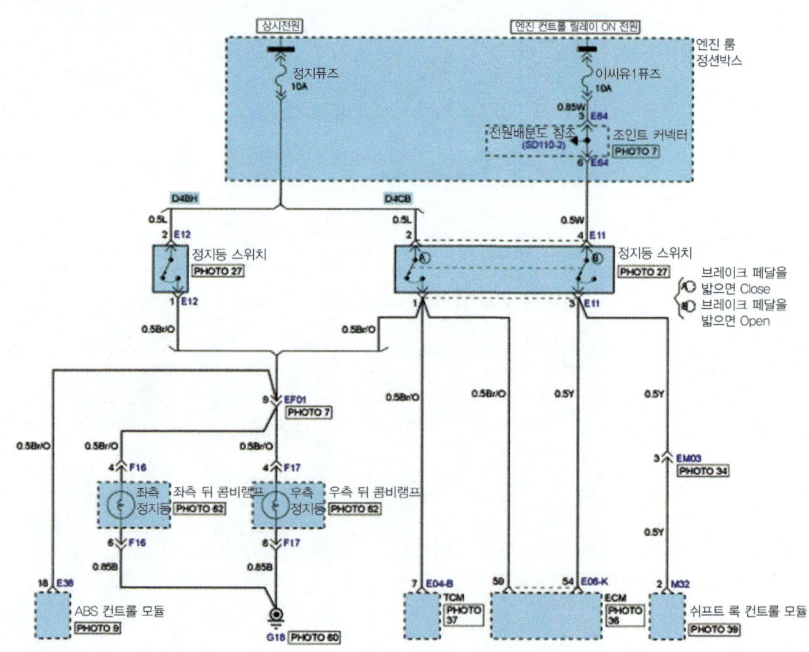

2 이중 브레이크 신호의 고장진단

브레이크 스위치는 브레이크 페달에 연동되어 브레이크의 작동 상태를 ECU에 전달한다. 차량의 주행 중 액셀러레이터 페달 포지션 센서(APS)의 이상으로 운전자의 가속 의지보다 높은 출력이 발생 될 경우(APS의 높은 출력으로의 고착 혹은 오신호로 인해) 운전자는 브레이크 페달을 밟게 된다.

이 처럼 APS의 출력 전압이 높은 경우 ECU에 운전자의 감속의지가 전달되면(브레이크를 밟았을 경우) ECU는 APS에서 고장이 발생된 것으로 판단하여 엔진을 림프 홈 모드로 진입시킨다. 림프 홈 모드로 진입하게 되면 엔진의 회전수는 1200rpm으로 고정되어 엔진의 출력이 제한된다.

차량이 림프 홈 모드로 진입된 상태에서 정상적인 액셀러레이터 페달 포지션 센서의 신호가 감지되면 림프 홈 모드는 즉시 해제된다. APS의 고장을 판별하는 안전장치의 목적을 가진 브레이크 스위치는 스위치 1과 2로 나뉘어 브레이크 스위치 신호의 신뢰성을 확보한다.

정상적인 브레이크 신호는 오실로 스코프의 파형 데이터로는 페달 OFF시 스위치 1은 OFF, 스위치 2는 ON의 특성을 가지며, 페달 ON시 스위치 1은 ON, 스위치 2는 OFF의 특성을 가진다. 이렇듯 서로 상반된 신호를 출력하는 스위치 1, 2의 출력이 모두 ON 또는 OFF의 출력이 나오게 되는 경우 브레이크 스위치의 이상으로 판단한다.

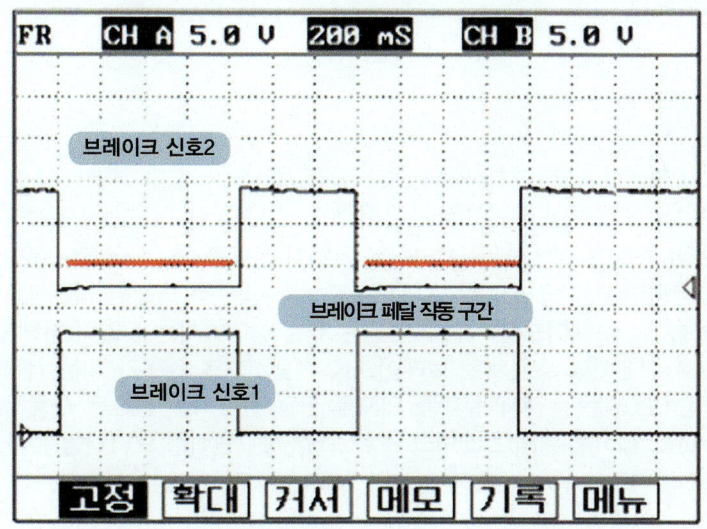

하지만 서비스 데이터 상에는 브레이크 신호 1, 2 모두 동기되어 ON, OFF된다.

센서출력	1/66		센서출력	1/66
✓ 브레이크스위치 2	OFF		✓ 브레이크스위치 2	ON
✓ 브레이크스위치 1	OFF		✓ 브레이크스위치 1	ON
✓ 엑셀페달센서	0.0 %		✓ 엑셀페달센서	0.0 %
이그니션스위치	ON		이그니션스위치	ON
배터리전압	14.1 V		배터리전압	14.2 V
연료분사량	9.0 mm3		연료분사량	9.0 mm3
레일압력	27.5 MPa		레일압력	27.5 MPa
목표레일압력	27.5 MPa		목표레일압력	27.5 MPa
레일압력조절기(레일)	16.5 %		레일압력조절기(레일)	16.5 %
레일압력조절기(펌프)	34.5 %		레일압력조절기(펌프)	34.5 %

1) 고장 코드 분석

DTC	해석	설명
P0504	브레이크 스위치 신호 이상 / 1. 2 상관관계	림프 홈 되지 않음, 스위치 유격, 회로, 단품 확인
C1513	브레이크 스위치 이상(VDC)	ABS는 정상제어, VDC 제어불가

> **Tip**
>
> **"C1513 브레이크 스위치 이상(VDC)" DTC 설명**
>
> 브레이크 스위치는 브레이크 페달의 작동 상태를 HECU(abs모듈)에 전달한다. 이 중 스위치 타입으로 브레이크 라이트 스위치 신호를 HECU에 전달한다. 브레이크를 작동시키면 브레이크 라이트 스위치는 ON이 된다. 즉 브레이크를 작동시킬 때 전압이 가해지고, 브레이크를 작동하지 않는 일반 상태에서는 전압이 가해지지 않는다.
>
> 반대로 브레이크 스위치는 브레이크를 작동시키면 OFF가 되는 NC 타입의 스위치이다. HECU는 운전자의 제동 의지를 판단하는 기준 신호로 사용하고, 정상적인 ABS/VDC 제어를 위해 브레이크 스위치의 단선, 단락을 모니터링 한다. HECU는 브레이크 라이트 스위치 신호에 이상이 있으면 경고등을 점등시킨다.

2) 스캔 툴 데이터 확인

브레이크를 여러 번 작동하여 연동하는지를 확인하면 된다. 두 개의 신호가 ON, OFF 를 동기하면 정상이다. 만약 하나라도 빠진다면 센서의 불량으로 진단하고 이러한 고장 이 발생된다 하여도 림프 홈 기능으로 진입하지는 않지만 변속시점에 매끄럽지 못한 증 상이 발생되기도 한다.

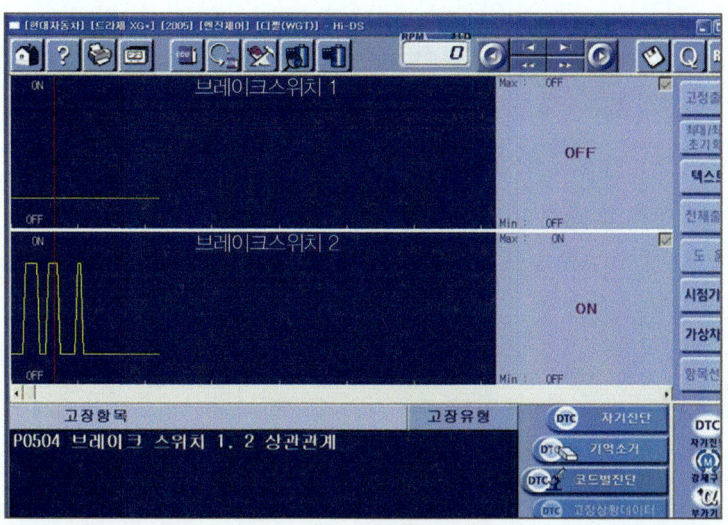

3 중립 스위치

1 개요

중립 기어 스위치는 수동변속기 차량에 설치되어 운전자의 기어 조작 의지(차량 출발의지)를 감지한다. 수동변속기 차량의 ECM은 차속과 엔진의 회전수 신호를 연산하여 기어의 단수를 인식하는데 ECM이 인식하는 차속은 최저 2km/h 이상이다.

ECM은 기어 변속의 단수를 기준으로 흑연의 발생을 제한하는 연료량 값으로 엔진을 제어한다.(1단보다는 2단, 3단 등 높은 기어의 단수로 갈수록 최대의 분사 가능 연료를 증가시켜 출력을 증대시킨다. 무부하 급가속시 발생하는 흑연을 줄이기 위해 무부하 연료 분사량은 1단 기어일 때의 70% 정도로 제한된다.)

ECM은 차량이 정지한 후 출발시 2km/h에 도달하기 전까지는 중립 기어에 해당하는 연료량으로 제어한다. 항상 이 조건으로만 제어 한다면 경사로의 조건에서는 연료량의 부족에 의해 엔진의 출력이 심하게 부족해진다. 따라서 ECM은 중립 기어 스위치로 차량의 출발 여부를 감지하여 스위치 OFF시 1단 기어에 해당하는 연료량을 공급하여 정상적으로 출발되도록 한다.

2 고장 진단

특히 봉고3의 경우 많이 발생하는 고장으로 진단하는 방법은 기어를 넣은 다음 기어의 레버를 클러치 페달을 밟지 않은 상태에서 단수별로 흔들어서 스캔 툴 데이터상의 신호값이 빠진다면 중립 스위치 불량으로 진단할 수 있다.

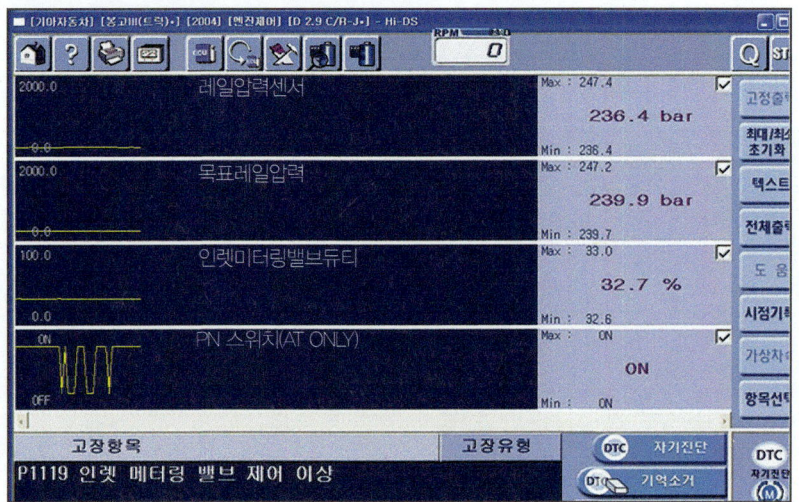

만약 중립 스위치가 불량하면 기어 변속직후 차량의 순간 가속력이 현저히 떨어지게 되며, 특히 화물의 중량이 많은 차량일수록 고객이 느끼는 정도는 더 심하다.

위와 같이 중복 고장 차량의 경우에도 고객과의 문진을 통해 연료 시스템 이외에 화물차의 경우는 반드시 중립 스위치의 양부를 점검해주어야 한다. 스캔 툴 데이터를 확인하지 않아도 중립 스위치가 양호하다면 공전시에 기어를 변환하게 되면 연료 분사량이 증량되어 엔진의 회전수가 미동을 하게 된다. rpm 게이지가 기어를 변환하여도 변화가 없다면 그 때 스캔 툴 데이터를 확인해 보아도 된다.

중립 스위치는 수동변속기 위에 위치하기 때문에 고장이 발생되는 원인은 내부의 이물질로 인한 고장이다. 즉, 중립 스위치 고장시 스위치의 단품 교환으로는 좋은 결과를 얻지 못하는 경우가 많다. 기본적으로 수동변속기 내부의 상태를 판단하여 수리하여야한다. ECU는 중립 스위치의 단선시 항상 OFF상태로 인식하므로 커넥터를 단선시킨 후 고장 증상의 개선 여부를 확인하는 방법으로 진단하는 것도 현장 진단 방법 중 하나이다.

구리스? 쇳가루?
반드시 내부를 세척한 후 장착 요함

4　예열 시스템

1　개요

글로우 플러그는 냉간시 전기의 열선으로 연소실을 가열하여 연료의 무화 및 냉간 착화성을 향상시킨다. 이로 인해 냉시동성 및 냉간 시동 후 발생되는 매연을 줄여주는 역할을 한다.

ECM은 냉각수온 센서, 배터리 전압 및 IG KEY ON 신호로 글로우 릴레이의 구동을 제어하여 글로우 플러그에 전원을 공급한다. 또한 계기판의 글로우 지시등을 통해 글로우 플러그의 전원 공급 상태를 나타낸다.

커먼레일 디젤 엔진 엔진처럼 직접연소실 방식의 경우 가열 시스템의 주목적이 냉시동성에 있다기보다는 냉간시 배출가스의 저감에 있다고 보아야 한다.

유로5 기준 이상의 차량에서는 배출가스의 규제도 규제지만 저압축비를 사용하게 됨으로써 냉시동성의 개선과 배출가스의 저감 기능을 효과적으로 수행하기 위해 예열 시스템 제어가 PWM 제어 방식으로 바뀌고 2초 동안에 1000℃ 이상으로 가열시킬 수 있는 급속 승온 예열 시스템을 적용하고 있다. 이러한 예열 시스템의 진단은 스캔 툴 데이터상의 글로우 릴레이 출력 제어의 듀티를 통해 확인할 수 있다.

2　예열 작동 단계 및 고장진단

우리가 차량의 계기판을 통해 확인하는 예열 경고등은 pre glow 상태만을 확인하는 것이다. 그 이후에도 냉각수온 등 여러 입력 요소들을 감안하여 ECU는 시동이 걸린 상태에서도 일정 단계까지 조건을 만족할 때까지 작동을 지속한다.

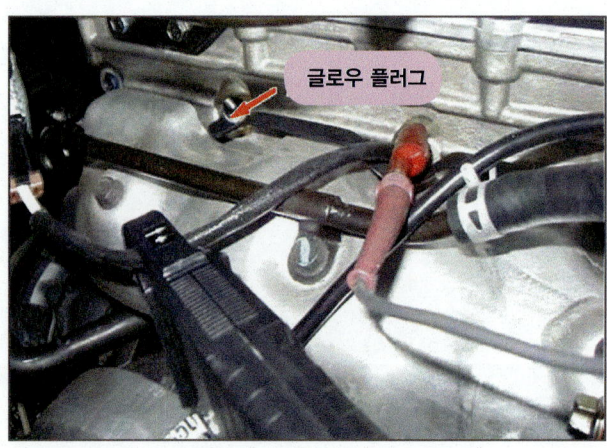

6. 기타 센서

현장에서 프리 글로우 상태 이외의 영역에서 작동상태를 점검하는 방법 중 가장 정확한 것은 전류값을 측정하는 것이다. 보통 4기통을 기준 30~40A 수준이므로 소전류계를 사용하기에는 부족하고 대전류계를 사용하여야 한다. 흔히 사용하는 배터리 발열검사(배터리+를 직접인가)를 이용한 방법은 유로5 이상의 급속승온 예열 방식에서는 절대 사용하지 말아야 한다.

차종(유로3, 4)	전류값(A)
투산	46
프라이드	40
소렌토	36
그랜드 스타렉스	48
아반테 HD	46
평균 10A 정도	

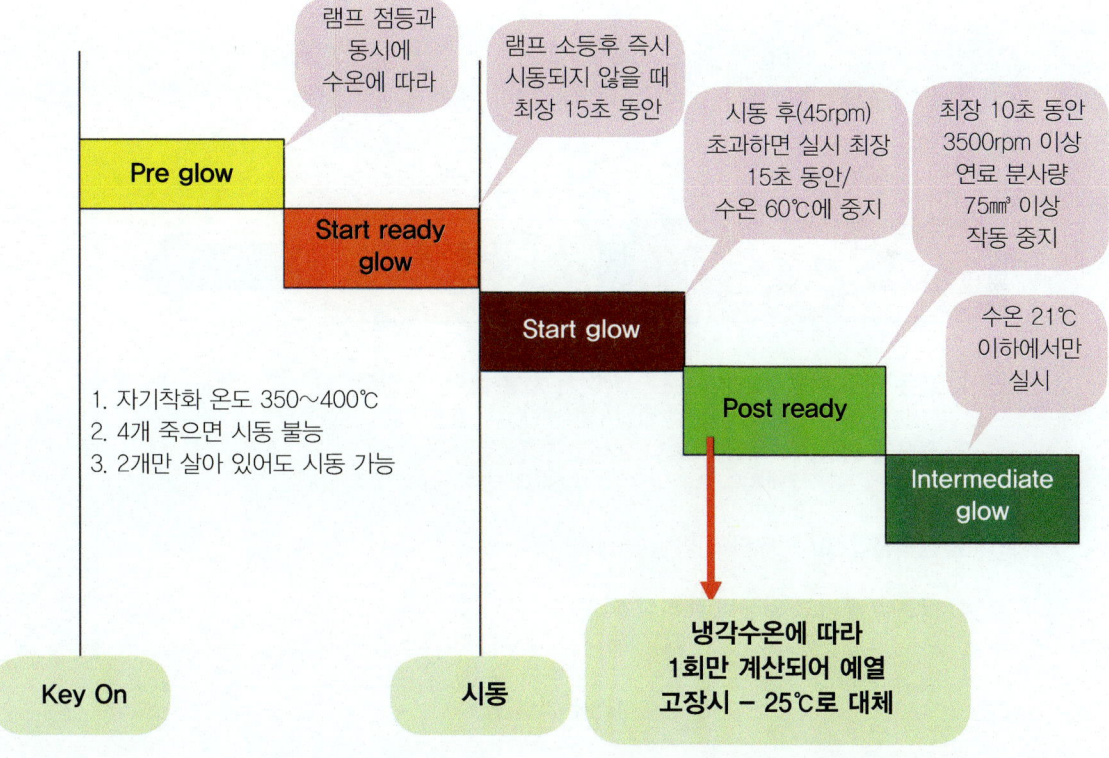

3 유로5 방식의 급속 승온 예열 시스템

Tip

급속 승온 예열 시스템
기존 예열 플러그는 차가운 흡입공기와 분사후 연료와 접촉, 연소실 와류에 의한 발열부 온도가 급격히 떨어지는 단점을 보완하기 위해 ECM & FET 릴레이를 이용 배터리 전압, 카 온 신호, rpm, 연료 보정량에 따라 1300℃에서 제어한다.

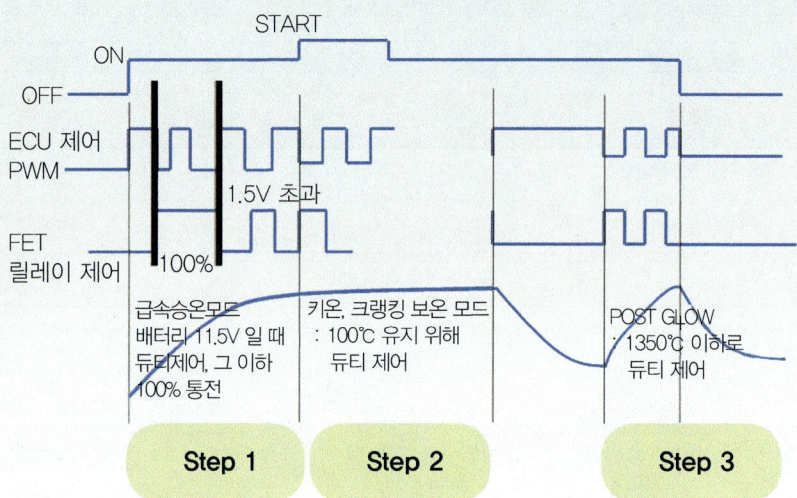

1. 밝은 전구 이용 TEST – 초기 밝다가 차음 흐려짐 (정상)
2. 전류계 이용 – 1개당 20A정도 잡으면 될 듯, 냉각수온에 따라 소모전류 달라짐
3. 정격전압 3V – 배터리 발열 테스트 금지
4. 글로우 플러그 릴레이 듀티값 이용
   20~22% : 작동 듀티, 6% : 단선, 4개 모두 죽음 – P0684

🔵 R엔진가열진단

초기 3초간은 배터리 전압을 그대로 인가하지만 이후 바로 PWM 제어 모드로 넘어가서 평균 3V 정도의 전압이 인가된다. 이를 밝은 램프로 점검하면 최대로 밝았다가 서서히 불빛이 약해지는 방식이 된다.

이때 소모 전류를 측정하면 개당 20A~25A 정도의 전류값이 소모되는데 냉각수온에 따라 차이는 있으나 평균적(50℃ 기준)으로 4개 기준으로 80A~100A 수준의 전류값(돌입 전류)이 표출되고 시동 후에는 22A 정도의 전류(안정 전류)값이 유지된다. 만약 전류값이 1/4수준만큼 낮게 표출될 때에는 가열 플러그 1개 이상 고장을 진단할 수 있다.

이러한 작동을 스캔 툴 데이터에서 확인하면 "글로우 릴레이" 데이터의 듀티가 정상적일 때 냉각수온이 50℃ 정도를 기준으로 하면 듀티가 20~30% 수준에서 출력을 제어한다. 만약 4개가 모두 단선 상태이거나 유닛 제어가 단선일 경우에는 6%듀티를 표출하고 고장 코드는 "P0684 글로우 플러그 유닛으로부터 피드백 신호이상"이라는 고장 코드를 발생시키게 된다.

이러한 경우에는 키 온시 피드백 신호선의 파형과 출력선의 파형을 점검하여 예열유닛의 불량인지, ECU 불량인지를 판정하여야 한다. 신호 출력선이 비정상이면 ECU 불량일 것이고 신호 출력선은 정상이나 피드백 신호가 불량이면 유닛이 불량일 것이다.

배터리센서값을 이용한 가열고장 진단방법

① 배터리센서이용

R엔진부터 배터리의 "-"측에 배터리센서가 장착되어있고 이를 통해 배터리의 전류, 전압, 충전전류, 소모전류 등을 ECU가 피드백을 하여 "ISG"(IDLE STOP AND GO)기능과 가변발전제어를 실시하는 중요한 입력신호로 사용한다.

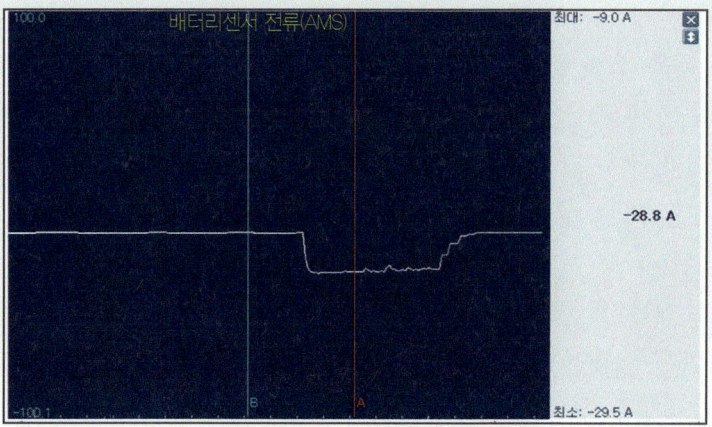

② 진단방법

스캐너의 액추에이터 "강제구동"이라는 기능을 활용한다. 먼저 센서데이터 항목 중에 "배터리전류"값을 선택한 후 강제구동 항목에서 "글로우 릴레이15%"를 선택한 후 강제구동을 실시한다. 이때 배터리에서 소모되는 전류값이 20A정도된다. 1개당 5A정도 소모된다고 볼 수 있다. 이것은 가열플러그본선에서 측정한 전류값(100A)과는 다른 것이다. 가열컨트롤을 거쳐서 가열플러그에 인가된 전류값을 말하는 것이 아니라, 배터리센서를 통한 배터리에서 소모되어 나가는 전류값만을 보는 것이다. 만약 1개의 플러그가 고장이라면 4~5A정도 적게 소모될 것이다.

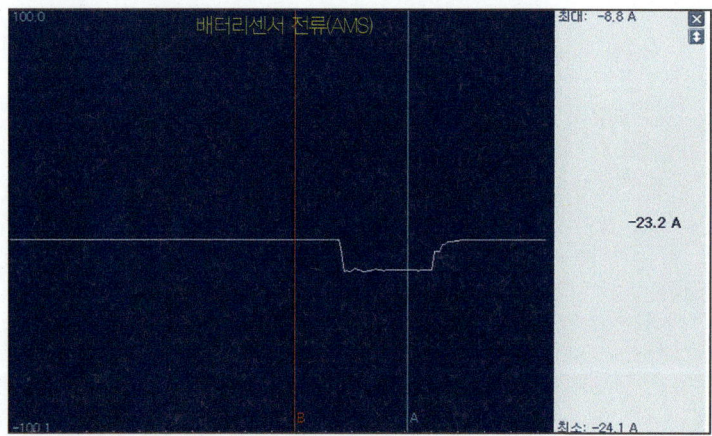

위에서 보는바와 같이 16A정도 소모됨을 알 수 있다.

4 작업상 주의 사항

 가열 플러그는 작업성이 쉽지 않다. 고착되는 경우가 많이 발생하는데 이를 예방할 수 있는 방법은 별로 없어 보이고 고착시에 작업성을 어떻게 하면 좋게 할 것인가가 문제이다.
 현재까지는 고착된 가열 플러그를 특수 공구를 이용하여 원상 복구시키는 방법들이 최선의 방법인 것 같다. 하지만 최소한 가열 플러그를 탈거할 때 정비 매뉴얼에 지시한대로 작업을 해보고 그렇게 하였는데도 부러지거나 고착되는 것은 특수 공구의 힘을 빌리는 수밖에 없다.

> **Tip**
>
> **가열 플러그 탈착 방법**
> ① 카브레터 클리너를 이용하여 플러그 주위를 깨끗이 청소한다.
> ② 거품식 카브레터 클리너를 플러그 홀에 도포한 후 10분간 대기한다.
> ③ 에어건으로 카브레터 클리너를 제거한 후 엔진 오일을 플러그 홀에 도포한다.
> ④ 5분간 대기한 후 에어건으로 엔진 오일을 정리한다.
> ⑤ 플러그를 전용 복스 소켓을 이용하여 풀고 조이고를 반복하면서 풀어낸다.

 최소한 매뉴얼대로 작업을 실시한 후 발생하는 고착에 대해서는 고객과의 충분한 협의를 통해 고객을 이해시킬 필요가 있다. 가열 플러그 고착으로 실린더 헤드까지 교환하게 되는 경우가 다반사이지만 현장 정비사들 입장에서 이를 두려워하여서는 않된다.
 커먼레일 디젤 엔진 전문점이 되기 위해서는 탈부착 등 기능적인 부분에 자신감을 갖는 것이 커먼레일 디젤 엔진 전문점의 첫걸음이라 하겠다. 커먼레일 디젤 엔진은 전자제어가 그 기반이 아니라 기계적인 압축착화 엔진임을 명심하여야 한다. 단지 배출가스 저감을 위해 전자제어가 첨부된 엔진이라는 좀 더 쉬운 관점으로 커먼레일 디젤 엔진 시스템을 접근하였으면 한다.

이종욱 1. 디젤캠프 대표
       2. ㈜ 하이테크 디젤 기술이사
       3. SK스피드메이트 디젤전문점교육 위촉강사
       4. ㈜ GIT(카이컴) 디젤현장실무교육 위촉강사
       e-mail: dnr8546@naver.com

윤상근 SK네트웍스 Energy & Car 부문 스피드메이트 사업부 부장 (기술지원팀)
       e-mail: es50002022@sk.com

커먼레일 고장진단 개론 & 실무

초 판 발 행 | 2016년 1월 20일
제2판 4쇄 발행 | 2025년 3월 25일
공　　　편 | 이종욱 · 윤상근
발 행 인 | 김길현
발 행 처 | (주) 골든벨
등　　　록 | 제 1987-000018호
I S B N | 979-11-5806-074-9
가　　　격 | 25,000원

편집 | 이상호
표지 및 본문 디자인 | 조경미 · 박은경 · 권정숙　　　제작 진행 | 최병석
웹매니지먼트 | 안재명 · 양대모 · 김경희　　　　　　오프 마케팅 | 우병춘 · 오민석 · 이강연
공급관리 | 정복순 · 김봉식　　　　　　　　　　　　회계관리 | 김경아

(우) 04316 서울특별시 용산구 원효로 245 (원효로 1가 53-1) 골든벨 빌딩
● TEL: 영업부 02-713-4135 / 편집부 02-713-7452
● FAX: 02-718-5510　　● 홈페이지: www.gbbook.co.kr　　● 이메일: 7134135@naver.com

이 책에서 내용의 일부 또는 도해를 다음과 같은 행위자들이 사전 승인없이 인용할 경우에는
저작권법 제93조 '손해배상청구권'에 적용을 받습니다.
  ① 단순히 공부할 목적으로 부분 또는 전체를 복제하여 사용하는 학생 또는 복제업자
  ② 공공기관 및 사설교육기관(학원, 인정직업학교), 단체 등에서 영리를 목적으로 복제 · 배포하는 대표, 또는 당해 교육자
  ③ 디스크 복사 및 기타 정보 재생 시스템을 이용하여 사용하는 자

※ 파본은 구입하신 서점에서 교환해 드립니다.